深度实践
微服务测试

付彪 秦五一 齐磊 雷辉 ◎ 著

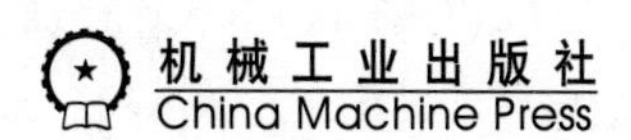

图书在版编目（CIP）数据

深度实践微服务测试 / 付彪等著 .-- 北京：机械工业出版社，2022.6
ISBN 978-7-111-70821-6

I. ①深… II. ①付… III. ①互联网络 – 网络服务 IV. ①TP393.4

中国版本图书馆 CIP 数据核字（2022）第 085823 号

深度实践微服务测试

出版发行：机械工业出版社（北京市西城区百万庄大街 22 号 邮政编码：100037）
责任编辑：陈 洁
责任校对：殷 虹
印 刷：保定市中画美凯印刷有限公司
版 次：2022 年 7 月第 1 版第 1 次印刷
开 本：186mm × 240mm 1/16
印 张：21.75
书 号：ISBN 978-7-111-70821-6
定 价：99.00 元

客服电话：（010）88361066 88379833 68326294
投稿热线：（010）88379604
华章网站：www.hzbook.com
读者信箱：hzjsj@hzbook.com

Foreword 序

如今，微服务架构已从概念阶段走到了有大量应用的大规模落地阶段。从技术层面上讲，Spring Cloud、Docker 和 Kubernetes 已经成为事实上的标准，Service Mesh 架构的应用也越来越广泛；从商业层面上讲，微服务架构已实现“利用技术上的确定性来应对业务端不确定性”这一关键目标。

但是，微服务架构在为系统开发带来很大便利的同时，也给软件测试和质量保障活动带来了巨大的挑战。

从软件测试维度来看，微服务架构的盛行使得接口测试用例的数量爆发性增长，并且众多接口之间的调用关系使得测试依赖比以往任何时候都更复杂，被测环境的搭建与部署也变得愈加困难，系统性能和安全的挑战与风险也在不断被放大。在这种大背景下，传统的软件测试技术，尤其是传统的接口测试技术，其能力已经很难满足微服务架构的质量保障要求，我们迫切需要与之相适应的测试策略、技术体系与工程实践来持续保障微服务架构的质量。

从质量保障维度来看，微服务架构下的质量概念往往具有更大的范围，不仅仅涵盖传统的接口功能、性能和安全层面，还意味着测试人员需要从监控、运维以及面向局部故障的视角对其进行更全面的探索与实践。“为测试而设计”“为部署而设计”“为监控而设计”的理念在微服务架构的大规模应用下变得愈加重要，被测系统的可测试性、可观测性和可运维性成为微服务系统架构是否能够获得成功的关键。

所以作为新时代的软件测试技术人员，不管是从一开始就接触微服务架构，还是从原本的巨石架构或者分布式架构向微服务架构转型，都非常有必要深入学习微服务测试的方方面面。因此我们急需一本理论与实践相结合的书，本书的出版填补了这一空白。

全书行文流畅，对知识的讲解层层递进，既有在理论体系上庖丁解牛、细致入微的分析和讲解，又有面向初学者的实战技术指导和具体案例说明。内容不仅涵盖微服务测试策略、接口测试的基础知识、契约测试的工程实践以及微服务下的性能与安全测试，还涉及微服务监控、服务虚拟化以及混沌工程等前沿实践。

通读全书可以让读者对企业级微服务测试有全面、体系化的认识，可以说本书是软件测试人员躬身入局，系统掌握微服务测试体系的必读佳作。

茹炳晟
腾讯微信支付研发主管
腾讯研究院特约研究员
畅销书《测试工程师全栈技术进阶与实践》作者

Preface 前言

为什么写作这本书

如今，信息化技术应用早已在社会生活的各个层面呈爆发式增长，从聊天、刷微博到打车、点外卖，这些应用场景的实现无不得益于其后端庞大系统服务的支持。而在这些后端系统中，微服务架构系统毫无疑问占据着绝对的数量优势，因为传统的单体架构系统不管是在业务上还是在性能上都难以承载我国巨大的信息消费市场的技术功能需求。无论是互联网行业的开疆拓土，还是银行保险等传统金融行业的科技化自我重塑，甚至是更宽、更广层面上的政企数字化转型，它们都将各自的上层建筑建立在以微服务架构系统（以下简称“微服务系统”）为根基的信息系统之上。

由此，以微服务架构来构建系统，实现服务的快速开发、部署与生产环境下的自动扩/缩容，最终为上层提供灵活、稳定和高可靠的数据支撑，这是目前整个信息技术行业所践行的主线。在这条主线上，如何更好地实现微服务系统的测试与质量保障工作是一个必须提出和予以解答的问题。不同于通常的 Web 测试、App 测试或者性能测试这些对象清晰、范畴明确的单项测试活动，当我们讨论微服务测试的时候，我们面对的是一整套系统环境下的复杂服务交互产生的质量保障问题，我们关注的对象不再仅仅是单个进程中运行的程序，而是随着整个系统架构的拓展出现在不同服务之间的信息交互的总和，这些信息的交互有时甚至是跨时间和跨地域的，比如微服务系统下的数据一致性问题等。

如果抛开系统的复杂度而从单纯的测试角度来说，微服务系统下的测试与质量保障工作往往是多种具体测试活动的集合，针对不同的系统对象和开发阶段，需要综合开展包括界面测试、接口测试、性能测试、安全测试、混沌工程、产品监控与运维等各种测试手段在内的一系列工作。这就要求测试人员不仅要有能力完成各种专项测试工作，还要能够合理地统筹和规划不同时期的测试活动的全盘策略和实施方案。毫无疑问，这些都是微服务系统下的测试人员面临的巨大挑战。为了帮助更多的软件测试工程师应对这个挑战，我们编写了本书。

读者对象

对于**有一定接口测试经验的测试人员**，本书将能够很好地帮其构建整个微服务系统的测试知识体系。

对于**没有接触过后端服务测试的测试人员**，比如做 Web UI 测试、手机 App 测试，以及桌面或者嵌入式应用测试的读者，本书同样能够帮助其上手微服务系统下的各项测试工作。

对于**把控整个微服务系统交付的项目组长、系统架构师**，本书能帮助其从测试的角度建立对微服务系统质量保障的完整、全面认知。

本书特色

在写作本书时，我们期望能够从更加全面和系统的角度为读者介绍整个微服务环境下的测试与质量保障工作，所以本书除了包含基本的、常见的测试工作，比如接口测试、契约测试、性能测试等，还涵盖了服务虚拟化、混沌工程、服务监控等初看起来与测试无关，但在微服务系统下非常重要的内容。本书本着实用、可上手且具备指导性的初衷，对不同章节内容的讲解力求做到理论与实践相结合，既包含对行业现状、理论概念等体系化知识的介绍，也包含大量读者可以直接上手的实践操作和工程代码。

如何阅读本书

具体来说，本书一共包含 9 章。

第 1 章对整个微服务测试工作进行概要阐述，帮助读者快速构建一个比较完整的全局视角。

第 2 章带领读者认识在微服务环境下制定测试策略的要点。

第 3 章从最基本的功能测试入手，介绍如何对服务功能进行接口测试及界面自动化测试。

第 4 章对契约测试的思路、实施方法、工具与实践进行重点讲解。

第 5 章介绍微服务环境下的性能测试与普通服务端性能测试的区别，以及全链路压测的实施思路与要点。

第 6 章介绍微服务监控工具的使用与监控指标。从该章开始，我们会跳出测试的范畴，从更高的维度上介绍微服务环境下的质量保障工作。

第 7 章重点介绍如何在微服务环境下运用服务虚拟化技术来解决各种服务依赖问题。

第 8 章介绍混沌工程的价值、实施条件、原则与实施方法。

第 9 章介绍安全测试，聚焦微服务系统最重要的安全问题，概括和总结我们应该如何在微服务系统下实现安全测试。

阅读建议：如果读者初识微服务系统，希望掌握系统性的测试方法，那么按照本书的章节内容安排，逐步深入学习会是一个非常合适的选择。但如果读者已经具备了一定的对微服务系统的测试经验，只是希望在部分方向上有所精进，比如契约测试、服务虚拟化、混沌工程、安全实践等，那么单独深入研究这些章节的内容也是没有问题的，因为本书的各个章节之间并没有相互依赖的关系。

勘误与支持

本书的内容都是根据我们既往的项目和工作经验总结的，如果读者在阅读过程中发现言之有误、述之不达的地方，或者其他疏漏之处，可发送邮件到 microservice-test@outlook.com，给我们反馈。

致谢

最后，本书的写作历时两年有余，这期间我们都得到各自家庭的巨大支持。我们将本应该照料父母的时间花在了对问题的讨论上，将本应该给孩子辅导功课的时间花在了写作上，还将本应该分担的家务活扔给了妻子，所以没有家人的支持，我们无法完成这本书的写作，在此真诚地感谢我们的家人。

作者

2022 年 3 月

目　录 *Contents*

序

前言

第1章　微服务测试概述 …… 1

1.1 微服务测试的要点 …… 1

1.1.1 一份有效的测试策略 …… 1

1.1.2 一个构建接口层数据的好办法 …… 2

1.1.3 端到端测试，减少耗时 …… 2

1.1.4 把握微服务系统整体质量 …… 3

1.1.5 隔离依赖，实现独立测试 …… 4

1.1.6 守住第一道安全防护层 …… 4

1.2 微服务中的自动化测试 …… 5

1.3 本章小结 …… 6

第2章　微服务测试策略 …… 7

2.1 传统测试策略与敏捷测试策略 …… 7

2.1.1 传统测试策略 …… 7

2.1.2 敏捷测试策略 …… 9

2.2 微服务中的测试策略 …… 14

2.2.1 测试象限 …… 14

2.2.2 测试金字塔 …… 16

2.2.3 环境管理策略 …… 19

2.2.4 流水线策略 …… 22

2.3 影响微服务测试策略制定的因素 …… 23

2.3.1 质量目标 …… 24

2.3.2 被测系统的具体实现与可测试性 …… 24

2.3.3 人员能力 …… 25

2.3.4 开发与测试的协作模式 …… 25

2.3.5 产品演进的不同阶段 …… 26

2.4 微服务的测试策略实战 …… 27

2.4.1 迭代0 …… 27

2.4.2 迭代N …… 35

2.4.3 重构 …… 37

2.5 本章小结 …… 38

第3章　接口测试及界面自动化测试 …… 39

3.1 接口测试简介 …… 39

3.1.1 接口说明文档与测试用例类型 …… 40

3.1.2 接口测试重点 …… 42

3.2 接口自动化测试实战 …… 46

3.3 接口测试的常见问题 …… 56

3.4 前端界面测试思路 …… 57

3.5 前端界面自动化测试 …… 59

3.6 本章小结 …… 64

第4章　契约测试 …… 65

4.1 初识契约测试 …… 65

4.2 基于Pact的契约测试实战 …… 67

4.2.1 Pact 的测试理念 …… 67
4.2.2 被测应用 …… 69
4.2.3 消费者 Miku 服务与生产者服务间的契约测试 …… 73
4.2.4 Gradle 的相关配置 …… 88
4.2.5 消费者 Nanoha 服务与生产者服务间的契约测试 …… 90
4.2.6 验证我们的测试 …… 98

4.3 基于 Spring Cloud Contract 的契约测试实践 …… 99
4.3.1 认识 Spring Cloud Contract …… 99
4.3.2 验证被测微服务系统 …… 102
4.3.3 在生产者服务端的测试 …… 102
4.3.4 在消费者服务端的测试 …… 110

4.4 契约测试高阶解惑 …… 112
4.4.1 关于测试的表述 …… 113
4.4.2 为什么要做契约测试 …… 114
4.4.3 契约测试和接口测试、集成测试的区别 …… 118
4.4.4 契约测试可以替代集成测试吗 …… 120
4.4.5 关于 Pact 和 Spring Cloud Contract 的博弈 …… 121
4.4.6 消费者服务端的集成测试需要做到什么程度 …… 122
4.4.7 关于“生产者驱动的契约测试” …… 123

4.5 本章小结 …… 124

第 5 章 性能测试 …… 125

5.1 接口的性能测试 …… 125
5.1.1 性能测试难在哪里 …… 125
5.1.2 基本概念 …… 126
5.1.3 测试方式分类 …… 127
5.1.4 测试工具 …… 128
5.1.5 性能测试场景 …… 129
5.1.6 测试过程 …… 131
5.1.7 性能瓶颈分析 …… 132

5.2 全链路压测 …… 135
5.2.1 实施思路 …… 136
5.2.2 实施过程 …… 137

5.3 做好性能测试能否成为资深测试专家 …… 141

5.4 本章小结 …… 142

第 6 章 微服务监控 …… 143

6.1 了解微服务监控 …… 143
6.1.1 为什么要监控你的微服务 …… 144
6.1.2 微服务监控与传统监控的区别 …… 145

6.2 微服务监控模式的分类 …… 146
6.2.1 健康检查 …… 146
6.2.2 服务日志监控 …… 149
6.2.3 链路追踪 …… 151
6.2.4 监控指标 …… 156

6.3 微服务监控实践 …… 162
6.3.1 利用 Spring Boot Actuator 进行服务监控 …… 162
6.3.2 Spring Boot Actuator 结合 Prometheus 和 Grafana 进行可视化监控 …… 168
6.3.3 利用 docker-compose 快速搭建监控系统 …… 169

6.3.4 Kubernetes 环境下 SkyWalking 容器化部署 ······ 175
6.4 本章小结 ······ 180

第 7 章 服务虚拟化 ······ 181

7.1 服务虚拟化价值与简单示例 ······ 181
7.2 基于 WireMock 的服务虚拟化 ······ 184
7.2.1 模拟系统 ······ 184
7.2.2 基于 Java 的基本使用 ······ 189
7.2.3 基于独立执行文件的基本使用 ······ 194
7.2.4 录制与回放 ······ 197
7.2.5 异常模拟 ······ 204
7.2.6 状态行为 ······ 208
7.3 基于 Hoverfly 的服务虚拟化 ······ 213
7.3.1 理解 Hoverfly 的服务方式 ······ 214
7.3.2 选择合适的工作模式 ······ 216
7.3.3 深入 simulation 的细节 ······ 225
7.3.4 使用模板实现动态响应 ······ 228
7.3.5 Hoverfly 的状态行为 ······ 233
7.3.6 使用中间件 ······ 244
7.4 提供 Web UI 的轻量级服务虚拟化方案 ······ 253
7.4.1 最简单的交互式服务虚拟化工具：Mockit ······ 253
7.4.2 支持团队协作的服务虚拟化工具：YApi ······ 256
7.5 服务虚拟化技术的灵活运用 ······ 264
7.5.1 在集成测试中的运用 ······ 264
7.5.2 在性能测试中的运用 ······ 265
7.5.3 在视觉测试中的运用 ······ 265
7.5.4 在契约测试中的运用 ······ 266
7.5.5 在 UI 自动化测试中的运用 ······ 266
7.5.6 不要滥用服务虚拟化 ······ 267
7.6 本章小结 ······ 268

第 8 章 混沌工程 ······ 269

8.1 初识混沌工程 ······ 269
8.1.1 混沌工程的起源 ······ 269
8.1.2 微服务为什么需要混沌工程 ······ 270
8.1.3 混沌工程的两类场景 ······ 270
8.2 混沌工程实验与测试 ······ 273
8.2.1 混沌工程实验和传统测试的区别与联系 ······ 273
8.2.2 混沌工程与故障注入测试的区别 ······ 274
8.2.3 QA In Production 与混沌工程 ······ 274
8.3 实施混沌工程的先决条件 ······ 275
8.3.1 我的项目需要实施混沌工程吗 ······ 275
8.3.2 实施混沌工程的先决条件 ······ 275
8.4 混沌工程原则 ······ 277
8.4.1 建立系统稳定状态的假设 ······ 278
8.4.2 用多样的现实世界事件做验证 ······ 278
8.4.3 在生产环境运行实验 ······ 280
8.4.4 利用 CI/CD 进行混沌工程实验 ······ 281
8.4.5 最小化爆炸半径 ······ 283
8.5 设计混沌工程实验 ······ 284
8.5.1 实验可行性评估 ······ 285
8.5.2 观测指标设计与对照 ······ 287
8.5.3 实验场景设计 ······ 287
8.6 混沌工程实践 ······ 288
8.6.1 Chaos Monkey 实践 ······ 288
8.6.2 Chaos Blade 实践 ······ 294
8.6.3 Chaos Mesh 实践 ······ 297
8.7 本章小结 ······ 303

第 9 章　安全测试 ······ 304

9.1　安全测试需求 ······ 304

9.1.1　基于功能的安全测试需求 ······ 306

9.1.2　基于风险的安全测试需求 ······ 307

9.2　测试人员的定位 ······ 308

9.2.1　测试人员的职责 ······ 308

9.2.2　测试人员的角色 ······ 309

9.2.3　安全内建 ······ 310

9.3　测试工具与实战 ······ 312

9.3.1　被测微服务系统示例 ······ 312

9.3.2　SAST 工具之 SonarQube 实战 ······ 312

9.3.3　DAST 工具之 OWASP ZAP 实战 ······ 323

9.3.4　SCA 工具之 Dependency Check 实战 ······ 329

9.3.5　渗透测试工具简介 ······ 332

9.4　本章小结 ······ 334

后记 ······ 335

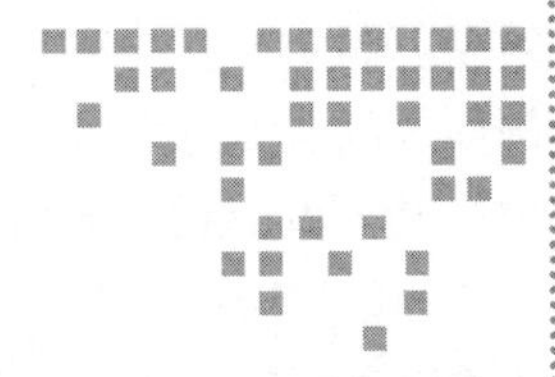

第 1 章 Chapter 1

微服务测试概述

本章作者：雷辉

互联网用户数量和需求的变化对软件构架风格提出了新的挑战，微服务恰好适应这种变化。在微服务架构中，每个单一服务的代码规模都是可控的，它有效减少了编译、打包部署时间。这些独立的个体服务通过 HTTP 等协议完成互相调用，它在调用过程中并不关心模块的底层代码实现方式，这让微服务架构在尝试新技术上可以更为大胆。此外，单个服务业务清晰、代码量少，更容易被开发人员理解和维护，对代码进行修改时效率也更高，从而加快了产品上线速度。这也是目前很多大型互联网公司青睐微服务的原因。

可以说，微服务对开发、测试和运维都产生了极为重大的影响。

微服务的服务拆分、代码设计与测试等与单体应用存在着不同。微服务在解决单体应用痛点的同时，也带来了新的问题：它的部署、管理、监控等工作更加复杂。面对微服务，测试人员也面临着一个问题：在测试微服务的方法和技术上需要做怎样的改进，才能提高工作效率？

本章你将了解到，微服务测试的 6 大要点以及在微服务中如何进行自动化测试。

1.1 微服务测试的要点

微服务测试要点有很多，而真正打通测试链路的要点通常有这 6 个。

1.1.1 一份有效的测试策略

测试一个项目之前，有一份有效的策略相当重要，它就像一把利器，可以用最低的成本达到最优的效果。制定测试策略，梳理和识别项目中可能会出现的质量风险并制定应对措施是关键。例如，制定测试微服务系统策略时一般更多地关注接口的幂等性、接口层的自动化测试比例以及上下游服务调用链的正确性。另外，改进传统三层测试金字塔，增加契约测试并且调整各层自动化比重，这些都能帮助我们更好地适配微服务系统的测试需求。所以，本书第 2 章会讨论在微服务系统中如何有针对性地制定测试策略。

1.1.2 一个构建接口层数据的好办法

想要做好接口层自动化测试，不备好数据是万万不行的。我们知道，单体应用中的测试数据通常是在页面操作中构造的，这样做有个很大的优点：易于理解和使用，操作几次就能记住构造数据的大体流程。而在微服务中，一个团队开发的内容可能没有页面，因为它是用来被其他服务调用的。如果没有页面，则了解页面操作是无效的，但这时我们要了解几个点：机器和机器之间调用的接口数据定义，测试时所需要的其他依赖数据的构造方法，如数据库中表的关联数据、消息队列的消息体等。

了解接口定义并不难，每个字段的含义、可允许的输入范围、不同数据对后续业务的影响等信息，通常可以从开发工程师给出的说明文档中获取。比较麻烦的是构造测试所需要的依赖数据，而这些依赖数据的生成过程并不直观，远不如直接在页面上操作方便。

例如，一个生成订单的接口，它的依赖数据一般包括客户详情、公司详情、库存信息、支付信息等。这些由其他团队开发的接口，常会缺少一些文档详细说明数据格式以及不同的数据内容对业务的影响。这些测试数据需要由测试人员来生成：查看数据库中相关数据表的内容，并尝试用写 SQL 等方式构造出一整套依赖数据，有时还需要构造消息队列消息体生成依赖数据，或者调用某些接口去生成数据。这个过程在初期特别容易出错，后期逐渐稳定下来会好很多，但仍会面临一堆 SQL 脚本不易维护的问题。碰到这种情况，我们都会把这些 SQL 脚本（或者构造消息队列的消息的过程等）自动化起来，用 Java 或者 Python 等语言编写的代码替换 SQL 脚本中需要改动的部分，最终一键生成整套测试数据。

对于这套初始化数据脚本，我们需要在测试业务流程中做进一步验证，以确保数据关联关系的完整性以及准确性。“前面业务流程都通过了，后面业务流程却抛出了异常，怎么办?”这时，要针对测试数据脚本进行查看并调试。这个工作并不好做，可能需要开发人员在代码中设置断点调试来寻找原因。但它的优势是，一旦这套测试数据脚本稳定下来，只需几秒就能生成一套复杂的测试依赖数据。更为重要的是，在后续的接口自动化测试中，这套数据依然可以继续使用。

在第 3 章中，我们讨论的内容是如何在微服务中做接口层的自动化测试，包括测试数据的生成、用例的设计和测试框架的使用。

1.1.3 端到端测试，减少耗时

端到端的测试通常包括两阶段。

第一阶段，针对新开发功能的上下游服务 / 系统做联调，确保接收到的数据能被正确处理，处理结束后还能将正确结果发送给下游。

第二阶段，联调工作涉及范围更广，从整个大系统的入口发起调用，经多个服务，到达新开发服务并进行业务处理，接着流转到下游服务（下游服务也可能做多个层次的处理），直到整个业务流程处理完毕。

第二阶段联调成本极大，主要体现在端到端联调的沟通上。因为这些服务是不同团队来维护，所以通常采取线上沟通的方式。而线上沟通又常出现对方不在线或者回应时间长等问题，这会导致联调过程的严重延时。

端到端联调的过程并不难，耗时是最主要的问题。除了上述线上沟通耗时外，还有一个特耗时的问题——定位 Bug。Bug 的定位很麻烦，需要一层层排查，有时候看似是上游发送了错误数据，实则是上上游发送的。这样来回地讨论和定位，就能耗上大半天时间。有没有更好的办法来解决这个问题呢？

我们知道，联调测试中出现问题的根本原因，在于"各忙各的"。各团队平时只负责各自的服务开发和变更，导致最后联调时一些接口对不上。为了避免问题集中式、爆发式出现，建议采用契约测试。在日常开发过程中，契约测试，特别是消费者驱动的契约测试，能够起到时刻防范和预警的作用。

契约测试可以实现自动化验证服务接口之间约定的参数格式和返回结果。当一个服务修改了代码，破坏了约定，测试程序便会在第一时间让流水线（pipeline）构建失败，从而快速暴露问题，让服务之间的接口契约得以保证。契约测试的优势在于能有效防止契约遭到破坏，从而让联调更加顺利。在我们日常工作中，如果每一天的流水线构建都能成功地通过契约测试，那端到端的联调也会顺利、省时很多。

第 4 章会详细讨论契约测试的思路、实施方法、工具与实践。

1.1.4　把握微服务系统整体质量

微服务团队中的测试工程师只服务于自己的开发团队，只保障自己团队的产品质量。而最终产品形态需要把各团队的单个服务组合起来，再对外提供服务。那么问题来了：当单个服务通过全面测试，假设已经做到 100% 的测试覆盖，那么微服务整体系统的质量是否就没有问题了呢？

以性能测试为例，正确答案是：在性能测试中，对单个服务及其所在调用链进行性能测试并通过后，不能确保微服务系统上线后不会出现性能问题。原因在于，多个服务之间存在共享消息队列、Redis 缓存、硬件设备等，这会导致系统出现性能瓶颈。

关于如何对整体系统做全链路性能压测，我们会在第 5 章进行讨论。

微服务分布式的天然属性，决定了各服务间的调用可能存在网络不稳定、服务暂时不可用，甚至服务器物理停机等情况。为了应对这类异常场景，我们可以采取混沌工程的方式。我们可通过主动制造基础设施、网络和程序本身的故障，来验证系统在各种故障下的行为，提前识别问题，避免造成严重后果，继而验证生产环境出现失控情况，系统能否按照预期进行应对。

第 8 章介绍了混沌工程与传统测试、故障注入的区别，以及混沌工程的实施原则和工具的使用方法。

在微服务日常测试中，还有一个起着关键性作用的系统——监控系统。是否具备完备的监控措施是实施全链路压测、混沌工程实验的关键所在。监控不仅会记录操作日志、硬件指标等信息，还会记录多个请求间跨服务完成的逻辑请求信息，这为我们了解微服务系统实时运行状态提供了支持，也帮助我们更有针对性地进行性能优化和问题追踪。

第 6 章介绍了微服务监控工具的使用和监控指标的分析。

1.1.5 隔离依赖，实现独立测试

微服务系统的分布式特点带来的首当其冲的问题就是测试环境的稳定性。这一特点体现在系统结构上、服务部署上，甚至团队协作上。在这种多点网络中，任何一个节点的失效都会给微服务的测试工作带来阻碍。这里说的失效，在现实微服务项目中可能有各种呈现方式，比如：

- 服务 A 依赖服务 B，但服务 B 很不稳定，经常出现异常；
- 服务 B 只有产品环境，没有集成测试环境；
- 服务 B 的集成测试环境只能满足一般的功能测试，无法承载服务 A 的性能测试需求。

这些环境问题的根源在于分布式部署极大地扩散了服务间相互依赖的关系图谱，识别依赖、解决依赖问题，很多时候会成为微服务测试工作在某个时间节点的痛中之痛。围绕这一问题，目前业界通用的解决方案聚焦在构建虚拟服务上。通过构建和引入合适的虚拟服务来局部地、有限地替换真实的依赖服务，解决从功能测试到性能测试中的大量依赖问题。

我们在第 7 章会了解虚拟化工具的原理、使用场景和详细示例。

1.1.6 守住第一道安全防护层

对安全要求高的公司在服务开发完成之后，一般会将安全测试交给专业的第三方安全部门或者安全咨询公司，这样安全测试对于团队内的测试人员来说就属于可选项，这导致大部分测试人员对安全测试并不十分清楚。在微服务构架中，这种在软件开发流程末端才介入安全测试的方式是不可取的，原因有二。

一是，开发团队内的安全测试是第一层防护。如果没有这层防护，当安全团队接手时，会出现大量明显的安全问题，需要二次甚至多次送检，这将给安全团队造成无谓的消耗，也会影响产品发布的时效。

二是，过晚发现安全问题会增加返工成本，甚至安全问题的结果会严重到让人无法承受，如架构设计上的安全问题。因此，微服务对安全内建的诉求更加迫切。

我们在第 9 章会从如何确定安全测试需求开始，了解在微服务中如何进行安全测试，以及如何利用安全测试工具。

1.2　微服务中的自动化测试

微服务中的自动化测试可以为团队带来很多好处，比如加快回归测试执行速度、有效缩短开发的交付周期。有了自动化测试这张保护网，测试人员才能将更多精力和时间投入到探索性测试，以发现系统中隐藏的更多缺陷。

说起自动化测试，不免让人觉得既高端又复杂。那么事实是否如此呢？

我们先来看看一般的功能测试是如何进行的：设计测试用例，并在测试用例中描述测试步骤和预期结果，测试工程师据此进行操作。与功能测试相比，自动化测试在单元测试、接口 API 测试、契约测试、UI 自动化测试上，使用的工具和代码框架不同，但思路是一致的：设计测试场景，再编写测试代码并按照操作步骤执行，最后判断实际结果与预期是否一致。唯一的区别是，一个由人来执行，一个由代码或工具执行。

在微服务场景下，自动化测试工作包括单元测试、API 接口测试 / 集成测试、契约测试、UI 自动化测试。

1. 单元测试

单元测试是程序员保障代码质量的主要手段之一。单元测试可以针对软件中最小的代码单元来进行，它根据类或方法的参数传入相应的数据，得到返回结果，并断言返回结果是否符合预期。单元测试的优点是，执行速度非常快，且可以覆盖比较全面的代码逻辑路径，模拟出一些其他自动化测试难以模拟的异常场景，例如数据库的事务回滚。单元测试会使用 Mock 方式来隔离依赖，也就是给依赖场景找个"替身"。单元测试集成是在 CI 构建工具后，每次代码提交都会触发执行。只有项目具有完备的单元测试，程序员才有信心添加新功能，或者对已有代码进行重构。

单元测试的价值：① 最快速的质量反馈；②帮助重构、提升代码质量。

2. 接口测试 / 集成测试

接口测试主要关注模块之间的协同工作，集中在对接口的入参和返回结果的校验上。测试时会构造不同的入参，去验证返回结果是否符合期望，接口测试也会使用 Mock 技术（通常使用在对第三方依赖的模拟上，在接口内部较少使用）。相比界面，接口层更加稳定，而且接口自动化测试的执行速度要比界面自动化测试快很多。在微服务系统测试中，接口测试占有很大比例。

接口测试的价值：① 接口相对稳定，对自动化的投入性价比高；② 执行速度比界面自动化快很多。

3. 契约测试

契约测试实质上也是接口测试，是一种特异性非常强的测试子类。契约测试将传统意义上需要同时运行多个服务的集成流程分解为多个集成点，笨重的集成测试被转化为易编写、易运行的单元测试 / 接口测试，这里的每个集成点都可以单独进行测试。契约测试有助于实现各个服务的独立部署和交付。

契约测试的价值：①解耦消费者与提供者，使彼此可以独立进行开发；②在验证服务间的调用正确性上，比 UI 自动化测试更轻量级。

4. 界面自动化测试

在微服务中，界面自动化测试占比相对少一些，这是因为界面测试执行时间长，相比其他类型的测试也更脆弱。因此，在保证产品质量上，我们通常会增加更多的接口测试和契约测试。

界面自动化测试用例也有它的特点，能够更真实地测试用户端到端使用的业务场景，可以比较有效地测试到模块与模块、接口与接口的边界连接场景。在界面自动化测试中使用 BDD（Behavior Driven Development）工具，可以以用户使用的视角来描述需求和相关的验收条件。

界面自动化测试的价值：可以验证完整的流程，具有比较高的业务价值。

1.3 本章小结

微服务测试中的绊脚石有很多，本章针对六大主要难点，从制定测试前的策略、构建测试数据，到解决耗时问题、把握整体质量、隔离依赖、守护安全，一一给出解释。测试中，为了省心、省时又省力，我们严格遵守能“自动”绝不“手动”的原则，我们不能说这一定是最好的方法，就目前而言，这是行之有效的。如果你有更好的方法，请告诉我们，期待与你的探讨。

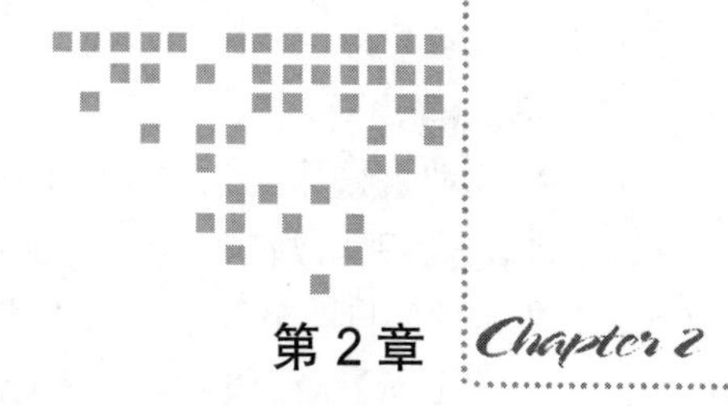

第 2 章 Chapter 2

微服务测试策略

本章作者：秦五一

作为测试人员，大家多多少少可能曾被问过一个问题："我们的产品可以上线了吗？"也许你会故作镇定地回答："是的，可以了。"然而你的内心并不十分确定。之所以会有这样矛盾的表现，是因为作为测试人员的我们通过知识的学习与亲身经历，已经充分理解软件测试的本质：软件测试只能证明软件有问题，却不能证明它没有问题。软件测试是无法穷尽的，然而参与测试的人力资源和软件的测试周期却是有限的，我们必须在这种限制下完成测试。因此，需要有一个策略来帮助我们在测试成本与测试的效果之间寻求平衡，指导我们使用合适的测试流程、测试方法、测试技术等，实现以尽可能少的资源获取尽可能好的测试效果。

微服务作为敏捷开发模式下的一种重要架构模式，其测试策略必然与敏捷测试有紧密的关系。下面我们一起从敏捷测试策略来看微服务测试策略的设计。

2.1 传统测试策略与敏捷测试策略

关于测试策略中应该具体包含哪些内容，在传统开发模式和敏捷开发模式下是不同的。在传统开发模式下，测试策略不仅作为测试设计的指导，而且是测试流程中重要的交付物，它包含相当多的内容。而在敏捷模式下的测试策略强调的是测试的指导思想，并没有定义严格的流程。下面来简要介绍下这两种测试策略，便于我们更好理解微服务中的测试策略。

2.1.1 传统测试策略

在传统模式下，常见的测试策略内容包括测试范围、测试方法、测试环境、测试工具、发布控制、风险分析。

（1）测试范围

在早期我们测试什么，通常是由测试经理基于需求跟踪矩阵（requirements traceability matrix）并结合经验来判断。例如，测试应该包括哪些功能、哪些模块、运行哪些用例，最终通过需求跟踪矩阵与开发经理讨论获得（对本次修改的特性或组件，加上高风险的特性与模块进行回归分析）。而今，得益于 Git 历史记录、代码覆盖率工具，以及依赖分析技术的发展，我们可以相对客观地获取本次测试的影响范围。在笔者参与过的微服务项目中，就曾利用 Git 记录来判断测试范围。

（2）测试方法

测试方法通常涵盖测试层级与类型，如测试需要考虑单元测试、集成测试、组件测试、端到端测试、回归测试、性能测试、安全测试等。测试方法还包括测试流程，从需求到发布过程中不同的阶段对应哪些测试活动，在这些活动中，每种角色应该有怎样的职责。有些测试方法还可能会包括自动化测试的策略、缺陷的管理策略。

（3）测试环境

测试环境包括测试环境的种类与数量、不同测试环境的构建方式等，有时还会包括对测试数据的管理，例如是采用构造的假数据，还是利用脱敏的真实数据等。

（4）测试工具

测试工具包括测试管理工具、测试执行类工具等。对于测试管理工具，要考虑是否需要专业的测试用例管理系统，如果是，使用哪种测试用例管理系统；又如缺陷管理是否应该与需求管理共用一个系统；哪些缺陷需要记录及不同阶段的缺陷是否采用不同的系统来记录等。此外，测试中可能还会用到测试执行类工具，如自动化测试工具、API 测试工具、性能测试工具以及安全测试工具等。

（5）发布控制

发布控制要确保该发布版本中所有修改都能得到全面测试，并明确测试到什么程度可以达到发布的标准（即测试准出标准）。

（6）风险分析

风险分析涵盖测试过程中所有影响测试效果的风险，以及其应对方案。除罗列风险外，通常需要给出应对手段，以进行主动规避或者减轻其影响。常见的风险包括：第三方依赖未能及时上线导致难以完成系统测试；选取的测试工具不能实现某些场景测试，导致给定时间内无法完成对这些场景的测试覆盖等。

传统的测试策略文档很大程度上承担了与多方项目干系人就测试策略达成共识的任务。在传统的瀑布流模式下，软件开发的速度较慢，每个阶段都是分开的，因此需要详尽的文档来确保大家在不同阶段的理解是一致的。而在敏捷模式下，软件开发速度很快，开发人员与测试人员都围绕故事卡进行增量开发与增量测试，软件迭代式演进。详细且复杂的测试策略文档对一个前期频繁变化的软件而言是难以参照实施的，而且敏捷本身强调“可工作的软件高于详尽的文档”，因此取而代之的是更高维度的思维框架。但需要澄清的是，敏捷测试并非没有任何文档，而是强调编写必要的文档。

2.1.2　敏捷测试策略

敏捷创始之初的核心是敏捷宣言，敏捷宣言中的核心思想是要定义价值观而不是定义流程，这一点与传统瀑布模式非常不同。作为敏捷开发的重要组成部分，敏捷测试同样未被明确地定义到底如何做，因此敏捷测试中**更加强调策略胜过具体的测试流程与测试动作**。在敏捷测试发展的历史中出现了一些用于制定敏捷测试策略的重要思想框架。

敏捷开发中常用的测试策略框架有 2 个：一个是敏捷测试象限，另一个是测试金字塔。

1. 敏捷测试象限

图 2-1 是大家最为熟知的测试象限版本，它来自 Lisa Crispin 的 *Agile Testing* 一书。

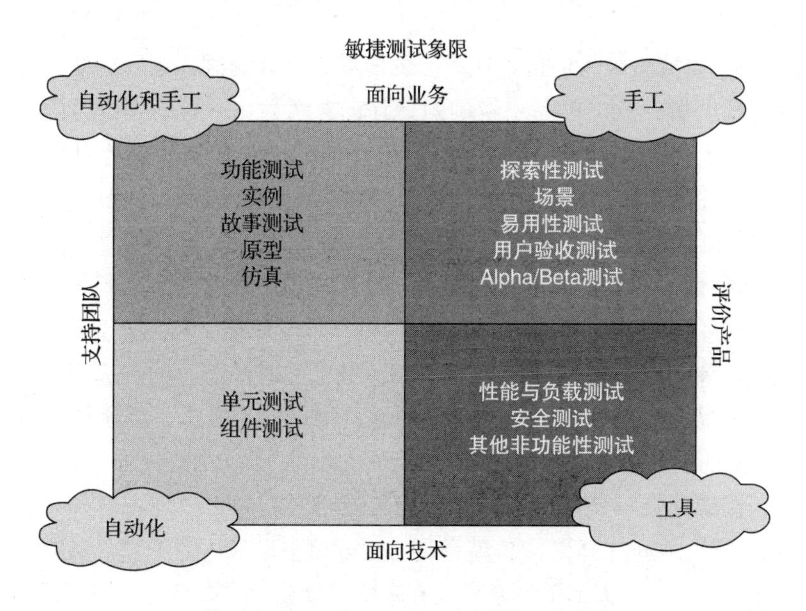

图 2-1　敏捷测试象限（Lisa Crispin 版）

而在此之前有一个更早期的版本，即图 2-2 所示 Brian Marick 的测试矩阵（Test Matrix）。

Lisa 在其博客中也声明了自己的版本源于 Brian 的版本。从两个图的对比看出，Brian 的版本没有给出具体的测试类型，而是通过定义测试的类别来指导测试工作。这也是测试象限的最重要价值。当从高层次设计测试时，它提醒我们需要考虑 4 个广义测试类别，具体如下。

1）**面向技术、支持编程的测试**：保证开发人员在正确地做事、高效地做事，其包含两类。一类是引导开发者开发程序的技术性测试，通常指 TDD 中的测试，典型的代表是模块间接口、模块的方法所编写的测试。另一类则是作为防护网的测试，通常是为了检测代码的行为变化而后补的测试，例如对重要逻辑后补的单元测试等，一般为低层级测试。

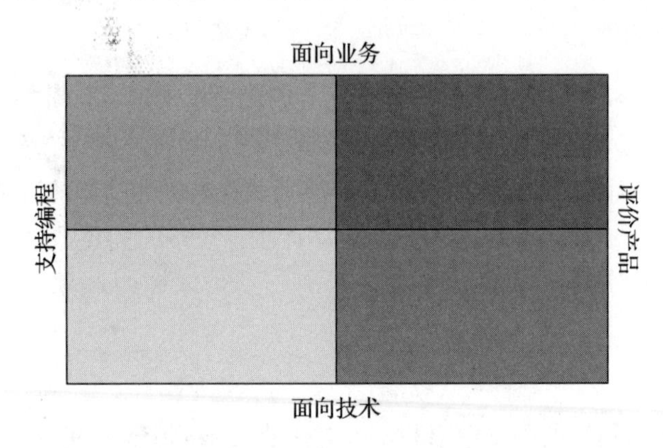

图 2-2 测试矩阵（Brian Marick 版）

2）**面向业务、支持团队的测试**：从产品的角度来设计测试，指导团队开发出的程序做正确的事，确保团队所开发的产品是正确的，其包含两类。一类是先编写的验收测试，然后利用 BDD 进行行为驱动开发。另一类也是后补的测试，常见的是针对故事卡中的验收条件所设计的扩展性测试用例，也是我们最常见的测试。它们通常在程序完成后用于验证，并在未来作为回归测试用例来使用。

3）**面向业务、评价产品的测试**：是从用户使用产品的角度，验证团队是否在做好的产品。这里的测试更多是指探索性测试、用户真实使用场景测试、易用性测试等。

4）**面向技术、评价产品的测试**：前面 3 类测试更多时候需要的是通用的测试能力，而需要特殊的技能才能完成的测试会落入这个象限，如性能、安全、易用性测试等，这类测试通常在专业人士的引导下才能设计出来。

我们之所以溯源回最早期的版本，就是为了说明之前的测试矩阵更具有普适性，更加符合敏捷的特点，即“响应变化”。也就是说，测试象限里具体的测试类型会针对被测试系统的不同而变化，但这 4 个大的类别是我们在定测试策略时需要考虑的重要维度。

稍后，我们会针对微服务架构画出对应的测试象限。

2. 测试金字塔

图 2-3 是 Mike Cohn 版本的测试金字塔，最早用于制定指导自动化测试的投入策略，但是初次接触测试金字塔的人对这个版本可能产生误解，以为测试金字塔只包含单元测试、服务测试和 UI 测试。

显然这三层的命名并非作者想表达的核心意思，因此大家应该忽略掉这三层测试具体的命名，而去洞察这个测试金字塔的本质。

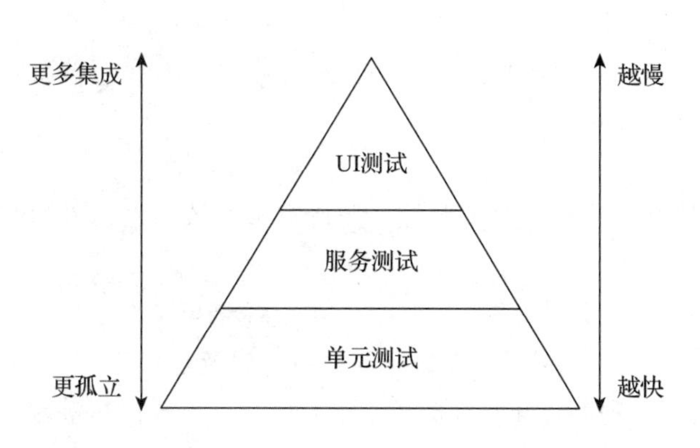

图 2-3　测试金字塔（Mike Cohn 版）

笔者认为 Google 曾提到的一种分层方法会让大家更加容易理解测试金字塔的本质。如图 2-4 所示，测试按照集成的规模，被分为小型测试、中型测试、大型测试，有些项目在大型测试之上还包含超大型测试，这里的“大”和“小”对应的是系统中被测试系统的集成范围的大小，如单个类相对孤立，集成范围是单个方法里的代码或与其他类中方法交互的代码，而 UI 端到端测试显然是更大范围的集成。

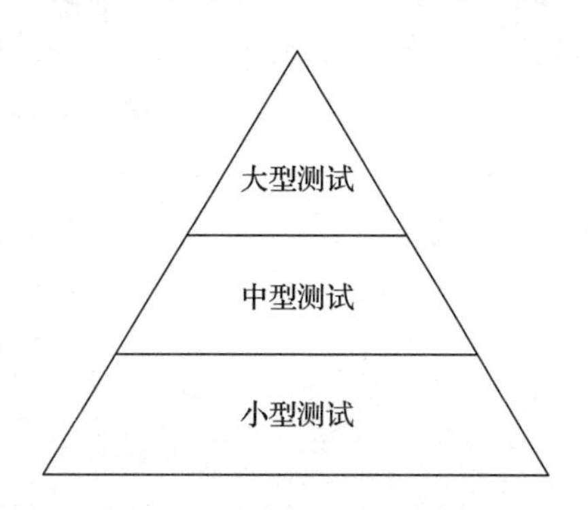

图 2-4　测试金字塔（Google 版本）

无论测试类型是什么，我们需要记住的核心点只有两个：

1）需要编写多个层级的测试；

2）越往上层走，集成范围越大，需要编写的测试数量就越少。

如果依照 Google 这种以范围大小来进行测试分层的方式，测试金字塔就可以不局限在功能自动化测试领域，而扩大到整个功能测试领域。

大家需要理解测试金字塔的本质，这样才可以设计出属于自己团队实际情况的测试金字塔。

3. 敏捷测试中测什么与怎么测

回到测试策略需要解决的问题本身，在敏捷测试中我们需要关注测试什么以及怎么测试？

敏捷测试中测什么？这有两个方面需要重点考虑：一方面是敏捷中的迭代测试；另一方面是敏捷中的发布测试。

（1）迭代测试

根据故事在敏捷开发流程中的重要性，迭代测试的核心是故事测试，我们需要考虑测试以下几个部分。

1）测试故事中的验收条件（需求）本身。在故事卡开卡（kick off）阶段，测试人员与业务分析师一起讨论故事卡中的验收条件是否完备，以及是否存在隐性的非功能性需求。

2）测试实现故事的程序。开发人员通过单元测试、集成测试等较低层级的测试来保证代码内部逻辑的正确性，测试人员基于开发人员已有的测试，从较高层级，如接口、UI 等测试来验证条件是否被正确实现。

3）测试故事的业务价值。测试人员、开发人员、业务分析师一起向客户进行演示，确保故事确实是客户想要的。

（2）发布测试

根据发布测试的长度与发布周期，分为两种流程。

图 2-5 所示的发布测试是系统经过很多次迭代后在发布版本前做的，图 2-6 则是一种较短周期内进行的发布测试，例如系统经过 2 次迭代（周期还可以更短）后在发布版本前做的发布测试的流程。

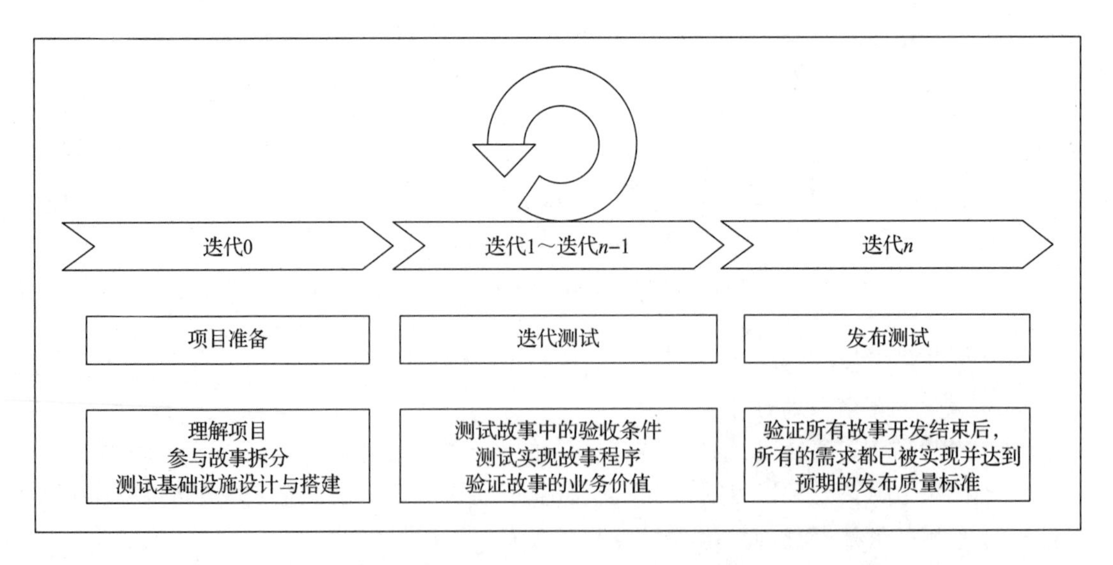

图 2-5 敏捷中的迭代测试与发布测试（n 次迭代后发布一次版本）

发布测试通常发生在发布版本前的一次迭代过程中，用于对系统做整体的功能验证和回归。发布测试包括了回归测试、用户验收测试（还有可能是 Beta 测试，这取决于我们定义谁是“用户”）以及系统级非功能性测试，如性能测试、安全测试、用户体验测试等。

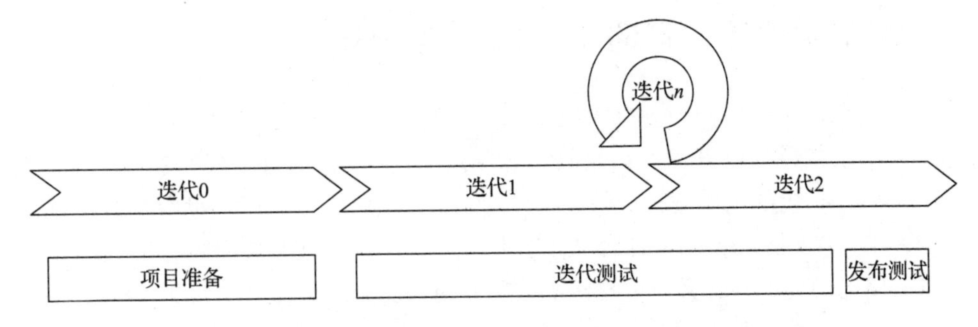

图 2-6　敏捷中的迭代测试与发布测试（2 次迭代后发布一次版本）

敏捷中的发布测试与传统的发布测试很相似，但需要注意的是，在优秀的敏捷实践中，自动化测试会在每次迭代结束前开发完成，因此，敏捷中的回归测试实际上每天都在运行，在发布测试阶段，自动化的回归测试已经在前一天晚上执行完成。除了自动化回归测试外，通常还会引入 Bug Bash，邀请整个产品团队中的其他角色进行 1～2 个小时的找 Bug 游戏。在加入大量的自动化回归测试后，敏捷中的发布测试周期可以被压缩到只有 1～2 天甚至几个小时，实现图 2-6 中的敏捷测试流程。

（3）敏捷测试中怎么测试？

首先，我们需要明确谁来测试。在敏捷中，测试是全团队的责任，敏捷更加需要 T 型人才，这与传统测试非常不同。基于团队中不同角色的技能优势，常见的分工如下。

1）测试人员是质量布道师，负责团队的测试用例设计、探索性测试执行、测试的赋能（如与开发人员结对实现 BDD、帮助评审开发人员的单元测试及集成测试设计等）。

2）开发人员是自动化测试的主要实施者。

其次，对于故事的测试会考虑以下内容。

1）根据被测试程序的具体实现考虑如何测试。

2）测试金字塔则会重点给出测试类型的比例。

3）故事测试时可以采用 Mock 手段，在依赖组件测试未完成时，可以先完成故事卡的测试。

4）持续的非功能性测试：从需求规划阶段就要考虑非功能性需求，在故事卡阶段考虑是否实施对应的非功能测试，以及如何在系统未完全开发完时进行非功能性测试。

再次，对于发布测试执行策略我们怎么设计。

1）测试环境要贴近生产的集成环境。

2）对回归测试，我们需要考虑自动化测试 + 脚本类手工测试 + 一定量的探索性测试 + Bug Bash。

3）对非功能性测试，我们需要在类生产环境中进行，甚至可以考虑在生产环境中进行。

最后，所有的自动化测试都应该在持续交付流水线上自动化运行，这样才能够保障测试的效果。

2.2 微服务中的测试策略

作为最早系统性采用微服务架构的公司之一的 Thoughtworks，一开始就在开发微服务系统中采取了敏捷模式，开发团队坚持 2 Pizza 的团队规模，每个团队有 1～2 名测试人员（Thoughtworks 内部叫质量分析师，与传统测试人员略有区别，兴趣的读者可以去官网查看招聘要求）。微服务系统的测试与上述敏捷测试有很多地方是相同的，只是由于被测微服务系统架构的特殊性，会有一些特殊的应对策略。由于微服务实现方式不止一种，因此为了便于讲解，本文所描述的微服务间通信采用的是基于 HTTP 的 RESTful API，实现框架为 Spring Boot。下面我们基于敏捷中的测试象限和测试金字塔来看微服务中的测试策略。

2.2.1 测试象限

首先，我们借鉴测试象限（矩阵）中的 4 个不同的象限作为微服务的测试象限。

其次，我们依照这 4 个领域思考一下微服务中应该有哪些测试？

最后，我们把它们合起来放在象限里。

厘清思路后，我们一个象限一个象限地看。

1. 面向技术、支持开发的测试

在 Lisa 的版本中，第一象限里只有单元测试和组件测试。对微服务而言，一个可部署的组件通常为单个微服务，它里面不仅仅包含一些类和方法，还包括了数据库和网络组件，因此除了单个服务的组件测试外，还应该包含一个服务内数据库以及网络组件集成测试，如图 2-7 所示。

除此之外，还有其他用来支持开发工作的测试吗？

要回答这个问题，我们就需要回想测试象限最初的版本，Brian 的测试矩阵。第一象限的本质是支持开发。

此时，大家脑子里可能会想到“契约测试”，更准确地说，在微服务的上下文里，它通常指的是消费者驱动的契约测试，更详细的契约测试相关内容会在后续章节中讲解。消费者驱动的契约测试所测试的是系统间 API 交互的规格（准确来说叫契约，这里叫规格是为了好理解），这显然属于软件的具体实现，与业务无关。更重要的是，它通过定义生产者服务的 API 引导开发。在生产者服务的 API 定义发生变化时，它又是代码行为变化检查器（请注意是原有行为发生变化，不是代码变化，因为重构也是代码变化，但是重构不改变代码行为）。

所以，契约测试应属于第一象限。

除此之外，代码静态分析技术越来越成熟，甚至可以在 IDE 中实时提醒开发人员要进行的代码质量测试，也应该属于这个象限。

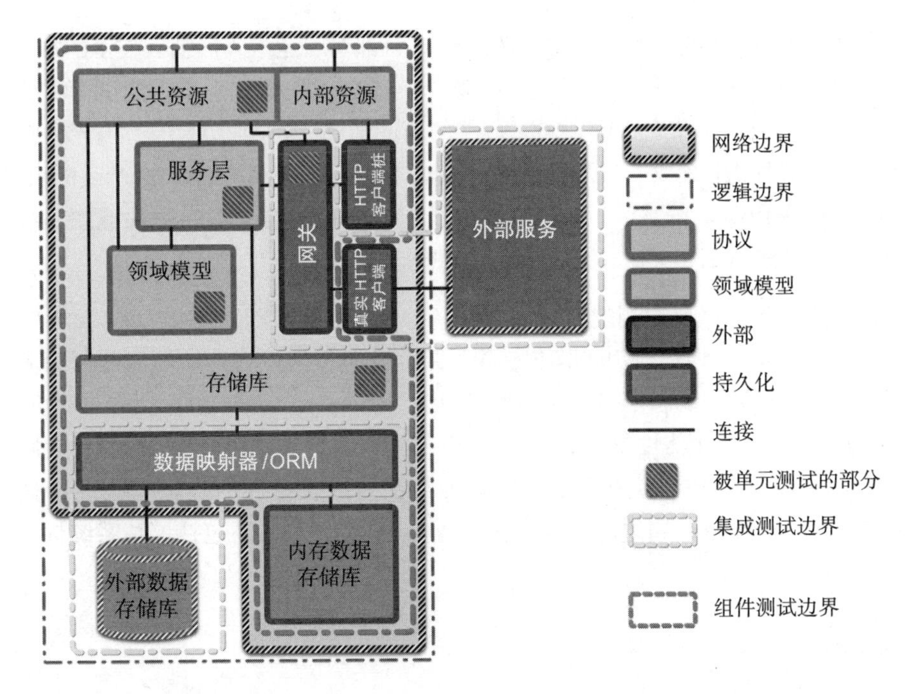

图 2-7　微服务中的单元测试、集成测试、组件测试（来源：martinfowler.com）

由于微服务是分布式的，服务本身是无状态的，一旦出现问题，问题定位对于开发人员来说非常棘手，因此 APM 与日志分析对于好的微服务系统必不可少。它们可以加快开发人员进行问题定位的速度，同时有助于提前发现潜在问题。那么 APM 和日志分析在笔者看来同样是面向技术支持开发的部分。有人会说 APM 和日志分析不是测试，但实际上我们只能说这不是传统意义上的测试，从第一象限本身的定位而言，它本身所包含的范围要远大于测试（见 Lisa 的 *Agile Testing*）。

2. 面向业务、支持团队的测试

笔者认为这个象限内的测试实际上都属于用户故事测试。前面笔者已经讲到了用户故事测试包含哪些内容，这里不再赘述。

这里需要特别提到的是，对于微服务而言，实例化需求是非常重要的。只有需求实例化，才能减少沟通带来的理解偏差，有了明确的需求实例才能引导团队实现业务并快速且准确地发布。

总体而言，这一个阶段的测试在微服务化场景下会做得较为轻量，以适应快速迭代开发的需求。

3. 面向业务、评价产品的测试

探索性测试、用户体验测试、用户验收测试都是常见的评价产品的测试。此外，线上用户的使用反馈也是评估产品的一种好方式。

微服务场景下每个服务都可以独立开发、测试、部署、运维，加上云技术的加持，微服务下评价产品的方式更加多样，并且成本更低。例如金丝雀测试、A/B 测试等方式能够让部分用户更早地看到新产品或者看到同一产品的不同形态，再通过对用户的行为进行监控，例如监控用户的页面点击行为、页面停留时间等，去更准确地评估用户对产品的反馈。

不过，是否采用金丝雀测试、A/B 测试、线上用户行为监控等生产环境测试技术来评估，是与产品的质量目标相关的，后面我们会讲到。

4. 面向技术、评价产品的测试

这个象限中包含了评估产品的非功能属性，常见的包括评估产品性能的压力测试、容量测试等；评估安全性的动态扫描、渗透测试等。

对于微服务而言，评估性能的测试还可以借助于生产环境，包括将线上流量复制到线下的流量回放测试，以及将未完全开发好的功能通过技术性的隐藏直接发布到生产环境，然后在生产环境中进行测试的暗发布（dark launch），最后还包括评估系统韧性的混沌工程。

2.2.2 测试金字塔

微服务中的测试金字塔在 martinfowler.com 网站上有 8 年之久，已经被大量引用，这里不再赘述，如图 2-8 所示。可以看到，其与 Mike Cohn 版的测试金字塔形状相似，但测试类型更多，而且包含了探索性测试，这个测试金字塔已经不是单纯对自动化测试的指导策略，而是更加完整的测试指导策略。按照这样的逻辑，我们是可以设计出自己的微服务测试金字塔的。

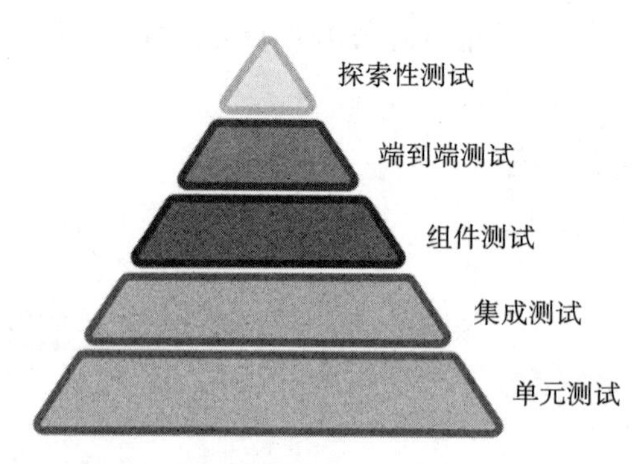

图 2-8 微服务中的测试金字塔（来源：martinfowler.com）

1. 自定义微服务测试金字塔

图 2-9 是笔者基于常见的大型微服务系统中采用的测试类型设计的自定义测试金字塔，额外增加了静态代码分析以及契约测试。静态代码分析不需要代码实现全部完成，即使是对一行代码也可以分析，依赖性最少，而且仅针对增量代码进行扫描时，速度也很快。契

约测试同时包含两种类别的测试：一种是单元测试；另一种是 API 测试。契约测试貌似不好映射到微服务测试金字塔里，但如果我们从测试的目的、集成的范围大小以及投入来看，它应该位于组件测试与端到端测试之间。

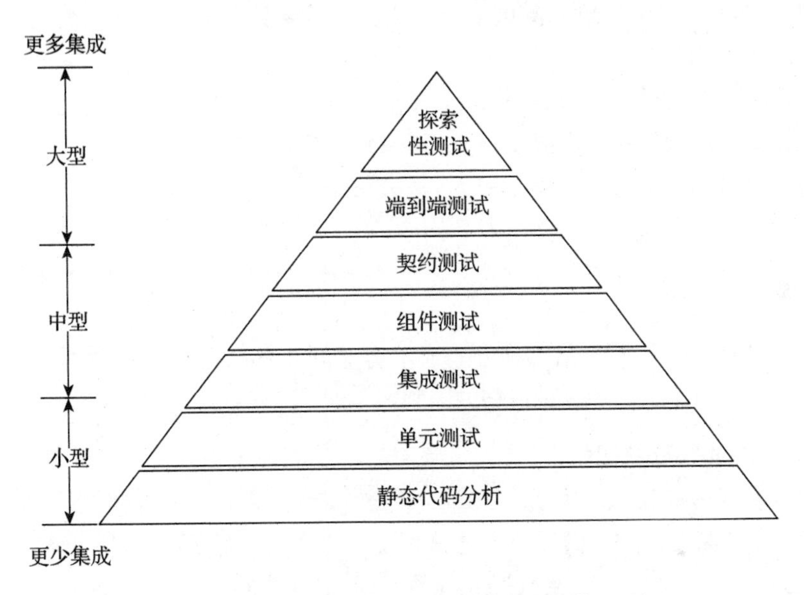

图 2-9　自定义的微服务测试金字塔

2. 微服务测试金字塔的变形

相信了解微服务测试金字塔的读者已经多少了解一些不同形态的测试金字塔，如图 2-10 所示的 Spotify 所指出的蜂巢型，便是被很多人拿来讲的另一种测试策略。

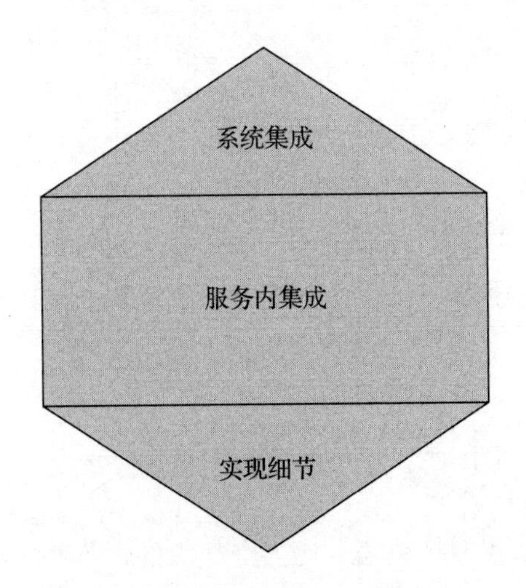

图 2-10　Spotify 的蜂巢型微服务测试策略（来源：engineering.atspotify.com）

此类测试金字塔被提出的初衷是解决单个服务内部业务变化过于频繁，导致代码实现变化也非常频繁的问题，它认为最下层的测试数量应该尽量少。但需要注意的是，在这个测试金字塔里最下层是对具体实现细节的测试，并不是单元测试。而这一点恰恰符合单元测试的基本原则：正确的单元测试不应该测试类的具体实现，而应该测试类的行为（即 public 接口）。

Martin Fowler 网站上“The practical test pyramid”一文中，有一个典型的示例。

好的单元测试：如果我输入值 x 和 y，结果是否会是 z？

坏的单元测试：如果我输入值 x 和 y，该方法是否会先调用类 A，然后调用类 B，最后返回类 A 的结果加上类 B 的结果？

我们不应该关心微服务中的 Service 类具体调用了哪些其他类，以及测试类具体实现的细节。

策略不应该僵化，要看当前哪种方式成本会更低，永远在稳定的层级上做测试成本最低。后面我们会专门讨论影响测试策略的因素。

3. 微服务中的缺陷过滤器

曾遭遇过重度污染天气的家庭多少都购买过或者考虑购买空气净化器。空气净化器采用的是分层过滤的策略，一方面保证了过滤的效果；另一方面有效控制了过滤的成本。

图 2-11 展示了一个常见的空气净化流程。预过滤为第一道防线，拦截大颗粒的污染物，其更新成本最低，可以经常更换或者清洗，最后一层是 HEPA 高精度滤网，它拦截颗粒最小的 PM2.5，成本最为昂贵。之所以在 HEPA 滤网之前加多层源网是为了避免使用高精度的 HEPA 滤网去拦截大颗粒的污染物，在不牺牲过滤效果（实际上效果会更好）的情况下，延长高精度滤网的寿命，从而降低长期使用成本。

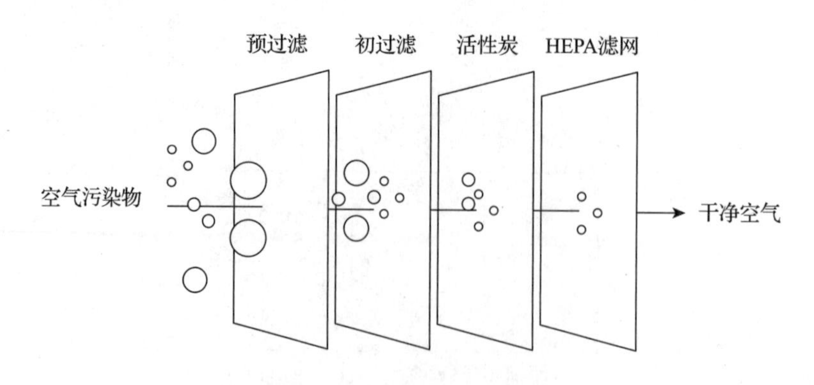

图 2-11　空气净化分层过滤器

在微服务测试中，假如我们把缺陷类比为空气中的污染物，将不同层的测试看成滤网。那么我们就可以获得一个如图 2-12 所示的软件缺陷过滤器。

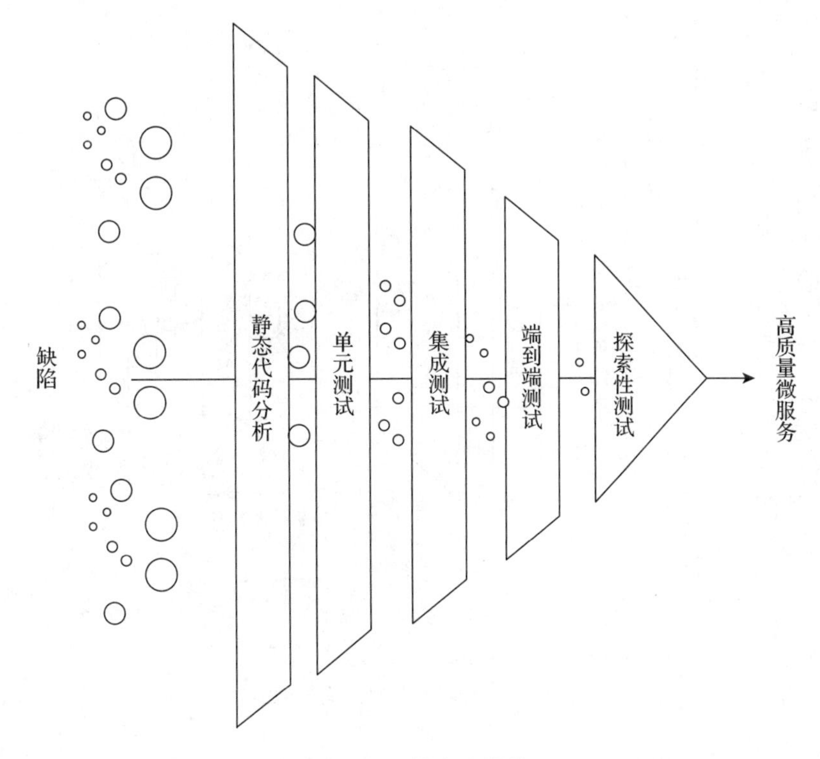

图 2-12 缺陷过滤器

手工探索性测试能够发现对业务价值影响更大的缺陷，属于高价值的测试方法，但是它是昂贵的，因为集成度越高，所采用的测试越偏向“黑盒”性质。如果将整个软件系统都视为黑盒，那么就意味着我们在对大量的代码做非常间接的测试。如同空气净化中的 HEPA 滤网一样，假如只使用高层次的测试来保障质量，发现缺陷的成本将非常高昂。因此，通过多层次、大量小规模的测试可以让测试的效率更高。

此外，软件测试是难以穷尽的，缺陷分层过滤器仍然会让缺陷逃逸到用户那里，微服务的生产环境测试也比较重要，我们需将逃逸到生产上的缺陷影响尽量降到最低。降低影响范围的方式包括减少遇到缺陷的用户，控制缺陷持续的时间，在缺陷没有造成影响前发现它。

那么我们就可以在图 2-12 中加上发布控制（金丝雀测试、A/B 测试等）、监控（应用性能、基础设施）以及日志形成微服务的缺陷过滤器，如图 2-13 所示。

2.2.3 环境管理策略

一般对小团队而言，3 类环境基本就可以满足需求：开发环境（DEV）、测试环境（QA/SIT）、生产环境（Prod）。

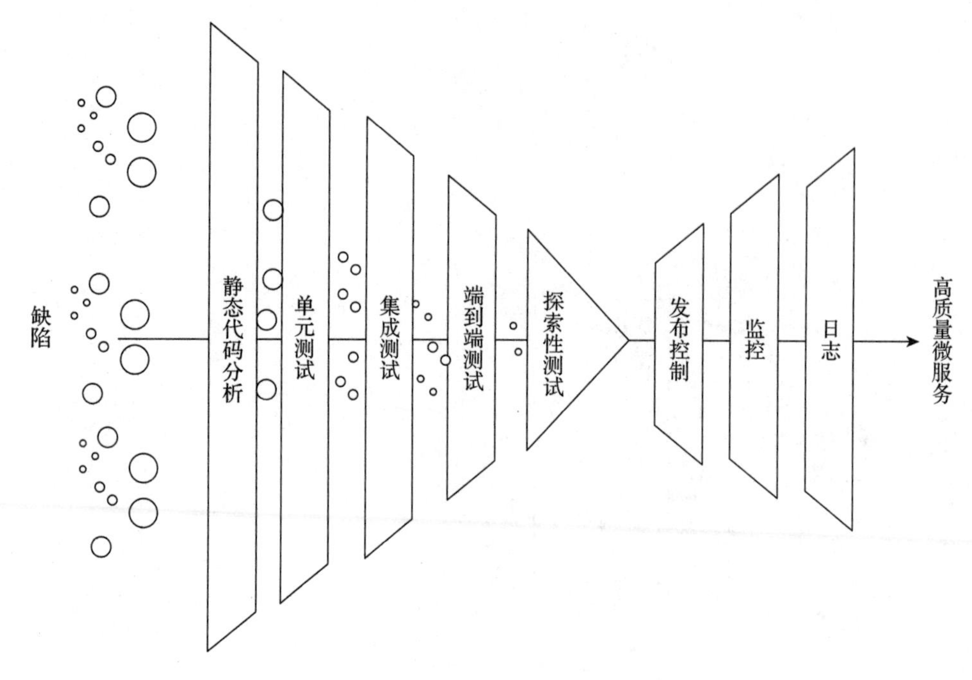

图 2-13 微服务中的缺陷过滤器

而在常见的大型微服务团队中，我们经常见到 5 类环境：开发环境、测试环境、用户验收测试环境（UAT）、预生产环境（Staging）、生产环境。

之所以这么分，是因为在微服务开发中，不会等所有的微服务都开发完成才进行测试，而是会尽可能早地进行验证来发挥微服务的分布式开发优势，因此这几个环境最重要的区别是当前被测试系统的用途及其外部依赖系统的真实程度，具体见表 2-1。在微服务中，不同的服务可能由不同的团队开发，当开发 Service A 时，开发人员在本地开发完成自己负责的功能后，会将 Service A 单独部署起来，验证功能是否正常。假如正常，开发人员可能会默认自己的功能开发好了。然而，此时正在开发 Service A 的开发人员可能是多个人，正在并行开发多个功能，可能产生开发人员意想不到的问题，因此我们就需要另一个测试环境让测试人员进行 Service A 中多个功能的集成测试。当 Service A 验证无问题后，此时 Service B 也可能在同步开发。从整个微服务系统来看，如果整体向外提供业务功能，则需要对多个 Service 再次做集成测试，这就需要另一个部署了多个团队、多个服务的测试环境，对所有的服务进行系统集成测试。假如我们还有支付的服务、订票的服务，那么意味着当前的微服务中除了测试自己的微服务外，有些场景还需要与外部的服务进行集成验证，验证集成后系统是否可以正常工作，同时要让内部用户进行业务验收测试，此时就考虑使用用户验收测试环境。

表 2-1　微服务中的环境管理

环　境	用　途
开发环境	用于开发人员调试，自测试环境。一般不集成其他微服务，也不集成第三方依赖
测试环境	用于测试人员进行故事测试、功能测试，与其他服务集成，集成少量必要的第三方依赖
用户验收测试环境	用于回归测试、用户验收测试，与其他服务集成，并集成绝大多数第三方依赖服务
预生产环境	用于发布前验证，会使用脱敏的真实线上数据，集成所有内部与外部的第三方系统，与生产环境几乎完全相同的软硬件和网络规格
生产环境	线上环境

此外，对非功能特性要求很高的团队，还会有专门的非功能测试环境（如性能环境、安全环境、可靠性测试环境等），但并不是所有的团队都会这么分。有些团队受限于意识、流程或团队资源等原因，仅仅有功能测试环境，并不会单独去申请非功能的测试环境，例如使用用户验收测试环境作为性能测试环境、安全测试环境，或者是将预生产环境作为性能测试或安全测试环境等。

当我们开发单个服务后，需要部署到测试环境进行端到端测试，其中值得探讨的是对测试环境的管理。当前有 3 种不同的思路来管理这一层级的测试环境：完全共享的测试环境、完全独立的测试环境、动态虚拟测试环境。

（1）完全共享的测试环境

完全共享的测试环境是最为常见的一种形式，所有微服务开发的最新版本都要部署到同一套环境中。如图 2-14 所示，我们有 3 个微服务团队分别开发 A、B、C 三个微服务：当 A 服务有一个新功能开发出来后，即将 A+1 版本服务部署到测试环境中；当 B 有新功能时，B+1 版本也会部署到同一套测试环境中；当 C 有新版本时，也会部署到同一套环境中。

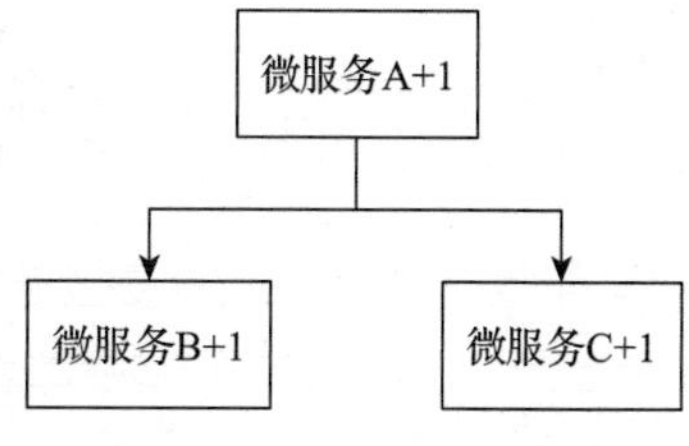

图 2-14　完全共享测试环境

这样做的好处有两点：一是可以尽早与其他微服务团队的工作进行集成；二是节省环境资源。

但这并不是没有代价的，首先，如果各个微服务的开发质量都不是很高，那么大家很难有一个稳定的端到端测试环境；其次，当出现问题时，到底是 A 服务出现了问题，还是 B 服务出现了问题，比较难以快速定位出来。

（2）完全独立的测试环境

完全独立的测试环境指每个微服务团队都维护自己的一套完整的微服务环境，如图 2-15 所示。A 服务团队在测试环境中只会部署其他服务的稳定版本，B 服务团队、C 服务团队也一样。它的好处是，解决了其他微服务不稳定导致测试效率下降的问题。但当一个特性横跨多个服务的新版本时，在当前环境就无法验证了。此外，完全独立的测试环境还存在环境数量过多导致的资源利用率低、管理复杂的问题。

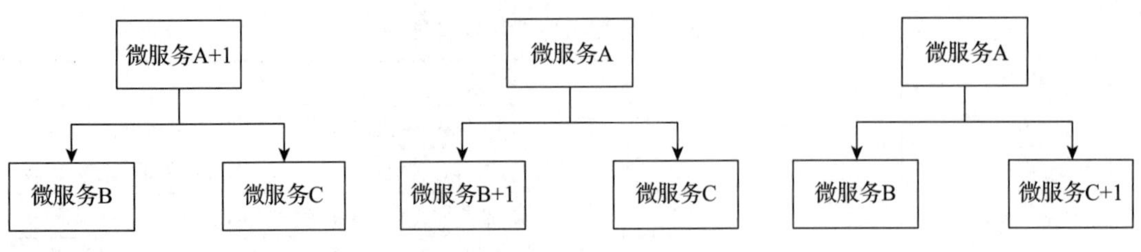

图 2-15 完全独立的测试环境

（3）动态虚拟测试环境

动态虚拟测试环境指团队成员可以根据需要随时创建出一个微服务测试环境。一般我们会在当前稳定环境的基础上，加入某个或者某几个服务的新版本来动态创建虚拟环境，典型的环境如图 2-16 所示。这种方案可以提高大型团队的资源利用效率，同时降低维护的复杂度，因为并不是所有团队都需要创建完整的环境。我们可以通过复用公共基础环境，只创建与基础环境不同的服务，然后通过流量控制技术将不同的请求路由到对应版本的服务上，便可以实现该方案。假如你的团队正在使用 Istio，那么恭喜你，Istio 能帮助你在很大程度上实现定向路由，如果没有，则笔者建议尽早考虑迁移到 Kubernetes 和 Istio 上。

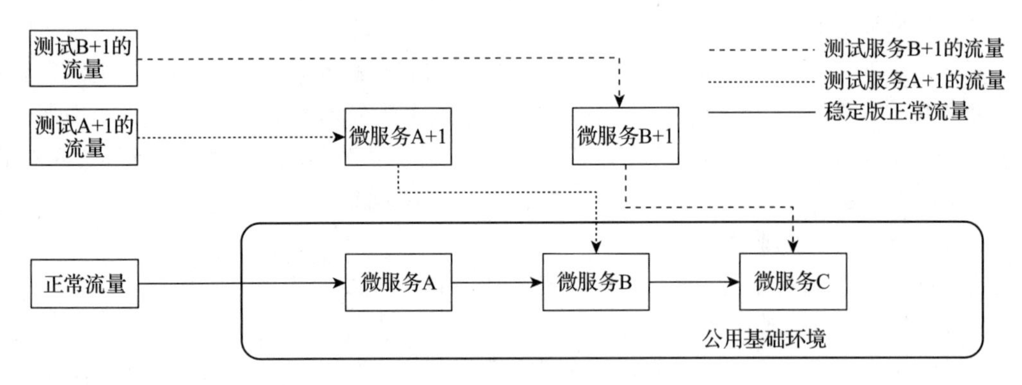

图 2-16 动态虚拟测试环境

2.2.4 流水线策略

没有流水线支撑的微服务是难以想象的，接下来，我们了解下如何利用流水线策略来加速质量反馈速度。

通常有两级流水线：一级是单个微服务的流水线；另一级是整个微服务系统的流水线。图 2-17 展示了一种相对复杂的流水线。

虽然图中有两级，但并不意味着这两级流水线是两条流水线，其实它们应该是一条流水线。之所以在测试环境中合并到一起，是因为从这时起所有服务开始向同一套环境部署。

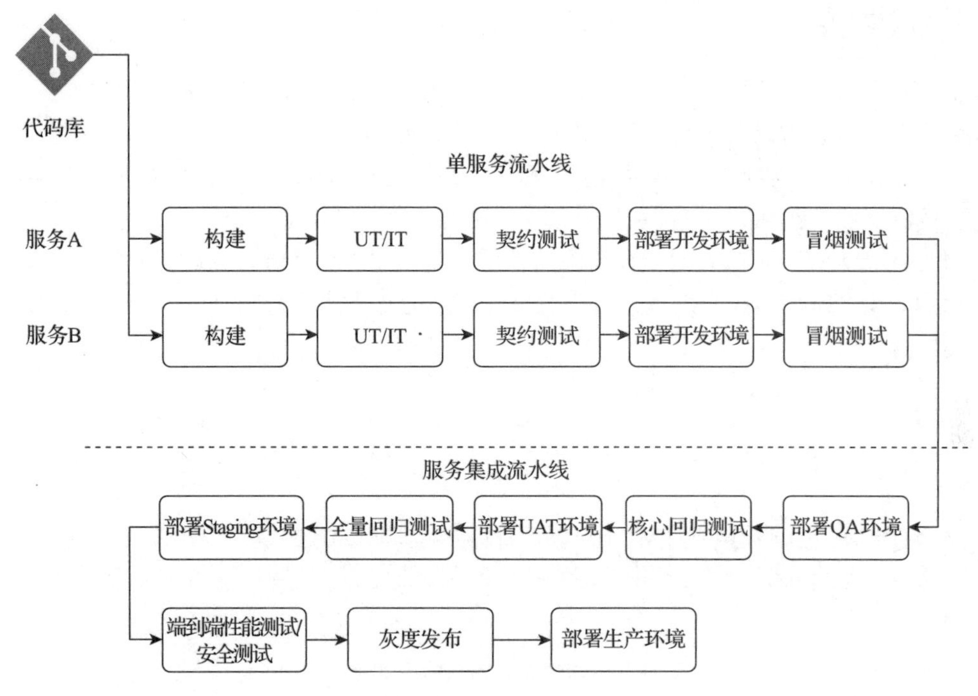

注：因版面空间所限，测试环境类别采用英文（缩写）表述。

图 2-17　微服务下的流水线示例

注意　当服务发布时，有两种可能：一是所有的服务开发完成后一起发布；二是每个服务单独发布。

第一种曾被戏称为分布式单体，即每个服务可以独立开发、测试、部署，但无法独立发布。

第二种是更加标准的微服务系统，每个服务可以做到独立发布。

笔者见过的绝大多数团队都采用第一种形式，除了架构没有实现足够的松耦合外，其中另一个重要的因素就是其流水线上的分层测试类型覆盖不足，执行效率不高，无法给予团队足够的信心。

2.3　影响微服务测试策略制定的因素

前面讲到的是理想中微服务的测试策略，但是现实中会存在各种各样的限制，让我们无法按照理想情况来进行测试。这刚好阐释了策略是一种平衡的艺术。那么接下来一起看一下有哪些因素会影响微服务测试策略的制定。

2.3.1 质量目标

质量目标对测试策略制定的影响非常大，因为它决定了我们对质量风险的承受程度。对风险的承受程度越低，我们需要的测试种类可能就会越多，测试的颗粒度可能越细，以至于在极端场景下，我们需要穷尽所有的测试方法与测试路径。相反，如果承受能力很高，所需要的测试种类就更少，粒度更粗，只要系统能正常工作即可。

图 2-18 展示了不同领域对质量风险的承受程度，左边承受能力最低，这些领域不希望缺陷逃逸到生产环境被用户发现，而最右边对风险的承受能力最高，可以让用户来发现问题再反馈给我们。

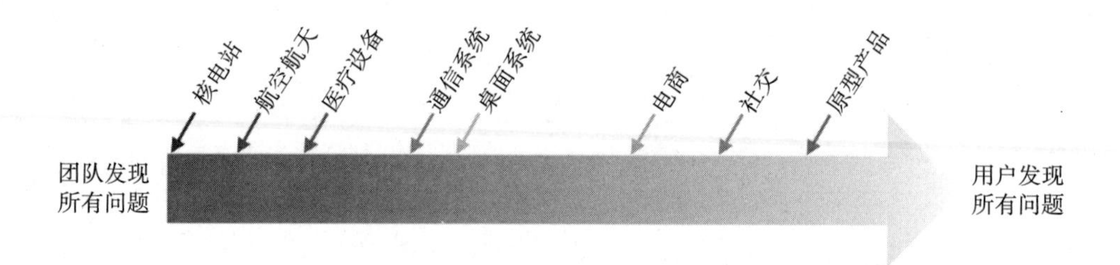

图 2-18 不同产品对团队的质量要求不同

所以，在确认是否适用于生产环境的测试时，我们需要考虑自己的产品属于哪个领域，自己的用户对线上缺陷的容忍程度。假如可以容忍，我们可以通过生产环境的测试换取一定的交付响应能力，通过降低缺陷造成的影响来保证软件质量在可接受的范围。假如不可以容忍，那么我们需要将更多的精力放到生产部署之前，严防缺陷逃逸到线上。在这种模式下，甚至于微服务都不建议独立发布，而是需要与其他服务进行集成测试后才可以上线。

2.3.2 被测系统的具体实现与可测试性

如果我们确定了质量的目标，那么系统的可测试性决定了测试的成本。例如被测试系统代码大量使用了全局变量、类之间耦合严重，那么单元测试的成本可能就很高，因为这类测试将与具体的实现严重耦合，非常脆弱，其可测试性非常差。

可测试性是分层测试思想的重要基础。对于面条式代码的系统，前面金字塔中提到的小型测试、中型测试的实施成本很高，甚至难以测试，因此团队容易倾向于采用端到端测试，例如在图 2-19 中，该系统仅在 UI 层有可测试性。

观察系统（或模块）是否具有可测试性，需要考虑两个因素。

1）**可被控制的输入**：被测试对象的输入可以被定义，而且可被外部控制和进行输入。

2）**可被观察的输出**：被测试对象的输出可以被定义，而且可被外部观察和获取。

我们通过上面两个要素来划分被测试系统（或模块）的边界，为测试提供入口。在面条式的系统内部，各个模块之间调用复杂、混乱，要清晰定义每个模块的输入 / 输出是很困难的。没有边界就没有入口，没有入口就无法测试。

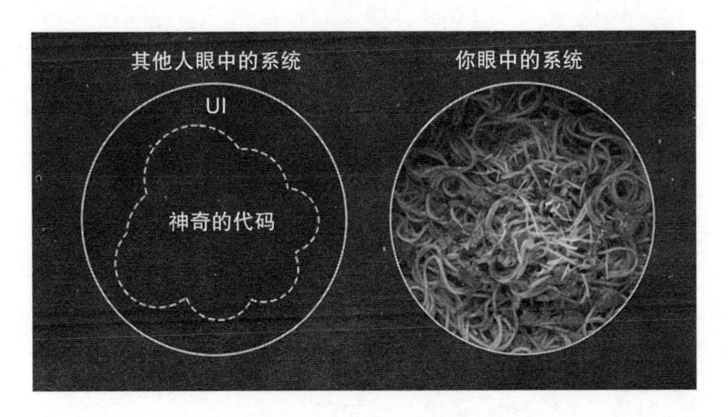

图 2-19　面条式的系统

在微服务中，每个服务都要有明确的 API 定义，所以理论上微服务系统中 API 的可测试性是比较好的。但是类的可测试性就需要大家额外关注，以便于可以通过单元测试进行更快的测试。一个可测试性好的代码，内部质量更高，往往其响应变化的能力也更高，长期维护的成本更低。

2.3.3　人员能力

人员能力也是影响测试策略的重要因素。我们常见的情形是，在一些初级的团队中让开发人员写单元测试并不是一件容易的事。由于没有单元测试对微服务的快速交付进行保障，因此团队会倾向于大量用端到端测试和手工测试，造成第一象限中的测试不足。如果测试人员的自动化能力也不强，则整个团队的自动化测试都可能有问题。

因此，测试微服务架构对于团队人员的能力有较高的要求，如果想更好地实施微服务测试，团队所有的成员都需要提升自己的技能。

2.3.4　开发与测试的协作模式

基于康威定律"设计系统的架构受制于产生这些设计的组织的沟通结构"，即系统架构本质上反映的是组织架构，为了更好地实施微服务架构，需要有兼容微服务架构的组织架构。微服务的组织架构应该切分成一个一个的独立全功能团队，它们负责各自微服务的整个生命。因此，微服务架构期望开发、测试人员在同一个团队。

但是在现实中，由于种种原因，开发与测试团队可能是割裂的。*Organizational Patterns of Agile Software Development* 一书直接指出：违反康威定律的项目将遭遇麻烦，当然这样并不是不能做好微服务，而是代价将极为高昂。由于无形的部门墙存在，双方沟通的成本很高：开发人员并不知道测试人员怎么测试，测试人员也不知道开发人员如何测试，到最后分层测试的结果会演变成两个团队大量进行重复性测试。而在时间有限的情况下，团队难以获得好的测试覆盖率，因为测试资源都被重复测试给消耗掉了。

笔者真实地见过这样的团队，为了在有限的时间内完成测试，每次代码修改团队都会反复测试核心场景，在回归测试时，也没有时间有的放矢地进行回归测试集的选择，而是随机挑选。最终的结果是测试团队频繁回归测试，开发团队频繁修改缺陷，却依然造成漏测。

对于那些长期从事关键系统开发，基于过去的经验仍然坚持独立测试团队的企业，笔者的建议是，我们可以考虑保留独立测试团队，让他们在用户验收测试环境介入，进行“传统的系统集成测试”，以保证关键系统高质量上线，但同时抽调一部分测试人员进入开发团队进行真正的微服务测试，以满足康威定律。

2.3.5 产品演进的不同阶段

我们想一想，任何一个软件产品都会经历这样几个阶段：试验阶段、快速增长阶段、成熟阶段、维护阶段、大幅重构或重写阶段。

在**试验阶段**，验证产品可行性是最重要的，我们需要测试的功能可能在下一次迭代中就已经没有了，或者被进行了大幅度的修改。在这个阶段，假如团队编写自动化测试有难度，那么团队很可能会决定不用任何自动化测试，主要靠手工测试保证业务功能。而编写自动化测试非常熟练的开发人员可能会考虑使用 BDD 或者 TDD 的方式，但这部分人员整体数量并不多，则团队在这个阶段更不会考虑开发各种测试代码并将其按金字塔型比例分布。

在**快速增长阶段**，已经证明了产品是可行的。此时，团队对产品质量就有了一定的要求，功能性的缺陷要尽可能少一些，同时需要考虑加入性能测试，去验证系统是否能够应对业务的快速增长。此时，一些核心的业务行为大概率已经成形，因此需要考虑引入检查代码行为变化的测试作为回归测试。单元测试、集成测试、组件测试、端到端测试都开始慢慢有了，防护网逐渐建立起来，以保证新业务的代码变化不会破坏已有的代码行为。此时测试种类开始丰富，有能力的团队开始向测试金字塔靠拢来实现测试效果与测试成本的平衡。换句话说，团队在这时会期望有最优的测试策略。

在**成熟阶段**，产品的需求稳定、节奏可控。此时，为了维持用户对产品的好感，我们开始雕琢软件，期望它的质量越来越好，团队开始重视软件的内部质量，会给系统加入更多单元测试、集成测试，来获取更高的测试覆盖率，同时会通过可测试性来验证当前架构的可维护性。有追求的团队，此时会尽可能地实现金字塔式的测试策略。

在**维护阶段**，新需求已经很少，多数是对缺陷的修复。团队会根据缺陷发生的原因，确定到底应该将测试加到哪一层：如果是逻辑的问题，那么可能用单元测试；如果是服务间交互的问题，可能用契约测试或者集成测试甚至端到端测试来修复。有些之前测试写得很少的团队，此时测试分层结构可能就是个倒金字塔型，那么再按测试金字塔来执行已经没有意义了。测试是需要基于风险来考虑的，如果我们清楚这块出现问题的风险非常低，就没有必要投入时间去加测试了。

在**大幅重构或者重写阶段**，往往因当前架构无法支撑业务的发展，此时下层代码要做较大的调整：有些服务要去掉，有些服务要合并，有些服务要被拆分。在这个阶段，测试的核心目标是保证重构业务的正确性。显然越上层的自动化测试对重构的包容性就越大，因为无论里面怎么变，只要对外的接口、GUI 不变，测试结果就是正确的。而底层的单元测试就不一定了，这取决于下层代码里哪些部分是稳定的。假如领域模型是稳定的，只是数据库要换，那么针对领域模型的单元测试是不用变动的，而数据访问层的代码可能需要修改，这会导致之前的集成测试被废弃。如果服务需要重新拆分，那么我们可能会优先增加组件级的接口测试，确保新的微服务 API 表现出的是我们预期的行为。在大部分重构期，真正有效的测试金字塔模型可能是蜂巢型、冰激凌型的，也可能是沙漏型的。

2.4 微服务的测试策略实战

前面我们介绍了微服务测试策略的内容以及影响因素，下面基于实例来看看微服务测试策略实战。我们并非只是设计一个形式化的测试策略，而是将读者带入一个新的微服务团队中，通过前面学习到的知识来设计我们的测试策略。

那么制定策略的基础是什么？笔者认为应该是我们掌握的信息——我们的系统到底是怎样的？由怎样的团队来开发？

由于微服务系统的功能、服务的数量、每个服务的架构都可能是变化的，因此一个实战的策略也一定是不断更新的，测试人员也会从设计整体性的策略，逐渐转向针对具体场景的微观测试策略。

2.4.1 迭代 0

迭代 0 是敏捷开发中的重要阶段，我们在这个时间了解系统开发的背景、团队成员、开发测试的流程、技术栈、测试策略、测试环境信息、部署流水线、编码实践（规范）及开发中可能存在的问题、风险及应对方案。

假定读者作为一名微服务测试专家加入了一个新项目。该项目需要开发一个电商系统后台，需要包含订单管理、产品管理以及库存管理等模块，团队架构师计划采用微服务架构。作为测试专家的你，可能会采取以下策略。

首先，需要有一些套路来指导测试策略设计，通常这个套路是业界“最佳实践”。

其次，需要了解你的被测试系统，并收集影响测试策略制定的因素。

再次，如果你收集到的信息会让制定出来的测试策略偏离最佳实践，如存在开发人员不愿、不会写测试代码，以及测试环节与开发环节分开等人或流程的因素，那么需要考虑是否通过给团队赋能等影响团队的方式来让测试策略尽可能贴近最佳实践。你仍要理解会有不可控的因素导致该策略并非业界的最佳实践，该策略却很可能是符合团队现状的最佳实践。

最后，你需要与团队讨论你的测试策略，并达成一致。

对于测试策略的业界最佳实践，前面已经反复讨论过：一是，通过测试象限来启发团队思考，哪些测试是我们需要考虑的测试类型；二是，采用测试金字塔来指导我们对不同测试类型的投入程度。

迭代 0 提供了很好的时机让你能够拿到初步的信息，制定迭代 0 版的测试策略。

1. 确定测试类型有哪些

首先，从质量目标出发。对于电商项目，业务同事提醒我们，该行业属性特点要求我们既要快速交付，又要保证较高的质量。你立马意识到这必然需要依赖高度的自动化测试以及部署流水线，而从行业最佳实践来看，测试左移到开发过程中缩短反馈周期，以及右移到生产测试进一步控制发布风险是我们理想的策略。

其次，随着用户的增多，系统未来对于性能会有一定的要求，因此需要考虑性能测试。而电商系统中往往保存有用户敏感信息，安全测试也是我们需要加入到测试策略中的。通过与业务方及开发主管的讨论，得知我们是一个单纯的后台系统，没有 UI，其大致架构如图 2-20 所示。

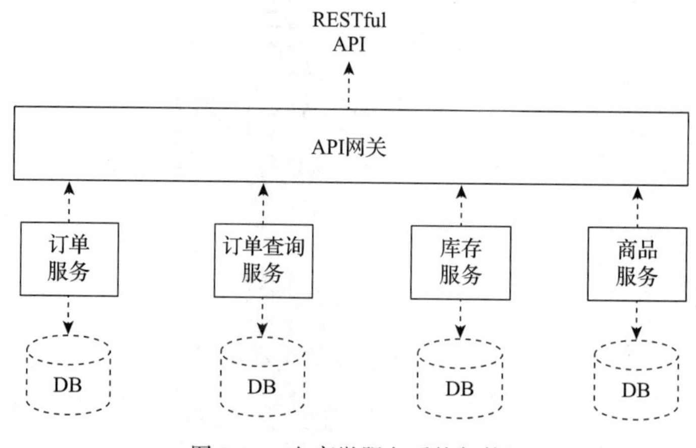

图 2-20 电商微服务系统架构

再次，由于敏捷推崇个体和互动高于流程与工具，因此你没有纠结于如何编写出一个完善的测试策略文档，而是基于测试象限梳理了自己的想法，快速画了一个线框图，如图 2-21 所示。你召集团队进行了第一次讨论。

讨论中你会发现，团队中部分开发人员没有写过自动化测试，对于单元测试、组件测试、契约测试都没有经验，因此有些开发同事对你的测试策略提出质疑，并表示，如果要做自动化测试应该是由测试人员熟悉的端到端测试占主导。

幸运的是，虽然开发主管认同其他开发人员提出的端到端测试的必要性，但是他对单元测试、组件测试、契约测试的投入更加支持。他也提到了一个重要的点，端到端测试失败时，跨服务定位问题会花费较多的时间，在微服务场景下，最好有调用链追踪以及日志收集分析工具的支撑，来加快问题定位的速度。

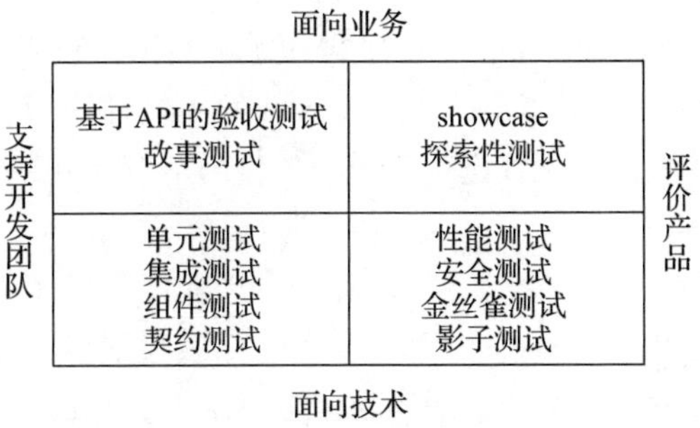

面向业务
支持开发团队
评价产品
基于API的验收测试
故事测试
showcase
探索性测试
单元测试
集成测试
组件测试
契约测试
性能测试
安全测试
金丝雀测试
影子测试
面向技术

图 2-21　电商微服务系统的测试象限 v1.0

对于线上的测试，大家在讨论后觉得当前阶段有些困难，当前团队中并没有人有能力构建影子测试以及金丝雀测试，因此只能暂时放弃了。

接着你与开发主管一起找到愿意参与测试技术构建的同事，开始对所有涉及的测试框架、监控工具以及示例测试代码等任务进行了分工，计划都在迭代 0 版本构建出来。与此同时，对于不会写测试代码的开发人员，大家制订了培训计划，在迭代 0 阶段进行初步的测试知识普及，并在后续的迭代 *N* 中持续培训。

最后，你提到除了测试策略外，我们还需要 DevOps 工程师过来做 CI 与环境部署自动化工作。在谈论的过程中，你幸运地发现，这名 DevOps 工程师曾经帮其团队进行过金丝雀发布的工作。

至此，新的测试象限被画出来了，如图 2-22 所示。

面向业务
支持开发团队
评价产品
基于API的验收测试
故事测试
showcase
探索性测试
单元测试
集成测试
组件测试
契约测试
APM/日志分析
性能测试
安全测试
金丝雀测试
面向技术

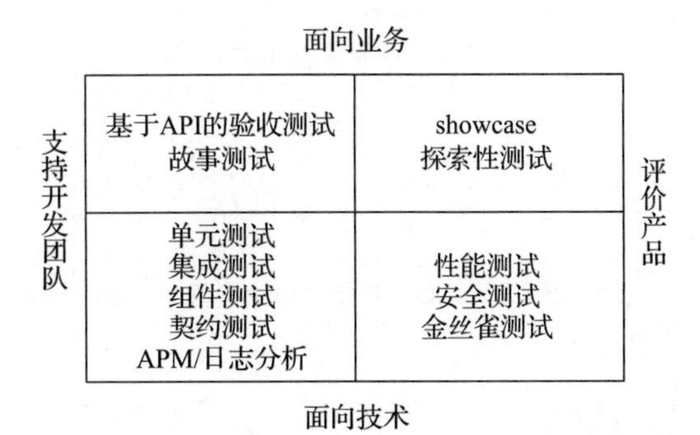

图 2-22　电商微服务系统的测试象限 v2.0

按照计划，你与团队将上面的工作都细化成技术性故事卡，开始向测试象限所需要的各种测试都迈出了第一步。

2. 构建自动化测试模板与基础设施

接下来为了构建自动化测试模板，需要决定采用哪些自动化测试框架与工具。作为测试专家，你首先想到实现微服务的技术栈是 Spring Cloud，团队都是 Java 背景的开发。从这样的背景出发，开发同事可以用 Java 的 JUnit 框架，组件测试可以用 RestAssured。API 端到端测试用 Postman 更加合适，Postman 可以做手工测试，对于简单场景添加一点断言即可方便地转成自动化测试。有了初步的方案，等开发主管构建微服务的时候，就可以正式与团队开发自动化测试模板了。下面选择订单服务作为示例来介绍实施过程。

（1）单元测试

在准备单元测试相关工具时，一位开发人员提到之前少考虑了 Mock 框架，并推荐 PowerMock，说它十分强大，但是作为测试专家的你敏锐地发现了一个问题：PowerMock 有十分强大的 Mock 静态方法、构造器的能力，主要用于去 Mock 测试那些原本没有可测试性的代码，对于经验丰富的开发，用它测试缺乏可测试性的遗留代码是很有效的，但是对于新项目，这种能力在某种程度上容易让人忽略代码应该具有可测试性这一重要的质量属性，特别是对缺乏经验的开发人员而言，这不利于帮助他们建立好的编码习惯。因此，你私下找到开发主管，给他阐明 PowerMock 这种黑科技可能带来的副作用，并提出了以当前团队的能力现状没有必要使用 PowerMock，即使使用了它，也可能难以驾驭，因此最好直接采用 Mockito。

单元测试工具已准备好，该写测试代码了，先测试哪个类呢？你与开发主管讨论后决定，应该先从价值最高、变化相对不频繁的类入手，于是选择了领域类 Order.java，它通常位于 model 目录下，如图 2-23 所示。

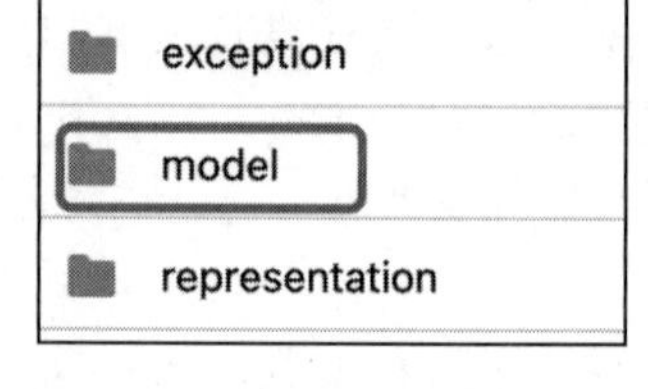

图 2-23　Order.java 所在目录

该类的代码如代码清单 2-1 所示，里面有 Public 方法，也有 Private 方法，并非所有方法都要写单元测试，通常应该测试 Public 方法。

代码清单2-1　订单服务的领域类示例

```
public class Order {

    public static Order create(String id, List<OrderItem> items, Address address) {
    }

    private static BigDecimal calculateTotalPrice(List<OrderItem> items) {
    }

    private void raiseCreatedEvent(String id, List<OrderItem> items, Address address) {
    }

    public void changeProductCount(String productId, int count) {
    }

    private OrderItem retrieveItem(String productId) {
```

```
    }

    public void pay(BigDecimal paidPrice) {
    }

    public void changeAddressDetail(String detail) {
    }
}
```

作为单元测试示例，我们对创建订单的方法 create 进行测试，测试代码如代码清单 2-2 所示。

代码清单2-2　领域类的单元测试示例

```
class OrderTest {
    private Address address;
    private OrderItem orderItem1;
    private OrderItem orderItem2;

    @Before
    public void setUp() {
        address = Address.of("陕西", "西安", "钟楼");
        orderItem1 = create(newUuid(), 1, valueOf(50));
        orderItem2 = create(newUuid(), 1, valueOf(100));
    }
    @Test
    public void shouldCreateOrder() {
        Order order = Order.create(newUuid(), newArrayList(orderItem1, orderItem2),
            address);
        assertEquals(CREATED, order.getStatus());
    }
    ...
}
```

假如开发人员问到确实有 Private 方法需要测试怎么办？那么你作为测试专家要及时提醒团队：应该考虑为什么要测试 Private 方法，为什么不能通过测试 Public 方法来实现对私有方法的覆盖。

（2）集成测试

集成测试主要分两部分：一部分是与数据库集成；另一部分是与第三方服务集成，都需要给出示例。下面你与团队分别来实现这两部分的测试示例代码。

与数据库集成的测试是对微服务中数据持久层的测试，本次项目计划采用 JPA 和 PostgreSQL 作为数据持久层。从执行速度的角度出发，有开发同事建议使用 H2，H2 更小、更快，但是 H2 与真实线上使用的 PostgreSQL 的 SQL 存在一定的差异，这样会让测试结果不那么准确，因此你建议团队最好能采用与生产环境一致的 PostgreSQL 的 Docker 镜像作为测试数据库。具体步骤如下：①准备数据库；②执行测试；③验证测试结果；④回滚数据库。

Docker 的引入带来两方面的好处：一方面让数据库的构建非常简单；另一方面，无须回滚数据库，程序结束会自动销毁容器。下面是数据持久层集成测试的示例，为了自动管理 Docker 的数据库镜像，我们引入了 Testcontainer 库（具体请查询 DataJpa 与 Testcontainer 在 JUnit 5 下的使用），使用示例如代码清单 2-3 所示。

代码清单2-3　订单服务的数据库集成测试示例

```
@DataJpaTest
@AutoConfigureTestDatabase(replace = AutoConfigureTestDatabase.Replace.NONE)
@TestPropertySource(properties = { "spring.datasource.url=jdbc:tc:postgresql:13.2-
    alpine:///order-test-db"})
class OrderRepositoryTest {
    ...
    public void shouldFindOrderByCustomerId() {
        Order order = orderRepository.findByCustomerId( "1234");
        assertThat(order.getCustomer().getFirstName()).isEqualTo( "明");
        assertThat(order.getCustomer().getLastName()).isEqualTo( "李");
    }
    ...
}
```

AutoConfigureTestDatabase.Replace.NONE 指不用内置的内存数据库 H2，而是用 TestPropertySource 中指定的数据库来测试。在 jdbc:tc:postgresql:13.2-alpine:///order-test-db 中，jdbc 是连接数据库的方式，tc:postgresql:13.2-alpine 是测试使用的数据库镜像，order-test-db 是被测试数据库。

与第三方服务集成计划采用 RESTful API，RESTful API 集成测试的测试对象是当前服务中访问第三方服务的 Client 端。订单服务中需要调用第三方支付服务，因此有 PaymentClient.java 以及 PaymentResponse.java。测试它需要 Mock 测试真实的支付服务，这个 Mock 测试需要能够提供 HTTP 返回的响应数据，WireMock 就是具有这样能力的工具之一，接下来还需要两步准备工作。

第一，Mock Server 的启动 URL，计划采用 locahost:8089。

第二，支付服务返回的响应文件为 paymentResponse.json，放在 test 路径下的 resource 文件夹下。

测试的示例如代码清单 2-4 所示。

代码清单2-4　支付服务的第三方服务集成测试示例

```
@RunWith(SpringRunner.class)
@SpringBootTest
public class PaymentClientIntegrationTest {
    @Autowired
    private PaymentClient client;
    @Rule
    public WireMockRule wireMockRule = new WireMockRule(8089);
    @Test
```

```
    public void shouldCallPaymentClient() throws Exception {
        wireMockRule.stubFor(get(urlPathEqualTo("/some-test-api-key/card-id,user-
            name"))
            .willReturn(aResponse()
                .withBody(FileLoader.read("classpath:PaymentResponse.json"))
                .withHeader(CONTENT_TYPE, MediaType.APPLICATION_JSON_VALUE)
                .withStatus(200)));

        Optional<PaymentResponse> paymentResponse = client.fetchPaymentResult
            ("tranction-id");

        Optional<PaymentResponse> expectedResponse = Optional.of(new Payment-
            Response("支付成功"));
        assertThat(paymentResponse, is(expectedResponse));
    }
}"
```

除了外部集成外，Spring 本身提供了一种功能，即使用 MockMVC 来做服务中 controller、service、domain 等类的集成，它无须启动 Spring Boot 就可以对数据持久层进行 Mock 测试，这样可以方便地覆盖更多数据访问时的异常场景。当然有人认为这是单元测试，有人认为这是集成测试，当前暂时放到集成测试中。

测试的示例如代码清单 2-5 所示。

代码清单2-5　controller类的测试示例

```
@RunWith(SpringRunner.class)
@WebMvcTest(controllers = OrderController.class)
public class OrderControllerAPITest {
    @Autowiredç
private MockMvc mockMvc;
@MockBean
private OrderRepository OrderRepository;
    ...
    @Test
public void shouldReturnSuccessIfOrderExist() throws Exception {
        Order order = Order.create("1234","order-item","西安")
        given(orderRepository.findById("Pan")).willReturn(Optional.of(order));
        mockMvc.perform(get("/orders/id/1234"))
            .andExpect(status().is2xxSuccessful());
    }
    ...
```

（3）组件测试

接下来需要搭建组件测试的模板，组件测试也分为两类：一类为进程内组件测试；另一类为进程外组件测试。进程内组件测试是指被测服务与测试代码在同一个进程内，对所依赖的数据库采用内存数据库 H2，而第三方服务则在代码中采用网络插桩（stub）来模拟。而进程外是指被测服务与测试代码在不同的进程，与我们常见的对单个服务的测试一样，对所依赖的数据库采用真实的数据库，第三方服务采用 Mock Server 来模拟。

两种方式各有优劣，进程内组件测试可以做到更快、更稳定，但测试覆盖率略低，第二种方式覆盖率更高，但会更脆弱、更不好编写。组件测试时最好将应用容器化，通过 docker-compose 一键同时部署微服务、PostgreSQL 以及 WireMock。通常在项目初期组件测试数量较少，速度不是当前优先考虑的问题，建议团队暂时采用进程外组件测试，以获取更高的覆盖率。

在下面的示例中，为了简化测试执行，在根目录的 script 目录下创建 component-test.sh 脚本来准备环境并进行测试，实现一键执行，这样便于未来在 CI 上运行，脚本内容为：

```
docker-compose up
./gradlew componentTest
```

基于订单服务的测试示例如代码清单 2-6 所示。

代码清单2-6　订单服务组件测试示例

```
@SpringBootTest(webEnvironment = SpringBootTest.WebEnvironment.RANDOM_PORT)
@ActiveProfiles("test")
class OrderServiceComponentTest {
    @Autowired
    private WebTestClient webClient;
    @Autowired
    private OrderRepository orderRepository;
    ...
    @Test
    void createOrder() {
        webClient.post().uri("/order")
             .contentType(MediaType.APPLICATION_JSON)
             .bodyValue("{\"amount\": \"RMB200.0\"}")
             .exchange()
             .expectStatus().isCreated();
    }
...
```

（4）契约测试

大家对使用 Pact JVM 还是 Spring Cloud Contract 进行契约测试产生了分歧，你通过分析发现：项目只有 3 个服务，而且都是由本团队的开发人员维护，契约测试的投入产出比并不高，因此不会在迭代 0 版本给出示例，不过会在后面迭代中给大家详细讲解，让开发人员决定使用哪个。

（5）端到端测试

端到端测试在前期迭代中，利用 Postman 的自动化测试能力即可，非常简单。

3. 确定不同测试的投入程度

前面看起来还算顺利，接下来，我们对每种测试该如何投入呢？是否遵循测试金字塔的方式来做？此时你有些动摇，考虑当前的人员能力，尽管有了培训，也有了测试模板，但是离开发人员熟练掌握测试技术还是有相当大的距离。为了保障业务，你决定先带领其他的测试人员将 API 端到端自动化测试搞起来，优先保证测试覆盖。

虽然当前可以不考虑契约测试，但是从长期来看，当有新的服务加入，或者 3 个中的某个服务剥离出来由独立团队负责，则需要考虑它了。

关于单元测试，团队出现了分歧，开发主管认为 domain 类要测试，controller 类没必要单独测试；一个开发人员认为单元测试写起来有些困难，不如使用上层接口测试直接覆盖；你认为，该不该写单元测试应该取决于类中的逻辑实现，你建议测试人员在进行 Desk Check[㊀]时，通过覆盖率检测工具以及能够覆盖的业务场景去判断单元测试是否覆盖充分。

代码中很多逻辑在分层测试的底层是进行直接测试的，因此成本低很多，在上层则是间接测试，成本高，而且运行慢。所以从这个角度上看，团队还是认可了测试金字塔的价值，只不过当前的测试金字塔型是冰激凌型，后期可能会演变成金字塔型。

通过了迭代 0 版本，你能理解，此时制定的测试策略是一种长期的指导思想，在制定时要尽可能贴近业界最佳实践，但也要考虑现实中的策略需要符合实际情况才能保证高效率。

2.4.2　迭代 N

迭代 0 阶段结束后，进入了正式的迭代开发中，测试策略设计的重心从涵盖整个微服务系统，转移到单个微服务或几个相关微服务。

随着项目的推进，团队决定遵循康威定律，并根据服务之间相关性进行拆分，成为 3 个不同的微服务全功能团队，团队组织与微服务之间的关系如图 2-24 所示。

作为其中一个团队的测试人员，我们会更加关心自己团队所负责的服务，会对此单个服务进行测试策略设计，不过原则上会遵循整体的测试策略。由于之前没有编写契约测试，而当前多个团队之间既要独立又需要协作，为了更早地发现服务集成问题，契约测试就显得有必要了，因此你建议团队要尽快加上契约测试，具体的契约测试编写方法在后面的章节会详细说明。

1. 单个故事的测试策略

对故事的测试是测试人员日常最主要的工作。作为测试人员，我们根据故事上的 AC（Acceptance Criteria，验收准则），结合我们对电商产品的业务了解来测试。下面我们来看一个具体故事的测试。

在负责订单服务的 A 团队接到这样一个故事："作为一个订单服务的用户，我想下订单，并且可以成功购买。"

㊀ Desk Check 是指开发人员在完成故事卡后，向测试人员与业务分析人员快速演示故事中的验收条件是否被满足，自动化测试或其他重要的验证点是否满足要求。在流程上，不一定都是开发人员操作演示，测试人员与业务分析人员也可以主动操作。

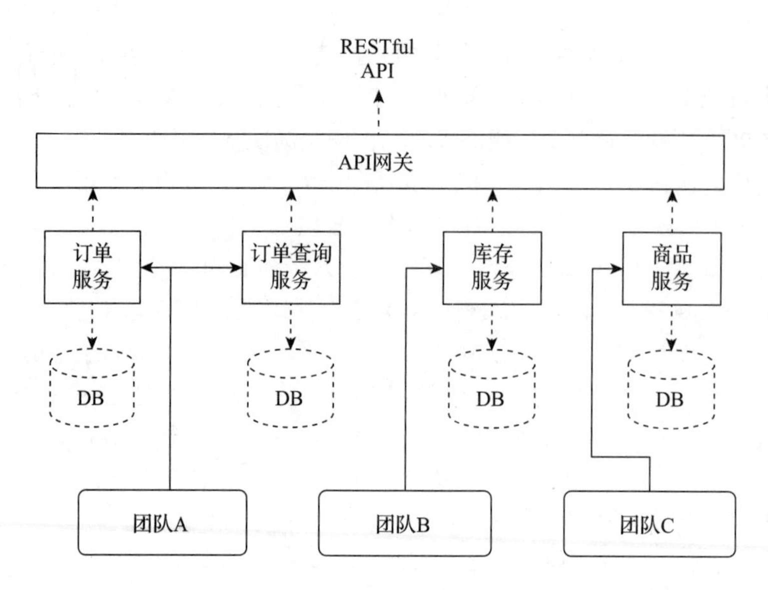

图 2-24 团队与微服务之间的对应关系

具体的 AC 如下。

AC1：假如我是一名合法用户，使用有效的信用卡，当我给一台 iPhone 12 下订单时，那么我应该看到订购成功。

AC2：假如我是一名合法用户，使用无效的信用卡，当我给一台 iPhone 12 下订单时，那么我应该看到订购失败。

当测试人员看到这个 AC 后，会本能地认为这个 AC 还有很多没有考虑到的场景，例如库存是否足够，信用卡的可消费额度是否足够，是否在有效的时间内付款等。对于非功能的场景，还会考虑是否存在抢购等性能场景，以及是否有恶意用户攻击等安全场景。

为了更好地说明如何使用不同的测试方法来测试，假定上面的考虑会有其他故事卡追踪，此次故事卡以 AC1 和 AC2 的字面内容为准。

在故事开卡阶段，传统的测试人员在设计测试策略时，会用端到端测试去覆盖各种场景。无效信用卡的场景包括信用卡的卡号长度非法、卡号字符非法、有效期过期、验证码不对、与持卡人不匹配等，需通过 API 将所有的值都输入一遍。

而微服务环境下的测试人员需要考虑开发的具体实现，甚至推动开发人员提升可测试性，如订单服务中是否存在 CreditCard.validate() 方法来验证信用卡的有效性。假如存在该方法，则可利用单元测试验证信用卡无效的相关场景，无须等到整个故事开发完成后由测试人员进行端到端测试覆盖类似的场景。

因此，对于信用卡是否有效的场景，较好的策略是采用多种测试方式分层进行。

从表 2-2 可以看出单元测试的成本最低，介入时间最早，测试投入的工作比重最大，而 API 端到端测试则介入晚、成本高、投入比例最小。

表 2-2　不同测试类型的对比

测试类型	测试对象	测试时间	测试场景	测试成本	测试比重
单元测试	CreditCard.validate() 方法	最早	信用卡有效值，无效值（如卡号无效、过期、验证码错误、持卡人与账号不匹配等）	低	多
集成测试	订单服务与第三方信用卡验证	较早	验证订单服务与信用卡验证服务之间的集成	中	少
API 端到端测试	整个微服务系统（包括第三方服务）	晚	同故事 AC	高	少

实际上测试人员的角色就与前面提到的敏捷测试中的质量布道师一样，与开发人员紧密配合，通过故事开卡阶段与开发人员确认哪些测试应该由开发人员在单元测试和集成测试覆盖，哪些由测试人员用端到端验收测试覆盖。当开发人员开发结束后，通过与他们讨论单元测试与集成测试真实的覆盖情况，来确定整个故事的测试覆盖率是否充足。

如果团队的开发模式属于开发与测试对立的状态，那么策略就会不同，但是作为微服务下的测试，有必要让团队接受开发人员要重点参与底层测试的思想，其实这也是测试金字塔的另一个重要意义。

2. 单个服务的测试策略

对于这个项目中的几个服务，我们参考了迭代 0 阶段规划的测试金字塔的测试投入。而 API 网关要如何测试呢?

首先，API 网关本身暂时只是一些请求的组装与转发，很少会有重要的业务逻辑。其次，API 网关几乎与所有服务都有交互，使用 Mock 方式测试的成本极大。对 API 网关这个服务进行测试时，单元测试所能覆盖的逻辑非常有限，因为测试重点主要在与第三方服务的集成测试及端到端测试上。因此对这个服务的测试沿用测试金字塔比较困难。

但这是正常的，测试的核心对象是业务，如果核心业务就是在服务间的集成，那么自然重点就在集成测试，而不是在单元测试。实际上由于每个独立的微服务实现的不同，业务重点的不同，会出现这种测试投入重点不同的情况。但是对一个微服务系统而言，不同测试层次的测试投入的总体工作量，仍然类似金字塔状。假如整体不是金字塔状，那么很可能是代码可测试性不高，或者系统处于不稳定状态，如服务处于重构状态。

2.4.3　重构

由于业务的迅速发展，项目中订单服务不堪重负，导致性能下降，整个订单服务需要动“大手术”，因此团队决定重构。但是订单作为核心的服务，重构它非常危险。为了确保重构前后的业务正确性不发生变化，必须要完善自动化测试，同时需要增加性能测试。此时的订单服务内部会做修改，但对外的接口是稳定的。往下层走，测试会耦合具体实现，因此代码变更会导致团队编写的单元测试及持久层集成测试经常要被废弃。因此从经验上讲，先测试稳定的层级是最优策略之一。对外的 API 的接口测试是当前测试里最稳定的测试层级，而且重构订单服务的原因是性能问题，就可能存在对 PostgreSQL 的特殊优化，因此最好采用进程外的组件 API，以及使用真实的 PostgreSQL + WireMock 进行测试。

这样一来，对订单服务的测试策略就会变成 Spotify 的蜂巢型。这也再次印证了，测试工作是与被测试系统实现强相关的，要减少测试对实现细节的耦合。测试策略不是一成不变的，而是在系统演化过程中，不断地在各种因素的综合影响下，在成本与效果之间求取平衡。

2.5 本章小结

本章介绍了传统测试策略、敏捷中的测试策略框架，以及如何基于敏捷方法去制定微服务下的测试策略，接着我们介绍了影响测试策略制定的因素，最后用一个实例让读者理解从微服务系统开发之初，到系统重构过程中测试策略是如何被制定和影响的，以及如何采取相应的手段去应对变化。

第3章 Chapter 3

接口测试及界面自动化测试

本章作者：雷辉

通常在微服务系统中，独立的服务与服务之间采用轻量级的通信机制进行协作（通常是基于 HTTP 的 RESTful API），大部分测试工作集中在接口层上。接口测试关注接口的入参和返回结果，需要构建出一套包含正常场景和异常场景的测试用例集。在这一章中我们讨论如何设计接口测试用例以及使用代码开发框架实现接口自动化测试，最后再来探讨微服务系统前端界面的测试思路和技巧。

3.1 接口测试简介

和单体应用相比，微服务的接口测试在环境搭建上显得更加复杂。微服务系统中的单个服务大多拥有关联服务，因此在对单个服务进行测试时，对其依赖服务也要做相关准备。当依赖服务没有可供直接使用的测试环境时，还需自建虚拟服务或者上测试挡板。（服务虚拟化的内容会在本书第 7 章详细探讨。）

除此之外，测试数据的准备也略显复杂，这主要因为单个服务对上游数据存在一定依赖。测试人员需要提前准备好充足的被测服务所依赖的各种数据。实际操作过程中，可能会在数据库插入依赖数据，也可能需要构造特定格式的 MQS 消息队列数据，只有当服务消费特定消息后才能生成所需的测试数据。打个比方，拿一个交易的接口来说，由于交易数据和客户数据相关联，它的测试准备工作流程是这样的：首先，在客户表创建客户信息，可以通过执行 SQL 来完成；接着，构建消息体发送到 MQS 中生成所需的测试数据，这主要由于，与交易相关联的供应商信息是从上游服务通过 MQS 的方式同步来的，同时，交易关联的物流信息也需要触发 MQS 消息后生成；最后，在本微服务数据库构建一些其他关联数据。在这一切准备妥当之后，才能开始进行测试。

3.1.1 接口说明文档与测试用例类型

测试前，测试工程师要先了解这个接口的使用方式，通常开发团队会提供接口的说明文档，如图 3-1 中使用 Swagger 生成的接口文档，其中有接口的调用地址、入参、返回结果等信息。

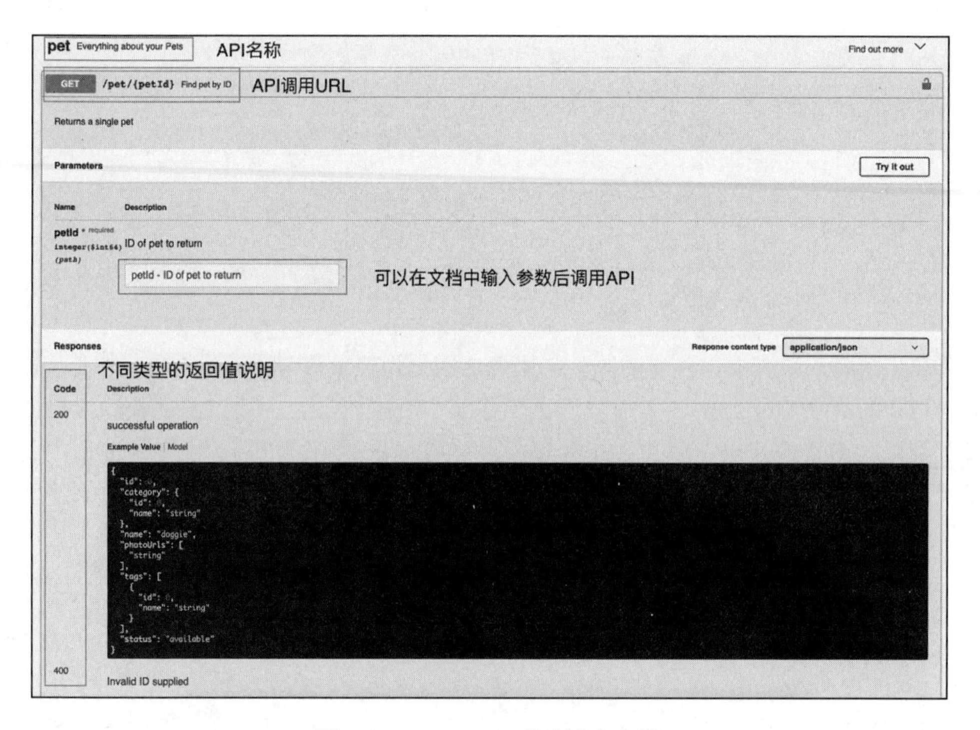

图 3-1 Swagger 生成的接口文档

接口文档内容通常包括：

- ❑ 接口名称，一般提供有业务意义的名称方便使用者理解；
- ❑ 接口的调用地址和支持的调用方法；
- ❑ 请求参数类型，允许的最大、最小长度，取值范围以及是否为必填项等；
- ❑ 正常场景和异常场景的返回值；
- ❑ 参数之间的关联关系说明。

依据接口文档可以开始设计测试用例了。从测试场景来看，测试用例通常包括以下几种。

（1）验证正常业务流程

使用合法的入参构造测试场景，验证接口是否实现了业务功能。需要检查返回的数据、状态码是否正确，返回数据的数值精度是否足够，空字符串有没有被返回成 NULL，数字枚举值是否映射到有业务含义的字符串上。测试时，为了验证业务处理流程的准确性，建议和上游服务进行联调，这样做方便验证上游服务在传递数据格式时能够按照约定来完成，也能提前发现联调类的缺陷。同时，还要发送数据给下游服务，检验数据是否能被正常消费。

（2）验证非法参数的返回值

验证使用非法参数时，接口的返回值是否符合期望。对于异常场景，我们基于边界值、等价类划分等方式设计测试用例，通过以往测试经验和测试理论扩散出各种异常场景。例如：对必填项、非必填项进行测试，对参数为 NULL、超长字符串、超出允许值范围的数和枚举值、空字符串、非法日期格式、其他字符集数据（例如阿拉伯文）、特殊字符等场景进行测试。若接口在异常场景直接返回 Internal Error 的错误提示，没有任何详细的错误信息，这是不符合接口设计要求的。我们期望对所有异常场景都能给出明确的错误原因和代码。

在微服务测试中还出现过这样一种场景，举例来说，上游服务的开发人员口头承诺交易币种永远不会发生改变。对这种情况的处理方式是，在相关下游服务中对这个字段加上校验，确保币种发生改变时，能够直接抛出错误代码，这样可以避免相关下游服务中关联数据出错。

（3）验证接口的幂等性

熟悉微服务分布式特点的测试者都明白，在网络不稳定的情况下，可能会出现重复调用同一接口的情况。这时，要确保在使用相同参数、连续重复调用的情况下，最终完成的效果和调用一次时相同。

（4）验证分布式事务的处理

对微服务系统进行服务划分时，原则上尽量避免使用分布式事务，然而不可避免地还会出现多个服务协作处理事务的场景，因此模拟各种异常场景验证分布式事务是否正确，也是必不可少的。

（5）验证前后端校验逻辑的一致性

前后端分离的系统中，在前端页面和后端接口都会做数据校验，这两套校验逻辑应是一致的，不可以出现前端校验通过、后端返回错误结果的情形。

（6）验证并发线程的调用

在接口的实现代码中，如果线程安全没处理好，就会出现多个线程共同修改同一份内存变量的现象，造成数据写入错误，通常使用压测工具来对并发线程的调用进行测试。

（7）性能

数据库表中的数据量、关联表的个数等对接口的响应时间有直接影响，在确定性能测试场景时，要明确铺底的测试数据量以及期望的接口返回时间。对微服务的性能测试，本书第 5 章会进行详细的讨论。

常用的测试 HTTP 接口的工具有 Postman、SoapUI、JMeter 等。测试方法很简单，在工具中设置好请求地址、Header 和 Cookie 等信息，以及请求类型和 Body 内容，即可对接口进行测试，如图 3-2 所示。

```
1  {
2      "args": {
3          "id": ""
4      },
5      "data": {},
6      "files": {},
7      "form": {},
8      "headers": {
9          "x-forwarded-proto": "http",
10         "x-forwarded-port": "80",
11         "host": "postman-echo.com",
12         "x-amzn-trace-id": "Root=1-5f44da89-a5e24f204c1508a0c2a85dc0",
13         "auth_key": "st  brides",
14         "user-agent": "PostmanRuntime/7.26.3",
```

图 3-2 用 Postman 做接口测试

3.1.2 接口测试重点

在微服务的接口测试中，这几个测试重点需要特别关注：幂等性、并发线程的调用以及分布式事务处理。

1. 幂等性

在接口测试中，幂等性是指同一个请求发送一次和发送多次，对服务器资源改变的效果是相同的。

典型场景如下。

- 一笔扣款请求遇到网络故障后引发重试，但无论重试了多少次，用户账户的钱只能被扣除 1 次。
- 用户在页面表单上多次点击鼠标提交数据，期待程序运行的结果是后台新增记录为 1 条而不是多条。

通常GET方法在设计上是需要幂等的。这里的幂等，不是发送GET请求的每一次返回结果完全相同，而是“多次发送GET请求”这个事件，不会引起服务器端资源的改变。例如，查询投票人数最高的10个帖子的请求，可能每次请求返回的帖子列表都不同，但由于没有改变服务器端的资源，因此接口是符合幂等性的。

POST请求一般会修改服务器端的资源，但并不代表它对应的接口一定不符合幂等性。如何判断POST接口具有幂等性？主要看使用相同参数重复调用POST接口后，后台系统经过判断是否允许插入同样数据到数据库。如果经过多次调用，对资源的修改却只发生了一次，那么该接口也是具有幂等性的。

幂等性是分布式系统中很重要的概念，微服务系统中有很多远程接口调用，当出现超时、网络异常等情况时，服务可能会多次发送同一个请求给接口，如果接口不具备幂等性，就会导致系统发生错误。幂等性的测试主要针对写操作的接口，对于有资金交易的业务场景，一定要测试接口的幂等性。开发人员为了保证接口幂等性，会对接口的入参做判断，有时使用序列号，有时使用多个字段联合作为判断主键的方式。

验证接口的幂等性可以使用Postman等接口测试工具。开始测试之前，我们需要了解接口的业务处理内容，接口对服务器端资源会做什么样的改变，例如写入数据库、写入缓存、更新服务器端文件等，这些都可以作为幂等性测试中的检查点。当后端接口的幂等性有保障时，在前端页面上即使用户重复多次点击提交按钮，接口也不会出现幂等性的问题，当然，前端通常也会有相应措施，来阻止用户触发重复事件。

2. 并发线程的调用

接口的实现代码如果没有处理好线程安全问题，会出现多个线程共同修改一份内存变量的现象，从而引发缺陷。通常来说在单线程中正常运行的代码，在多线程环境中可能会出现以下问题：

1）多线程并发访问时，插入数据库中的业务主键发生重复的现象；

2）加锁、解锁方式不当导致多线程调用时出现死锁；

3）多线程共同修改共享的内存变量，彼此修改掉对方数据，造成最终数据错误。

为了防止多线程调用引发的缺陷，开发工程师通常会使用锁机制，确保多线程并发时只有一个线程能获得锁，获得锁的线程在访问资源进行业务处理时，其他线程处于等待状态，该线程执行完毕并释放掉锁后，其他线程再依次执行。

对多线程并发的测试，使用压测工具比较方便。在工具中设置多线程并发执行的集合点，让多个线程同时调用接口，对写入数据库的数据进行验证。举个例子，如图3-3所示，在JMeter中设置40个线程，1个集合点。集合点的作用是线程启动后并不立即调用接口，而是在这40个线程全部启动完毕后，再统一开始调用接口，这样可以模拟并发线程的场景。JMeter设置40个线程所期望的结果是：因为40条数据的业务主键相同，1条会插入成功，39条会失败。如果后台代码线程安全做得不好，就会出现2～5条插入数据库成功的现象，这就是一个接口并发场景的缺陷。此外，测试过程中多线程并发调用时，可能出现死锁现象，大量线程处于执行中，长时间无法返回结果。在使用工具测试的过程中，可以为每个请求的一组入参添加同一个随机的字符串后缀，以区分不同线程发送的请求数据，测试执行完毕后，再去数据库检查有没有被其他线程篡改的情况。

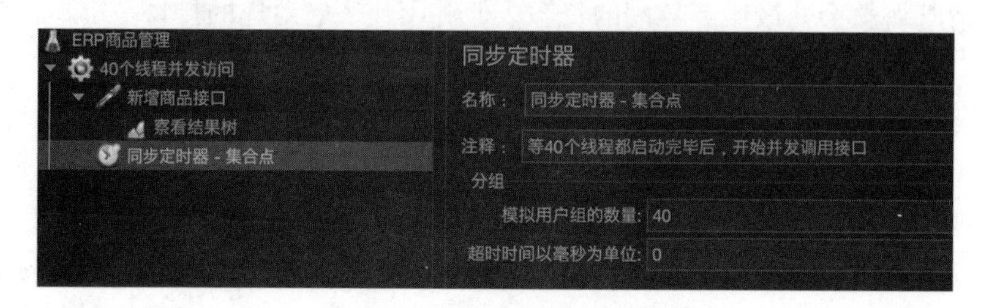

图 3-3　JMeter 中的集合点设置

3. 分布式事务

应用程序中的事务在一系列业务操作后，会呈现出完成提交或全部撤销两种状态中的一种。例如，用户在网上提交订单，后台系统一边调用订单生成数据，一边调用库存服务扣减库存。这两步同时完成则事务成功，其中一步失败，则两步操作都要回滚。如果在微服务系统中下单过程涉及了两个服务，它们有各自的数据库，则需要分布式事务来保障下单过程的事务一致性。

当系统只使用了一个数据库时，可以借助数据库的事务处理能力来保证事务一致性。关系型数据库在事务处理方面的技术比较成熟，当遇到断电后重启这类情况时，数据库会先读取日志文件进行一系列恢复操作。在微服务系统中，涉及多个服务的跨数据源的事务，属于分布式事务范畴。如何应对网络不稳定、服务永久宕机等网络故障对事务的影响，是处理分布式事务的难点。目前业界的分布式事务方案没有一个能够完美到适用于所有业务场景，任何一个方案都需要在性能、一致性、系统可用性等方面做权衡和取舍。

现有的微服务系统分布式事务解决方案主要有：两阶段提交、TCC（Try-Confirm-Cancel）、可靠消息最终一致性、尽最大努力通知。

在进入每个方案之前，先了解一下这些方案所基于的 CAP 理论。

CAP（Consistency、Availability、Partition tolerance，即一致性、可用性、分区容错性）理论是分布式事务的重要理论支撑，其中分区容错性为分布式系统天然自带特性，表示多个节点中的一个节点不可用，不影响其他节点对外提供服务。同时 CAP 理论告诉我们，一个分布式事务最多只能同时满足其中两个特性。那么面对 3 个特性，该做怎样的取舍呢？

首先，在需要保证强一致性事务的情况时，追求一致性和分区容错性。例如银行转账系统。虽然更多的微服务系统在设计时追求的是可用性和分区容错性，可实际上也没有放弃一致性，会保证在一定时间内数据最终达到一致。强一致性是指任何一次读操作提取的都是最近一次写操作写入的数据，同时要保障在任意时刻所有节点中的数据是相同的。最终一致性是指不保证在任意时刻任意节点上的同一份数据都是相同的，而是这些节点间的数据在最终达到一致的状态。

测试分布式事务可以从项目使用的分布式处理方案特点入手，以此来分析测试工作的关注点。

（1）两阶段提交

传统的两阶段提交的方案中，存在协调者和参与者两个角色，参与者一般由数据库"担任"。执行事务处理有两个阶段：第一阶段为准备阶段，协调者发送消息，让每个参与者分别在本地执行自己的事务操作，写入 Undo/Redo 日志，并把操作结果返回给协调者；第二阶段为提交阶段，如果所有参与者都返回成功，则协调者再次发送指令，让所有参与者做提交操作。如果有任何一个参与者返回失败，协调者会发送指令让所有的参与者做回滚操作，参与者会根据本地记录的日志做一系列的撤销操作，让系统回到事务开始前的状态。

两阶段提交可以实现强一致性的事务，不适用于高并发及参与者事务执行周期长的业务。目前阿里巴巴的开源项目 Seata 支持两阶段提交的分布式事务。

测试关注点如下：

- 每个参与者的事务都成功的场景；
- 某个参与者事务失败，其他参与者事务均可以成功回滚的场景；
- 某个参与者在处理事务的过程中出现网络超时，其他参与者的事务做回滚处理的场景。

（2）TCC

TCC 方案对分布式事务处理有 3 个步骤：Try、Confirm 和 Cancel。在这个方案中，如果参与者执行事务操作在 Try 阶段成功，则默认其在 Confirm 阶段一定成功。如果参与者在 Try 阶段执行失败，则会对其他在 Try 阶段执行成功的参与者执行回滚操作。如果某一个参与者在 Confirm 阶段执行失败，则进行重试或者人工介入。TCC 方案默认参与者事务在 Cancel 阶段一定能执行成功，如果失败，重试或者人工介入。

在 TCC 的方案中，分布式事务的参与者要对业务实现 Try、Confirm 和 Cancel 三个接口，代码侵入性较高，实现也较复杂。TCC 方案的性能优于两阶段提交方案，可以实现分布式事务最终一致性。

实现 TCC 方案的框架有 ByteTCC、Hmily、TCC-transaction 等。

测试关注点如下：

- 每个参与者的事务都成功的场景；
- 某个参与者事务失败，其他参与者的事务可以回滚成功的场景；
- 某个参与者在处理事务的过程中出现网络超时，其他参与者的事务做回滚处理的场景；

- ❑ 因为 Confirm 或者 Cancel 接口调用失败会进行重试，所以要验证接口是否符合幂等性；
- ❑ 出错后是否可以通过短信、邮件等方式让人工介入处理。

（3）可靠消息最终一致性

该方案的思路是，当事务发起方执行完本地事务，发送一条消息给参与者后，参与者一定能接收到消息并处理事务成功。

目前能实现这一方案的有本地消息表和 RocketMQ（阿里巴巴的分布式消息中间件）事务消息等方法。后者一般会使用 MQ 消息中间件作为消息传递渠道，并依靠 MQ 的 ACK 机制（即消息确认）确认消息是否被消费掉了。

可靠消息最终一致性方案，适合对吞吐量要求高于对实时性要求的场景。

测试关注点：

- ❑ 本地事务和消息发送是否具有原子性；
- ❑ 事务的接收方出现故障不可用，恢复后是否可以重新接收消息；
- ❑ 由于接口有多次消费同一个消息的场景，需要验证接口的幂等性。

（4）尽最大努力通知

这一方案对时间的敏感性最低，一般适用于交易后的通知。发起方把业务结果发给被通知方，当被通知方接收不到消息时，需要被通知方主动调用发起方的接口查询业务处理结果。

测试关注点如下：

- ❑ 发起方处理完成对应业务并发送消息后，验证被通知方接收到的消息中是否包含所需的业务完成后的信息；
- ❑ 发起方处理完成对应业务却没有发送消息，则验证被通知方是否可以使用查询接口查询到业务完成后的相关信息。

3.2 接口自动化测试实战

接口自动化是微服务测试需要关注的重点。在微服务系统中，接口测试数据的构造过程有时会比较复杂，数据之间的关联关系较多，对此进行手工测试操作特别容易出错，并且这个操作过程重复性也高，那么使用自动化测试，不仅能提高测试效率，减少回归测试工作量，并且测试代码运行速度快、结果较稳定、投入产出高，把自动化测试用例加到 CI 流水线中自动执行，还大大缩短了质量反馈的周期。

对接口进行自动化测试，其工作重点放在构造不同类型的请求以及对结果的验证上，一般常用的有两种方式。

一种方式是使用数据驱动。在这个过程中，测试数据可以从 CSV 文件、数据表等数据源中读取，每一条数据作为入参加入请求体中，变化的是测试数据，不变的是测试执行的脚本或者代码。

JMeter、Postman、SoapUI等几种接口测试工具，均提供了自动化测试的功能。这些工具可以通过读取CSV文件，连接JDBC等方式获取测试数据，并做较为全面的断言，准确地验证返回结果是否符合预期。这些工具可以定义接口执行的顺序，对多个接口进行参数关联，例如JMeter使用正则表达式获取上一个步骤的执行结果，给下一步使用。它们具备批量执行测试用例的能力，把测试用例集加入到CI流水线，一旦发生用例执行失败，就会中断流水线执行。

另外一种方式是使用代码框架来做接口的自动化测试。接口自动化测试框架很多，比如，Java的TestNG + REST Assured，Python的RobotFramework + Requests，JavaScript的Jest + SuperTest等。在本章中我们将详细介绍使用TestNG + REST Assured做接口自动化测试的方法。REST Assured除了语法简洁外，还有着强大的解析JSON、XML的能力，支持JsonPath、Xpath、GPath等多种数据解析方式。

下面我们使用TestNG + REST Assured做接口自动化测试，示例中的开发环境为：

- JDK 15
- Apache Maven 3.6.3
- REST Assured 4.3.0
- TestNG 7.1.0
- Intellij IDEA

首先在项目中引入需要的类库，我们使用了Maven的pom.xml文件，内容如代码清单3-1所示。

代码清单3-1　pom.xml

```
<properties>
    <maven.compiler.source>15</maven.compiler.source>
    <maven.compiler.target>15</maven.compiler.target>
</properties>
<dependencies>
    <dependency>
        <groupId>io.rest-assured</groupId>
        <artifactId>rest-assured</artifactId>
        <version>4.3.0</version>
        <scope>test</scope>
    </dependency>
    <dependency>
        <groupId>io.rest-assured</groupId>
        <artifactId>json-path</artifactId>
        <version>4.3.0</version>
        <scope>test</scope>
    </dependency>
    <dependency>
        <groupId>org.testng</groupId>
```

```
        <artifactId>testng</artifactId>
        <version>7.1.0</version>
        <scope>test</scope>
    </dependency>
    <dependency>
        <groupId>io.rest-assured</groupId>
        <artifactId>json-schema-validator</artifactId>
        <version>4.3.0</version>
    </dependency>
```

REST Assured 官方推荐的测试用例写法为 given-when-then 的结构，given 用来设置参数，在 when 中调用接口，在 then 中进行断言，内容如代码清单 3-2 所示。

代码清单3-2　given-when-then结构

```
given()
    .param("contractNo", "NWS80000021")
    .when()
    .post("/demo")
    .then()
    .statusCode(200);
```

执行测试用例得到结果，内容如代码清单 3-3 所示。

代码清单3-3　执行结果

```
===============================================
Default Suite
Total tests run: 1, Passes: 1, Failures: 0, Skips: 0
===============================================

Process finished with exit code 0
```

我们再深入来看 given 的用法：可以在 URL 中设置参数，也可以在 Form 表单中设置参数，还可以设置请求的 Header、Cookie 等内容，内容如代码清单 3-4 所示。

代码清单3-4　given的用法

```
//1. queryParam可以对GET请求的URL设置参数
given()
    .queryParam("page", "2");

//2. formParam可以对表单设置参数
given()
    .formParam("contractNo", "NWS80000021");

//3. param根据不同的请求类型自动判断，给URL或者表单设置参数
given()
    .param("contractNo", "NWS80000021")
    .when()
```

```
    .post("/demo");

//4. 可以同时对URL和表单设置参数，这类场景的一个例子是设置分页查询的接口参数：在URL中设置分
//页参数，在表单中设置查询参数
given()
    .queryParam("page", "2")
    .formParam("contractNo", "NWS80000021");

//5. 通过body传递参数，需要对双引号等字符做转义处理
given().
    body("{\"contractNo\":\"NWS80000021\",\"money\":\"15000\"}").
    when().
    post("/demo").
    then().
    statusCode(200);

//6. 可以使用HashMap设置body中的参数
HashMap<String, String> map = new HashMap<String, String>();
map.put("contractNo", "NWS80000021");
map.put("money", "15000");
given()
    .contentType(JSON)
    .body(map)
    .when()
    .post("/demo")
    .then()
    .statusCode(200);

//7. 设置请求的header
given()
    .header("Host", "127.0.0.1")
    .header("Proxy-Connection", "keep-alive");

//8. 一次设置多个header
given()
    .headers("Host", "127.0.0.1", "Proxy-Connection", "keep-alive");

//9.设置请求的cookie
given()
    .cookie("cookie_name", "cookie_value");

//10.设置请求的contentType
given().contentType("application/json");
```

在 when 中设置请求的地址并发送请求，内容如代码清单 3-5 所示。

代码清单3-5　when的用法

```
@Test
public void set_when() {
```

```
    //1.get请求
    given().when().get("/demo1");
    //2.post请求
    given().when().post("/demo2");
    //3.delete请求
    given().when().delete("/demo3");
    //4.put请求
    given().when().put("/demo4");
    //4.patch请求
    given().when().patch("/demo5");
}
```

最后在 then 中对结果做断言，内容如代码清单 3-6 所示。

代码清单3-6 在then中对结果做断言

```
@Test
public void assertion_in_then() {
    given()
        .when()
        .get("http://localhost:8080/demo")
        .then()
        .statusCode(200)
        .body("lotto.lottoId", equalTo(5));
}
```

实际上 REST Assured 提供了丰富的断言方法，下面使用 REST Assured 官方给的 JSON 文件来做断言的演示。（为了演示，我们在 JSON 文件中额外增加了一些字段。）

首先在本机启动 Moco 服务的模拟服务器，去返回这个 JSON 数据文件，内容如代码清单 3-7、代码清单 3-8 所示。

代码清单3-7 启动Moco

```
java -jar moco-runner-1.1.0-standalone.jar http -p 8080 -c myDemo.json
```

代码清单3-8 通过Moco返回的JSON数据

```
{
    "lotto": {
        "lottoId": 5,
        "winning-numbers": [
            2,
            45,
            34,
            23,
            7,
            5,
            3
        ],
```

```
            "winners": [
                {
                    "winnerId": 23,
                    "nickName": "杰克",
                    "money": 120,
                    "numbers": [
                        2,
                        45,
                        34,
                        23,
                        3,
                        5
                    ]
                },
                {
                    "winnerId": 54,
                    "nickName": "保罗·斯密斯",
                    "money": 680.3,
                    "numbers": [
                        52,
                        3,
                        12,
                        11,
                        18,
                        22
                    ]
                }
            ]
        }
    }
```


接下来在 then 中做断言，去验证 JSON 数据的内容，内容如代码清单 3-9 所示。

代码清单3-9　在then中验证JSON数据的内容

```
@Test
public void jsonAssertion() {
    given()
        .when()
        .get("http://localhost:8080/demo")
        .then()
        //验证lottoId的值为5
        .body("lotto.lottoId", equalTo(5))
        //使用f验证float类型的返回值
        .body("lotto.winners.money[1]", is(680.3f))
        //使用0作为索引，验证第一个winnerId是23
        .body("lotto.winners.winnerId[0]", equalTo(23))
        //使用-1作为索引，验证数组最后一个winnerId为54
        .body("lotto.winners.winnerId[-1]", equalTo(54))
        //验证winnerId数组中包含23、54
        .body("lotto.winners.winnerId", hasItems(23, 54))
```

```
        //在findAll方法中设置筛选条件，验证大于20且小于或等于30的winnerId的值是23
        .body("lotto.winners.findAll{ winners -> winners.winnerId >20 && winners.
            winnerId <= 30}.winnerId[0]", equalTo(23))
        //统计所有nickName节点的累加字符串长度为8
        .body("lotto.winners.nickName.collect { it.length() }.sum()", equalTo(8))
        //统计所有money节点下的最大值为680.3
        .body("lotto.winners.money.collect { it }.max()", equalTo(680.3f))
        //统计所有money节点下的最小值为120
        .body("lotto.winners.money.collect { it }.min()", equalTo(120));
}
```

除了在 then 中做验证外，也可以使用 JsonSchema 的方式，用 Schema 文件对返回的 JSON 数据做验证。需要 Schema 文件时，可以从 https://www.jsonschema.net/ 上粘贴 JSON 数据并生成，实际上我们在这个例子中对生成的 Schema 文件还需要进一步做手工修改。例如，自动生成的 lottoId 的字段只允许 integer 类型，可以改为使用 anyOf 关键字去允许 integer 和 number 两种类型，内容如代码清单 3-10 所示。

代码清单3-10　手工修改后的JsonSchema文件

```
"lottoId": {
    "$id": "#/properties/lotto/properties/lottoId",
    "anyOf":[
        {"type": "integer"},
        {"type": "number"}
    ]......
```

接着在测试用例中用 matchesJsonSchemaInClasspath 读取 JsonSchema 文件做校验，内容如代码清单 3-11 所示。

代码清单3-11　读取JsonSchema文件做校验

```
@Test
public void JsonSchema() {
    when().
        get("http://localhost:8080/demo").
        then().
        .body(matchesJsonSchemaInClasspath("schemaValidation.json"));

}
```

REST Assured 除了可以对 JSON 类型的返回数据进行断言，还可以对 XML 类型的返回数据做断言，代码清单 3-12 所示的内容是返回的 XML 格式数据，这里同样使用了 Moco 服务。

代码清单3-12　返回的XML格式数据

```
<?xml version="1.0" encoding="UTF-8"?>
<contract>
    <category type="company">
        <item>
```

```
            <name>Desk</name>
            <price>300</price>
        </item>
        <item>
            <name>Chair</name>
            <price>150</price>
        </item>
    </category>
    <category type="home">
        <item>
            <name>Books</name>
            <price>30</price>
        </item>
        <item quantity="4">
            <name>Food</name>
            <price>15</price>
        </item>
    </category>
</contract>
```

下面的例子中我们对 XML 格式的返回数据做断言，内容如代码清单 3-13 所示。

代码清单3-13　对XML格式的数据做断言

```
@Test
public void xmlAssertion() {
    when().
        get("http://localhost:8080/xmlDemo").
        then().
        //验证XML中的一个节点的值为Chair
        .body("contract.category[0].item[1].name", equalTo("Chair"))
        //验证存在2个category节点
        .body("contract.category.size()", equalTo(2))
        //验证属性包含type == 'home'的节点name为Books
        .body("contract.category.findAll{ it.@type == 'homev }.item[0].name",
            equalTo("Books"))
        //使用XPath语法检查节点是否存在
        .body(hasXPath("/contract/category/item/name[text()='Food']"))
}
```

测试中会碰到要对两个测试步骤做关联的需求，也就是后一个请求需要使用前一个请求的返回值，这时可以使用 extract() 方法，内容如代码清单 3-14 所示。

代码清单3-14　使用extract()方法获取返回值

```
@Test
public void connect_two_steps() {
    String nickname =
        given()
            .when()
            .get("http://localhost:8080/demo")
```

```
            .then()
            //extract().path()可以获取到返回值
            .extract().path("lotto.winners.nickName[1]");

    //在第二个请求中使用上一步的返回值
    given()
            .get("http://localhost:8080/findOne?name=" + nickname);
}
```

如果需要一次获取多个返回值，可以使用 extract().asString()，内容如代码清单 3-15 所示。

代码清单3-15　一次获取多个返回值

```
@Test
public void useExtractAsString() {
    String jsonString =
        given()
            .when()
            .get("http://localhost:8080/demo")
            .then()
            .extract().asString();

    System.out.println("返回值1: " + from(jsonString).get("lotto.winners.winnerId[0]"));
    System.out.println("返回值2: " + from(jsonString).get("lotto.winners.winnerId[-1]"));
}
```

如果需要获取返回的 Header、Token 等信息，可以使用 extract().response()，内容如代码清单 3-16、代码清单 3-17 所示。

代码清单3-16　获取返回的Header、Token等信息

```
@Test
public void useExtractResponse() {
    Response response =
        given()
            .when()
            .get("http://localhost:8080/demo")
            .then()
            .extract().response();

    System.out.println("返回Headers: " + response.getHeaders());
    System.out.println("返回Content-Type: " + response.getHeader("Content-Type"));
    System.out.println("返回StatusLine: " + response.getStatusLine());
    System.out.println("返回StatusCode: " + response.getStatusCode());
    System.out.println("返回Cookies: " + response.getCookies());
}
```

代码清单3-17　返回的Header、Token结果

```
返回Headers: Content-Length=236
Content-Type=application/json; charset=utf-8
```

```
返回Content-Type: application/json; charset=utf-8
返回StatusLine: HTTP/1.1 200 OK
返回StatusCode: 200
返回Cookies是: {}
===============================================
Default Suite
Total tests run: 1, Passes: 1, Failures: 0, Skips: 0
===============================================
```

还可以在 REST Assured 中统计调用接口的时间，内容如代码清单 3-18、代码清单 3-19 所示。

代码清单3-18　统计调用接口的时间

```
@Test
public void countTime() {
    long time =
        given()
            .when()
            .get("http://localhost:8080/demo")
            //得到接口的调用时间
            .time();

    System.out.println("返回time的值是: " + time);

    given()
        .when()
        .get("http://localhost:8080/demo")
        .then()
        //验证接口调用时间小于500ms
        .time(lessThan(500L), MILLISECONDS);
}
```

代码清单3-19　返回时间的结果

```
返回time的值是: 461
===============================================
Default Suite
Total tests run: 1, Passes: 1, Failures: 0, Skips: 0
===============================================
```

此外在 given、when、then 的后面加 .log().all()，可以把请求中的内容打印在日志中以方便调试，内容如代码清单 3-20 所示。

代码清单3-20　打印请求日志

```
given()
    .log().all()
    .when()
    .get("http://localhost:8080/demo")
```

```
    .then()
    .log().all()
    .body("lotto.lottoId", equalTo(5));
```

3.3 接口测试的常见问题

1）基于单个接口还是业务场景去编写自动化测试用例？进行接口自动化测试时，单个接口和业务场景有哪些不同？

编写接口的自动化测试用例时，可以基于单个接口进行，也可以把多个接口串接成业务场景后进行。针对单个接口做自动化测试，其工作侧重点放在验证接口的输入输出是否符合预期上，具体需要验证合法的入参和返回值以及异常的入参和出错后的结果。对单个接口还要验证必填项、允许输入的最大 / 最小长度、允许输入的数据类型等是否符合要求。

对于业务场景而言，单个接口只是其中一个环节。一个业务场景通常包含多个接口，每个接口分别处理不同的业务，前一个接口的处理结果也是后一个接口的入参。业务场景测试的重点是查看最前端的输入数据经过场景中各接口的处理和流转后，最终呈现的流程处理结果是否正常。这个过程中，若某个环节处理数据的结果不符合预期，则会导致业务场景无法正常工作。由于业务场景是用户最终使用并获得业务价值的关键，因此它的自动化测试是很有必要的。

在实践中，对单个接口和业务场景的自动化测试，我们通常采取“两手都要抓”的方针。如果不对单个接口做详尽的入参和返回结果校验，直接把它写到业务场景测试中去，会让业务场景测试的设计变得复杂且执行起来耗费时间。

2）如何在不同测试环境中切换接口测试的环境变量？

通常被测服务会有多个不同的测试环境，例如 DEV、SIT、UAT 等环境。为了保证自动化测试用例能够在不同环境中平滑切换，我们会把与环境相关的配置信息抽取出来，在不同的环境下使用不同的配置数据，这些数据包括消息队列 Topic、服务地址等。除了配置信息以外，有时还需要根据环境去切换测试数据，来保证测试用例在不同环境中的可执行性。

3）接口自动化测试在流水线的哪个阶段执行？

在流水线中，第一阶段通常进行开发编译相关的构建，包括编译代码，扫描“坏味道”，查看单元测试覆盖率是否通过门限等。在 DEV 环境的部署阶段，代码的修改频率比较高，这个环境通常是供开发工程师自测使用的，因此我们一般不会把接口自动化测试放在这个阶段。测试一般使用 SIT 环境，它所处阶段排在 DEV 环境后边，很多项目会把接口自动化测试加在这一阶段。

SIT 环境通常比 DEV 环境稳定，能够有效减少接口自动化测试的误报。虽然 UAT 环境也稳定，但是 SIT 环境的部署频次却比 UAT 环境多很多，加上在 SIT 环境里通常是开发人员最近通过自测的代码，因此在 SIT 环境部署后执行接口自动化测试，其质量和效果都是最优的。

3.4 前端界面测试思路

微服务系统的界面通常基于浏览器或者手机 App 展示，虽然前端展示使用的技术不同，但测试前端界面的思路大体一致。包括下面几个部分：

1）界面实现与设计稿是否一致；

2）屏幕尺寸是否会引起界面变化；

3）变化的数据对界面的影响；

4）定制类和数据输入类的界面组件，是重点关注对象。

1. 界面实现与设计稿是否一致

首先，要检查界面实现是否符合 UX 设计师给出的字体、字号、行高、图片透明度、边缘空白等具体内容或数值。这些内容或数值在开发过程中对最终显示效果存在一定影响，测试时必须考虑设计稿中是否提供了这些信息，以保证最终的显示效果与设计稿一致，如图 3-4 所示。

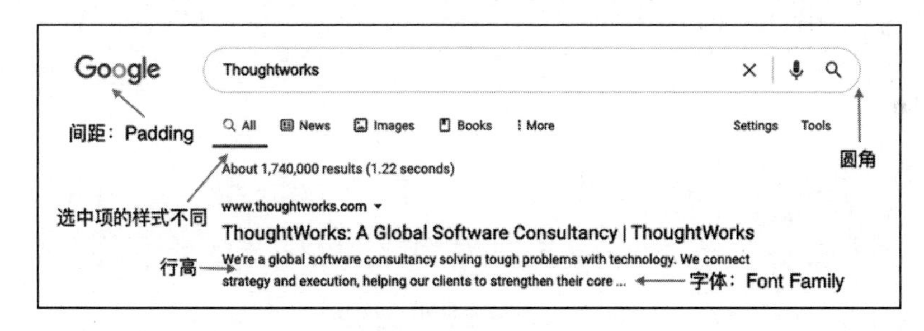

图 3-4 设计稿中的关注点

2. 不同的屏幕尺寸

测试时需要关注前端界面是否提供了针对不同大小设备屏幕的设计图，这些设计是否合理，是否方便用户使用。

一些项目中使用了响应式（responsive）页面技术，此技术的一个显著特性是页面会根据客户的浏览器尺寸定制显示页面元素，提供最佳使用体验。例如平板电脑的屏幕较大，可显示比较多的内容，而手机屏幕较小，可能需要改变一些界面组件的显示位置或大小、删除或增加一些更适宜的组件，虽然这二者有一点差别，但要求是相同的，按钮的大小都要让用户使用手指可以轻易点中。当屏幕变小或者变大后，界面元素的排列是否方便用户使用，也是测试人员需要考虑的事情。

又如，浏览器界面上有 100 个字符的文本，在 PC 端浏览器最大化时显示完全正常，但是当浏览器窗口缩变为 iPhone 6 屏幕的宽度后，该文本是否需要进行折行显示，折行后是否会破坏界面上各组件之间显示的相对位置，这 100 个字符是否需要自动截断或者省略部分内容？这些问题都需要和设计人员进行讨论，选择最优显示方案。

3. 数据变化对界面的影响

界面中的很多文本内容都是从后台数据库中动态读取的。如果数据库中的字符串非常长，该如何显示呢，例如“CBD 商圈”变成长字符串后，是折行还是加省略号？有时字符串变长后，它会和其他文本的显示区域重叠，导致页面变得不美观，怎么办？如图 3-5 所示，“舒适的自然光线”是从数据库读取的字符串，如果这个字符串是空字符串该怎么处理，保留着空白的一列还是删除它所在的这一列呢？

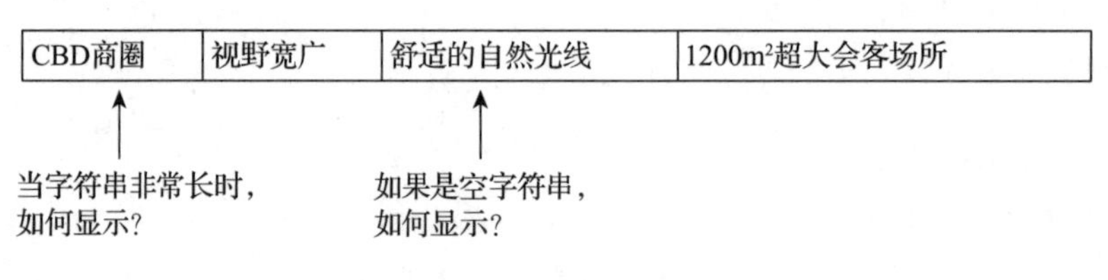

图 3-5 动态数据生成的界面

再来看一个例子，图 3-6 所示的按钮是根据数据库中的数据动态生成的，其数量可能是一个，也可能是多个。按钮如果有多个并且超出屏幕的宽度，是否需要折行处理？这些不会在初版设计稿中全部体现，需要测试人员根据自己的测试常识和业务工作人员、设计人员共同商量。

图 3-6 动态数据生成的按钮

4. 重点关注定制类界面组件

在项目中会根据自身需求定制一些页面组件（例如一些既不属于 HTML 原生标签，也不属于前端框架自带的组件），这些定制界面容易出现 Bug，尤其可能出现与浏览器或者不同移动端设备兼容的问题。对于定制的组件，测试范围应该覆盖它的每个功能点，不能假设该组件是运行正常的。测试时，需要在项目需要支持的所有浏览器和设备上进行，例如老版本浏览器可能对 JavaScript 和 CSS 支持不够好而出现问题。

测试手机端浏览器界面时，有条件的情况下，最好使用真实手机进行手工点击，减少对手机模拟器的依赖，在手机模拟器上显示正常的界面在真实手机的浏览器上有时会出现 Bug。

5. 数据输入类组件的测试

界面上有很多不同组件，如文本输入框、单选框、多选框等，其中文本输入框类控件通常允许用户输入各种特殊字符，这些字符常常会造成页面崩溃或其他错误，因此在对文本输入框的各种输入内容做测试时需要特别仔细，这里工作量大、测试点多，包括：

- 验证在文本输入框中输入合法数据并提交后，结果是否符合预期；

- ❑ 验证查询类文本输入框中的数据在翻页时是否能够保持显示，不会丢失；
- ❑ 验证输入错误数据并提交后，错误提示是否准确和友好；
- ❑ 可以使用“ !@#$%^&*()_+{}|:” <>?”这样的文本，输入后点击提交，看是否会出现异常；
- ❑ 输入其他字符集的文本，例如阿拉伯文等，提交后验证系统是否能正常处理；
- ❑ 输入过长字符、文本输入框不允许输入的字符等，验证页面 JavaScript 校验是否正确；
- ❑ 验证输入的数据是否会造成 XSS 攻击和 SQL 注入等安全问题。

3.5　前端界面自动化测试

前端界面自动化测试能模拟用户在页面上点击控件、输入数据、提交表单等操作，并验证这些操作产生的结果，可以更真实地模拟出用户端到端使用的业务场景。前端界面自动化测试工具和框架比较多，浏览器端有 Selenium、TestCafe、Cypress，手机端有 Appium、XCUITest 等。这里我们使用 Selenium 演示基于浏览器的界面自动化测试，如图 3-7 所示，其基本步骤如下。

```
# 打开百度
driver = webdriver.Firefox()
driver.get("https://www.baidu.com/")

# 输入Selenium并点击查询按钮
driver.find_element_by_id("kw").send_keys("selenium")
driver.find_element_by_id("su").click()

# 关闭Firefox
driver.close()
driver.quit()
```

图 3-7　Selenium 基本操作

1）调用 Selenium 自带的函数打开浏览器，跳转到测试 URL，定位元素进行数据输入或者按钮点击等操作。

2）判断界面元素的变化，以及这些变化是否符合预期。

1. 元素定位

在 Selenium 中可以使用 ID、Name、CSS、XPath 等方式去获取页面中的元素，优先使用的顺序是：ID > Name > CSS > XPath。其中 ID 和 Name 使用起来简单，且其代码易维护。有些页面元素没有 ID 或者 Name（我们可以建议开发人员给这些元素加上 ID 和 Name），这时就需要使用 CSS 或者 XPath 方式。使用 XPath 的优点是易于找到页面上的元素，但在维护代码时会显得麻烦一些，因为 XPath 的代码书写方式不够直观。因此，我们在熟悉

XPath 的语法后，尽量用简洁的代码查找页面元素，它会让代码维护也变得容易起来。如下面的例子，在 XPath 中有很多 li、div 等页面布局标签，需要对此代码做优化。

我们使用 XPath Checker 工具得到的 XPath 可能是这样的：

```
id('form1')/x:table[2]/x:tbody/x:tr/x:td[1]/x:table/x:tbody/x:tr/x:td/button[1]
```

优化后是这样的：

```
//button[contains(text(), "登录系统")]
```

此外，XPath 有一些特殊语法，可以帮助我们写出更易维护的代码。例如，查询某个节点的子节点可以使用 child:: 的方式，查询相邻节点可以使用 following-sibling:: 等，如图 3-8 所示。

```
@FindBy(id = "loginBT")                  //使用ID方式定位页面组件
private WebElement loginButton;

@FindBy(name = "email")                  //使用Name方式
private WebElement emailInputField;

@FindBy(css = "span.task-report-icon")  //使用CSS方式
private WebElement reportIcon;

@FindBy(xpath = "/li[@class=\"footer_grouping\"]/span/a");  //使用Xpath方式
private WebElement pageFooter;
```

图 3-8 Selenium 中的元素定位

2. 验证界面上的执行结果

自动化脚本中包含很多断言（assert）语句，用来判断页面上指定控件是否存在，以及控件显示值是否同预期一致等。不建议对页面所有细节信息都做断言，选择和当前流程密切相关的进行操作即可。

哪些信息不适合做断言？如果页面上某个信息的显示与否，除了与自动化脚本自身相关，还会被其他因素影响，那么它是不适合做断言的。一旦信息的显示不受脚本完全控制，就会让脚本的运行结果变得不稳定。

3. 测试数据的生成策略

测试脚本所依赖的测试数据，可以根据不同的策略，通过不同方式来生成。

1）对于相对简单的测试数据，例如计算一年前的今天是星期几，或者读取登录用户名等信息，推荐直接在代码中生成或从配置文件中读取。

2）对于需要经过复杂业务逻辑生成的测试数据，通过自动化脚本实现页面点击，模拟真实用户的页面操作，最终生成测试所需要的数据。该方式的优缺点如下。

- 优点：直观，只需在界面模拟用户操作即可。无须关注数据如何保存到后台数据库表中，以及数据库表的结构和关联关系。

- 缺点：执行速度慢。界面自动化测试脚本执行点击、输入数据、等待页面加载完成等操作耗时较长，如果希望测试速度更快，推荐使用注入生成数据的方式。

3）通过 API 注入生成数据。

举个例子，一个工作流软件的某个流程有很多步骤，当我们只想测试最后一步的页面显示时，就必须先生成前面多个步骤的数据。在这种情况下如果使用页面点击的方式生成数据，估计需要 10 多分钟。而整个系统存在成百上千个类似测试用例，这得花费大量时间。

这种情况下要高效生成数据，就需要使用 API 注入方式了。调用 API 把所需数据一次性插入数据库中。这种方式带来的是速度上极大的提升，当以页面点击方式需要 10 多分钟才能完成数据生成时，以 API 注入的方式可能仅需几秒。

然而，看起来完美的 API 注入方式也存在缺点。

它增加了工作人员了解数据库表结构和维护 API 的工作量。 用户在页面上点击一次提交操作，系统在后台可能会对应修改多张数据库表；也有可能因为插入这条数据触发数据库修改其他表中的数据；或者在后台有定时任务，定时修改其他表的数据。所以在使用这种方式之前，需要清楚数据表结构和表之间的关联关系。同时，未来业务、技术架构的变动引起的一些变化，也要求我们投入一些时间到 API 的维护工作中去。

4. PageObject 模式

在 UI 自动化测试脚本中，我们还可以使用 PageObject 模式，把其代码拆分到各个 PageObject 对象中，让自动化测试脚本只关注业务逻辑，同时减少类中代码行数。该模式将每个页面或者多个相似页面的功能封装，例如封装页面中需要测试的元素（按钮、输入框、标题等），这样在测试中就可以通过访问 PageObject 类的方法来获取页面相应元素，从而巧妙地避免了当页面元素 ID 或者位置变化时，需要修改测试代码的情况。采用 PageObject 模式实现该测试用例的简要步骤如下。

第一步，如图 3-9 所示，为每个页面创建一个 PageObject 的类，这个类包含此页面元素的定位和行为。如图 3-10 所示，和页面操作相关的元素，以及对页面元素进行操作、断言的方法，都被封装在这两个 PageObject 类中。

第二步，测试时通过调用页面对象的方式来编写测试用例，如图 3-10 所示。在 Search-Something 测试脚本中，只会看到和业务相关的代码，免去了每个页面的操作细节，从而让测试代码更加清晰。

对于小规模站点的 Web 自动化测试，直接在测试代码中访问 Web 页面元素。但对于业务复杂、功能完备的大规模站点的 Web 自动化测试，如果不将测试代码与对 Web 页面元素的访问解耦，不仅易造成代码冗余，还会导致测试集结构混乱，测试人员在后期难于理解和维护。

5. BDD

在进行自动化测试的过程中，大多数情况下只有技术人员（例如开发人员和测试人员）

才会关注自动化测试的执行过程及其报告。但是随着敏捷开发的流行，越来越多的业务人员和项目经理开始关注自动化测试所带来的收益。这一变化带来的结果是在自动化测试中引入了 BDD(Behavior Driven Development，行为驱动开发)，既引入了 BDD 的方法和实践，也引入了 BDD 的工具。

```java
//登录页面的PageObject - LoginPage
public class LoginPage(){

    @FindBy(id = "name")
    private WebElement username;
    @FindBy(id = "password")
    private WebElement password;
    @FindBy(id = "loginBT")
    private WebElement loginButton;

    //封装登录过程到login方法中
    public void login(String name, String pass){
        username.sendKeys(name);
        password.sendKeys(pass);
        loginButton.click();
    }
}

//查询页面的PageObject - SearchPage
public class SearchPage(){

    @FindBy(id = "g")
    private WebElement searchInput;
    @FindBy(id = "searchBT")
    private WebElement searchButton;

    //封装查询到search方法中
    public void search(String info){
        searchInput.sendKeys(info);
        searchButton.click();
    }
}
```

图 3-9　两个 PageObject 对象

```java
public class SearchSomething extends BaseTest {

    @TEST
    public void testSearchInfo() {
        new LoginPage().login("admin", "123456");
        new SearchPage().search("微服务测试");
    }

}
```

图 3-10　在测试方法中调用对象执行操作步骤

BDD 最重要的一个特性是：由非开发人员编写测试用例，而这些测试用例使用基于自然语言编写的 DSL（领域特定语言）。换句话说，业务人员、测试人员、客户等利益相关者，以习惯的方式编写相关的测试用例，再由开发人员去实现相关的测试。

一般来说 BDD 工具的框架分为三层，分别是：

- ❑ 语义层——负责对测试场景进行文字描述；
- ❑ 胶水层——负责把测试场景的文字描述和驱动页面元素的具体方法结合起来；
- ❑ 实现层——具体驱动页面元素完成相应行为。

目前市面上流行的 BDD 工具中，Cucumber 是较主流的一种，如图 3-11、图 3-12 所示。它使用自己的关键字 Given/When/Then 编写 Feature 文件，目前支持 Ruby、C#、Java、JavaScript 和 C++ 等多种开发语言。

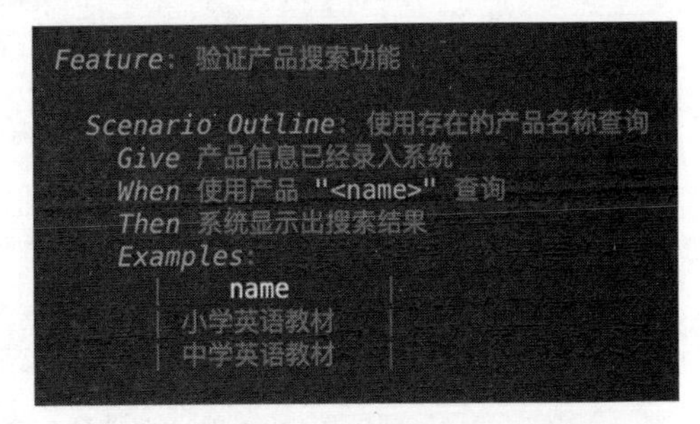

图 3-11　在 Cucumber 中用文字描述测试场景（语义层）

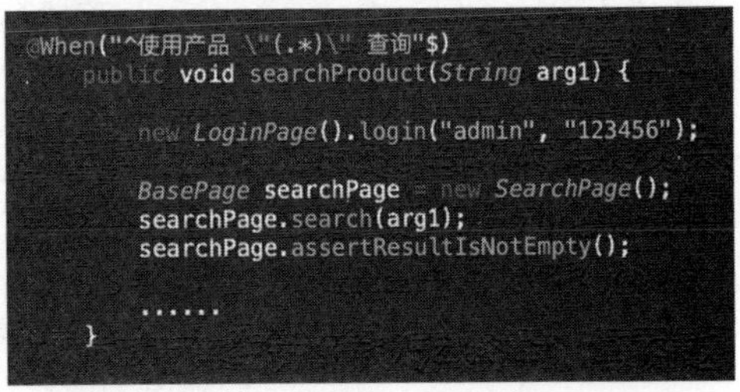

```
@When("^使用产品 \"(.*)\" 查询"$)
    public void searchProduct(String arg1) {

        new LoginPage().login("admin", "123456");

        BasePage searchPage = new SearchPage();
        searchPage.search(arg1);
        searchPage.assertResultIsNotEmpty();

        ......
    }
```

图 3-12　在 Cucumber 中通过正则匹配的方式连接到代码层（胶水层）

6. 缩短用例集的运行时间

先来虚拟一个场景：一家公司的产品部有一个历史遗留系统，团队需要在每年开发系统新功能的同时维护其旧功能。当前该系统的界面自动化测试用例已经超过两万条，所有脚本运行一次需要三天时间。当程序员提交一段代码后，需要经过三天才能知道这段代码有没有引入新的缺陷。

如此长的产品质量的反馈周期，让缩短界面自动化测试脚本运行时间势在必行。我们可以通过以下几种方式提高测试效率。

1）增加测试机器，多台机器并发运行互不依赖的测试脚本。

2）通过 API 注入的方式插入测试数据，缩减测试数据的准备时间。

3）给测试用例添加分类标签，给核心测试用例加上冒烟测试的标签。每次代码提交只运行核心测试用例，确保新提交的代码不会破坏产品核心功能。在晚上运行自动化测试用例全集，去验证非核心功能是否被新代码破坏。

4）使用 Mock 方式加快测试脚本的执行速度。例如调用第三方的银行服务时，服务返回时间可能是几分钟，也可能是几小时，在这种情况下就需要使用 Mock 方式，模拟银行服务调用和返回数据。Mock 服务通常在本地进行调用和返回，执行速度非常快。需要注意的是，使用 Mock 方式，只能保证系统内部业务逻辑正常，要想确保服务调用的正常，还需要使用单独的测试用例去覆盖整个调用过程。

7. 录制与开发代码

Selenium 框架提供了录制和代码开发两种方式。录制方式适合进行快速验证，但录制脚本时重复代码多，代码维护的工作量大，难以适用于复杂场景的界面自动化测试。在项目中通常使用代码开发的方式做界面自动化测试，同时使用 PageObject 模式、BDD 等方式提高自动化测试用例的可维护性。

8. 编写健壮的测试脚本

和其他代码一样，编写界面自动化测试代码同样需要遵守编码的最佳实践，去除代码中的“坏味道”（bad smell）。我们需要定期重构已有代码，让代码更易阅读和维护。想深入学习代码重构的朋友，可以参考 Martin Fowler 的《重构：改善既有代码的设计》。界面自动化测试代码中的“坏味道”更常见于代码重复、方法体过长、类中的代码过多、方法的参数数量过多等情况。

3.6 本章小结

本章讨论了微服务接口测试的测试用例设计和实现自动化测试的方法，在微服务系统中测试人员需要重点关注接口的幂等性、并发线程的调用以及分布式事务处理。此外，我们还讨论了如何给前端界面做手工和自动化测试。在一个项目中，较全面的自动化测试可以帮助我们避免去做大量手工回归测试的工作，保证项目的快速迭代和交付。第 4 章会进一步讨论如何自动化地保证微服务间传递数据的结构的正确性。

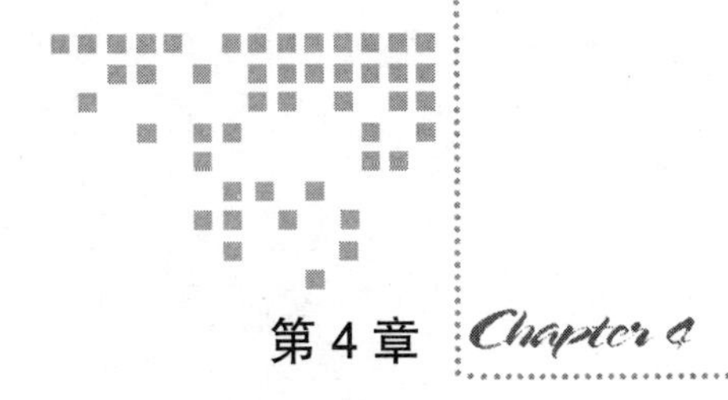

第4章 Chapter 4

契约测试

本章作者：付彪

微服务作为一种新的系统架构的设计模式，不仅对传统测试领域的测试活动，比如服务的功能测试、性能测试等，提出了一些新的要求，还催生和壮大了一些非传统测试领域的测试活动。其中，契约测试就是随着微服务的普及被大面积推广开来的一个新的测试活动。

4.1 初识契约测试

如果你之前完全没有接触过契约测试，那么你可能会从直觉上对"契约"二字产生好奇。那就让我们先来说说契约吧。汉语字典对契约是这么解释的。

相关各方共同订立并遵守的条约文书；特指有关买卖、借贷、委托等事项的文书字据。

而在日常生活中，我们也经常会听到"契约"或者"契约精神"这样的用语，比如甲方和乙方签订了契约等。但是这些"契约"和软件工程，特别是微服务架构体系下的软件工程又有什么关系呢?

其实，在软件工程中，一直以来就存在着大量的契约。如果回忆大学里面C语言的教程，你一定能想起这样两个词：形参和实参。比如，代码清单4-1中的变量num1和num2为形参，变量a和b为实参。函数max在定义时，要求num1和num2都是int类型的变量，在main函数中调用max函数时，用于赋值的a和b也都是int类型的变量，如此代码清单4-1的代码才能编译通过和运行。而如果a和b不是int类型的变量，比如是char类型的，那么编译就会报错。这其实就是软件工程中的一种契约。该契约定义了函数接收参数的类型。当然，除了接收参数的类型，契约还可以定义接收参数的个数和函数返回值的类型，而这是一种约定。所以说，契约约定了该函数如何与它的调用者进行交互。

代码清单4-1　简单的函数定义

```
int max(int num1, int num2) {
    if (num1 > num2)
        result = num1;
    else
        result = num2;
    return result;
}

int main () {
    int a = 100;
    int b = 200;
    int ret;
    ret = max(a, b);
}
```

函数级别的接口定义只是一种微型的契约，方便我们对软件工程中的契约有一个基本、感性的认识。而在微服务体系下，我们真正关注的契约，想必你已经猜到了，就是各个服务接口的定义，它也被称作API的端点定义。它包括以下方面的内容：

- API请求的URI，包括基本路径和（或）查询参数；
- API请求的Method，比如GET、POST、PUT、DELETE等；
- API请求的Header，比如Host、Accept、Cache-Control等；
- API请求的Body，在POST、PUT等可以携带消息体的请求中出现；
- API响应的Status Code（状态码），比如常见的200、400、404、500等；
- API响应的Header，比如Content-Type、Connection、Keep-Alive等；
- API响应的Body，这是我们使用接口获取数据的主要内容。

在这些内容当中，消息体，即API请求的Body和API响应的Body，以及URI的查询参数的内容和组合往往是千变万化的，它们是接口定义的重要内容，也是契约关注的重点内容。需要强调的是，严格来讲单纯的接口定义还并不是契约。对于契约的准确理解，我们会在4.4节再进行详细的解释，这里你只需要先对它有一个感性的认识就可以了。

大概了解微服务的契约后，就该来说说什么是契约测试了。让我们来类比一下：功能性测试是一种验证被测应用功能性的测试活动，即测试应用功能；兼容性测试是一种检查被测应用在不同环境下，比如在不同的浏览器上、在不同的操作系统上、在不同的终端设备上，是否能够正常工作的测试活动，即测试应用的兼容性。那么自然地，契约测试就是验证被测服务的契约是否正确的一种测试活动。

在契约测试的范畴中，有3个非常重要的概念，即服务的生产者、服务的消费者以及消费。

- 服务的生产者：简称生产者，也叫Provider，是指提供具体功能的服务主体，即

API Service。

- 服务的消费者：简称消费者，也叫 Consumer，是指从生产者处获取信息的主体。
- 消费：指服务的消费者从服务的生产者处获取信息的过程。通俗来讲，一个 API 向它的上游 API 发起请求，获取数据的过程就是消费。

图 4-1 描述了一个消费者和生产者之间的基本关系。理论上来讲，所有的服务都是生产者，因为我们创建服务的目的，就是给它的消费者生产和提供信息。但有的服务可能既是生产者又是消费者，比如一些处在信息链中层的服务，既要作为消费者从它的下层服务获取数据，又要作为生产者向它的上层服务提供数据。单纯的消费者绝大部分都不是服务，而是处在信息链最上层的客户端应用，比如网页应用程序、桌面应用程序和移动端应用程序等。

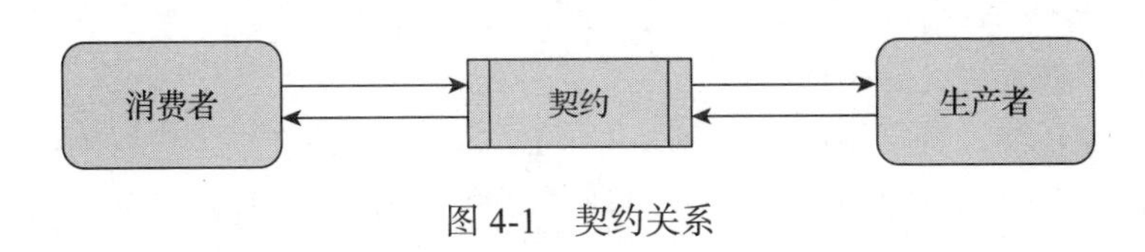

图 4-1　契约关系

好了，如果你之前完全没有接触过契约测试，那么过多的描述只会让你感到“烧脑”，所以对于契约测试最基本的认知到这里就足够了。接下来，我们会通过介绍 Pact 和 Spring Cloud Contract 这两款工具，来带你具体实践如何进行契约测试。之后，我们将在本章的 4.4 节中回过头来整理契约测试的理论精髓。

4.2　基于 Pact 的契约测试实战

目前，业界实践契约测试的方式和工具主要有两个：Pact 和 Spring Cloud Contract。它们既是两款具体的工具，又各自定义了一套迥然不同的实践契约测试的方式。本节将会详细介绍如何使用 Pact 进行消费者驱动的契约测试，下一节则会详细介绍 Spring Cloud Contract 的使用方法。

Pact 是较早实践契约测试的工具，其官方开发团队也是测试领域中契约测试的主要推动者。Pact 项目始于 2013 年，由 Ruby 编写且面向 Ruby 的应用。如今，Pact 官方开发团队虽然通过打造 Pactflow 开始走上商业化的道路，但同时在维护着 Pact 的开源版本。目前 Pact 支持的语言包括 JavaScript、Java、.NET、Go、Python、Swift、Scala、PHP、Ruby、Rust、C++ 等。而 Java 是众多大型微服务系统的主要开发语言，这使得 Pact 的 Java 版本，即 Pact JVM 得到了更广泛的应用。本章中 Pact 的实践代码，都会使用 Pact JVM 来实现。

4.2.1　Pact 的测试理念

在进入具体的代码演练之前，先来熟悉一下 Pact 测试的核心理念，即消费者驱动的契约测试。

我们知道，契约测试是验证消费者和生产者之间契约的测试活动。而消费者驱动的契约测试，则在此基础上更加强调测试活动的建立以及测试范畴的定义都由消费者来主导，即主要由消费者来决定是否要进行契约测试、确定契约测试中需要检查的信息和需要验证的方式。当然，你可能会问，既然有消费者驱动的契约测试，那么是不是也有生产者驱动的契约测试呢？答案是肯定的。我们会在 4.4 节讨论生产者驱动的契约测试。

不难想象，既然使用 Pact 进行的测试是由消费者驱动的，那么测试执行的步骤就一定会有先后顺序。的确，由 Pact 定义的消费者驱动的契约测试，概括来讲，都是按照如下的固有步骤进行的：

1）先在消费者端执行测试，生成契约文件，也叫 Pact 文件；

2）将契约文件直接交给生产者，或者发布到 Pact Broker；

3）再在生产者端，直接使用或者获取 Pact Broker 的契约文件来进行测试。

Pact 官方文档给出了如图 4-2 所示的消费者端的详细测试流程。

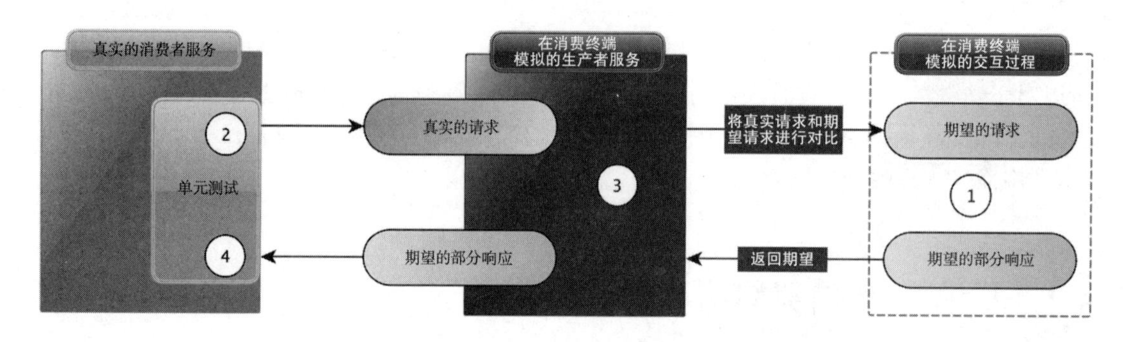

图 4-2　Pact 官方文档上的消费终端的测试流程

首先，在消费者端，Pact 框架会生成一个模拟的生产者服务的实例，然后使用单元测试的方式，构建一个和真实场景完全相同的请求，并且将该请求发送给这个模拟的生产者服务。模拟的生产者服务在接收到这个真实请求后，会将请求的内容，包括 URI、Header、Body 等信息，与期望的请求内容进行比较，如果真实请求的内容和期望请求的内容相匹配，就会返回期望的响应。并且 Pact 会将整个交互的过程，即收到了什么样的请求、匹配请求内容的逻辑以及返回了什么样的响应，全部固化到一个 JSON 文件中，这个 JSON 文件就是整个契约的载体，也被称作 Pact 文件。

而在生产者端的测试流程，如图 4-3 所示。

与消费者端整个流程由单元测试来触发不同，生产者端的测试完全由 Pact 框架来实施。Pact 首先会从契约文件（即 Pact 文件）中提取期望的请求，发送给真实、待测的生产者服务，生产者服务由于是真实的服务，在收到请求后会根据自己当前真实的逻辑实现并返回真实的响应，Pact 再把生产者服务返回的真实响应，与契约文件中记载的期望响应进行匹配，如果两者相符则测试通过，否则测试失败。

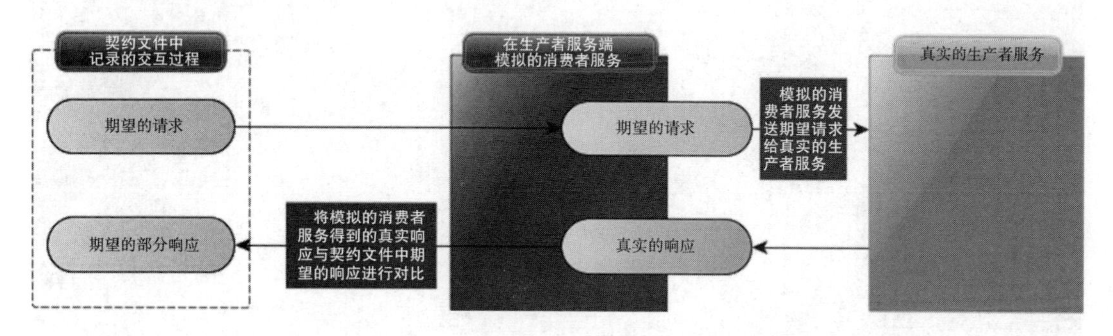

图 4-3 Pact 官方文档上的生产者端的测试流程

需要强调的是，消费者端的测试通过使用单元测试的代码就可以完成，不需要启动消费者服务。而生产者端的测试，在使用 Pact 执行测试之前，必须先启动生产者服务，并且保证其作为被测服务是可工作的，即如果该生产者服务还要依赖其他的服务，那么也需要保证其相关的依赖服务是可工作的，并且和被测的生产者服务是联通。

至此，我们已经介绍了契约测试以及 Pact 测试的基本理念，那么接下来，我们将进入具体的实践部分，来看看究竟如何使用 Pact 进行契约测试。

4.2.2 被测应用

相较于演练一般的功能性测试，比如测试浏览器应用的 Selenium 测试、针对 API 服务的接口测试等，上手演练契约测试有一个非常大的难点，那就是准备被测对象。因为契约测试的被测对象是契约，而契约又是假设在一对生产者服务和消费者服务之间产生的需求描述，这就要求我们得准备至少两个服务：一个生产者服务和一个消费者服务，才能演练契约测试。而一对一的生产者服务和消费者服务，往往只能满足最基本的练习需求，如果要想通过练习来深刻理解契约测试的话，单生产者服务对应多消费者服务的架构，才是最有益的测试环境。而这种一对多的服务设计，也正是现实项目中微服务体系下最常见的架构设计场景。

因此，本节使用的被测应用也将是一个单生产者服务对应双消费者服务的简单的微服务架构。被测应用的源代码，大家可以从 GitHub 仓库中获取到：https://github.com/Mikuu/Pact-JVM-Example。该演示代码也是 Pact JVM 官方推荐的示例，大家可以在其 GitHub 的官方文档中找到对应的链接。

使用以下命令将示例源码克隆到本地。

```
git clone https://github.com/Mikuu/Pact-JVM-Example.git
```

使用 IntelliJ 社区版将该被测应用的示例代码打开，可以得到如图 4-4 所示的项目工程。

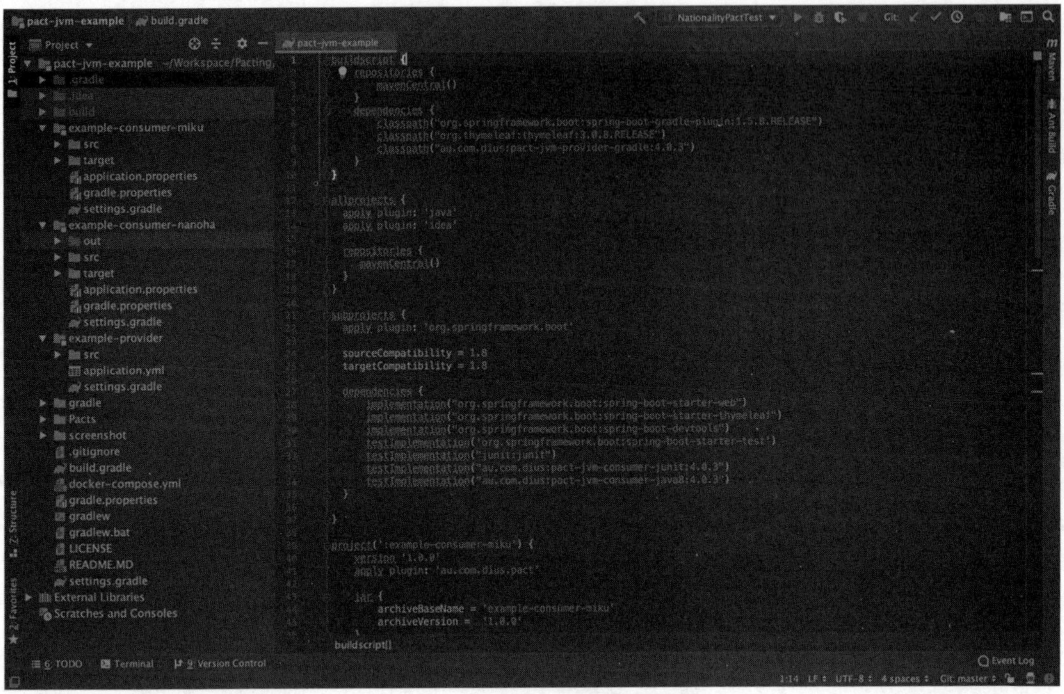

图 4-4　被测应用的项目结构

该项目包含 3 个服务：一个生产者服务 example-provider，以及两个消费者服务 example-consumer-miku 和 example-consumer-nanoha。

其中，example-provider 是一个简单的 RESTful API，通过 /information 接口返回一些固定的个人信息。在项目的根目录下，使用以下命令启动 example-provider 服务。

```
./gradlew :example-provider:bootRun
```

服务正确启动后，会得到类似图 4-5 所示终端显示内容。

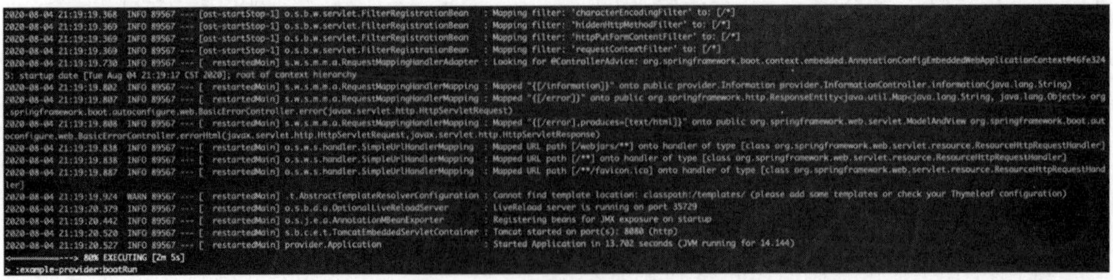

图 4-5　被测应用启动成功

然后我们可以使用 Postman 来验证我们的服务是否正常工作。在 Postman 中访问 http://

localhost:8080/information?name=Miku，可以得到类似图 4-6 中的服务响应。

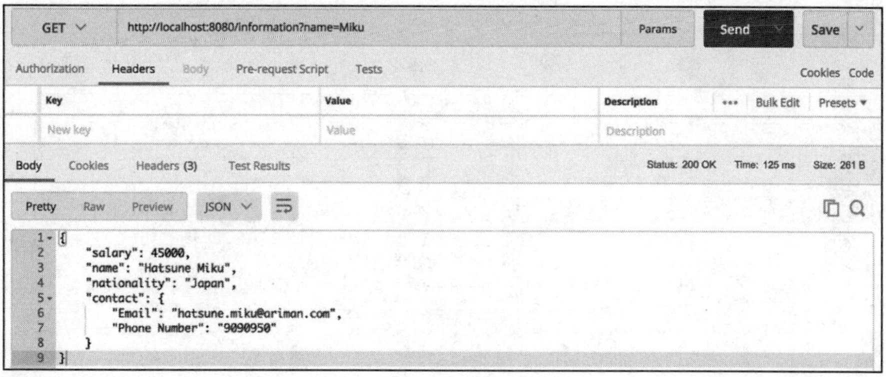

图 4-6　使用 Postman 获取 Miku 的个人信息

或者访问 http://localhost:8080/information?name=Nanoha，得到类似图 4-7 所示的服务响应。

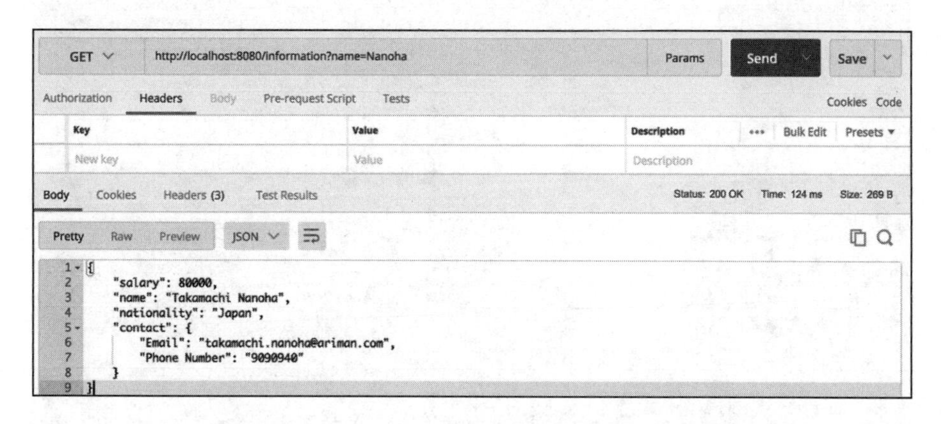

图 4-7　使用 Postman 获取 Nanoha 的个人信息

由此，即可验证我们的 example-provider 服务处于正常工作的状态。接下来，我们需要启动消费者服务 example-consumer-miku 和 example-consumer-nanoha。同样，在项目的根目录下，使用如下命令，启动 example-consumer-miku 服务。

```
./gradlew :example-consumer-miku:bootRun
```

使用如下命令启动 example-consumer-nanoha 服务。

```
./gradlew :example-consumer-nanoha:bootRun
```

两个消费者服务启动完成后，可以使用浏览器分别访问 http://localhost:8081/miku 和 http://localhost:8082/nanoha，能得到如图 4-8 和图 4-9 所示的各自服务的 Web 页面。

图 4-8 展示 Miku 信息的前端页面

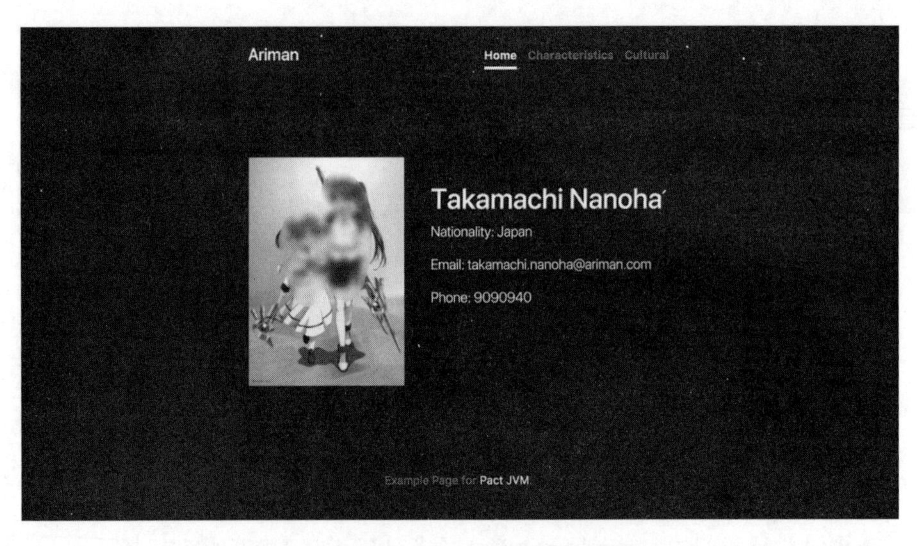

图 4-9 展示 Nanoha 信息的前端页面

不难看出，消费者服务 example-consumer-miku 和 example-consumer-nanoha 做的事情基本上是相同的，都是从生产者服务 example-provider 处请求各自的个人信息，然后显示在 Web 页面上。它们差别就是 example-consumer-nanoha 服务使用 .nationality 这个字段，并将其对应的内容显示在 Web 页面上，而 example-consumer-miku 则没有使用到 .nationality 字段。至于消费者服务 example-provider 返回的 .salary 这个字段，example-consumer-nanoha 服务和 example-consumer-miku 服务则都没有用到。

需要提醒的是，我们示例中的生产者服务 example-provider 和消费者服务 example-consumer-miku、example-consumer-nanoha都存放在同一个代码库里，这只是为了方便管理示例代码，而在实际的项目中，绝大多数的生产者服务和消费者服务都是在不同的代码库里面进行管理的，请一定注意。

4.2.3 消费者 Miku 服务与生产者服务间的契约测试

在了解被测应用系统的基本业务之后，我们就可以开始写契约测试了。我们先从 example-consumer-miku 和 example-provider 之间的契约测试开始。

请注意“之间”这个关键词，当我们在谈论契约测试时一定要明确，契约测试是建立在某一对生产者服务和消费者服务之间的测试活动。没有生产者服务，消费者服务做不了契约测试；没有消费者服务，生产者服务不需要做契约测试。

1. 编写 example-consumer-miku 端的测试案例

目前，Pact JVM 在消费者端的契约测试主要有 3 种写法：

1）基于基本的 JUnit 的写法；

2）基于 JUnit Rule 的写法；

3）基于 Pact 封装的 JUnit DSL 的写法。

它们都能完成消费者端的测试并且生成契约文件，只是写法有所不同带来的代码简洁度和部分功能有些许差异。所有的契约测试代码都已经写好了，你可以在 src/test/java/ariman/pact/consumer 目录下面找到它们。

（1）基于基本的 JUnit 写法的契约测试

代码清单 4-2 展示了测试文件 PactBaseConsumerTest.java 文件中的内容。

代码清单4-2 基于JUnit写法的契约测试

```
@RunWith(SpringRunner.class)
@SpringBootTest
public class PactBaseConsumerTest extends ConsumerPactTest {

    @Autowired
    ProviderService providerService;

    @Override
    @Pact(provider="ExampleProvider", consumer="BaseConsumer")
    public RequestResponsePact createPact(PactDslWithProvider builder) {
        Map<String, String> headers = new HashMap<String, String>();
        headers.put("Content-Type", "application/json;charset=UTF-8");

        return builder
            .given("")
            .uponReceiving("Pact JVM example Pact interaction")
            .path("/information")
            .query("name=Miku")
```

```
                .method("GET")
                .willRespondWith()
                .headers(headers)
                .status(200)
                .body("{\n" +
                    "    \"salary\": 45000,\n" +
                    "    \"name\": \"Hatsune Miku\",\n" +
                    "    \"nationality\": \"Japan\",\n" +
                    "    \"contact\": {\n" +
                    "        \"Email\": \"hatsune.miku@ariman.com\",\n" +
                    "        \"Phone Number\": \"9090950\"\n" +
                    "    }\n" +
                    "}")

                .toPact();
    }

    @Override
    protected String providerName() {
        return "ExampleProvider";
    }

    @Override
    protected String consumerName() {
        return "BaseConsumer";
    }

    @Override
    protected void runTest(MockServer mockServer, PactTestExecutionContext context) {
        providerService.setBackendURL(mockServer.getUrl());
        Information information = providerService.getInformation();
        assertEquals(information.getName(), "Hatsune Miku");
    }
}
```

这里的关键是 createPact 和 runTest 这两个方法。createPact 方法直接定义了契约交互的全部内容，比如发送请求的路径和参数，以及返回响应的具体内容。runTest 方法是执行测试的方法，其中 ProviderHandler 是 example-consumer-miku 服务代码中的类，我们直接使用它来发送真正的请求，发给谁呢？发给 Mock Server。Pact 会启动一个虚拟服务，基于 Java 原生的 HttpServer 封装，用来代替真正的生产者服务应答 createPact 方法中定义好的响应内容，继而模拟整个契约的内容。runTest 方法中的断言可以用来保证我们编写的契约内容是符合 example-consumer-miku 服务期望的，你可以把它理解为一种类似消费者服务端的集成测试。

（2）基于 JUnit Rule 写法的契约测试

代码清单 4-3 展示了 PactJunitRuleTest.java 文件中的内容。

代码清单4-3 基于JUnit Rule写法的契约测试

```
@RunWith(SpringRunner.class)
@SpringBootTest
public class PactJunitRuleTest {

    @Autowired
    ProviderService providerService;

    @Rule
    public PactProviderRule mockProvider = new PactProviderRule("ExampleProvider", this);

    @Pact(consumer = "JunitRuleConsumer")
    public RequestResponsePact createPact(PactDslWithProvider builder) {
        Map<String, String> headers = new HashMap<String, String>();
        headers.put("Content-Type", "application/json;charset=UTF-8");

        return builder
            .given("")
            .uponReceiving("Pact JVM example Pact interaction")
            .path("/information")
            .query("name=Miku")
            .method("GET")
            .willRespondWith()
            .headers(headers)
            .status(200)
            .body("{\n" +
                "    \"salary\": 45000,\n" +
                "    \"name\": \"Hatsune Miku\",\n" +
                "    \"nationality\": \"Japan\",\n" +
                "    \"contact\": {\n" +
                "        \"Email\": \"hatsune.miku@ariman.com\",\n" +
                "        \"Phone Number\": \"9090950\"\n" +
                "    }\n" +
                "}")
            .toPact();
    }

    @Test
    @PactVerification
    public void runTest() {
        providerService.setBackendURL(mockProvider.getUrl());
        Information information = providerService.getInformation();
        assertEquals(information.getName(), "Hatsune Miku");
    }
}
```

相较于基本的JUnit写法，PactProviderRule这个类能够让代码更加简洁，它还可以自定义模拟的生产者服务的address和port属性。如果像上面的代码一样不指定address和port，则会默认使用127.0.0.1地址和随机端口。JUnit Rule还提供了方法让你可以同时对多个生产者服务进行测试，以及让模拟的生产者服务使用 HTTPS 进行交互。基于简洁的考虑，本示例没有包含多生产者服务和 HTTPS 的例子，感兴趣的读者可以自己在 Pact JVM 官网上查询相关的用法。

代码清单 4-4 展示了 PactJunitRuleMultipleInteractionsTest.java 文件的内容，同样是使用 PactProviderRule 的测试案例写法，它演示的是在一次测试中有两次消费者服务与生产者服务交互的场景，那么执行这个测试文件生成的契约文件中就会含有两次发送请求和接收响应的交互。

代码清单4-4　包含多交互的契约测试

```
@RunWith(SpringRunner.class)
@SpringBootTest
public class PactJunitRuleMultipleInteractionsTest {

    @Autowired
    ProviderService providerService;

    @Rule
    public PactProviderRule mockProvider = new PactProviderRule("ExampleProvider",this);

    @Pact(consumer="JunitRuleMultipleInteractionsConsumer")
    public RequestResponsePact createPact(PactDslWithProvider builder) {
        Map<String, String> headers = new HashMap<String, String>();
        headers.put("Content-Type", "application/json;charset=UTF-8");

        return builder
            .given("")
            .uponReceiving("Miku")
            .path("/information")
            .query("name=Miku")
            .method("GET")
            .willRespondWith()
            .headers(headers)
            .status(200)
            .body("{\n" +
                "    \"salary\": 45000,\n" +
                "    \"name\": \"Hatsune Miku\",\n" +
                "    \"nationality\": \"Japan\",\n" +
                "    \"contact\": {\n" +
                "        \"Email\": \"hatsune.miku@ariman.com\",\n" +
                "        \"Phone Number\": \"9090950\"\n" +
                "    }\n" +
                "}")
            .given("")
            .uponReceiving("Nanoha")
            .path("/information")
            .query("name=Nanoha")
            .method("GET")
```

```
            .willRespondWith()
            .headers(headers)
            .status(200)
            .body("{\n" +
                "    \"salary\": 80000,\n" +
                "    \"name\": \"Takamachi Nanoha\",\n" +
                "    \"nationality\": \"Japan\",\n" +
                "    \"contact\": {\n" +
                "        \"Email\": \"takamachi.nanoha@ariman.com\",\n" +
                "        \"Phone Number\": \"9090940\"\n" +
                "    }\n" +
                "}")
            .toPact();
    }

    @Test
    @PactVerification()
    public void runTest() {
        providerService.setBackendURL(mockProvider.getUrl());
        Information information = providerService.getInformation();
        assertEquals(information.getName(), "Hatsune Miku");

        providerService.setBackendURL(mockProvider.getUrl(), "Nanoha");
        information = providerService.getInformation();
        assertEquals(information.getName(), "Takamachi Nanoha");
    }
}
```

（3）基于 Pact 封装的 JUnit DSL 写法的契约测试

代码清单 4-5 展示了 PactJunitDSLTest.java 文件中的内容。

代码清单4-5　基于JUnit DSL写法的契约测试

```
@RunWith(SpringRunner.class)
@SpringBootTest
public class PactJunitDSLTest {

    @Autowired
    ProviderService providerService;

    private void checkResult(PactVerificationResult result) {
        if (result instanceof PactVerificationResult.Error) {
            throw new RuntimeException(((PactVerificationResult.Error) result).
                getError());
        }
        assertThat(result, is(instanceOf(PactVerificationResult.Ok.class)));
    }

    @Test
    public void testPact1() {
```

```
        Map<String, String> headers = new HashMap<String, String>();
        headers.put("Content-Type", "application/json;charset=UTF-8");

        RequestResponsePact pact = ConsumerPactBuilder
            .consumer("JunitDSLConsumer1")
            .hasPactWith("ExampleProvider")
            .given("")
            .uponReceiving("Query name is Miku")
            .path("/information")
            .query("name=Miku")
            .method("GET")
            .willRespondWith()
            .headers(headers)
            .status(200)
            .body("{\n" +
                "    \"salary\": 45000,\n" +
                "    \"name\": \"Hatsune Miku\",\n" +
                "    \"nationality\": \"Japan\",\n" +
                "    \"contact\": {\n" +
                "        \"Email\": \"hatsune.miku@ariman.com\",\n" +
                "        \"Phone Number\": \"9090950\"\n" +
                "    }\n" +
                "}")
            .toPact();

        MockProviderConfig config = MockProviderConfig.createDefault();
        PactVerificationResult result = runConsumerTest(pact, config, (mockServer,
            context) -> {
            providerService.setBackendURL(mockServer.getUrl(), "Miku");
            Information information = providerService.getInformation();
            assertEquals(information.getName(), "Hatsune Miku");
            return null;
        });

        checkResult(result);
    }

    @Test
    public void testPact2() {
        Map<String, String> headers = new HashMap<String, String>();
        headers.put("Content-Type", "application/json;charset=UTF-8");

        RequestResponsePact pact = ConsumerPactBuilder
            .consumer("JunitDSLConsumer2")
            .hasPactWith("ExampleProvider")
            .given("")
            .uponReceiving("Query name is Nanoha")
            .path("/information")
```

```
                .query("name=Nanoha")
                .method("GET")
                .willRespondWith()
                .headers(headers)
                .status(200)
                .body("{\n" +
                    "    \"salary\": 80000,\n" +
                    "    \"name\": \"Takamachi Nanoha\",\n" +
                    "    \"nationality\": \"Japan\",\n" +
                    "    \"contact\": {\n" +
                    "        \"Email\": \"takamachi.nanoha@ariman.com\",\n" +
                    "        \"Phone Number\": \"9090940\"\n" +
                    "    }\n" +
                    "}")
                .toPact();

        MockProviderConfig config = MockProviderConfig.createDefault();
        PactVerificationResult result = runConsumerTest(pact, config, (mockServer,
            context) -> {
            providerService.setBackendURL(mockServer.getUrl(), "Nanoha");
            Information information = providerService.getInformation();
            assertEquals(information.getName(), "Takamachi Nanoha");
            return null;
        });

        checkResult(result);
    }
}
```

使用基本的 JUnit 和 JUnit Rule 的写法，我们只能在一个测试文件里面写一个测试用例，而使用 JUnit DSL 的写法，则可以像上面的例子一样写多个测试用例。同样，你也可以通过 MockProviderConfig.createDefault() 配置 mockServer 的 address 和 port。上面的例子使用了默认配置。

当然，JUnit DSL 的强大之处绝不仅仅是让你多写几个测试用例。代码清单 4-6 展示了 PactJunitDSLJsonBodyTest.java 文件中的内容，它通过使用 PactDslJsonBody 和 Lambda DSL，可以让你更好地编写契约测试文件。

代码清单4-6 结构更加合理的契约测试文件

```
@RunWith(SpringRunner.class)
@SpringBootTest
public class PactJunitDSLJsonBodyTest {

    @Autowired
    ProviderService providerService;

    private void checkResult(PactVerificationResult result) {
```

```
    if (result instanceof PactVerificationResult.Error) {
        throw new RuntimeException(((PactVerificationResult.Error) result).
            getError());
    }
    assertThat(result, is(instanceOf(PactVerificationResult.Ok.class)));
}

@Test
public void testWithPactDSLJsonBody() {
    Map<String, String> headers = new HashMap<String, String>();
    headers.put("Content-Type", "application/json;charset=UTF-8");

    DslPart body = new PactDslJsonBody()
        .numberType("salary", 45000)
        .stringType("name", "Hatsune Miku")
        .stringType("nationality", "Japan")
        .object("contact")
        .stringValue("Email", "hatsune.miku@ariman.com")
        .stringValue("Phone Number", "9090950")
        .closeObject();

    RequestResponsePact pact = ConsumerPactBuilder
        .consumer("JunitDSLJsonBodyConsumer")
        .hasPactWith("ExampleProvider")
        .given("")
        .uponReceiving("Query name is Miku")
        .path("/information")
        .query("name=Miku")
        .method("GET")
        .willRespondWith()
        .headers(headers)
        .status(200)
        .body(body)
        .toPact();

    MockProviderConfig config = MockProviderConfig.createDefault(PactSpec-
        Version.V3);
    PactVerificationResult result = runConsumerTest(pact, config, (mockServer,
        context) -> {
        providerService.setBackendURL(mockServer.getUrl());
        Information information = providerService.getInformation();
        assertEquals(information.getName(), "Hatsune Miku");
        return null;
    });

    checkResult(result);
}

@Test
```

```
    public void testWithLambdaDSLJsonBody() {
        Map<String, String> headers = new HashMap<String, String>();
        headers.put("Content-Type", "application/json;charset=UTF-8");

        DslPart body = newJsonBody((root) -> {
            root.numberValue("salary", 45000);
            root.stringValue("name", "Hatsune Miku");
            root.stringValue("nationality", "Japan");
            root.object("contact", (contactObject) -> {
                contactObject.stringMatcher("Email", ".*@ariman.com", "hatsune.
                    miku@ariman.com");
                contactObject.stringType("Phone Number", "9090950");
            });
        }).build();

        RequestResponsePact pact = ConsumerPactBuilder
            .consumer("JunitDSLLambdaJsonBodyConsumer")
            .hasPactWith("ExampleProvider")
            .given("")
            .uponReceiving("Query name is Miku")
            .path("/information")
            .query("name=Miku")
            .method("GET")
            .willRespondWith()
            .headers(headers)
            .status(200)
            .body(body)
            .toPact();

        MockProviderConfig config = MockProviderConfig.createDefault(PactSpec
            Version.V3);
        PactVerificationResult result = runConsumerTest(pact, config, (mockServer,
            context) -> {
            providerService.setBackendURL(mockServer.getUrl());
            Information information = providerService.getInformation();
            assertEquals(information.getName(), "Hatsune Miku");
            return null;
        });

        checkResult(result);
    }
}
```

具体来讲，对契约中响应消息体的内容，使用JsonBody代替简单的字符串可以让你的代码易读性更好。JsonBody提供了强大的Check By Type和Check By Value的功能，让你可以控制对生产者服务返回的响应的测试精度。比如，使用Check By Value功能，对于契约中的某个字段，你可以确保生产者服务返回的必须是某个具体数值；使用Check By Type功能，你只要匹配相应的数据类型即可，例如string或者int，你甚至可以直接使用正则表达式来做更加灵活的验证。目前其支持如表 4-1 所示的匹配验证方法。

表 4-1 契约文件中可以使用的匹配规则

匹配方法	功能描述
string, stringValue	匹配字符串值
number, numberValue	匹配数字值
booleanValue	匹配布尔值
stringType	匹配字符串类型
numberType	匹配数字类型
integerType	匹配所有整型的数字类型
decimalType	匹配所有的浮点数与小数类型
booleanType	匹配布尔类型
stringMatcher	匹配正则表达式
timestamp	匹配时间戳格式的字符串，如果没有指定具体的时间戳格式，则使用 ISO 时间戳格式
date	匹配日期格式的字符串，如果没有指定具体的日期格式，则使用 ISO 日期格式
time	匹配时间格式的字符串，如果没有指定具体的时间格式，则使用 ISO 时间格式
ipAddress	匹配 IPv4 格式的 IP 地址字符串
id	匹配所有的数字类型的 ID
hexValue	匹配所有十六进制编码的字符串
uuid	匹配所有包含 UUID 的字符串
includesStr	匹配被包含的字符串
equalsTo	匹配相等的字符串
matchUrl	定义一个 URL 匹配器，可以指定 base URL 和 URL path，其中 URL path 可以使用正则表达式

2. 执行 example-consumer-miku 端的测试案例

测试案例准备好后，我们就可以执行测试了。因为 Pact 在消费者服务端，实际上是使用的 JUnit 的测试框架，所以契约测试在消费者服务端的执行方式，与我们执行一般的单元测试是完全相同的。在项目的根目录下，使用如下命令，即可执行 example-consumer-miku 端的测试。

```
./gradlew :example-consumer-miku:clean test
```

前面我们提到过，Pact 在消费者服务端的测试可以被看作是一种集成测试，其目的是生成供生产者服务使用的契约文件，即 JSON 格式的 Pact 文件。那么上述命令执行成功后，你就可以在 Pacts\Miku 路径下面找到该测试生成的所有契约文件。

代码清单 4-7 展示了其中 BaseConsumer-ExampleProvider.json 这个契约文件的内容。这是一个标准的 JSON 文件，是通过执行测试文件 PactBaseConsumerTest.java 而生成的。其内容主要由4部分组成，分别是provider（生产者服务）、consumer（消费者服务）、interactions（交互）以及metadata（元数据）。其中，provider和consumer的name值是由测试文件中的@Pact注解定义的。interactions的内容则是整个契约的核心，定义了消费者服务example-consumer-miku和生产者服务example-provider之间期望的服务调用过程，即当example-consumer-miku服务发送怎样的请求时，example-provider服务应该返回怎样的响应。这部分信息会在稍后example-provider服务端的测试中被提取和使用。metadata则包含了Pact自身的一些版本相关的信息，这些信息更多会被Pact Broker使用到。

代码清单4-7 生成的契约文件

```
{
    "provider": {
        "name": "ExampleProvider"
    },
    "consumer": {
        "name": "BaseConsumer"
    },
    "interactions": [
        {
            "description": "Pact JVM example Pact interaction",
            "request": {
                "method": "GET",
                "path": "/information",
                "query": {
                    "name": [
                        "Miku"
                    ]
                }
            },
            "response": {
                "status": 200,
                "headers": {
                    "Content-Type": "application/json;charset\u003dUTF-8"
                },
                "body": {
                    "salary": 45000,
                    "name": "Hatsune Miku",
                    "nationality": "Japan",
                    "contact": {
                        "Email": "hatsune.miku@ariman.com",
                        "Phone Number": "9090950"
                    }
                }
            },
            "providerStates": [
                {
                    "name": ""
                }
```

```
            ]
        }
    ],
    "metadata": {
        "pactSpecification": {
            "version": "3.0.0"
        },
        "pact-jvm": {
            "version": "4.0.3"
        }
    }
}
```

3. 发布契约文件到 Pact Broker

契约文件，即 Pacts/Miku 路径下面的 JSON 文件，可以用来驱动生产者服务 example-provider 端的契约测试。由于我们的演示示例把消费者服务和生产者服务的代码都放在了同一个代码仓库下面，所以 Pacts/Miku 下面的契约文件对生产者服务 example-provider 是直接可见的，生产者服务 example-provider 可以直接使用这些契约文件在其本地进行契约测试。但在真实的项目中，这样的事情基本上是不可能发生的。因为在微服务的架构当中，消费者服务和生产者服务的源代码基本上都不会放在一起，而是存在于各自的代码仓库当中，这就导致了由消费者服务端生成的契约文件是无法对生产者服务端直接可见的。特别是当消费者服务和生产者服务是由不同团队开发维护时，两者之间就更需要有特定的途径来传递契约文件。具体来说，即是消费者服务端需要按照事先协商好的方式将契约文件发送给生产者服务端。消费者服务端可以选择把契约文件上传到生产者服务端的测试服务器上去，也可以选择使用中间文件服务器来共享契约文件，甚至可以直接通过发送电子邮件把契约文件扔给生产者服务端的团队，然后告诉对方“这是我们的契约文件，你们看着办吧！”虽然这样做看起来很简单，但这的确是可行的。

显然，对这个消费者服务端和生产者服务端之间传递契约文件的问题，Pact 提供了更加优雅的解决方案，那就是使用 Pact Broker。

Pact Broker 是 Pact 专门用来在消费者服务端和生产者服务端之间中继契约的服务，它以 RESTful API 的方式提供服务接口，让消费者服务端可以将自己生产的契约文件的内容，上传到 Pact Broker 服务器中予以持久化存储，生产者服务端则可以使用相应的服务接口，从 Pact Broker 服务器中获取到和自己相关的契约文件的内容，从而进行契约测试。Pact Broker 同时还提供了一个网页端的应用程序，方便浏览当前 Pact Broker 服务器上存储的所有契约的内容。

如上所述，Pact Broker 的作用非常清晰，使用方法也很简单。但准备一个 Pact Broker 服务，对测试人员来说，却可能不是一件简单的事情。早期要想使用 Pact Broker，唯一的方法是下载官方的源代码，然后自己进行编译和部署，这是一件颇费周折的事情。为了降低 Pact Broker 的使用门槛，准确说是体验门槛，Pact 官方可以免费帮你部署一个私有的

Pact Broker 服务，当然，服务是部署在 Pact 官方的服务器上，数据也由 Pact 官方维护，可能随时被清空，所以这个官方的私有服务只能用于学习和体验。后来，随着 Pact 商业化的进行，这项免费、私有的福利已经为 Pactflow 的体验版所取代。好在，容器技术的普及让服务的部署变得异常简单，Pact 也在 Docker Hub 上公开了其官方维护的 Pact Broker 镜像，地址为 https://hub.docker.com/r/pactfoundation/pact-broker/。由此，Pact Broker 才真正做到了对测试人员都能一键部署，简单实用。

当然，为了演练方便，我们这里的示例代码，使用的是"上古时期"的 Pact Broker 福利，即由 Pact 官方维护的一个私有 Pact Broker 服务。

使用如下命令，即可将生产的契约文件发布到 Pact Broker 服务器上。

```
./gradlew :example-consumer-miku:pactPublish
```

命令的执行结果类似图 4-10 所示，可见通过使用 pactPublish 这个 task，我们已经将生成的契约文件使用 HTTP 发送给了 Pact Broker 服务器。

```
> Task :example-consumer-miku:pactPublish
Publishing 'JunitDSLConsumer1-ExampleProvider.json' ... HTTP/1.1 200 OK
Publishing 'JunitDSLJsonBodyConsumer-ExampleProvider.json' ... HTTP/1.1 200 OK
Publishing 'JunitDSLLambdaJsonBodyConsumer-ExampleProvider.json' ... HTTP/1.1 200 OK
Publishing 'BaseConsumer-ExampleProvider.json' ... HTTP/1.1 200 OK
Publishing 'JunitRuleConsumer-ExampleProvider.json' ... HTTP/1.1 200 OK
Publishing 'JunitRuleMultipleInteractionsConsumer-ExampleProvider.json' ... HTTP/1.1 200 OK
Publishing 'JunitDSLConsumer2-ExampleProvider.json' ... HTTP/1.1 200 OK
```

图 4-10　发布契约文件

契约文件上传完成之后，我们就可以在 Pact Broker 的服务器上浏览我们的契约文件了。我们使用的是 Pact 官方提供的 Pact Broker 服务，其地址为 https://ariman.pact.dius.com.au/。需要提醒的是，访问该服务是需要登录的，相应的用户名和密码保存在演示示例的代码仓库中，感兴趣的读者可以自己去搜索一下。一旦登录到我们的 Pact Broker 服务上，就能看到很多如图 4-11 所示的契约关系图。

其中，每一条线都表示一对消费者服务和生产者服务之间的契约关系。点击其中的任何一条线，我们可以进一步查看该契约关系的详细内容，如图 4-12 所示。

对图 4-11 中的契约关系，有一点需要提醒的是，有多条线将生产者服务 ExampleProvider 和其他的消费者服务相连。理论上，这表示多个消费者服务都在消费同一个生产者服务，可事实上，我们的契约文件仅仅是由同一个消费者服务生成的，即实际情况是，只存在一对消费者服务和生产者服务之间的契约关系。那这算是 Pact Broker 的 Bug 吗？其实不然，我们为了在消费者服务端演示和练习不同的测试写法，故意将消费者服务写作不同的名字，所以才会出现一个消费者服务生成多条服务名字不同的契约关系。而在实际的项目中，因为我们是同一个消费者服务，都应该使用相同的消费者服务名字，这样，就不会出现契约关系混乱的情况了。

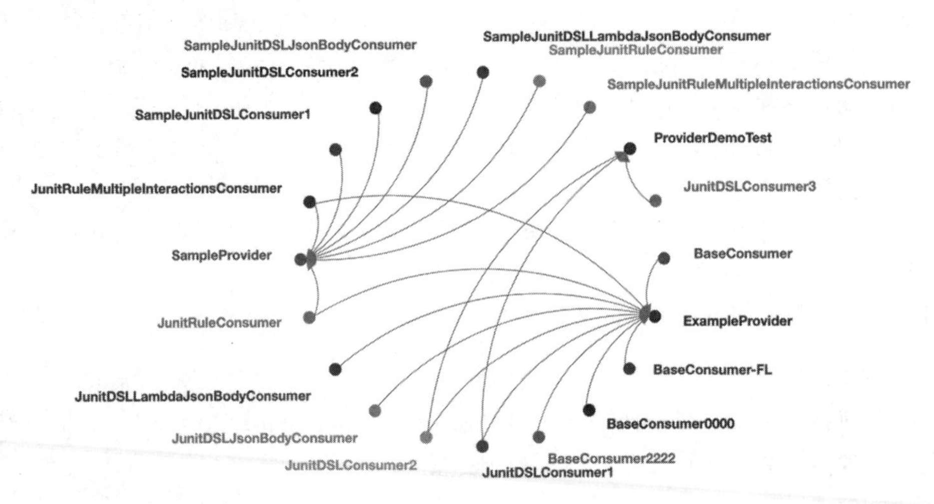

图 4-11　Pact Broker 展示的调用关系图

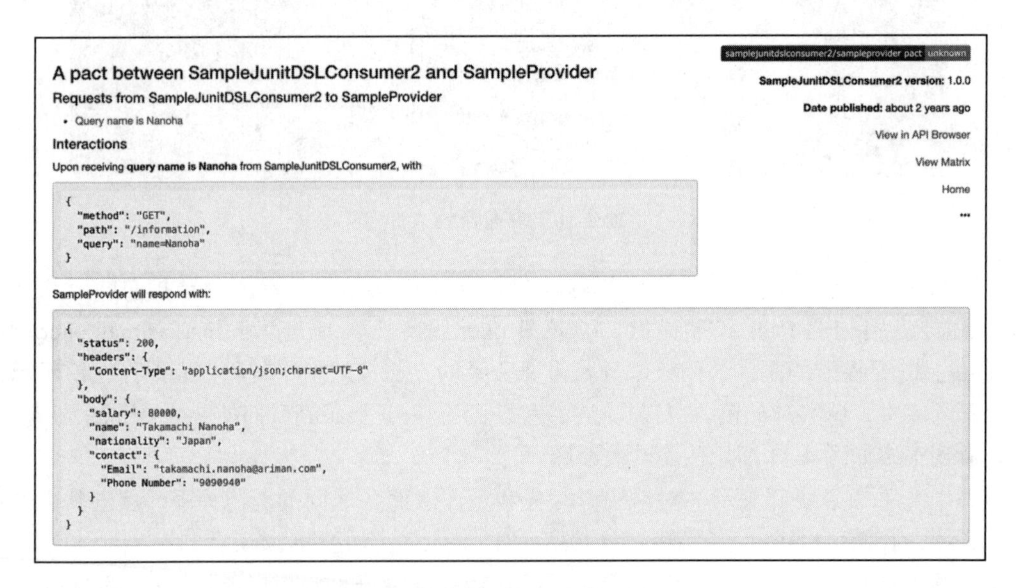

图 4-12　Pact Broker 展示的契约细节

4. example-provider 端的测试

在先后完成了消费者服务端的测试文件编写、执行测试生成契约文件，以及发布契约文件到 Pact Broker 等一系列步骤后，接下来要做的就是在生产者服务端使用生成的契约文件来执行契约测试。不过，与消费者服务端那略显烦琐的工作不同，生产者服务端的测试工作要轻松惬意得多，因为在生产者服务端执行测试不需要写一行测试代码，也不需要折腾契约文件，初始配置完成后，只需要执行以下命令就可以了。

```
./gradlew :example-provider:pactVerify
```

需要再次强调的是，在 example-provider 端执行契约测试之前，一定要确保生产者服务 example-provider 已经启动并且处在正常运行的状态，因为 Pact 会将请求发送给真实的生产者服务来进行测试。虽然通过 Gradle 我们可以配置自动关停服务，但还是建议初学者手动实践，从而加深对整个测试流程的理解。

上述命令执行完成后，将看到类似图 4-13 所示的日志输出。由此可见，我们的契约测试既使用了本地生成的契约文件，也使用了来自 Pact Broker 的测试文件。

```
Verifying a pact between JunitRuleMultipleInteractionsConsumer and ExampleProvider
  [Using File /Users/ariman/Workspace/Pacting/pact-jvm-example/Pacts/Miku/JunitRuleMultipleInteractionsConsumer-ExampleProvider.json]
  Given
         WARNING: State Change ignored as there is no stateChange URL
  Miku
    returns a response which
      has status code 200 (OK)
      has a matching body (OK)
  Given
         WARNING: State Change ignored as there is no stateChange URL
  Nanoha
    returns a response which
      has status code 200 (OK)
      has a matching body (OK)

Verifying a pact between JunitDSLConsumer2 and ExampleProvider
  [Using File /Users/ariman/Workspace/Pacting/pact-jvm-example/Pacts/Miku/JunitDSLConsumer2-ExampleProvider.json]
  Given
         WARNING: State Change ignored as there is no stateChange URL
  Query name is Nanoha
    returns a response which
      has status code 200 (OK)
      has a matching body (OK)

Verifying a pact between BaseConsumer and ExampleProvider
  [from Pact Broker https://ariman.pact.dius.com.au/pacts/provider/ExampleProvider/consumer/BaseConsumer/version/1.1.0]
  Given
         WARNING: State Change ignored as there is no stateChange URL
  Pact JVM example Pact interaction
    returns a response which
      has status code 200 (OK)
      has a matching body (OK)
```

图 4-13 契约测试通过的结果

最后提醒一下，虽然我们的示例使用的 Pact Broker 服务器是 Pact 官方提供的、需要登录认证的私有服务，但这套示例代码本身是在 GitHub 上开源的，任何学习和使用它的开发人员都能上传他们自己的契约文件，其中难免会存在不正确的契约文件。所以，如果你发现来自 Pact Broker 的契约让你的测试挂掉了，请一定不要惊慌。当然，因为是共享服务器，维护者会不定时地清空里面的契约文件，所以哪天你要是发现之前上传的契约文件没有了，也不必大惊小怪。

至此，我们就完成了消费者服务 example-consumer-miku 和生产者服务 example-provider 之间的契约测试。整个契约测试的过程，可以总结如下：

1）在消费者服务端，按照单元测试的方式，编写测试文件；

2）在消费者服务端，执行编写好的测试文件，将生成期望的契约文件，即 Pact 文件；

3）将契约文件发布到 Pact Broker 服务器；

4）在生产者服务端，利用 Gradle 的 Pact 插件，使用本地或者来自 Pact Broker 的契约文件进行测试。

可能有的读者会好奇，虽然我们反复提到“在消费者服务端”和“在生产者服务端”进行测试，但实际情况却是我们一直在同一个项目根目录下执行测试，那又是如何区分消费者服务端和生产者服务端的呢？其实，这要归结于我们的示例代码使用的是 Gradle 的 multi-project 管理方式，即在同一个源代码仓库中维护了 3 个项目的源码。我们上面的代码清单中，使用的 :example-provider 和 :example-consumer-miku，其实就在指定当前命令要对哪一个项目进行执行。如果读者对 Gradle 这个项目管理工具有所了解的话，就更能理解其中的用法了。而在真实的项目中，各个项目的源码往往都是分别管理和维护的，合仓的情况非常罕见，所以，读者在自己的项目中去实践时，还请留意 Gradle 的具体用法。

4.2.4 Gradle 的相关配置

4.2.3 节结束时，我们提到了使用 Gradle 进行多项目合仓管理的问题。其实，除了合仓管理项目，还有一些和契约测试相关的内容也是通过 Gradle 的配置来完成的，比如消费者服务端生成的契约文件的保存路径、Pact Broker 服务器的地址等，这些信息都保存在项目根目录下的 build.gradle 文件当中。代码清单 4-8 展示了 build.gradle 文件中和契约测试相关的配置信息。

代码清单4-8　Gradle配置

```
project(':example-consumer-miku') {
    version '1.0.0'
    apply plugin: 'au.com.dius.pact'

    jar {
        archiveBaseName = 'example-consumer-miku'
        archiveVersion =  '1.0.0'
    }

    test {
        systemProperties['pact.rootDir'] = "$rootDir/Pacts/Miku"
    }

    pact {
        publish {
            pactDirectory = "$rootDir/Pacts/Miku"

            pactBrokerUrl = mybrokerUrl
            pactBrokerUsername = mybrokerUser
            pactBrokerPassword = mybrokerPassword
        }
    }
}
```

```
project(':example-consumer-nanoha') {
    jar {
        archiveBaseName = 'example-consumer-nanoha'
        archiveVersion =  '1.0.0'
    }

    test {
        systemProperties['pact.rootDir'] = "$rootDir/Pacts/Nanoha"
    }
}

project(':example-provider') {
    apply plugin: 'au.com.dius.pact'

    jar {
        archiveBaseName = 'example-provider'
        archiveVersion =  '1.0.0'
    }

    pact {
        serviceProviders {
            ExampleProvider {
                protocol = 'http'
                host = vlocalhost'
                port = 8080
                path = '/'

                // 使用本地的契约文件
                hasPactWith('Miku - Base contract') {
                    pactSource = file("$rootDir/Pacts/Miku/BaseConsumer-Example-
                        Provider.json")
                }

                hasPactsWith('Miku - All contracts') {
                    pactFileLocation = file("$rootDir/Pacts/Miku")
                }

                // 使用Pact Broker的契约文件
                hasPactsFromPactBroker(mybrokerUrl, authentication: ['Basic',
                    mybrokerUser, mybrokerPassword])

                // 使用来自本地Pact Broker服务的契约文件
                //hasPactsFromPactBroker("http://localhost")

                // 测试来自本地Nanoha服务的契约
//                  hasPactWith('Nanoha - With Nantionality') {
//                      pactSource = file("$rootDir/Pacts/Nanoha/ConsumerNanoha-
                            WithNationality-ExampleProvider.json")
//                  }

//                  hasPactWith('Nanoha - No Nantionality') {
```

```
//                    stateChangeUrl = new URL('http://localhost:8080/pactState-
                         Change')
//                    pactSource  =  file("$rootDir/Pacts/Nanoha/ConsumerNanoha-
                         NoNationality-ExampleProvider.json")
//                }

            }
        }
    }
}
```

代码清单 4-8 中的配置信息简单明了，example-consumer-miku、example-consumer-nanoha 以及 example-provider 都是作为单独的项目独立配置的。

其中，systemProperties['pact.rootDir'] 指定了生成契约文件的保存路径。example-consumer-miku 中的 pact { ... } 定义了 Pact Broker 的服务器地址，以及访问时需要的认证信息。example-provider 的 hasPactWith() 和 hasPactsWith() 指定了执行 PactVerify 时会去搜索的本地路径，相应地，hasPactsFromPactBroker 则是指定了 Pact Broker 的服务器地址。

为什么要注释掉 example-consumer-nanoha 的契约文件路径呢？因为目前我们还没有生成 example-consumer-nanoha 的契约文件，如果不注释掉它们的话，测试会报出找不到文件的错误。我们可以在生成完 example-consumer-nanoha 的契约文件后，再打开注释。

4.2.5 消费者 Nanoha 服务与生产者服务间的契约测试

example-consumer-nanoha 端的契约测试和 example-consumer-miku 端的契约测试大同小异，重复的内容我们不再赘述。只是在 example-consumer-nanoha 端的契约测试中，我们将演练使用 Provider State 的特性。

1. Provider State

什么是 Provider State 呢？ State 的含义是状态，在 RESTful API 的概念里，资源都是使用端点来定义的。举个例子，在 https://fruits-market/store/apple/price 这个 URL 中，/store/apple/price 就是端点，它描述的资源是“苹果的价格”。我们如果要获取这个资源，更准确来说是这个资源的信息或者数据，就可以发送一个 HTTP 的 GET 请求，从而获得苹果的价格。比如价格是 10，那么我们就可以说，对于 /store/apple/price 描述的资源，其当前的状态是“资源的信息是 10”。如果在某个时刻，苹果的价格发生了改变，比如涨价到 15，那么我们发送同样的 HTTP 的 GET 请求，得到的状态就是“资源的信息是 15”，这就是“状态变化”。而如果在某个时刻，该服务内部发生了异常，比如数据库出现了问题，那么我们再次发送同样的 HTTP 的 GET 请求时，得到的可能就是一个错误代码为 500 的异常，此时，对于 /store/apple/price 描述的资源，其状态就是“资源的信息不可获取”。所以说，Provider State 就是指生产者服务使用端点来描述的各种资源的当前状态。

那资源状态和契约测试又有什么关系呢？我们在进行契约测试的时候，需要验证生产者服务对被测接口的返回信息，其实就是在验证该接口描述的资源的状态是否符合消费者服务端的期望。资源的状态又是可以变化的，比如，苹果的价格是10、15，还是根本就获取不到价格。请注意，资源信息异常也是资源的一种状态。而在契约测试中，我们希望也需要被测生产者服务的资源状态是恒定的，至少是在特定的契约条件下，其资源状态是相同的。我们不希望对于同样一个https://fruits-market/store/apple/price的GET请求，一会儿得到的信息是10，一会儿又是15，或者得到异常的提示，不然，我们的测试会非常脆弱。

要达到被测资源状态恒定的效果，通常有两种方法：① 在数据库中准备固定的数据。这种方法只适用于非常简单的数据查询服务，如果被测服务本身并不直接访问数据库，而是向其依赖服务获取数据，那么这种方法就不可行。② 直接修改被测生产者服务的源代码，让它只能返回固定的资源状态。这种方法看起来很荒谬，但却是理论上最可靠的方式。当然，Pact解决Provider State问题的方式，肯定不是让我们去直接修改原有的业务逻辑代码。Pact的方式是希望我们可以在被测生产者服务中增加一些辅助测试的代码逻辑，当这些代码被执行时，可以以类似程序"后门"的方式修改特定资源的状态。这些代码属于生产者服务的项目源码，但只会在测试环境下才能够被触发和运行。有了这些代码逻辑之后，我们就可以创建单独的测试接口来调用这些逻辑，从而辅助测试。而Pact，就提供了一种用法，让我们在生产者服务端执行契约测试之前，先调用这些特定的测试接口，来准备固有的资源状态，从而保证测试的稳定性。

2. 准备example-provider端的Provider State接口

为了演练Provider State的使用，我们需要进入到example-provider的源代码。我们在3.2.2节演示过，在生产者服务example-provider返回的数据中有一个.nationality字段，在真实项目里，它的值可能来自数据库，也可能来自对更下一层服务的API调用。在我们的示例代码里面，简单起见，直接使用了Static的属性来模拟数据的存储。代码清单4-9展示了.nationality的具体定义。

代码清单4-9 生产者服务中的.nationality定义

```
public class Nationality {
    private static String nationality = "Japan";

    public static String getNationality() {
        return nationality;
    }

    public static void setNationality(String nationality) {
        Nationality.nationality = nationality;
    }
}
```

所以，通过修改.nationality就可以模拟对存储数据的修改。当然，这样直接修改存储数据的逻辑，是不应该存在于正常的业务逻辑当中的，它只属于特定辅助逻辑代码，来帮助我们进行测试。有了辅助测试的代码就需要以相应的方式来触发这部分代码，于是我们定义了一个控制器 PactController，在 /pactStateChange 的路径上接受 POST 的请求来修改 .nationality，这就是代码清单 4-10 所实现的内容。

代码清单4-10　生产者服务中用于契约测试的控制器

```
@Profile("pact")
@RestController
public class PactController {

    @RequestMapping(value = "/pactStateChange", method = RequestMethod.POST)
    public void providerState(@RequestBody PactState body) {
        switch (body.getState()) {
            case "No nationality":
                Nationality.setNationality(null);
                System.out.println("Pact State Change >> remove nationality ...");
                break;
            case "Default nationality":
                Nationality.setNationality("Japan");
                System.out.println("Pact Sate Change >> set default nationality ...");
                break;
        }
    }
}
```

由于这个控制器只是用来测试的，它应该只在非产品环境下才能被暴露出来，所以我们使用了一个 Pact 的 Profile Annotation 来限制这个控制器只能在使用 Pact 的 Profile 时会被暴露，其对应的接口才能够被调用。

具体来说就是：当生产者服务 example-provider 使用 Pact 的 Profile 运行时，它会在 http://localhost:8080/pactStateChange 接口上接受一个 POST 请求，POST 请求的消息体中需要有一个 state 字段，用来指定和修改 .nationality 的值。再具体一些便是，当消息体中的 state 字段为 No nationality 时，可以把 .nationality 设置成 null；当消息体中的 state 字段为 Default nationality 时，可以把 .nationality 设置成 Japan；如果 state 字段为其他的值，则不进行修改，保持默认值 Japan。

3. example-consumer-nanoha 端的测试

和消费者服务 example-consumer-miku 端的测试一样，我们需要先准备生产者服务 example-consumer-nanoha 端的测试文件。代码清单 4-11 展示了测试文件 NationalityPactTest.java 中的内容。

代码清单4-11　消费者服务端的契约测试

```
@RunWith(SpringRunner.class)
@SpringBootTest
public class NationalityPactTest {
```

```
@Autowired
ProviderService providerService;

private void checkResult(PactVerificationResult result) {
    if (result instanceof PactVerificationResult.Error) {
        throw new RuntimeException(((PactVerificationResult.Error) result).
            getError());
    }
    assertThat(result, is(instanceOf(PactVerificationResult.Ok.class)));
}

@Test
public void testWithNationality() {
    Map<String, String> headers = new HashMap<String, String>();
    headers.put("Content-Type", "application/json;charset=UTF-8");

    DslPart body = newJsonBody((root) -> {
        root.numberType("salary");
        root.stringValue("name", "Takamachi Nanoha");
        root.stringValue("nationality", "Japan");
        root.object("contact", (contactObject) -> {
            contactObject.stringMatcher("Email", ".*@ariman.com", "takamachi.
                nanoha@ariman.com");
            contactObject.stringType("Phone Number", "9090940");
        });
    }).build();

    RequestResponsePact pact = ConsumerPactBuilder
            .consumer("ConsumerNanohaWithNationality")
            .hasPactWith("ExampleProvider")
            .given("")
            .uponReceiving("Query name is Nanoha")
            .path("/information")
            .query("name=Nanoha")
            .method("GET")
            .willRespondWith()
            .headers(headers)
            .status(200)
            .body(body)
            .toPact();

    MockProviderConfig config = MockProviderConfig.createDefault(PactSpec-
        Version.V3);
    PactVerificationResult result = runConsumerTest(pact, config, (mockServer,
        context) -> {
        providerService.setBackendURL(mockServer.getUrl());
        Information information = providerService.getInformation();
        assertEquals(information.getName(), "Takamachi Nanoha");
        assertEquals(information.getNationality(), "Japan");
        return null;
```

```
        });

        checkResult(result);
    }

    @Test
    public void testNoNationality() {
        Map<String, String> headers = new HashMap<String, String>();
        headers.put("Content-Type", "application/json;charset=UTF-8");

        DslPart body = newJsonBody((root) -> {
            root.numberType("salary");
            root.stringValue("name", "Takamachi Nanoha");
            root.stringValue("nationality", null);
            root.object("contact", (contactObject) -> {
                contactObject.stringMatcher("Email", ".*@ariman.com", "takamachi.
                    nanoha@ariman.com");
                contactObject.stringType("Phone Number", "9090940");
            });
        }).build();

        RequestResponsePact pact = ConsumerPactBuilder
                .consumer("ConsumerNanohaNoNationality")
                .hasPactWith("ExampleProvider")
                .given("No nationality")
                .uponReceiving("Query name is Nanoha")
                .path("/information")
                .query("name=Nanoha")
                .method("GET")
                .willRespondWith()
                .headers(headers)
                .status(200)
                .body(body)
                .toPact();

        MockProviderConfig config = MockProviderConfig.createDefault(PactSpec-
            Version.V3);
        PactVerificationResult result = runConsumerTest(pact, config, (mockServer,
            context) -> {
            providerService.setBackendURL(mockServer.getUrl());
            Information information = providerService.getInformation();
            assertEquals(information.getName(), "Takamachi Nanoha");
            assertNull(information.getNationality());
            return null;
        });

        checkResult(result);
    }
}
```

我们使用 Lambda DSL 的方式，在一个测试文件里面写了两个测试案例 testWithNationality 和 testNoNationality，前者期望的 .nationality 的值是 Japan，后者期望的 .nationality 的值是 null。Pact 提供了一个 .given() 方法来指定我们的 Provider State，其实质就是将 .give() 方法的参数，作为 state 的值发送给生产者服务 example-provider，从而确保在生产者服务 example-provider 端执行测试之前就修改好对应 .nationality 的值，确保了测试的一致性和稳定性。

在消费者服务 example-consumer-nanoha 端执行测试的方法和消费者服务 example-consumer-miku 端的类似，在项目根目录下执行以下命令，就可以在 Pacts/Nanoha 路径下生成对应的契约文件，即 Pact 文件。

```
./gradlew :example-consumer-nanoha:clean test
```

执行代码清单 4-8 中的测试代码，会生成两个契约文件，代码清单 4-12 展示了其中 ConsumerNanohaNoNationality-ExampleProvider.json 的内容，与其他的契约文件相比，其最大的区别就在于 .providerStates 字段被赋值了 No Nationality。

代码清单4-12 契约文件

```
{
    "provider": {
        "name": "ExampleProvider"
    },
    "consumer": {
        "name": "ConsumerNanohaNoNationality"
    },
    "interactions": [
        {
            "description": "Query name is Nanoha",
            "request": {
                "method": "GET",
                "path": "/information",
                "query": {
                    "name": [
                        "Nanoha"
                    ]
                }
            },
            "response": {
                "status": 200,
                "headers": {
                    "Content-Type": "application/json;charset\u003dUTF-8"
                },
                "body": {
                    "nationality": null,
                    "contact": {
                        "Email": "takamachi.nanoha@ariman.com",
                        "Phone Number": "9090940"
```

```
            },
            "name": "Takamachi Nanoha",
            "salary": 100
        },
        "matchingRules": {
            "body": {
                "$.salary": {
                    "matchers": [
                        {
                            "match": "number"
                        }
                    ],
                    "combine": "AND"
                },
                "$.contact.Email": {
                    "matchers": [
                        {
                            "match": "regex",
                            "regex": ".*@ariman.com"
                        }
                    ],
                    "combine": "AND"
                },
                "$.contact[\u0027Phone Number\u0027]": {
                    "matchers": [
                        {
                            "match": "type"
                        }
                    ],
                    "combine": "AND"
                }
            }
        },
        "generators": {
            "body": {
                "$.salary": {
                    "type": "RandomInt",
                    "min": 0,
                    "max": 2147483647
                }
            }
        }
    },
    "providerStates": [
        {
            "name": "No nationality"
        }
    ]
}
```

```
        ],
        "metadata": {
            "pactSpecification": {
                "version": "3.0.0"
            },
            "pact-jvm": {
                "version": "4.0.3"
            }
        }
    }
```

4. example-provider 端的测试

消费者服务端的测试，与之前相同的是，第一步需要确保启动被测的生产者服务 example-provider。但和之前不同的是，因为我们使用了 Provider State，所以启动生产者服务的方式会有所不同，我们需要在启动时告知生产者服务使用特定的 Pact Profile 来配置服务。使用如下命令，即可完成被测生产者服务 example-provider 的启动。

```
SPRING_PROFILES_ACTIVE=pact ./gradlew :example-provider:bootRun
```

使用 Pact Profile 正确启动生产者服务 example-provider 后，能够在命令行终端中得到如图 4-14 所示的输出，其中的关键信息 :The following profiles are active: pact 表示我们已经成功使用 Pact Profile 启动了服务。需要提醒的是，因为之前我们在测试消费者服务 example-consumer-miku 和生产者服务 example-provider 之间的契约时，已经在本地启动过一次生产者服务 example-provider，所以再次启动之前一定要停止之前启动的服务，不然会报错端口占用。

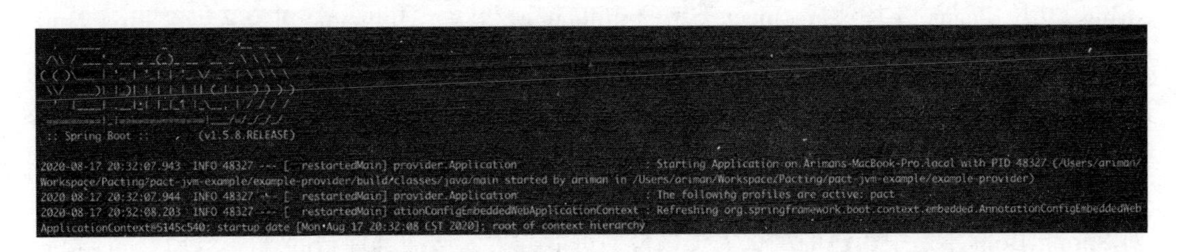

图 4-14 使用 Pact Profile 启动生产者服务

被测服务启动完成后，我们还需要在 Gradle 构建文件中准备相应的配置，才能让 pactVerify 正常工作。具体的配置信息已经包含在了根目录下的 build.gradle 文件中，只需要去掉其中的注释符号，得到代码清单 4-13 中的定义即可。这里的配置，指定了可以用来触发修改 Provider State 的被测服务的测试接口，即 stateChangeUrl 指定的接口地址。Pact 会在执行测试之前，先发送一个 POST 请求给该接口。该配置同时指定了需要使用的契约文件的路径，我们先前没有将消费者服务 example-consumer-nanoha 端生成的契约文件发布到 Pact Broker 服务，所以这里都是直接使用生成在本地的契约文件。

代码清单4-13 Gradle配置契约文件的地址

```
hasPactWith('Nanoha - With Nantionality') {
pactSource = file("$rootDir/Pacts/Nanoha/ConsumerNanohaWithNationality-
    ExampleProvider.json")
}

hasPactWith('Nanoha - No Nantionality') {
stateChangeUrl = new URL('http://localhost:8080/pactStateChange')
pactSource = file("$rootDir/Pacts/Nanoha/ConsumerNanohaNoNationality-
    ExampleProvider.json")
}
```

执行生产者服务 example-provider 端的测试，步骤和之前 4.2.3 节的完全相同，这里就不赘述了。

4.2.6 验证我们的测试

恭喜你，在完成本章前面内容的演练后，你已经开始具备独自在项目中使用 Pact 进行契约测试的能力了。到目前为止，无论是消费者服务 example-consumer-miku 和生产者服务 example-provider 间的契约测试，还是消费者服务 example-consumer-nanoha 和生产者服务 example-provider 间的契约测试，我们都只验证了测试通过的场景，那测试如果不通过，又会如何呢？这就是下面我们要进行的破坏性试验，使用 Pact 进行失败的测试。

在生产者服务 example-provider 返回的消息体里面，消费者服务 example-consumer-miku 和消费者服务 example-consumer-nanoha 都有使用字段 .name。如果某天，生产者服务端想把 string 类型的 .name 字段改成 object 类型的 .fullname，其中，.fullname 对象又包含 .firstName 和 .lastName 这两个字段，那么消费者服务 example-consumer-miku 和消费者服务 example-consumer-nanoha 就会在解析 .name 字段信息时出错，这就是一种经典的契约破坏（contract breaking）场景。本来，按照这个场景来验证我们的失败测试是再适合不过的了，但它需要我们对生产者服务 example-provider 的代码做一定修改，这对于缺少服务开发经验，特别是对 Spring Boot 不是很了解的测试人员来说，可能会大大增加其理解的难度。所以，本着简单实用的原则，我们就不对 .name 字段进行过多的格式变动，而是直接将它的返回值硬编码为 null，从而达到破坏契约的目的。

在源码文件 InformationController.java 中，如代码清单 4-14 所示，直接在 return 语句前，设置 name 的值为 null 即可。

代码清单4-14 生产者服务中模拟异常

```
@RestController
public class InformationController {
        ...
        information.setName(null);
```

```
        return information;
    }
}
```

最后，我们重启生产者服务 example-provider，再次执行契约测试，即可得到类似图 4-15 所示的测试结果信息，从中看到，Pact 已经发现了生产者服务 example-provider 返回的真实信息和我们契约文件中定义的期望信息不匹配，从而达到了预警契约破坏的目的。

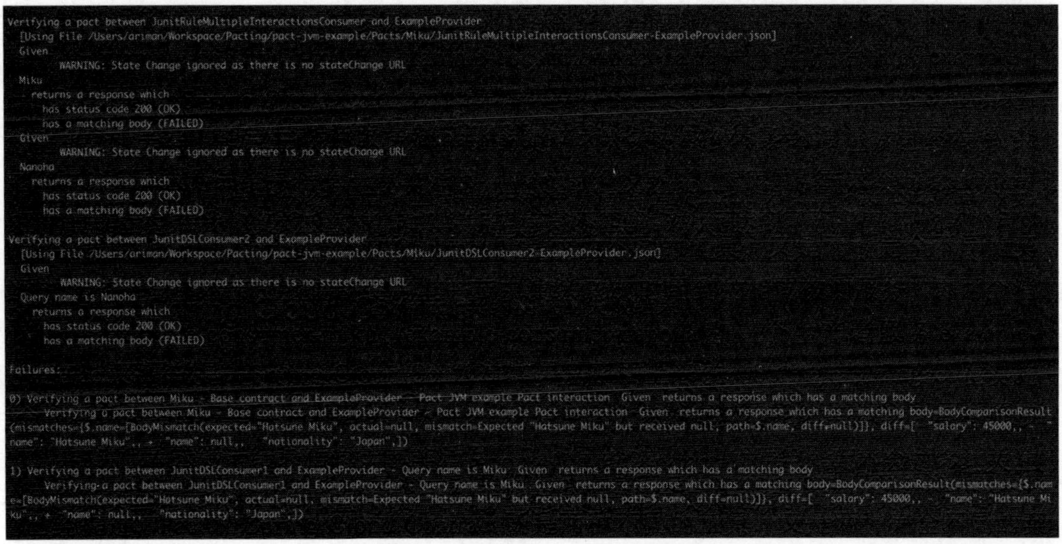

```
Verifying a pact between JunitRuleMultipleInteractionsConsumer and ExampleProvider
  [Using File /Users/ariman/Workspace/Pacting/pact-jvm-example/Pacts/Miku/JunitRuleMultipleInteractionsConsumer-ExampleProvider.json]
  Given
        WARNING: State Change ignored as there is no stateChange URL
  Miku
    returns a response which
      has status code 200 (OK)
      has a matching body (FAILED)
  Given
        WARNING: State Change ignored as there is no stateChange URL
  Nanoha
    returns a response which
      has status code 200 (OK)
      has a matching body (FAILED)

Verifying a pact between JunitDSLConsumer2 and ExampleProvider
  [Using File /Users/ariman/Workspace/Pacting/pact-jvm-example/Pacts/Miku/JunitDSLConsumer2-ExampleProvider.json]
  Given
        WARNING: State Change ignored as there is no stateChange URL
  Query name is Nanoha
    returns a response which
      has status code 200 (OK)
      has a matching body (FAILED)

Failures:

0) Verifying a pact between Miku - Base contract and ExampleProvider - Pact JVM example Pact interaction  Given  returns a response which has a matching body
      Verifying a pact between Miku - Base contract and ExampleProvider - Pact JVM example Pact interaction  Given  returns a response which has a matching body=BodyComparisonResult(mismatches={$.name=[BodyMismatch(expected="Hatsune Miku", actual=null, mismatch=Expected "Hatsune Miku" but received null, path=$.name, diff=null)]}, diff=[  "salary": 45000,, -  "name": "Hatsune Miku",, +  "name": null,,   "nationality": "Japan",])

1) Verifying a pact between JunitDSLConsumer1 and ExampleProvider - Query name is Miku  Given  returns a response which has a matching body
      Verifying a pact between JunitDSLConsumer1 and ExampleProvider - Query name is Miku  Given  returns a response which has a matching body=BodyComparisonResult(mismatches={$.name=[BodyMismatch(expected="Hatsune Miku", actual=null, mismatch=Expected "Hatsune Miku" but received null, path=$.name, diff=null)]}, diff=[  "salary": 45000,, -  "name": "Hatsune Miku",, +  "name": null,,   "nationality": "Japan",])
```

图 4-15 契约测试的失败结果

4.3 基于 Spring Cloud Contract 的契约测试实践

除了 Pact，业界使用较多的另外一款契约测试工具就是 Spring Cloud Contract。前文我们已经提过，Pact 和 Spring Cloud Contract 既是两种不同的工具，又是两种完全不同的契约测试实施理念。本节，我们将使用上一节中演练 Pact 时用到的相同被测服务，即两个消费者服务 example-consumer-miku、example-consumer-nanoha 和一个生产者服务 example-provider，来进行 Spring Cloud Contract 的演练。虽然 Spring Cloud Contract 和 Pact 在实施理念上有较大差异，但基于我们前面对 Pact 的使用，大家对契约测试本身应该已经有所了解了，所以，在本节中，我们将主要关注 Spring Cloud Contract 的使用，而不会过多地关注契约测试的理论。我们将在本章的最后一节对契约测试进行深入解析。

4.3.1 认识 Spring Cloud Contract

与 Pact 不同的是，Spring Cloud Contract 如果从字面上来说，Spring、Spring Cloud 以

及 Spring Cloud Contract，每个单词都是一个单独的个体。其中，Spring 是传统 Java 应用开发的颠覆性框架，提供了 Spring MVC、Spring JDBC 等开箱即用的模块，帮助开发人员快速构建 Java 应用程序。Spring Cloud 则是基于 Spring 和 Spring Boot 的云服务系统的开发解决方案。需要指出的是，Spring Cloud 不是一个独立的工具或者框架，而是一套基于 Spring 生态的组件集合，包括 Spring Cloud Config、Spring Cloud Security、Spring Cloud Bus、Spring Cloud Zookeeper 等，提供构建云服务系统所需的各种功能。而 Spring Cloud Contract 就是其组件大礼包当中的一个。

Spring Cloud Contract 源自 GitHub 上的开源项目 Accurest（https://github.com/Codearte/accurest），由 Marcin Grzejszczak 和 Jakub Kubrynski 创建，并在 2015 年 1 月 26 日发布了第一个版本 0.1.0，后在 2016 年 2 月 29 日发布了稳定版 1.0.0。与 Pact 一样，Spring Cloud Contract 也是关注服务之间的契约问题，但它关注契约的方式，或者说执行契约测试的方式，却和 Pact 迥然不同。如图 4-16 所示的时序图，来自 Spring Cloud Contract 的官网（https://cloud.spring.io/spring-cloud-contract/reference/html/getting-started.html#getting-started-three-second-tour），展示了整个 Spring Cloud Contract 的测试流程。

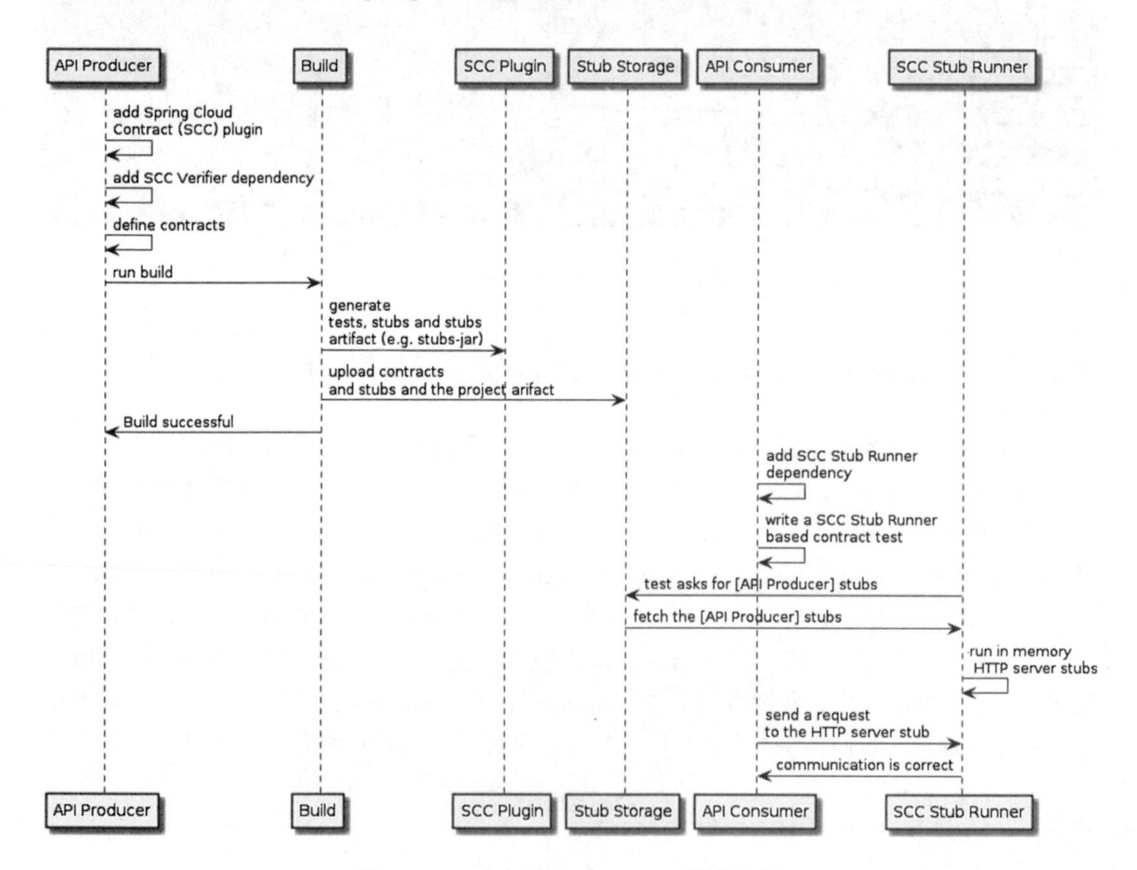

图 4-16　Spring Cloud Contract 测试流程

其中，各个工作节点的含义如下。

- API Producer：生产者服务。
- Build：生产者服务端的构建过程。
- SCC Plugin：生产者服务端的 Spring Cloud Contract 的测试执行插件，如果构建工具使用的是 Maven，则使用 Maven 的 Spring Cloud Contract 插件，如果构建工具使用的是 Gradle，则使用 Gradle 的 Spring Cloud Contract 插件。
- Stub Storage：用来保存 Stub 数据的存储对象，通常可以是远端的 Maven 仓库、本地的 Maven 仓库或者本地文件路径，其功能类似于 Pact Broker。
- API Consumer：消费者服务。
- SCC Stub Runner：在消费者服务端 Spring Cloud Contract 专门为单元测试提供的一个执行器。

整个测试的执行步骤如下。

（1）在生产者服务端

1）在项目的构建工具 Maven 或 Gradle 中，添加 Spring Cloud Contract 插件，该插件提供了相应的功能，能够让我们在生产者服务端根据自定义的契约文件执行契约测试。

2）在项目的构建工具 Maven 或 Gradle 中，添加 Spring Cloud Contract Verifier 的依赖，该依赖能够在执行契约测试时将真实生产者服务返回的数据，与契约文件中定义的期望数据进行对比验证，类似于 Pact 插件提供的 pactVerify 的功能。

3）定义契约文件，契约文件可以使用 Groovy 或者 YAML 文件来编写。

4）执行构建，这一步通常直接执行生产者服务端的测试，而执行测试的过程本身就已经使用到了 Spring Cloud Contract 插件。

5）如果步骤 4）的构建过程执行顺利，会在生产者服务的工程目录下，根据定义的契约文件自动生成用于测试生产者服务的接口测试文件、用于辅助消费者服务验证契约的 Stub 数据文件及其打包文件，其中 Stub 数据文件即为 WireMock 的 mapping 文件。

6）上述构建过程完成后，我们可以选择性地将打包好的契约文件和 Stub 数据文件发布到本地或者远端的 Maven 仓库。

（2）在消费者服务端

1）在项目的构建工具 Maven 或者 Gradle 中，添加 Spring Cloud Contract Runner 的依赖。

2）在项目中，基于 Spring Cloud Contract Runner 编写契约测试，其实质和 Pact 一样，就是 JUnit 框架下的单元测试。

3）使用构建工具执行测试，因为我们的测试使用了 Spring Cloud Contract Stub Runner，它首先会去本地或者远端的 Maven 仓库获取包含有 Stub 数据的打包文件与解包文件，得到包含 Stub 数据的 mapping 文件。

4）在执行测试时，更准确地说是在准备测试的时候，Spring Cloud Contract Stub Runner

会使用 WireMock 启动一个本地的虚拟服务，该服务会加载包含 Stub 数据的 mapping 文件。

5）步骤 4）中的虚拟服务就是生产者服务在消费者服务端的替身，启动完成后才会真正执行步骤 2）中的测试，具体来说，就是根据步骤 2）中定义的测试，发送 HTTP 请求到虚拟服务，验证虚拟服务返回的数据是否匹配测试的期望。

至此，整个契约测试的流程结束。我们不难发现，与 Pact 相比，Spring Cloud Contract 最大也最明显的区别，就是契约文件由生产者服务端来定义。

4.3.2 验证被测微服务系统

在对 Spring Cloud Contract 有了基本的了解后，我们就可以开始着手演练了。为了便于理解上下文，我们使用和上一节 Pact 演练中相同的被测服务系统。当然，由于我们使用了不同的构建插件，所以这次的被测服务源码来自另外一个项目仓库 https://github.com/Mikuu/Spring-Cloud-Contract-Example。

和 4.2.2 节的步骤相同，我们先使用如下命令，将该代码仓库克隆到我们的本地路径。

```
git clone https://github.com/Mikuu/Spring-Cloud-Contract-Example.git
```

再使用如下命令，在项目根目录下，分别启动我们的生产者服务和消费者服务。

```
./gradlew :example-provider:bootRun

# 在另外一个命令行终端下执行
./gradlew :example-consumer-miku:bootRun

# 在另外一个命令行终端下执行
./gradlew :example-conumser-nanoha:bootRun
```

最后在浏览器上访问 http://localhost:8081/miku 和 http://localhost:8082/nanoha，如果我们能够像前面一样，正常打开演示页面，则证明我们的被测系统一切正常。

4.3.3 在生产者服务端的测试

被测系统验证完成后，就可以正式开始 Spring Cloud Contract 的演练了。按照上面对 Spring Cloud Contract 测试执行步骤的简述，我们需要首先完成在生产者服务端的测试。其中，步骤 1）、步骤 2）中的构建项目所需的 Gradle 插件和依赖，已经包含在了我们克隆的项目源码的 gradle.build 文件中了，主要是 Spring Cloud Contract Verifier 这个依赖。我们需要重点关注的是步骤 3）中的契约文件。相应的契约文件也已经包含在了我们的项目代码中，其路径为 example-provider/src/test/resources/contracts/ariman/scc/provider。

1. 在生产者服务端定义契约文件

因为我们是一个生产者服务对应两个消费者服务，所以先来看看消费者服务 example-consumer-miku 的契约文件，代码清单 4-15 展示了文件 contract-miku.groovy 的内容，其简明扼要地定义了消费者服务 example-consumer-miku 和生产者服务 example-provider 之间的契约期望，包括请求的方法、URL 路径、使用的查询参数，以及响应的状态码、消息头信息和最重要的消息体等。

代码清单4-15　使用Groovy定义的契约

```
import org.springframework.cloud.contract.spec.Contract

Contract.make {
    description "should return miku's response"
    request{
        method GET()
        url("/information") {
            queryParameters {
                parameter("name", "Miku")
            }
        }
    }
    response {
        status 200

        headers {
            header 'Content-Type': 'application/json'
        }

        body '''\
        { "salary": 45000,
          "name": "Hatsune Miku",
          "nationality": "Japan",
          "contact": {
            "Email": "hatsune.miku@ariman.com",
            "Phone Number": "9090950"
            }
        }'''

    }
}
```

接下来是消费者服务 example-consumer-nanoha 的契约文件，代码清单 4-16 展示了文件 contract-nanoha.yaml 的内容。与消费者服务 example-consumer-miku 的契约文件使用 Groovy 不同，消费者服务 example-consumer-nanoha 的契约文件使用的是 YAML 的格式。该文件同样定义了请求的方法、URL 路径、查询参数，以及响应的状态码、消息头信息等。

代码清单4-16　使用YAML定义的契约

```
request:
    method: GET
    url: /information
    queryParameters:
```

```
            name: Nanoha
    response:
        status: 200
        headers:
            Content-Type: application/json
        bodyFromFile: response-nanoha.json
        matchers:
            body:
                - path: $.salary
                  type: by_regex
                  value: \d+
                - path: $.contact.Email
                  type: by_regex
                  predefined: email
```

但和前面使用 Groovy 的契约文件不同的是，这份 YAML 的契约文件，在定义响应的消息体时没有直接将消息体的内容定义在 YAML 文件中，而是把消息体的信息记录在代码清单 4-17 所示的 JSON 文件当中，然后在 YAML 文件中，使用 bodyFromFile 这个关键字来引用包含消息体的 JSON 文件。这样做将消息体和契约文件分离。首先，可以方便我们查看和编辑契约文件。因为在真实的项目环境里，消息体的信息有时可能很冗长，比如当消息体包含有列表项时，其内容就可能会很长，如果直接将其放到契约文件中会不便于查看和编辑该契约文件的内容。其次，JSON 文件是大多数编程语言都能辨识和解析的文件格式，使用 JSON 文件来单独维护消息体，就能让我们有更多的选择来自动化地创建和维护消息体信息。

代码清单4-17　单独使用JSON文件来维护消息内容

```
{
    "salary": 80000,
    "name": "Takamachi Nanoha",
    "nationality": "Japan",
    "contact": {
        "Email": "takamachi.nanoha@ariman.com",
        "Phone Number": "9090940"
    }
}
```

除了单独使用 JSON 文件来维护消息体外，这份 YAML 格式的契约文件的另一个特点，就是使用了 matchers，对响应定义了自定义的匹配规则。前面使用 Groovy 的契约文件，没有定义任何匹配类型，会默认使用“等值”的匹配类型。除此之外，Spring Cloud Contract 还提供了更多的匹配类型如下：

- ❑ by_equality，等值匹配；
- ❑ by_regex，使用正则表达式匹配；
- ❑ by_date，使用日期匹配；

- by_timestamp，使用时间戳匹配；
- by_time，使用时间匹配；
- by_type，使用类型匹配，包括最小出现次数 minOccurrence 和最大出现次数 maxOccurrence；
- by_command，使用命令匹配。

而我们的 YAML 契约文件，使用了正则表达式，对 salary 和 contact.Email 的值进行了匹配。Spring Cloud Contract 对正则表达式的处理又有两种方式。

第一种，使用 value 关键字，可以直接使用自定义的标准正则表达式，比如我们示例中的 value: \d+，通配任何数字。

第二种，使用 predefined 关键字，可以使用 Spring Cloud Contract 为我们提供的预定义匹配类型，比如示例中的 predefined: email，通配任何形式的邮件字符串；当然，除了通配邮件类型的字符串以外，Spring Cloud Contract 还提供了如下的其他预定义匹配类型：

- only_alpha_unicode；
- number；
- any_boolean；
- ip_address；
- hostname；
- email；
- url；
- uuid；
- iso_date；
- iso_date_time；
- iso_time；
- iso_8601_with_offset；
- non_empty；
- non_blank。

需要说明的是，并不是只有 YAML 格式的契约文件才支持灵活使用匹配类型和正则表达式，Groovy 格式的契约文件也有类似的功能，只是语法格式不同而已，具体的使用方法可以参阅 Spring Cloud Contract 的官方文档。

至此，我们介绍完了生产者服务端的契约文件，它们为 Groovy 或者 YAML 格式，需要我们手动编写。在 Pact 的测试中，类似的契约文件是 JSON 格式的，也叫 Pact 文件，一般不会直接手动编写，而是通过执行消费者服务端的单元测试来自动生成。

2. 在生产者服务端执行测试

有了契约文件，就可以执行生产者服务端的测试了。在项目根目录下执行以下命令，就可以完成测试的执行。

```
./gradlew :example-provider:build

# 或者
./gradlew :example-provider:test
```

这里的 :build 或者 :test，做的不仅仅是构建和测试，它实际上做了 3 件事情。

第一件事：根据我们定义的 Groovy 和 YAML 格式的契约文件。自动生成用于测试生产者服务的 API 接口测试文件。在我们的示例中，该接口测试文件为 example-provider/build/generated-test-sources/contracts/ariman/scc/provider/ariman/scc/ProviderTest.java，代码清单 4-18 展示了其全部内容。可见，它在一个测试文件的测试类中，创建了两个测试函数，分别对应了我们的两份契约文件。

代码清单4-18 自动生成的接口测试文件

```
package ariman.scc.provider.ariman.scc;

import ariman.scc.provider.SccProviderBase;
import com.jayway.jsonpath.DocumentContext;
import com.jayway.jsonpath.JsonPath;
import org.junit.Test;
import org.junit.Rule;
import io.restassured.module.mockmvc.specification.MockMvcRequestSpecification;
import io.restassured.response.ResponseOptions;

import static org.springframework.cloud.contract.verifier.assertion.SpringCloudContract-
    Assertions.assertThat;
import static org.springframework.cloud.contract.verifier.util.ContractVerifierUtil.*;
import static com.toomuchcoding.jsonassert.JsonAssertion.assertThatJson;
import static io.restassured.module.mockmvc.RestAssuredMockMvc.*;

@SuppressWarnings("rawtypes")
public class ProviderTest extends SccProviderBase {

    @Test
    public void validate_contract_miku() throws Exception {
        // given:
                MockMvcRequestSpecification request = given();


        // when:
             ResponseOptions response = given().spec(request)
                  .queryParam("name","Miku")
                  .get("/information");

        // then:
            assertThat(response.statusCode()).isEqualTo(200);
            assertThat(response.header("Content-Type")).isEqualTo("application/json");

        // and:
```

```
        DocumentContext parsedJson = JsonPath.parse(response.getBody().asString());
        assertThatJson(parsedJson).field("[ 'salary' ]").isEqualTo(45000);
        assertThatJson(parsedJson).field("[ 'name' ]").isEqualTo("Hatsune Miku");
        assertThatJson(parsedJson).field("[ 'nationality' ]").isEqualTo("Japan");
        assertThatJson(parsedJson).field("[ 'contact' ]").field("[ 'Email' ]").
            isEqualTo("hatsune.miku@ariman.com");
        assertThatJson(parsedJson).field("[ 'contact' ]").field("[ 'Phone
            Number' ]").isEqualTo("9090950");
    }

    @Test
    public void validate_contract_nanoha() throws Exception {
        // given:
            MockMvcRequestSpecification request = given();


        // when:
            ResponseOptions response = given().spec(request)
                    .queryParam("name","Nanoha")
                    .get("/information");

        // then:
            assertThat(response.statusCode()).isEqualTo(200);
            assertThat(response.header("Content-Type")).isEqualTo("application/
                json");

        // and:
            DocumentContext parsedJson = JsonPath.parse(response.getBody().
                asString());
            assertThatJson(parsedJson).field("[ 'name' ]").isEqualTo("Takamachi
                Nanoha");
            assertThatJson(parsedJson).field("['nationality']").isEqualTo("Japan");
            assertThatJson(parsedJson).field("['contact']").field("['Phone
                Number']").isEqualTo("9090940");

        // and:
            assertThat(parsedJson.read("$.salary", String.class)).matches("\\d+");
            assertThat(parsedJson.read("$.contact.Email", String.class)).
                matches("[a-zA-Z0-9._%+-]+@[a-zA-Z0-9.-]+\\.[a-zA-Z]{2,6}");
    }

}
```

第二件事：使用上述生成的接口测试文件，测试生产者服务example-provider。这个步骤和在Pact测试中执行pactVerfiy类似，首先启动被测的生产者服务，然后根据测试文件的步骤，对生产者服务发送API请求，将获得的响应内容按照期望的断言条件进行验证。如果这里的断言验证不通过，则说明生产者服务的当前实现不满足契约文件中的期望，契约测试失败。值得一提的是，这里自动生成的测试文件虽然使用的是JUnit框架，但执行的却是 API 的接口测试，而不是单元测试。

第三件事：生成 Stub 数据文件。通过前面两件事，Spring Cloud Contract 使用 Groovy 或者 YAML 格式的契约文件，生成了基于 JUnit 的 Java 测试文件并执行了测试，这些都是发生且服务于生产者服务端的测试活动。而对于相应的契约，在消费者服务端的测试活动则依赖于当前步骤生成的 Stub 数据文件。我们的示例中生成的 Stub 数据文件为 example-provider/build/stubs/META-INF/scc-example/example-provider/1.0.0/mappings/ariman/scc/provider/contract-miku.json 与文件 example-provider/build/stubs/META-INF/scc-example/example-provider/1.0.0/mappings/ariman/scc/provider/contract-nanoha.json，代码清单 4-19 和代码清单 4-20 分别展示了 contract-miku.json 与 contract-nanoha.json 的内容。显而易见，Stub 数据文件以 JSON 格式生成。细心的读者可能会发现，这两份 JSON 文件中，分别包含了各自的 id 和 uuid，它们是哪里来的呢？其实，这个 id 和 uuid 的值是由 Spring Cloud Contract 随机生成的，因为这是 WireMock 的 mapping 文件的标准格式。

代码清单4-19　自动生成的WireMock Stub数据文件

```
{
    "id" : "cb55a301-40ce-4347-8003-17f02cace5b8",
    "request" : {
        "urlPath" : "/information",
        "method" : "GET",
        "queryParameters" : {
            "name" : {
                "equalTo" : "Miku"
            }
        }
    },
    "response" : {
        "status" : 200,
        "body" : "{\"salary\":45000,\"name\":\"Hatsune Miku\",\"nationality\":\
            "Japan\",\"contact\":{\"Email\":\"hatsune.miku@ariman.com\",\"Phone
            Number\":\"9090950\"}}",
        "headers" : {
            "Content-Type" : "application/json"
        },
        "transformers" : [ "response-template" ]
    },
    "uuid" : "cb55a301-40ce-4347-8003-17f02cace5b8"
}
```

代码清单4-20　contract-nanoha.json文件

```
{
    "id" : "5f13e65f-f704-43da-8031-c70827875fc2",
    "request" : {
        "urlPath" : "/information",
        "method" : "GET",
```

```
        "queryParameters" : {
            "name" : {
                "equalTo" : "Nanoha"
            }
        }
    },
    "response" : {
        "status" : 200,
        "body" : "{\"salary\":80000,\"name\":\"Takamachi Nanoha\",\"nationali-
            ty\":\"Japan\",\"contact\":{\"Email\":\"takamachi.nanoha@ariman.
            com\",\"Phone Number\":\"9090940\"}}",
        "headers" : {
            "Content-Type" : "application/json"
        },
        "transformers" : [ "response-template" ]
    },
    "uuid" : "5f13e65f-f704-43da-8031-c70827875fc2"
}
```

这两份 Stub 数据文件需要分享给消费者服务 example-consumer-miku 和 example-consumer-nanoha，才能让它们在各自的消费者服务端被用来测试。这一点，类似于 Pact 使用 Pact Broker 来分享 Pact 文件。Spring Cloud Contract 在实现契约分享上，使用的是 Maven 的包发布机制。这两份包含契约的 JSON Stub 数据文件，在生成后会被同时打入一个 jar 包，在我们的示例中，其路径为 example-provider/build/libs/example-provider-1.0.0-stubs.jar。这份 jar 包文件，一旦生成，就可以被分享给所有的消费者服务端，用来辅助各个消费者服务端的契约测试。有心的读者，可以尝试一下解开这个 jar 包，看看里面的具体内容，就能更加清晰地理解 Spring Cloud Contract 在分享契约上的设计方法和理念了。

3. 从生产者服务端发布 Stub 数据到 Maven 仓库

有了 jar 包格式的 Stub 数据，就可以将它发布到某个 Maven 的构建仓库了。这里，对 Java 应用开发不是很清楚的测试人员，可能需要先了解 Maven 的仓储机制。简单来说，我们平常在进行 Java 开发时，对于不是自己编写的库必须要先引入才能使用，而引入的对象即为包。那么，管理和共享包的地方就是构建仓库。目前，使用最多的构建仓库就是 Maven 提供的中央仓库，类似于 GitHub。除了 Maven 的中央仓库，我们也可以搭建自己的共享仓库，比如搭建一个 Nexus 服务，就可以提供包含 jar 包支持的构建仓储功能。一旦有了构建仓库，我们就可以把自己生成的 jar 包发布到构建仓库中去，其他人就可以从该构建仓库中获取到我们发布的 jar 包。Spring Cloud Contract 就是利用 Maven 的构建仓库来进行契约文件在生产者服务端和消费者服务端之间的分发的。

在生产者服务端发布 Stub 数据 jar 包的步骤非常简单，执行以下命令，即可将我们生产的 Stub 数据包发布到本地的 Maven 仓库，即默认的 m2 仓库，其路径为 /Users/<用户名>/.m2/repository。该路径下有我们本地的所有 Java 依赖，其中有我们的示例所创建并且发布过来的包，位于 example/example-provider/1.0.0/ 目录下。

```
./gradlew :example-provider:publishStubsPublicationToMavenLocal
```

至此，我们在生产者服务端的测试和准备工作就全部完成了，接下来，就应该是消费者服务端 example-consumer-miku 和 example-consumer-nanoha 各自的测试工作了。

4.3.4 在消费者服务端的测试

要在消费者服务端执行契约测试，首先需要在包管理配置文件中引入相应的依赖。具体来讲，就是在 build.gradle 文件中添加 Spring Cloud Contract Runner 的依赖。因为我们的示例是合仓的 Gradle 配置，所以两个消费者服务 example-consumer-miku 和 example-consumer-nanoha 的配置，都已经添加在了根目录下的 build.gradle 文件中。

1. 在消费者服务端编写测试文件

完成了依赖的配置，就可以编写测试文件了。因为消费者服务 example-consumer-miku 和消费者服务 example-consumer-nanoha 的测试过程基本相同，所以我们这里仅以消费者服务端 example-consumer-miku 的测试文件为例进行介绍。类似的测试文件也包含在消费者服务端 example-consumer-nanoha 的源代码里，感兴趣的读者可以自己查看。代码清单 4-21 展示了测试文件 example-consumer-miku/src/test/java/ariman/scc/consumer/miku/MikuIntegrationTest.java 的内容。其中，最重要的是对注解 @AutoConfigureStubRunner 的使用。stubsMode 使用 StubRunnerProperties.StubsMode.LOCAL，表明我们的 Stub 数据包来自本地的 Maven 仓库，即 m2 仓库。ids 赋值 scc-example:example-provider:+:stubs:8080，即表示 Spring Cloud Contract Runner 在本地的 m2 仓库中需要搜索的具体包名，8080 表示 WireMock 将会启动的本地端口。至于测试函数的内容就是一个同样基于 JUnit 的、非常简单的接口测试。

代码清单4-21　消费终端的接口测试

```
package ariman.scc.consumer.miku;

import org.assertj.core.api.Assertions;
import org.junit.Test;
import org.junit.runner.RunWith;
import org.springframework.boot.test.context.SpringBootTest;
import org.springframework.cloud.contract.stubrunner.spring.AutoConfigureStubRunner;
import org.springframework.cloud.contract.stubrunner.spring.StubRunnerProperties;
import org.springframework.test.context.junit4.SpringRunner;

@RunWith(SpringRunner.class)
@SpringBootTest(webEnvironment = SpringBootTest.WebEnvironment.MOCK)
@AutoConfigureStubRunner(
        stubsMode = StubRunnerProperties.StubsMode.LOCAL,
        ids = "scc-example:example-provider:+:stubs:8080")
public class MikuIntegrationTest {

    @Test
```

```
    public void testWithRestTemplate() throws Exception {
        Information information = new ProviderService().getInformation();

        Assertions.assertThat(information.getName()).isEqualTo("Hatsune Miku");
        Assertions.assertThat(information.getNationality()).isEqualTo("Japan");

    }
}
```

值得一提的是，我们在该测试函数中，直接使用了消费者服务应用程序中的源代码组件 ProviderService，其定义如代码清单 4-22 所示。ProviderService 提供了一个 getInformation 方法，调用该方法，就会直接对生产者服务 example-provider 发送请求来获取数据。像这样，在契约测试的代码中直接使用消费者服务程序的源代码组件并不是一种必需的写法。我们完全可以不使用 ProviderService，而直接在测试中使用 RestTemplate 来发送 API 请求，同样可以完成消费者端的契约测试。之所以使用应用程序源码的 ProviderService，是希望在验证发送 API 请求可获取数据的同时，还能验证获取到的数据是可以被正确解析的，即能被反序列化为 Information 对象。

代码清单4-22 消费终端的ProviderService定义

```
package ariman.scc.consumer.miku;

import org.springframework.stereotype.Service;
import org.springframework.web.client.RestTemplate;

@Service
public class ProviderService {

    private String backendURL = "http://localhost:8080/information?name=Miku";

    public String getBackendURL() {
        return this.backendURL;
    }

    public void setBackendURL(String URLBase) {
        this.backendURL = URLBase+"/information?name=Miku";
    }
    public void setBackendURL(String URLBase, String name) {
        this.backendURL = URLBase+"/information?name="+name;
    }

    public Information getInformation() {
        RestTemplate restTemplate = new RestTemplate();
        Information information = restTemplate.getForObject(getBackendURL(),
            Information.class);

        return information;
    }
}
```

2. 在消费终端执行测试

测试文件编写完成后，就可以执行测试了。得益于 Spring Cloud Contract Runner 提供的功能，在消费者服务端执行契约测试的步骤非常简单，执行以下命令，即可完成测试。

```
./gradlew :example-consumer-miku:test

#或者
./gradlew :example-consumer-nanoha:test
```

这里的 :test 命令，同样做了 3 件事情。

第一件事：从本地的 m2 Maven 仓库搜索并获取我们通过 ids 定义的 Stub 数据包。

第二件事：解开 Stub 数据包，使用其中的 JSON 文件，即 WireMock 的 mapping 文件，启动一个 WireMock 的虚拟服务实例，该虚拟服务会按照 mapping 文件中定义的内容，在本地的 8080 端口进行响应。

第三件事：执行我们编写的 JUnit 测试文件，该测试会发送 API 请求给本地的 8080 端口的虚拟服务，虚拟服务会返回 mapping 文件中定义的响应，测试函数在收到响应后，会实现数据的反序列化以及测试中的断言。

如果上述 3 件事都顺利完成，则消费者服务端的契约测试通过。至此，整个使用 Spring Cloud Contract 进行契约测试的过程就结束了。我们上面演练的 Spring Cloud Contract 使用方式，是基于本地 Maven 仓库来进行契约共享的，这是最基本的一种方式。除此之外，Spring Cloud Contract 还有以下一些使用方式：

- 使用基于 Nexus 服务进行契约共享的测试方式；
- 使用基于 Git 服务进行契约共享的测试方式；
- 使用基于外部代码仓库进行契约共享的测试方式；
- 使用来自非 Spring 应用生态圈的契约进行测试的方式；
- 使用来自非 Java 应用生态圈的契约进行测试的方式；
- 使用基于 Spring RESTDocs 生成的契约进行测试的方式。

无论选择哪种具体的方式进行测试，我们可以发现，契约测试并不仅是一种新兴的、独立的测试方式或技术，它本质上是通过单元测试、集成测试、接口测试以及虚拟服务等既有技术，来进行实践的测试思想。

4.4 契约测试高阶解惑

在完成了使用 Pact 和 Spring Cloud Contract 演练契约测试后，如果你追求的是完全的实用主义，那么恭喜你，你已经具备在微服务项目中独立开展契约测试的基本能力了，至少在契约测试方面，你可以丢开本书，开始干活了。但如果你不仅仅关注工具的使用，还想继续深入开拓一些契约测试的理论认知；又或者你在演练 Pact 和 Spring Cloud Contract

时，虽然知道做什么，但不理解为什么要这么做，什么时候要这么做，能不能不这么做。那么本节就是为你准备的。

4.4.1 关于测试的表述

在聊契约测试之前，让我们先来说一些平时看似毫不起眼的话题——测试的表述。

“我们可以在端到端测试中覆盖这个场景，而不是单元测试。”或者“你们的端到端测试是怎么做的？这里提到的端到端测试可能经常出现在我们的日常交流中，那你知道它的准确含义吗？答案它并是没有准确含义！举个例子，A和B去餐馆吃饭，A说“今天吃啥？”而B回答“新鲜的！”新鲜的什么呢？炒饭，面条，饺子，还是套餐？端到端测试，即End To End测试、E2E测试，“端到端”字面意思简单明了，它只是一个形容词，相应的端到端测试也不是一种测试类型。所以，我们真正想表述的，可能是端到端API测试。那么端到端API测试就完整地表述了一项测试活动了吗？不是的！端到端表示的是测试方式，API表示的是被测对象，但这里，我们还缺少被测对象的被测属性，比如，功能属性、性能属性、安全属性等，所以一个比较完整的表述往往如图4-17所示。也就是说，我们需要涵盖测试方式、被测对象、被测属性三个方面才能完整且唯一地描述一项测试活动。

图4-17 完整的测试表述

当然，在平常的交流中，一般不会这么文绉绉地去抠字眼，因为我们彼此都清楚讨论问题的上下文，这点很重要，特别是针对端到端测试这样的表述。比如，我们有一个前后端分离、后端使用微服务集群的系统应用，同样的端到端测试的表述可能就代表着如图4-18所示的完全不同的测试活动，当被测对象不同时，测试的范畴是可能完全不同的。

如果从更多的维度来思考，比如套上测试四象限，那么对测试活动的表述，还会有更多考量。但我们的主题是契约测试，所以这里就不再引入更多的变量了。为什么要在讨论契约测试之前来“废话”测试表述呢？因为契约测试其实是多种测试方式和思维的复合产物，比如，契约测试是端到端的测试吗，还是基于Mock的？契约测试是服务的接口测试还是集成测试？会产生诸如此类的问题。所以，如果对这些基本的测试概念不是很清楚，很容易迷失在契约测试的理论当中。

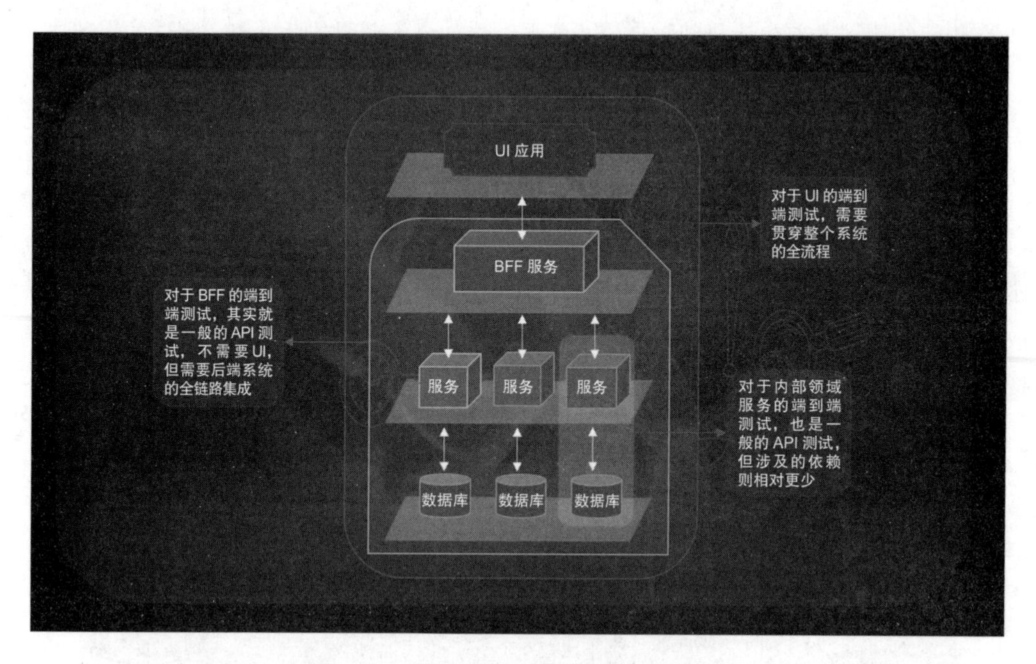

图4-18　不同对象的端到端测试的内涵

4.4.2　为什么要做契约测试

为什么要做契约测试？这是很多刚刚接触契约测试的测试人员最关心的问题。很多对这个问题的回答，都聚焦在契约测试的目的上。那么，什么是契约测试的目的呢？简单来说，契约测试就是为了发现契约破坏而进行的测试活动。通过使用Pact和Spring Cloud Contract，你会发现，契约测试本身也是通过调用生产者服务的API接口来获取响应，再与契约文件中期望的结果进行对比，从而验证契约是否正确。形式上，这和API接口测试，或者针对功能的集成测试[㊀]是非常类似的。换句话说，我们通过API的接口测试或者集成测试，也能达到检查契约的目的，那为什么还要做契约测试呢？这种思考逻辑是完全正确的，也是为什么很多初学者都认为契约测试没有必要的原因。

那再问，为什么还要做契约测试呢？真正能够回答这个问题的，不是契约测试的目的，而是契约测试可以带来的价值！那什么是契约测试的价值呢？要说清楚契约测试的价值，

㊀　以下简称集成测试，因为我们这里不讨论API的安全、性能等问题。

就需要准确认识契约测试的精髓——消费者驱动。

消费者驱动的字面含义大家都清楚，但往往容易忽略的是被驱动的对象。在契约测试的范畴里，消费者驱动指向的对象是契约，而不是契约测试。

当某个生产者服务正常上线后，某个消费者服务需要消费这个生产者服务的功能，那么应该由消费者服务来提出期望，建立它们之间的契约测试。因为契约测试虽然形式上测试的是生产者服务，但价值上保证的却是消费者服务的业务，这就是消费者驱动的契约测试的含义。而从另一个角度来思考，消费者服务如果对自己都不上心，还期望生产者服务来时刻关注其状态吗？在跨团队、跨部门乃至跨公司的微服务体系下，这是开发过程中真切的痛点。

厘清了消费者驱动的含义，来看看契约测试真正的价值吧。图4-19展示了一个经典的案例。

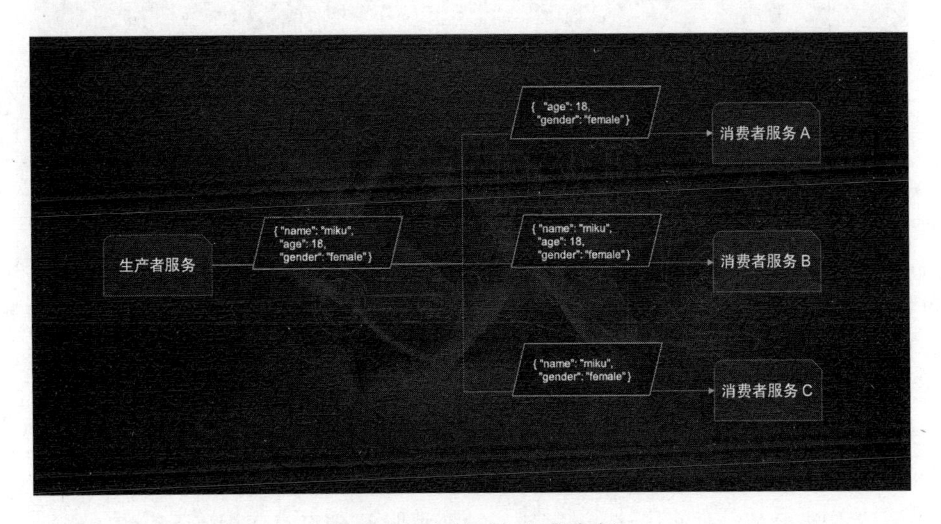

图4-19 契约破坏经典案例

在其中的消费关系里，生产者服务为消费者服务A、B、C提供服务。生产者服务自己提供的Schema包含name, age和gender这3个简单的字段。请注意，这份包含name、age和gender的JSON，其本身只是一个Schema，并不是任何契约。契约一定是成对存在的，没有与确切的消费者服务的交互定义，它就只是schema而不是契约。就好比，中介打印了一份合同，上面写好了房屋租赁的全部信息，但在房东和租客都签字之前，这份“合同”其实并不具有任何效力，所以它根本就不是一份有意义的合同，在法律上叫“要约”。

现在，这里有3份契约，对应地，就应该有3份契约测试。消费者服务A消费生产者服务的age和gender字段，消费者服务B消费name、age和gender字段，消费者服务C消费name和gender字段。就目前生产者服务提供的Schema来说，没有任何问题，大家相安无事。

某日，因为业务需求，消费者服务 C 期望生产者服务提供更加详细的 name 信息，包括 firstName 和 lastName。这个需求对生产者服务并不困难，所以生产者服务打算对 Schema 做如图 4-20 所示的修改。

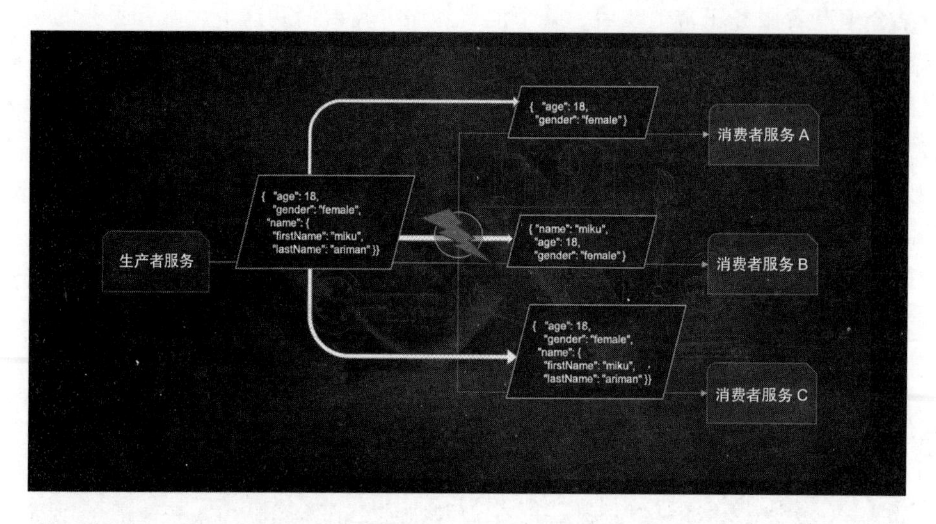

图 4-20　契约变更

对这样的修改，消费者服务 C 是有需要的，消费者服务 A 无所谓，但消费者服务 B 却是不可接受的，这属于典型的契约破坏。此时，生产者服务和消费者服务 B 之间的契约测试就会挂掉，从而对生产者服务提出预警。至于接下来怎么协调和消费者服务 B 的兼容问题，就不是契约测试关注的问题，那需要通过消费者服务团队和生产者服务团队之间的相互交流来解决。

上面这个示例中的一些细节，可以帮助我们发掘契约测试的价值点。

1）消费者服务 A 没有使用 name 字段，消费者服务 C 没有使用 age 字段。

基于消费者驱动的契约测试，契约的内容由消费者服务提供，其内容体现了各个消费者服务对生产者服务提供的 Schema 的消费需求。这里的需求，不光包含消费者服务"需要什么"，还包含消费者服务"不需要什么"。这是非常有意义的，如果生产者服务提供的 Schema 的某些部分不被任何消费者服务消费，就代表生产者服务可以对 Schema 中的这些内容做任意的修改，完全不必担心会影响到任何消费者服务。这是契约测试非常重要的价值点。

2）单个生产者服务与多个消费者服务。

要最大化地体现契约测试异于集成测试的价值，一定是在"单个生产者服务对应多个消费者服务"的架构下来说的。因为在只有一个生产者服务和一个消费者服务的架构下只存在一份契约，该契约内容的任何修改对生产者服务和消费者服务来说都是显而易见的，那么就不会出现契约破坏的情况。说得更具体一些，如果是消费者服务端提出要修改契约，消费者服务端一定知道该怎么消费新的契约内容；如果是生产者服务端提出修改契约，对于唯一的一个消费者服务端，生产者服务端也能很方便地告知其将要对契约进行的修改。并且，在这种情况下，集成测试往往就已经完全地达到了契约测试的目的。

而在单个生产者服务对应多个消费者服务的架构下，情况就大不一样了。生产者服务和消费者服务C之间的契约修改，对消费者服务A来说是无感的，对消费者服务B来说却是契约破坏，对此，集成测试是无能为力的。仔细来看，这里有4个微服务，就会有4个集成测试。但每个集成测试都只会关注自己的业务正确性，具体来说：

- 消费者服务A，因为不受影响，所以其集成测试没有任何变化；
- 消费者服务C，因为是契约修改的提出者，所以它会在生产者服务提供新的Schema后修改自己的集成测试，没有问题；
- 生产者服务，如果接受了消费者服务C的需求，大摇大摆地修改了Schema，它也会相应地修改自己的集成测试，因为对生产者服务来说，这个变更是正常的业务需求，也没有问题；
- 消费者服务B，最倒霉，什么都没干就出现错误了，当然它的集成测试会捕捉到这个错误，但那是在生产者服务的契约破坏生效之后的事情了，对此能做的也只有亡羊补牢。

可见，4个集成测试虽然都各司其职，但都不能对这个契约破坏的问题做到防患于未然。只有契约测试，才是这个问题的最佳答案！契约测试最大的价值只会在单个生产者服务对应多消费者服务的环境下才能被发挥出来。而这，正是微服务最常见的场景。

3）很显然，对消费者服务A无害，但对消费者服务B却是契约破坏。

这仅仅是对于我们这个非常简单的示例而言。在真正的业务场景中，特别是有一些复杂的微服务集群的场景，又或者是在一些时间跨度很长的系统中，对于某个生产者服务到底有多少个消费者服务？生产者服务的每一处修改，又到底会对其中哪些消费者服务的契约造成怎样的影响？这些往往都是很难确定的问题。在我经历过的一个集团项目中，有一个搜索地址的基础生产者服务和10个消费者服务，其中有8个消费者服务没有进行契约测试，就不清楚它们对生产者服务的API具体是如何消费的，所以每次生产者服务要更新，就得去通知负责这些消费者服务的团队来做回归测试。有时，一点小小的修改，用回归测试只需一分钟就可以搞定，但“人肉”联系各个团队却会花上好几天。如果每个消费者服务都能和生产者服务建立契约测试，通过类似Pact Broker这样的实践方案，如图4-21所示，我们就能更高效地解决这些问题。

理解契约测试的真正价值后，对于“要不要做契约测试？”“谁来做契约测试？”这些问题，相信你就不再疑惑了。想再次强调一下的是，契约测试在很多情况下基于微服务而生，但并不代表每个微服务都一定需要契约测试。相对地，一些传统的单体服务，它的架构设计和部署实施完全和微服务的理念相反，但它提供的服务却被众多的消费者服务使用，那么这样的服务也有很强的契约测试需求。所以，千万不要把契约测试和微服务完全绑定，一定要基于服务的业务来考虑测试策略。

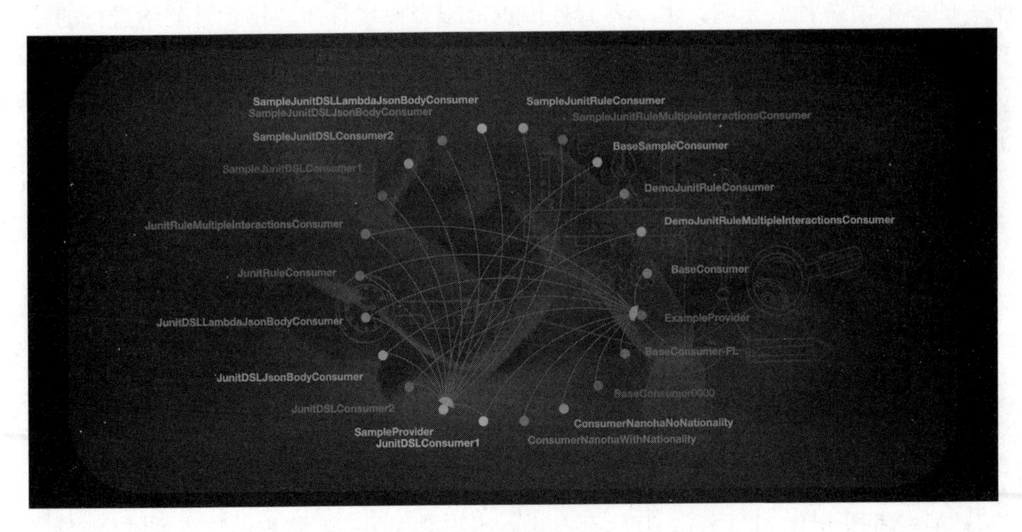

图 4-21 Pact Broker 展示复杂的消费关系

4.4.3 契约测试和接口测试、集成测试的区别

契约测试和接口测试、集成测试有什么区别？这是任何一个接触契约测试的测试人员都绕不开的问题。在上面的内容中，其实已经或多或少地提到了相关的内容。由于具体的测试方式都是调用 API 的接口来获取和验证响应，契约测试、接口测试、集成测试经常被放在一起来进行比较。那它们之间到底有没有区别，如果有，是怎样的区别呢？

先来看看接口测试和集成测试。理论上讲，接口测试和集成测试，压根儿就是从完全不同的维度来对测试活动进行描述的。前面说过，如果要完整地描述一个测试活动，至少需要考虑 3 个内容：测试方式、被测对象、被测属性。接口测试和集成测试显然都是我们根据上下文使用的简称，而其更完整更准确的信息应该如表 4-2 所示。

表 4-2 接口测试与集成测试的要素对比

	测试方法	被测对象	被测属性
接口测试	调用 API 接口	只能是 API	不确定
集成测试	不确定	不确定	肯定是被测对象在与外部依赖集成时的行为表现

对于接口测试来说，它的测试方法和被测对象明确，但被测属性却不确定，可以是被测对象的性能或安全行为，但根据上下文，默认是功能行为。而集成测试，则相反，被测属性确定，但测试方法和被测对象却不确定，其测试方法可以是端到端的测试，也可以是基于 Mock 的测试，其被测对象，可以是系统的 UI，也可以是 API。所以，基于不同的维度和上下文，我们可以有接口测试和集成测试的表述。但当把接口测试、集成测试和契约

测试放在一起来进行讨论的时候，它们描述的可能就是同样的测试活动，即通过调用API接口来测试API的功能行为。

这里，想强调一下集成测试中的“集成”。对于传统的瀑布开发模式，测试流程按照测试级别进行划分，一般是：单元测试→集成测试→系统测试→验收测试，这是集成测试早期在流程中的位置。

那时的应用往往是庞大的单体服务，服务内部有分工清晰、边界分明的模块。这些模块被并行开发，就绪后就会进行彼此集成。集成的对象，一般可以简单分为逻辑模块、数据库模块、外部服务模块。比如在“上古时代”，对数据库的操作是比较烦琐的，开发人员往往需要自己组装SQL语句，然后封装成模块来供上层系统调用。单元测试可以保证这些模块自己的逻辑正确，但像“模块中的各个函数接受的参数个数和参数类型，是否和模块使用者的需求相匹配”这样的问题，就需要用集成测试来进行验证。这些测试都是发生在单体服务内部的，类似于现在的组件测试。

如今，微服务的设计将不同业务的模块拆分成了不同的服务，各个服务都是高内聚的。以Spring为例，Controller→Service→Repository，内部进行垂直划分，简单明了。像上面提到的手写SQL这样的数据持久化工作，已经基本不存在了，取而代之的是像spring-boot-starter-data-jpa或spring-boot-starter-data-mongodb这样功能强大、方便易用的公共组件，最重要的是，这样的公共组件一般都有很高的官方质量保证。所以结论就是，传统的集成测试在微服务的体系下已经基本不被需要了。

而对于单个微服务的质量保障，特别是当这个微服务有外部集成的时候，比如数据库或者外部依赖服务，我们仍然需要进行检查外部集成的测试。再结合微服务业务的单一性，我们可以很自然地将这种检查外部集成的测试合并到API的接口功能测试中。简单说来就是，对于微服务，只进行API的接口功能测试，既涵盖对被测服务领域逻辑的检查，又覆盖对其外部集成的检查。

当然，这已经属于微服务测试策略的范畴了，这里就不再过多展开讲解了。所以，如果要和契约测试进行比较的话，我们只需要考虑功能性的API接口测试就可以了。厘清了接口测试和集成测试的内部因缘（下面我统称两者为功能测试），是时候来说说它们和契约测试的区别了。其实，上面那个经典示例已经很好地展现了功能测试和契约测试的区别，概括如下。

- 功能测试关注的是生产者服务的实现是否能正确体现其设计，契约测试关注的是生产者服务的设计与实现是否能满足每一个消费者服务的需求。注意，功能测试只关注生产者服务自身，契约测试关注每一个消费者服务。
- 功能测试的测试案例由生产者服务的团队提供，契约测试的测试案例基于消费者驱动，由各个消费者服务的团队提供。
- 一个生产者服务只会有一个功能测试，但契约测试理论上可以有无限个，有多少个消费者服务端就可以有多少个契约测试。

- 同样的测试案例，在功能测试里面出现 1 次，在契约测试里面出现 N 次，它们的含义是完全不同的，前者表示该功能需要被测试和验证，后者表示该功能被哪些消费者服务使用。
- 同样的测试案例，出现在功能测试里面却没有出现在契约测试里面，这是非常有意义的，它表示当前测试的功能是不被任何消费者服务使用的，可以随意修改或者删除。
- 功能测试可以“自娱自乐”，契约测试必须组“对”上分。

4.4.4 契约测试可以替代集成测试吗

契约测试可以替代集成测试吗？这是在讨论契约测试时，另外一个被提到最多的问题。就题论题，这里的集成测试，并不完全等于前面提到的功能测试，仅仅是一般论中的集成测试。

先来猜测一下为什么会有这样的问题吧。我们知道，在 Pact JVM 的实施过程中，第一步是在消费者服务端生成契约文件。这期间，Pact 会根据自定义的契约，先在消费者服务端启动一个虚拟服务，其实质是一个普通的 Java HttpServer 类的实例。消费者服务向这个虚拟服务发送 API 请求并获取响应，整个过程被记录成 JSON 格式的契约文件。在这个流程的最后一步，一直有一个大家乐于争论的话题，那就是“要不要对返回的响应内容做断言检查?”这是一个很开放的问题，没有标准的答案。但我想强调的是，只有加上断言检查，该流程才是测试。并且对消费者服务来说，它就是消费者服务端的一种集成测试。请不要惊讶，即便使用的是虚拟服务，它也是一种规规矩矩的集成测试。所以，才会让测试人员产生用契约测试代替集成测试的想法。

以上是解题背景。现在，让我们再来审一下题吧。在“契约测试可以替代集成测试吗?”这个问题里，有一个隐藏条件。契约测试描述的测试活动，一定是发生在一对消费者服务和生产者服务之间的。那么题目里的集成测试的被测对象是谁呢？是想替换消费者服务端的集成测试，还是想替换生产者服务端的集成测试？还是说，其实我们并不清楚其被测对象是哪一端？也可能我们想说的并不是两个服务之间的、用于验证集成的那种测试，而是将整个系统，包括全部上下游服务，集成在一起的集成测试。但是很遗憾，这种将上下游联通在一起的测试，并不是真正的集成测试，而是更高一个级别的测试，即系统测试，当然，现在大家更喜欢用端到端测试来称呼它。

让我们回到题目中的集成测试上来吧。无论是消费者服务端的集成测试还是生产者服务端的集成测试，其关注点都是被测服务是否可以正确地消费其依赖服务的 API。这里的消费行为包括调用接口和解析数据。它的被测对象是消费者服务，或者说，是一个消费者服务的“角色”，即便是生产者服务，也可以作为消费者服务，只要它自身有外部依赖。至于那些完全没有外部依赖的生产者服务，比如直接提供数据库存储的服务，其本身就没有需要对外集成的对象，自然也就没有集成测试。而反观契约测试，其被测对象一定是生产者服务。所以，被测对象的根本性区别，加上前面我们提到的契约测试异于功能性集成测试的价值，就决定了用契约测试替换集成测试在通常情况下是没有实际意义的。

4.4.5 关于Pact和Spring Cloud Contract的博弈

使用Pact还是使用Spring Cloud Contract？这个话题也经常被讨论。它背后有一个非常重要的概念博弈：契约测试和契约驱动的测试。

Pact实现的是消费者驱动的契约测试。对契约测试，目前没有任何权威的定义。其实，从它面向工程实践的测试理念来看，也许它根本就无须权威定义，只需要总结各场景下最适用于开发团队自身的实践经验。即便如此，我们仍然希望能够从各方信息中获取一些解读。

首先，如果Google搜索contract test，你得到的第一个答案可能是Martin Fowler在2011年发表的这篇文章https://martinfowler.com/bliki/ContractTest.html。但遗憾的是，作者在这里讨论的契约测试，是解决在集成测试中如何保证测试替身有效性的问题的，它和我们现在讨论的契约测试并不是一回事。但是，如果抛开契约测试的内容，而单论契约测试的定义的话，该文章其实表述了一个很有价值的点，那就是“契约是需要测试的”，这是非常有意义的。

其次，查看Pact的官方文档是另一个可以帮助我们理解契约测试的途径。它对契约测试给出了这样的定义：Contract testing is a way to ensure that services (such as an API provider and a client) can communicate with each other。这里面需要关注的重点是can communicate，即可通信，它给出了Pact对契约测试范畴的定义。

最后，对于任何以“×××测试”命名的测试活动，我们都遵循一个同样的理解规则：“×××”一定指被测对象或被测属性。比如，UI测试，其测试对象是UI；安全测试，测试的是被测对象的安全表现；兼容性测试，关注的一定是被测对象在兼容性方面的问题等。同样地，对于契约测试，举一反三，其被测对象应该是服务之间的契约。

有了以上这3点重要的认知基础，来具体看看Pact和Spring Cloud Contract的区别吧。图4-22给出了Pact和Spring Cloud Contract在具体使用上的逻辑路径。

Pact，在消费者服务端生成契约文件，发布到Pact Broker，而后生产者服务端通过Pact Broker获取契约文件，驱动生产者服务端执行契约测试。Spring Cloud Contract实际生成契约文件的工作是发生在生产者服务端的，并基于这份契约文件在生产者服务端生成了Java的测试案例，这些测试案例用于生产者服务端的功能测试；而在消费者服务端，它使用来自同一份契约文件生成的Stub数据文件生成了基于WireMock的虚拟服务，消费者服务可以使用该虚拟服务来做集成测试。

可见，Pact将消费者驱动契约测试的理念进行了真正的实践。相对地，Spring Cloud Contract既没有实际地将契约作为被测对象来进行测试，也没有确实地实现消费者驱动。Spring Cloud Contract的做法，实际上是基于同一份契约分别驱动消费者服务端的集成测试和生产者服务端的功能测试。所以，Pact 和 Spring Cloud Contract 的区别就在于，前者做的是契约测试，后者做的是契约驱动的测试。

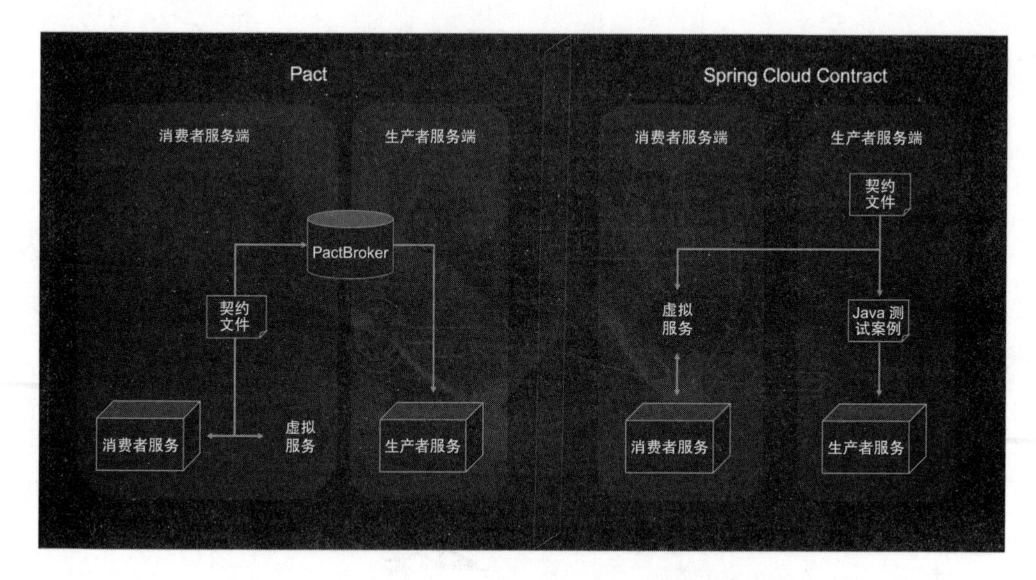

图 4-22 Pact 与 Spring Cloud Contract 的测试路径对比

如果有读者阅读过 Spring Cloud Contract 的文档，可能会质疑，Spring Cloud Contract 明文写着 Spring Cloud Contract Verifier enables Consumer Driven Contract (CDC) development of JVM-based applications，那为什么说它没有确实地实现消费者驱动呢？因为在 Spring Cloud Contract 的设计中，原始契约文件是在生产者服务端生成的。为了实现 Consumer Driven Contract development，消费者服务端的团队需要在其本地克隆生产者服务的代码仓库，借生产者服务端的源码来生成初始的契约文件。显然，在现实的项目中，消费者服务团队不可能随心所欲地获取到生产者服务的代码仓库访问权限，所以才有了后来的基于共享仓库来实现契约文件的共享编辑和使用。所以说，从最初的设计思想来看，Spring Cloud Contract 并没有像 Pact 那样，实实在在地实践了消费者驱动的契约测试。

那么，到底是选择 Pact 还是选择 Spring Cloud Contract 呢？答案是“按需取舍”。

比较 Pact 和 Spring Cloud Contract 的目的，并不是让它们一较高下，而是阐述它们各自不同的测试理念。对 Pact 的价值点，前面已经说过很多了。Spring Cloud Contract 虽然做的并不是实质上的契约测试，但它通过共享同一份契约的方式，实现了微服务测试中消费者服务端和生产者服务端之间的端到端测试的解耦，这在实际项目中也是有重要的意义的。

4.4.6 消费者服务端的集成测试需要做到什么程度

对于 Pact，前面提到，在消费者服务端生成契约文件的时候，其代码加上断言语句后就构成了一种消费者服务端的集成测试。这个集成测试，从Pact的角度来说，是可选的，它的目的是保证生成的契约文件本身是正确的。但从消费者服务的角度来说，要不要进行这一层级的集成测试取决于团队自己的测试策略。如果要进行这一层级的集成测试，请一定合理把握测试粒度和测试范畴。

对于测试粒度，由于这里的集成测试是和契约测试强绑定的，如果为了增加集成测试的覆盖率而设定过小的测试粒度，会大大增加契约测试的测试案例。而其中的一些测试案例，对于关注功能的集成测试来说，可能是不同的等价类，但对关注Schema的契约测试来说，则完全可能是相同的等价类，从而造成测试冗余。所以，合理地把握测试粒度是非常重要的。当然，主观而言，我们是反对这种和契约测试绑定的集成测试的。功能测试和契约测试是完全不同的测试活动，它们肩负各自的使命，体现各自的价值，应该各司其职。这是笔者和Beth Skurrie（Pact最主要的核心开发成员）经多次探讨达成的一致共识。

对于测试范畴，上面提到过，Pact将契约测试的范畴限制在了满足可通信条件的服务中。具体到契约测试中，可通信，体现在API的接口接受请求，包括Protocol、URL、Header、Body等，然后返回响应；可获取信息，体现在得到的响应能够被按照期望的方式解析，即被正确地反序列化。需要强调的是，可通信的内容不应该包含“使用信息”。使用信息，是消费者服务的领域逻辑需要处理的问题，而信息使用得是否正确，则应该属于消费者服务的功能测试关注的范畴。注意，这里的功能测试可以发生在单元测试、组件测试、集成测试等各个测试级别中。这就是为什么在Pact的官方示例文档中，消费者服务端也仅仅断言了响应的Status Code这些非常简单的数据。如果消费者服务团队确实有需求，跨出其服务可通信的范畴来构建集成测试，那么请一定斟酌该测试范畴。

4.4.7 关于“生产者驱动的契约测试”

相较于我们一直强调的消费者驱动的契约测试，你可能在其他地方或多或少地看到过“生产者驱动的契约测试”这样的说法。单论契约，确实可以分为消费者驱动的契约和生产者驱动的契约，但述及契约测试，生产者驱动的契约测试并不被认为是一种正确的表述。

首先，契约不等于契约测试，存在生产者驱动的契约并不代表就存在生产者驱动的契约测试。

其次，无论是消费者驱动还是生产者驱动，其实质一定都是契约测试。这点，消费者驱动的契约测试不必多说，但对于生产者驱动的契约测试，事实可能并不是如此。生产者驱动的契约测试，其实质就是上面讨论过的契约驱动的测试。具体来说，生产者驱动的契约测试，强调的是当生产者服务有需求和计划更新既有服务的接口定义时，在实际部署变更之前，先更新相应的契约，新的契约如果包含契约破坏，会导致在消费者服务端的契约驱动的集成测试挂掉。由此，消费者服务端可以在生产者服务端真正部署包含契约破坏的服务之前获得预警，从而对消费者服务做必要的更新准备，来适配生产者服务将会部署上线的更新内容。

这种测试活动看似合理，实际却是契约测试的一种反模式。在消费者驱动的契约测试中，契约是复数存在的，有多少消费者就可以有多少契约，每一份契约都会被生产者服务端测试，如果有契约破坏，就会被及时反馈，必要的时候会被修正。而生产者驱动的契约测试中，契约是唯一存在的，它是不会被测试的，消费者服务端仅会验证自己能否正确消费这份契约，所以生产者驱动的契约测试，测试的并不是契约，而是消费者服务。还记得之前提到的例子吗？没有房东和具体房客签字的“合同”，根本就不是合同，而是要约。

如果质疑生产者驱动的契约测试，是因为它测试的不是契约而是消费者服务，那么是否也可以质疑消费者驱动的契约测试，测试的也不是契约而是生产者服务呢？这是一个辩证性非常强的好问题。形式上来看，好像确实如此。但如果我们进一步分析，不难发现，消费者驱动的契约测试，对于契约破坏的最终处理结果，要么是生产者服务的功能修改被驳回，要么就是消费者服务主张的契约变更被驳回。结论就是，一方面，消费者驱动的契约测试是对契约的双方进行约束，这体现了契约的精神；另一方面，对于不可接受的契约破坏，无论是由哪一方引入的，都将被驳回，这体现了测试的意义。如果交付测试后，无论结果好坏，被测的功能都是不可逆的，那测试本身也就失去了意义。再来看生产者驱动的契约测试，一旦生产者服务发布了契约，无论是否发生对任一消费者服务而言不可接受的契约破坏，这份契约都不可能被驳回，这种测试对契约来说是没有意义的。归根到底，二者还是契约测试和契约驱动的测试的区别。

所以，生产者驱动的契约测试并不表征任何通常意义上的测试活动。当然，这样的测试活动也并不是一无是处。在一些上下游服务非常不稳定的微服务集群中，特别是在一些服务集群跨部门甚至跨公司的多团队合作项目中，由于缺乏及时有效的沟通，往往更容易造成各种契约破坏，此时，这种基于契约的测试活动，能很好地预警生产者服务的 API Schema 变更对各个消费者服务的影响，这也是非常有意义的。

4.5 本章小结

契约测试是微服务环境下一种很特殊的测试活动，其核心思想是建立一套在微服务系统下可以快速响应服务之间契约变更的机制。业界实施契约测试的工具主要是 Pact 和 Spring Cloud Contract，它们基于各自对契约测试的理解，实现了两种截然不同的测试流程。Pact 主要实践的是消费者驱动的契约测试，Spring Cloud Contract 主要实践的是契约驱动的功能与集成测试。两者思路迥异，而在不同的项目环境下却又各有所长。契约测试的方式和接口测试类似、目的又和功能测试相似，我们在理解契约测试上有一定的难度。但唯有透彻理解契约测试，才能在适当的环境下将其付诸实践。

第5章 Chapter 5

性能测试

本章作者：雷辉

近年来在常见的场景中，如12306抢票、春晚抢红包、疫情期间钉钉在线办公等，都出现过软件系统性能故障的情况。作为软件测试工程师，我们当然对此也会比较敏感。性能测试可以说是测试工作必不可少的一个环节，在微服务系统中服务与服务之间会通过接口的方式调用，单个微服务也有一组供内部使用的接口，所以性能测试集中在对系统的接口进行测试上，这是我们接下来讨论的主要内容。

5.1 接口的性能测试

本书会讲解针对接口做性能测试时涉及的基本概念、测试类型、场景、工具和实施过程，以及在测试中如何定位性能瓶颈。先讨论一下针对接口做性能测试的难点，解决了这几个难点，其他问题就可以迎刃而解了。

5.1.1 性能测试难在哪里

首先，思考一个问题：你为什么会觉得做性能测试难，难在哪里？

很多人包括有多年测试经验的资深测试人员，在刚接触性能测试时心里都没底，因为在测试过程中对其理解存在误区就会导致测试出现方向性偏差。搞定以下几个难题，你离性能测试专家就又近了一步。

（1）选择性能测试场景

和功能测试类似，性能测试也需要通过抽样来反映系统整体的性能状况，这和性能测试耗时长，难以在有限时间内对所有功能点都做测试的特点分不开。测试工程师需要判断出必测场景、选测场景。判断的依据是什么呢？在以往工作经验的基础上，深入了解相关故事卡的实现方式和业务使用场景，判断这张卡可能出现的性能瓶颈，例如：

- 哪些按钮点击后会和第三方系统交互；
- 哪些功能的调用需要跨多个关联表做查询；
- 哪些业务场景在应用上线后面对的数据量会非常大；
- 哪些功能被频繁调用后可能会出现内存泄漏等问题。

作为测试人员，我们不能错过任何可以帮助我们了解故事卡的好时机，比如在敏捷开发流程中故事卡的开卡及演示环节。只有了解了故事卡的实现方式，并明白这样的实现方式会对性能产生什么样的影响，才能准确判断出需要测试的场景。

（2）构建性能测试全景图

性能测试相关的知识点比较多，当我们缺少一个性能测试知识的全景图时，在测试过程中可能会畏首畏尾，害怕出错。这个全景图，应该包括：

1）基本概念，例如吞吐量、响应时间、并发用户数；

2）各种测试方式，包括负载测试、压力测试、可靠性测试；

3）操作系统的各种性能指标数据；

4）使用性能测试工具时的参数化处理，步骤间关联的用法，用编程的方式自定义函数等。

性能测试的大部分知识点还是比较好理解的，当然也有一部分易混淆。本章会按照逻辑线串联起这些知识，构建一个性能测试知识图谱。

（3）分析系统的性能瓶颈

当系统性能不达标时，我们应该如何定位性能瓶颈？影响系统性能的软硬件因素包括网络设备、服务器内存、I/O 读写、数据库表结构的设计和索引、软件架构的设计和代码的内部实现等。掌握对性能指标进行查看和分析的常用方法比较重要，比如在不同的操作系统、不同的数据库上查看和解读其性能数据，对常用的中间件软件的状态指标数据进行查看和解读，并有目的地选择关联指标来反映系统的性能瓶颈，这需要我们花费一定时间去学习。还有一些问题的根源在代码上，而代码对测试人员是不可见的，所以需要测试和开发工程师配合发掘系统的性能瓶颈。

5.1.2 基本概念

本节从性能测试中的几个基本概念开始讲解，它们分别是响应时间、并发用户数和吞吐量。

（1）响应时间

说起响应时间，它不仅出现在软硬件系统中，也出现在我们生活的方方面面。比如物流速度，就决定了电商平台从用户下单到用户收货的“响应时间”。除此之外，售后客服处理客诉的“响应时间”，银行工作人员办理业务的“响应时间”，都会影响我们的选择。等待就意味着用户流失，对用户来说，合理的响应时间很重要。

（2）并发用户数

对并发用户数，一般认为有**最佳并发用户数**和**最大并发用户数**两个主要概念。如果系统的响应时间在业务需求范围之内，例如小于500ms，逐步增加并发访问的用户，可以得到最佳并发用户数。当响应时间超过500ms，不过系统没有报错仍然能处理业务时，继续增加并发访问的用户，在系统开始出现不稳定报错之前，可以得到最大并发用户数。另外，对系统产生压力的用户数量是并发用户数，而不是在线用户数。

（3）吞吐量

吞吐量是系统在单位时间内能够处理的请求的数量。对于业务系统的吞吐量，我们可以用每秒事务处理数（TPS）、每秒查询数（QPS）来反映；对于网络设备的吞吐量，我们可以用每秒字节数来反映。

5.1.3 测试方式分类

根据使用场景的不同，性能测试可以分为以下几类。

（1）验收测试

依照项目定义的性能要求进行验证，满足条件才能做项目验收。例如：某功能需要支持20个并发用户，并且要求返回时间少于500ms。实际工作中，这类性能测试可能会分散在多张故事卡中，验证故事卡的性能要求被满足后，我们才能把故事卡挪到对应完成状态的区域中。

（2）负载测试

满足了故事卡的验收测试后，我们还会希望找出系统的最大处理能力，这是负载测试的主要目的。系统处于最大处理能力的运行状态时，往往是某些资源使用到了极限，找出这些使用到极限的资源项，可以为后续系统调优做准备。

（3）压力测试

压力测试的关键是在某些资源高负荷状态下，例如CPU、内存等，验证系统处理请求是否会出现异常，以及其响应时间能否满足需求。我们可以设想在Windows系统中测试一个桌面软件，其他运行中的软件占用了大量系统资源，导致这个桌面软件运行不稳定的场景。

（4）可靠性测试

可靠性测试的特点是压测周期长。在长时间对系统施加一定压力的情况下，观察系统的稳定性。例如对文件上传功能进行可靠性测试，通过几天内不间断地上传小文件后，查看内存使用曲线是否平稳，磁盘读写是否稳定，有没有抛出异常等。

（5）扩容、减容测试

系统无论是部署在服务器集群上，还是部署在云上，都可以支持扩容、减容，用性能测试工具可以验证这两个功能是否正常。伴随着压测访问量的增加或者减少，服务器数量应该按照预先规划的数量同步进行扩容或减容。

这几种性能测试类型在软件开发的生命周期里基本上都会被用到，只是它们出现的时机不同。验收测试是在日常工作中开发人员接触最多的性能测试方式。负载测试通常在单个或一组微服务开发完成时，或者在项目后期实施。当系统部署在共享主机上时，较容易出现硬件资源被其他程序占用发生资源高负荷的情况，这时需要进行压力测试。此外，大量用户访问会引起硬件使用率高，也可以使用压力测试来做验证。当发现业务功能将被用户长期频繁使用，有可能引发内存泄漏等问题时，就需要使用可靠性测试去验证了。

5.1.4 测试工具

对微服务接口的性能测试，常用的工具有 JMeter、LoadRunner、Gatling（使用 Scala 语言）、Locust（使用 Python 语言）、Flood.io 在线云测平台等。能熟练使用其中一种，就可以应对性能测试工作的基本需求，再学习其他工具时上手也会比较快一些。

作为老牌性能测试工具，JMeter 已经存在很多年了，它通过图形化界面进行操作，提供了循环、条件判断、内置函数、前置 / 后置条件等功能。JMeter 易上手，它可以轻松完成参数化、断言、操作步骤关联等操作，还可以使用多台压测机器做分布式压测，对被测系统提高并发压力。此外，它也可以通过 BeanShell 等方式和外部类库进行交互。Gatling 和 Locust 使用的并发模型与 JMeter 不同，理论上可以产生更高的并发量，比较适合熟悉 Scala 或者 Python 语言的测试人员使用。

Flood.io 是一个在线云测平台，可运行 JMeter 脚本和 Gatling 脚本，支持 Ruby 编写的压测脚本。它还支持使用 Selenium（UI 自动化测试工具）模拟用户操作，如通过自动化方式打开浏览器输入数据、提交表单等，Flood.io 能在压测报告中统计前端页面加载时间。在线云测平台有自己的优势，可以轻松调用多台机器协同发送压测请求，构建出更大的请求量。此外，该平台可以选择在特定物理区域的机器做测试，从而更加减少网络因素对性能结果的影响。

在这里以 JMeter 为例，看看性能测试工具提供了哪些能力。

1）提供了 17 种逻辑控制器，其中常用的有循环控制器、条件控制器、ForEach 遍历控制器、随机顺序控制器以及吞吐量控制器等。

2）提供了对 HTTP 请求进行设置的多种管理器。

- HTTP Cache Manager：缓存管理器（可以设置每次迭代是否清空缓存）。
- HTTP Cookie Manager：Cookie 管理器。
- HTTP Header Manager：请求的 Header 管理器。
- HTTP Authorization Manager：授权管理器（用于需要做权限验证的场景）。

3）在编写压测脚本时提供了参数化、步骤关联、断言、展示结果的能力。

- 参数化：在测试脚本中有一些数据需要在每次执行过程中发生变化，这些数据可以用变量代替，变量一般从数据库、CSV 文件等数据源读取。例如登录功能中每个请求的用户名和密码就使用了参数化的方式。

- 步骤关联：JMeter 对请求进行关联的一种常见用法，使用后置处理器中的正则表达式提取器（Regular Expression Extractor）做文本匹配，假如数据是 XML 格式，则可以用 XPath Extractor 做匹配。
- 断言：JMeter 支持多种方式来对请求结果做断言，包括结果中的内容、内容大小、成功与否、响应时间等。
- 函数：JMeter 提供的常用函数能实现随机数生成、计数器、执行 JavaScript 脚本、返回 JMeter 内部属性等功能。
- 展示结果的监听器：JMeter 提供的监听器按照功能来看主要有几类，如可以随时查看性能测试结果的动态数据的监视器、把结果数据异步写入数据库中的监视器、在测试完成后触发邮件给项目组员的监视器等。

4）脚本录制。

JMeter 可以使用 BadBoy 录制压测脚本。举一个例子，被测场景要做登录验证，登录功能的实现采用单点登录的方式，测试人员在 Chrome 的 Inspector 中查看调用的接口和参数，然后在 JMeter 中做模拟登录，但尝试后发现无法正常工作。而如果使用录制功能，不仅能节省模拟登录的时间，还可以直接在录制好的脚本中增加测试的业务场景。脚本录制功能比较简单，存在的问题主要是其维护性不佳，它主要用于临时性脚本的生成。

5）分布式压测。

在 JMeter 中做分布式压测，要选择一台机器作为管理机（Master），其他机器作为压测机（Slave）。假设单台压测机可以启动 2000 个并发线程，5 台压测机就可以启动 10 000 个并发线程，能提高并发请求数。管理机的作用是分发测试脚本到压测机上，并收集压测机的测试结果，它本身不发送压测请求。需要注意的是，如果压测脚本使用了 CSV 文件等参数化的方式，就要把这些文件上传到所有压测机上，并放置到统一的目录中。此外还要保证管理机、压测机在同一个子网网段里，并且所有机器上需要安装相同版本的 JMeter 和 Java 运行环境。

5.1.5 性能测试场景

性能测试通常不会覆盖所有业务场景，我们会选取一组具有代表性的场景，通过它来评估整个系统的性能状况，场景的选择将直接影响到性能测试的效果。常见的需要我们重点关注的场景有如下。

1）高频发生的场景。

2）关键的业务场景，例如与交易和支付功能相关的场景。

3）资源高消耗的场景，包括 CPU、内存、磁盘 I/O、网络带宽等资源。要想进一步判断哪些代码会产生资源消耗，需要从开发工程师那儿了解代码的实现方式。

4）出现过问题的场景，要定期回归测试这类场景，把性能测试脚本加入持续集成平台定时执行。

除了这些之外，还要根据故事卡的不同实现方式来确定测试场景，重点关注如下性能问题。

1）慢 SQL：原因比较多，例如用多个条件对一个表做查询，没有将返回数据集少的条件放在前面；SQL 语句中使用字段类型转换、函数操作，没有用到索引；单个事务操作的数据集过大等。

2）跨表查询慢：需要使用索引，一般来说，单表或两张表的关联查询不会慢，但如果涉及更多表，例如 6~7 个，即使使用索引，仍会出现查询慢的情况。

一般在数据量较小的自测中，这两个问题并不容易暴露。只有当数据达到几十万或者几百万条时，性能问题才能暴露出来。因此多表关联查询时，主表和关联表都要构造足够量的性能测试数据。除了大数据量以外，适当增加一些并发线程也有利于发现系统性能瓶颈，常见的并发相关的性能瓶颈如下。

1）数据库锁：尽量减少锁的范围，减少锁定资源的数量和时间长度。如果锁使用不合理，可能出现并发访问时的等待，引起性能问题。

2）数据库连接池：为了提高访问数据库的性能，通常在程序中使用数据库连接池，预先初始化一定数量的数据库连接，并设置允许的最大连接数。当所有连接都处于使用中的状态时，就会出现排队等待释放连接的场景。

数据库锁和连接池引起的性能问题，根本原因都是并发线程抢占资源。测试这些问题需要提高并发线程数量。数据库连接池的性能问题比较好复现，当线程数增大后，常常会有线程处于等待状态，这里需要验证的是被测接口的吞吐量，达不到预期则可判断为性能问题。在检查数据库锁时，有写操作的接口是测试重点，用多线程并发调用接口，持续一段时间，看是否会造成死锁，特别注意那些加锁且操作数据量比较大的 SQL 语句。此外，影响测试场景的选择的因素还有如下几点。

1）线程池。原理、性能问题和数据库连接池类似，测试方法也相似，主要验证线程池能否满足业务需要的吞吐量。

2）缓存。测试与缓存相关的性能场景时，要关注测试数据的多样性，可以使用脚本批量生成测试数据，也可以使用脱敏后的产品数据。验证击中缓存和直接从数据库读取（缓存中找不到数据时会直接到数据库查询）的性能。由于缓存占用内存较大，可能会频繁引发虚拟机的内存垃圾回收，导致系统性能下降。测试时可以在缓存中加载大量数据，并长时间访问缓存，监控内存垃圾回收的频率。

3）第三方服务。第三方服务性能的好与坏通常不受测试人员控制，与第三方服务集成时，测试工作主要集中在自己的代码上。可以 Mock 第三方服务做性能测试，测试之前需要和开发人员讨论，了解业务处理代码中比较耗时的部分，这些场景就是我们的测试重点。若处理第三方数据的代码比较耗时，则需要在 Mock 中构造特定的返回数据做验证。

4）数据传输速度。在内网部署的应用中，较少出现传输相关性能问题，而当跨机房调用时易出现性能瓶颈。笔者验证过跨两个云迁移数据库的性能场景，在两个云上各自业务的处理速度都较快，但云与云之间的公网传输速度慢，导致并发的迁移线程数无法提升。

5）代码的逻辑和算法。对测试工程师来说代码的实现通常是一个黑盒，但其中很多代码问题都可能造成性能缺陷。例如对同一个功能，在实现方式上，开发人员可以选择性能好但线程不安全的类，也可以选择线程安全但性能不好的类；程序中可能有不合适的排序算法，或者其循环内有过多不必要的对象。此外代码中线程同步的范围、集合类对象初始大小等设置也会造成性能隐患。为了发现代码导致的性能问题，在测试过程中测试人员需要同时提高线程数和测试数据量，一些代码会因为测试数据量的增加而变慢，例如排序算法的代码。

上面介绍了日常测试中经常碰到的性能测试场景，除此之外也有些场景并不需要压测，例如把同步改为异步处理、使用比较成熟的开源类库、使用在多个项目中做过性能验证的代码框架。此外还有一些数据量小、并发量小的功能可以不做压测。从逻辑上讲，任何一行代码或者配置的改动，都有可能影响性能，当然对经过代码评审确认修改后不影响性能的代码，可以不做压测。

5.1.6 测试过程

在性能测试中对测试场景的分析是重点和难点，接下来的测试执行相对简单一些，包括搭建测试环境、准备测试数据和执行压测脚本几部分。

（1）搭建测试环境

在微服务系统中，单个服务基本不具备独立完成业务的能力，要压测单个服务，对它的依赖服务也要做相关准备，当依赖服务没有可供压测直接使用的环境时，需要搭建虚拟服务或者直接上测试挡板（支持服务虚拟化的工具会在第 7 章中详细讨论）。

（2）准备测试数据

临时的性能测试数据可以手工生成，也可以用 Python、Java 代码快速生成，还可以用测试辅助软件 DataFactory 等来大批量生成。当需要使用线上数据库镜像的数据作为测试数据时，过滤、脱敏操作必不可少，线上数据的多样性让数据能流转到更多的代码路径中，更可能发现一些易被忽略的缺陷。测试后一定要及时清理数据库，以免数据库中数据量级的变化影响测试结果。

（3）执行压测脚本

执行压测脚本的过程通常是这样的：单线程执行脚本→验证→多线程执行脚本→脚本运行结束→检查服务器后台日志→查看被测系统中数据的变化→观察结果是否符合预期。

下面是性能测试中的一些注意事项。

- 在系统平稳加压过程中，抽查一些系统的核心功能，观察是否正常工作。
- 网络波动等因素会带来误差，一般性能测试追求 99.99% 的成功率即可。

- 测试时间不宜过短，一些性能问题会在一段时间之后才出现。
- 伴随着并发压力的增大，系统会有响应时间忽然缩短的现象，此时大概率是请求发生了错误。
- 随着系统压力增大，系统性能到达一定水平后会开始下降，从而出现一个性能拐点，如图 5-1 所示。这个拐点通常意味着系统的某项资源使用到了极限。逐渐减小压力后，系统性能再次恢复到正常水平。

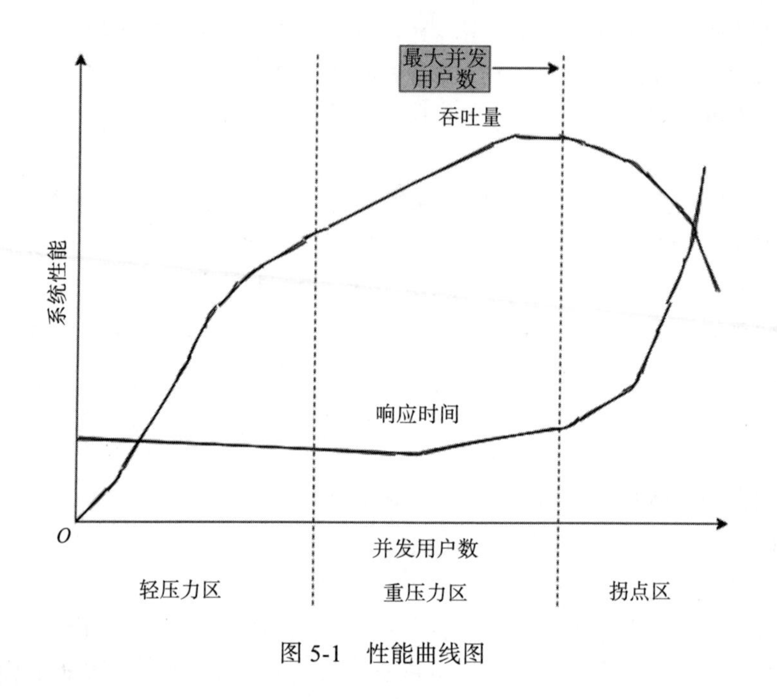

图 5-1 性能曲线图

5.1.7 性能瓶颈分析

分析性能瓶颈需要了解系统部署架构，知道瓶颈可能会发生在哪些节点上，并熟悉查看各个节点指标数据的方法。

1. 系统部署架构

一个典型的系统部署架构，有硬件服务器，包括应用系统所在的服务器、数据库服务器、负载均衡器等，还有 Web 服务器、App 应用服务器、数据库等软件，性能瓶颈会散布在各个节点上。可以通过查看其性能指标来分析这些节点是否出现性能瓶颈。此外，有些项目使用的第三方工作流、ETL 等工具，通常也会提供性能指标。

2. 监控

一个好的监控系统可以快速获得节点的性能信息。当系统被部署在云端（例如 AWS 云）时，云服务商也会提供比较成熟的监控能力，监控对象包括 CPU 平均使用率、可用内存、平均读写磁盘数、网络输入输出字节数、数据库连接数、队列深度等指标。

当我们需要自己构建监控系统时，可以参考本书第6章的内容，其中详细介绍了如何使用 Prometheus、Grafana、Spring Boot Actuator 和 AlertManager 构建微服务监控系统。

最后，如果没有监控系统，也可以手工去各节点收集需要的指标信息，当然效率相对较低。

除了监控系统提供的信息外，服务器端的日志文件也是分析性能瓶颈的重要依据，我们可以使用特殊关键字如 OutOfMemory、SQLException、Error 等进行搜索。

3. 分析过程

首先要排除压测工具自己导致的瓶颈。例如用 JMeter 做压测，要确定单台机器允许启动的最大线程数。一般会使用两台配置相当的机器，一台部署 JMeter，另一台部署 Mock 服务器（服务器返回简单的字符串即可），通过不断调整 JMeter 的并发线程，找到允许的最大并发数。

如何帮助 JMeter 提高并发线程数呢？

- 修改 JMeter 启动文件，增加虚拟机允许的内存使用量。
- 用命令行模式启动压测，而不是使用其界面模式。JMeter 的界面模式只用于脚本的调试。
- 正式压测时移除 JMeter 的监听器以提高性能。

如果需要更大的压测请求量，可以用多机并发压测（主从机模式），或者使用云压测平台。

压测过程中，会碰到系统响应时间长、压测请求数上不去等情况，可以查看各个节点的性能指标去发现其性能瓶颈，主要关注如下指标。

（1）CPU

通常服务器的 CPU 占用率在 75% 以内是正常的，如果长期在 90% 以上，就需要将其看作性能瓶颈进行排查。CPU 占用率高，原因通常如下。

- 代码问题。例如递归调用（当退出机制设计不合理时）、死循环、并发运行了大量线程。
- 物理内存不足。操作系统会使用虚拟内存，造成过多的页交换而引发 CPU 使用率高。
- 大量磁盘 I/O 操作。它会让系统频繁中断和切换，引发 CPU 占用率高。
- 执行计算密集型任务。
- 硬件损坏或出现病毒。

如果发现服务器 CPU 占用率很高，先检查请求线程数、内存、I/O 使用情况以及 JVM 内存垃圾回收频率等。多核 CPU 的服务器，有时会出现总体 CPU 占用率不高，但某个核的占用率达到 100% 的情况（同一个线程会一直占用一个核），就会导致系统响应缓慢。

在 Linux 系统中，可以使用 top 命令查看进程的 CPU 负载，用 vmstat 命令查看系统的 CPU 负载。

vmstat -n 1 表示每秒刷新一次 CPU 负载信息，其返回数据的常见含义如下。

- r：运行中的队列数，如果该数值长期大于 CPU 数，则出现 CPU 硬件的瓶颈。
- us：用户进程执行时间百分比，简单来说，该数值高通常是由写的程序引起的。
- sy：内核系统进程执行时间百分比。
- wa：磁盘 I/O 等待时间百分比，数值较高时表明 I/O 等待较为严重。
- id：空闲时间百分比。

在压测过程中，吞吐量较低、服务器 CPU 占用不高，可能是业务处理的线程出现了等待状态（例如锁等待）导致的，或者本应并发处理的任务被同步处理，减缓了处理速度。

吞吐量较低、服务器 CPU 占用率很高，则可能是因为服务端在执行 CPU 高消耗的业务，例如复杂算法、压缩 / 解压缩、序列化 / 反序列化等。

吞吐量高、服务器 CPU 占用率也高，则表明服务端处理能力强。如果需要降低 CPU 占用率，可以对过多的请求做限流处理。

（2）内存

随着压测请求增加，通常内存使用量也会增加，我们需要注意当压测请求量消失一段时间后，内存有没有恢复到压测前的水平，如果没有恢复，则系统可能存在内存泄漏。

Java 虚拟机中，如果代码创建了大量生命周期长的临时对象，会使内存使用率一直居高不下，高内存使用率会频繁触发垃圾回收机制，垃圾回收执行时会降低系统的响应能力。

（3）磁盘 I/O

当磁盘成为性能瓶颈时，一般会出现磁盘 I/O 繁忙，导致执行程序在 I/O 处等待。

在 Linux 中，使用 top 命令查看 wa 数据，判断 CPU 是否长时间等待 I/O。

用 iostat -x 命令查看磁盘工作时间，返回数据中的 %util 是磁盘读写操作的百分比时间，如果超过 70% 就说明磁盘比较繁忙了，返回的 await 数据是平均每次磁盘读写的等待时间。

用 iostat -d 可以查看磁盘的吞吐量信息，返回数据中的 tps 是每秒的读写次数，其他数据是磁盘的读写数据量统计。

（4）网络带宽

一般在局域网做压测，网络带宽很少出现瓶颈。当传输大数据量，带宽同时被其他应用占用以及有网络限速等情况时，则带宽可能成为性能瓶颈。理论上，1000Mbit/s 网卡的传输速度是 125MB/s，100Mbit/s 网卡是 12.5MB/s，实际的传输速度会受如交换机、网卡等配套设备影响。

在 Linux 服务器上查看网络流量的工具很多，有 vnStat、NetHogs、iftop 等。

（5）数据库服务器

以 MySQL 数据库为例。

- 检查服务器的硬件资源 CPU、内存、磁盘等是否出现了瓶颈。
- 开启慢查询日志，使用 set global slow_query_log = 1 记录下超过指定时间的 SQL 语句，定位分析性能瓶颈。
- 使用 set global innodb_print_all_deadlocks = 1 记录死锁日志。
- 使用 show variables like '%max_connection%'；查看数据库设置的最大连接数，使用 show status like 'Threads%'; 查看数据库的当前连接数。

（6）Web 应用服务器

在 Tomcat 的管理界面，导航到 /manager/status 页面，查看 JVM 的内存使用、请求线程数据以及 Tomcat 的服务器信息。

在 /manager/html 界面，通过 Find leaks 按钮对应用程序中的内存泄漏进行诊断。

（7）App 应用服务器

以 WebLogic 为例，登录管理控制台界面能够看到的指标包括：

- JVM 的内存利用率统计信息，包括当前堆大小、当前空闲堆等；
- JMS 消息队列的连接统计数据，包括当前连接数、最大连接数等；
- JDBC 连接池的相关统计数据；
- 当前应用服务器的线程活动信息，包括执行线程数、空闲线程数、吞吐量、完成的请求数等。

总结本节接口性能测试相关内容。给微服务做性能测试时，从被测对象的角度来说，它可以是单个服务，也可以是整个系统（例如对整个系统的全链路压测）；从项目角度来说，测试人员通常负责的是微服务系统中的某几个服务。对整个系统的全链路压测，一般会选择专门的性能测试团队来操作。而测试人员在微服务项目中，更多是基于领域来进行测试工作的。比如，一个测试团队负责整个系统中的用户信息子系统或者产品信息子系统，我们姑且把这些子系统看作一个领域，那么团队中的测试人员需要负责的是有一定边界的微服务集合。对这些领域的服务进行性能测试，既需要类似测试单个服务那样的挡板或虚拟服务技术，也需要链路压测中的环境和数据的相关支持。

5.2 全链路压测

对单个服务及其所在调用链进行性能测试后，能否确保微服务系统上线后不会出现性能问题？答案当然是否定的。多个服务之间可能会共享消息队列、Redis 缓存、硬件设备等资源，资源共享也是导致出现性能瓶颈的因素之一。在测试环境中，如果测试请求数量级不够高，通常是很难发现由共享资源引起的性能问题的，这时，需要通过在产品环境中做全链路压测，来寻找系统的性能短板并对其进行优化。

5.2.1 实施思路

2020年天猫“双十一”订单创建的峰值达58.3万笔/s，这个数字是天猫2009年首次“双十一”的1457倍。这12年来，每一年淘宝平台的流量都发生着巨大的变化。在2012年，受巨大流量冲击，淘宝的产品环境出现了很多问题，于是2013年阿里在内部推进了全链路压测，直至今日，每年“双十一”在单个项目上通过全链路压测识别出来的各种性能瓶颈问题足有几百个。也因此，全链路压测被称为“双十一”的“核武器”，目前被使用微服务架构的各大互联网公司参照实施。

对于微服务系统来说，其中服务众多，服务间不仅调用关系复杂，还会共享软硬件资源。而全链路压测的目的很明确，是快速评估整体系统性能的承载能力，并通过在产品环境下进行端到端的压测，找出整个系统中的性能短板再对其进行改进。全链路压测涉及业务链路梳理、系统改造等工作，一般会成立专门的团队来做。全链路压测强调的是对整个链路的打通，听起来似乎其被测系统的规模很大，然而在实际操作中，全链路压测并不只在大规模集群服务器上做，对体量较小、微服务数量并不多的系统也可以实施。

常见的全链路压测需要在产品环境中实施，在产品环境上进行性能测试存在一定风险，会影响真实用户的使用。也有人提问：在测试环境下做全链路压测不就行了吗？我们一起来分析一下，是否能在测试环境下做全链路压测。要保证测试效果，首先需要搭建一套和生产环境设备数量、型号完全相同的测试环境。购买数量众多的服务器和其他设备，获得各种软件的使用授权，投入人力物力对这套巨大的环境进行日常维护，成本太高了。

要不然在测试环境搭建一套等比缩小的“类产品环境”，这样就可以减少开支了。这样操作可行吗？再来分析，假设产品环境有10 000台机器，100个数据库，测试环境等比缩小成100个服务器和1个数据库。然而问题是，产品环境上的各种设备配比是相当复杂的，难以做到精确的等比缩小，这种情况下的压测结果其实也并不可靠。与此同时，该测试环境还面临着维护的问题，一旦忘记对某个微服务升级，就会导致测试环境和产品环境不一致，直接影响性能压测的准确性。

如此看来，做全链路压测，测试环境真不行。

只能回归到产品环境上了。在产品环境下做全链路压测，除了可以避免压测结果不可靠、花费巨大等问题之外，会碰到什么新的问题呢？在产品环境下做全链路压测常见的问题如下。

1）影响用户对产品的使用，测试过程可能影响产品环境，或者让系统变得很慢，导致用户无法正常使用，最终给企业带来损失。

2）测试数据污染了真实数据，如测试过程中使用的测试数据被真实用户看到。

这里给大家一些常见思路，有效解决产品环境中全链路压测碰到的问题。

1）测试数据和真实数据的分流。在系统的各个环节中，分别对性能测试数据和真实数据进行分流，写入不同数据表和日志中。这时对系统中的相关环节要进行改造。

2）时间段的选择。测试过程自然是选择用户使用少的时间段，凌晨是个不错的选择，此时做性能测试对用户影响相对比较小。

3）隔离区的划分。在生产环境中划分出隔离区，对隔离区的机器用线上引流的方式进行压测。

开始全链路压测前，需要预判一下产品环境下需要部署的各种设备和软件的数量（基于在测试环境中的性能测试结果进行预判），接着在产品环境下验证整个微服务系统的性能是否能够达到预期水准。这个过程简化一下是这样的。

假设微服务调用链上有3个服务A、B、C，A服务是入口，三者调用关系为A→B→C。A服务被调用1次，需要给B服务发送2次请求，而B服务中的每个请求要调用3次C服务，得到的A、B、C服务分别接收请求的比例为1∶2∶6。也就是说A服务收到100次请求，会给B服务发送200次请求，而C服务会接收到600次请求。

按照上述比例，假设从测试环境的性能测试结果中，我们已经得到基于单台服务器每秒钟的最大处理数值：A服务器为100次，B服务器为20次，C服务器为50次。要满足对A服务器每秒100次的请求，要部署1台A服务器，10台B服务器，12台C服务器。

利用这个计算结果，我们就可以对产品环境需要部署的机器数量做出初步规划。

假设产品环境中A服务需要每秒响应5000次请求，则要部署50台A服务器，500台B服务器和600台C服务器。

接下来在产品环境下使用全链路压测去验证这些机器数量是否能按照预期来处理业务。如果发现处理性能不符合预期，则要对成为性能瓶颈的机器或者软件进行调整，调整完毕后再次做全链路压测，直到通过。这时我们才能对系统可支持的访问量胸有成竹。

5.2.2 实施过程

在正式开始全链路压测前，还要梳理核心链路、准备测试数据、改造系统并进行流量染色。对一些老旧系统实施改造并不容易，往往涉及各种复杂的业务集成，改造成本比较高。

1. 核心链路的梳理

第一步是梳理系统中的业务场景，并找到支撑和实现业务场景的信息流的链路，这些信息有助于我们知道要测的是什么。一般来说，业务系统的场景有很多，用户当然不会对每个场景都平均地进行访问，所以，做全链路压测时，用户集中使用的场景对应的服务之间进行调用的链路通常是我们要梳理的核心链路。这个梳理过程并不难，从调用入口着手找到它需要调用的其他服务接口，只要明确了这些调用关系，就能得到技术上的核心链路。通常还需要和业务分析师一起对核心链路进行二次确认，以避免测试过程中出现偏差。这一步梳理过程很重要。

第二步是记录。将确定好的核心链路中的服务调用关系记录下来，同时记录下分支业务等信息，标注出需要参与性能测试的场景，而不需要参与测试的场景也需要做出标注，方便后续工作的跟进。随着业务系统不断演进改变，核心链路相关的文档也需要及时更新。

第三步是隔离。对核心链路中不能参与性能测试的部分要进行隔离，例如第三方的支付接口、短信网关接口、物流运输系统等，这些系统的性能需要第三方自己去保证。在进行隔离时，可以考虑把第三方系统替换成按照接口契约 Mock 出的系统。为更真实地反映使用场景，Mock 出的系统要按照真实的耗时进行模拟。此外 Mock 系统也可能成为性能测试过程中的性能瓶颈，配置能够满足后续需求的 Mock 服务器在这里是十分必要的。

2. 准备测试数据

在产品环境下的全链路压测通常使用的是线上的真实数据，线上数据的多样性可以让测试涵盖系统中更多的被测场景和代码路径。当然，在使用真实数据时需要对它们做脱敏处理。线上数据的获取方式主要如下。

1）抽取系统日志，还原用户的访问请求并在系统中进行回放。高峰时段日志更具有测试代表性。

2）用 SQL 脚本从产品环境下的数据库抽取数据并进行改造，改造后的数据可以作为压测数据。线上数据包含各种用户敏感信息，如身份证号、手机号、家庭住址等，测试前要对这些数据进行脱敏处理（对数据进行批量替换、增加随机数等）。除此之外，线上数据还包含临时 Token 等信息，需要将其替换成长时间有效的 Token，才能被系统反复使用和执行。

全链路压测中，性能铺底数据的量级应该和产品环境下的数据量级保持一致，还要结合线上业务增长率，提前准备半年或者一年的数据量。如果是新业务上线，可能暂时没有线上数据作为参考，那么就需要人工预测铺底数据的量级了。性能测试数据需要定期清理，一般我们采用编写脚本的方式进行自动化清理。长时间不清理的话，测试结果是会受影响的。

3. 改造系统并进行流量染色

在测试环境中做性能测试时，自然不需要担心测试过程对产品环境的用户造成影响，也不需要考虑测试数据的隔离。而在产品环境中，必须对测试数据进行隔离，否则会污染线上数据，这一点我们反复提过很多次了。如何实现测试数据不影响产品环境的数据呢？需要通过对性能测试请求增加染色标识来区分测试请求和真实请求。

对于微服务系统常用的 HTTP 调用接口来说，在 HTTP 请求的 Header 中添加特殊标记，以提示 HTTP 服务器这是测试请求，这种方式是个不错的选择，不影响请求数据，侵入性也是极小的。当使用其他协议发送请求给微服务系统时，也可以使用这一思路。

HTTP 服务器端在接收到包含染色标识的请求后，会立刻把请求转发给业务处理模块，这些模块涉及缓存层、线程池、数据库、日志等环节，我们要对这些模块做相应改动，来保证带有测试标记的请求和产品环境数据分离开。在处理过程中要防止测试标记丢失，因为标记一旦丢失，后续处理模块就无法区分数据的实际身份到底是测试数据还是真实用户数据，这将直接影响到产品环境下的用户使用体验。

全链路压测改造的系统涉及HTTP服务器、应用程序的代码、消息队列、缓存层、数据库等环节，最终把测试数据写入影子表、影子日志目录。在改造过程中，首先要识别出读接口和写接口。读接口不涉及测试数据的隔离操作，隔离主要是针对写接口的。改造的内容主要包括以下几方面。

1）线程池。以Java语言为例，当测试请求进入线程池后，要把测试标记写入线程的ThreadLocal变量中，方便测试标识跟随线程传递到下个处理环节。

2）缓存层。缓存层存储了大量用户经常访问的数据，可以加快用户访问速度。测试过程中产生的数据可能会把用户正在使用的缓存数据冲掉，因此我们有必要隔离出缓存服务器并把测试数据写进去，从物理上将测试数据和真实业务数据分离开。

3）影子库和影子表。对数据库的改造有两种方案——影子表和影子库，具体选择使用哪一种则应根据实际情况来。

影子表创建在产品数据库中，复制产品数据库对应表的结构，同时保证同样数量级的初始数据。一般我们在影子表名称后加特殊后缀以进行区分。创建影子表不但成本较低，也不用单独购买数据库的使用授权。然而由于影子表和业务表共享内存等资源，这又会导致测试过程中可能对产品环境产生一定影响。

影子库，是我们创建的一个独立的、和产品环境相同的数据库。因为它是独立的，所以在测试过程中对产品环境数据库的影响很小。也正因为独立，它需要购买数据库使用权，并且搭建对应的硬件基础设施，导致投入成本较高。

4）消息队列。当测试数据进入消息队列时，会出现两种可能：一是根据业务情况做丢弃处理；二是带着测试标记传递到其他模块进行处理。

5）日志模块。当测试日志和真实用户日志混在一起时，分析和排查起来相当麻烦，我们通过建立影子日志目录对日志模块进行改造，方便区分测试日志数据和真实日志数据。

6）搜索引擎等模块。搜索引擎或者BI（Business Intelligence，商业智能）分析系统，会读取产品数据库，扫描和抽取数据。在这个过程中，要防止影子表、影子库的数据被扫描到。

系统改造过程中，任何一个环节的遗漏都有可能造成测试标记丢失，为了避免测试过程中出现标识遗漏现象，对测试数据的隔离效果也要进行验证。正式开始全链路测试前，先在测试环境进行全面的演练测试，确保性能测试过程符合设计预期。验证的过程分为4步。

1）在测试环境验证单次请求：把改造完的系统部署在测试环境，发送单次请求验证测试标记的流转是否符合预期，以及写入数据是否进入了影子表、影子日志目录。

2）在测试环境验证多线程请求：从产品环境抽取数据并做脱敏处理，把这些数据用在测试环境中，使用多线程并发测试。线上数据的多样性可以让测试覆盖更多的代码路径。

3）在产品环境验证单次请求：由于线上环境和测试环境存在配置等差异，因此在产品环境测试时，也需要先发送单次请求进行验证，确保线上各个环节对测试数据做到准确隔离。

4）在产品环境验证多线程请求：使用线上脱敏后的数据在产品环境做性能测试。测试前要对所有数据进行备份，确保测试出现问题时能够及时恢复数据。

4. 测试过程和测试监控

在产品环境下做全链路压测时，尽管我们选择的是业务低峰时段，但在整个压测过程中仍需随时关注系统的各项指标，避免影响线上用户的正常使用。执行时我们通常选择平滑加压的测试方式，而不是一开始就把测试请求全部发送出去，这是为了避免系统被压垮。在接下来的测试过程中，一旦系统出现异常行为，如响应过慢或者错误率超过预期标准，就要及时停止增加访问流量，并对异常问题进行排除。

有些公司会使用压测平台统一管理性能测试脚本，远程控制施压机的启动、停止。压测平台的工作包括如下几项。

1）管理性能测试脚本。性能测试脚本统一上传到平台进行管理，平台负责分发脚本到各个施压机器上，使用容器化技术对施压机器进行管理，按需启动施压机器，并在性能测试完毕后对其进行释放。

2）实时创建和摘除压测节点。当具备实时创建和摘除压测节点的能力时，平台能够精确控制性能测试流量，防止因性能测试流量过大而出现线上问题。如果不想因网络异常（一段时间内无法联通施压机）导致停止指令无法下发，施压机需要有自动停止性能测试的能力，要对自身进行监控。平台可以根据对请求响应时间变化、错误率等指标设置的规则，自动对流量做出相应的调整，这个功能也比较重要。

3）权限控制。确保有权限的人才能启动、停止测试过程。此外，平台还能禁止在高峰期启动性能测试。

4）生成基线报告。性能测试平台以某一次测试结果作为性能基线，将后续测试结果与此基线进行对比，便可以较直观地反映出每个版本发布后的系统性能变化。

在全链路压测过程中，需要实时收集系统服务器、数据库、接口业务处理情况等各种信息，来作为检测系统是否正常的依据。监控的内容除了常见的服务器资源使用情况，还包括系统中各微服务接口响应结果的正确率、响应时间、每秒请求数量等信息。从业务处理的维度对系统进行监控，也可以反映系统的处理能力，包括每秒创建订单数、每秒交易次数、下单失败率等监控指标，监控的内容还会包括系统日志中的异常信息以及消息队列等中间件的实时处理速度等。

5. 异常处理方案的验证

全链路压测可以检验系统的限流、降级措施是否正常。

微服务系统通常会对超过预期的流量做特殊的处理，比如限制流量或是按顺序分别处理，来确保绝大多数用户的正常使用。还有一种方式是降级，降级是指当遭遇流量高峰时，系统根据设定自动停止一些不重要的服务，保证核心业务的正常运转。待系统流量恢复正常后，对其他业务进行重新启动。

验证过程使用超过系统规划容量的请求量进行测试。例如系统预期容量为每秒1000次，我们使用每秒1500次进行测试。正常结果是每秒钟处理1000个请求，对超限的500个请求则根据设置的规则，对其中部分请求做排队处理，或者对用户返回“系统繁忙，暂时无法处理请求”的信息。当处理完排队中的请求后，测试请求数恢复为系统能够处理的峰值每秒1000次，此时系统应该让所有请求都可以被正常处理。

全链路压测顺利完成后，还需要在测试环境做性能测试吗？

测试环境下的性能测试其实在测试整体工作中占有很大比例，这是因为在测试环境中，我们对机器的使用、部署等有充足权限，方便去定位一些性能缺陷。越早发现缺陷，修复该缺陷的成本越低。因此测试环境下的性能测试是必不可少的。测试环境下的性能测试可以无风险地发现程序级问题，而产品环境下的性能测试是低风险精确评估生产系统容量，两者互为补充。不做测试环境下的性能测试，可能会导致系统在产品环境中频繁出现性能故障。

5.3 做好性能测试能否成为资深测试专家

首先，我们可以认为资深测试专家有这样的特点：具有一定的测试工作经验；善于发现问题，能准确地对问题进行分析判断并定位其原因所在；具备创新能力；具备优秀的沟通能力。

优秀的测试人员通常能够准确地判断缺陷的位置，可以针对不同的故事卡设计出有效而且比较全面的测试用例场景，其实这点是最难做到的。日常工作中，这些能力是如何培养的呢？当我们要买房子时，如何判断这个房子质量的好坏呢？一般在验房前，我们会做很多准备工作，从看得见的软装硬装、上下水是否正常，到看不见的防水涂层、墙体内部质量、水电走线以及防盗门等众多细节，要对每个因素都要做深入了解，因为这些因素将对房子质量产生相应的影响。

同理，对于一个软件系统来说，其影响因素更多，在测试工作中，很多软件系统的细节都是需要关注的。举几个例子。

1）API的校验方式。关注程序使用的不同实现方式对测试工作产生的影响，比如校验用正则表达式，或者用字符串匹配，又或者用开源框架自带的验证机制等。

2）Java语言中，程序员使用string做字符串累加可能会带来性能问题，这就提醒我们需要对有大量字符串处理的故事卡进行测试性能；如果没有做好对多线程并发问题的处理，即使系统单线程时工作正常，在多线程时还是可能出现数据写入错误等问题；如果代码使用SQL拼接的方式，可能会出现SQL安全注入的问题等。

3）假设要做数据库的迁移，如何保证迁移前后的数据库从数据到行为都是一致的呢？影响数据库的关键因素包括主外键、视图、索引、触发器、存储数据的字段长度和类型（不同类型数据库的字段类型常会有差别，需要确认其行为是一致的），以及数据库服务器的认证授权方式等，都是需要我们去关注的。

具备了这些技术细节知识，才能分辨出影响系统工作的因素，才能更好地对软件进行测试。常有一些新入测试行业的工程师，在掌握了日常的敏捷流程中的各个环节后，仍会出现测不出 Bug 的情况，这主要由于其对技术细节欠缺积累，对影响一张故事卡质量的技术因素不清楚，难以设计出正确的测试场景。

日常工作中，学习每一张故事卡的相关技术，是一个提高技术积累的很好的方式，也可以通过如下方式系统性地去学习重要技术。

1）阅读数据库相关的书籍。

2）搭建一套前后端调用的代码，在其中埋藏一些缺陷，例如校验类问题、性能问题、浏览器兼容问题等，然后通过测试去发现这些问题。

3）在代码中埋藏一些并发的缺陷，然后用性能测试工具发现它们。

4）找一个存在安全漏洞的项目，尝试发现其安全问题。

5）搭建 API 自动化测试框架、UI 自动化测试框架都能比较好地提高对技术细节的掌握度。

对于测试工程师的技术积累，多使用代码的确是一种很好的方式。行业中的测试开发工程师，同时接触代码开发和测试工作，能够迅速提高技术积累。

最后回到最初的问题，做好性能测试能否成为资深测试专家？资深专家能够发现并定位产品缺陷，源自对技术细节了解得透彻。相对于其他测试，性能测试需要测试工程师了解大量的技术细节，因此做好性能测试是通往资深测试专家的道路之一。

5.4 本章小结

接口的性能测试，在单体应用系统和微服务系统中差别不是特别明显。在微服务系统中，测试工程师的主要工作包括性能场景规划和设计，性能脚本开发，执行压测和分析结果。在微服务测试中，首先我们要划定测试的边界，按照服务间的数据契约构造压测数据，并使用测试挡板或者虚拟服务技术辅助测试过程。做微服务系统的全链路压测，重点是对系统的改造和测试流量的隔离，这主要是为了防止测试数据污染产品环境，需要团队配合来实施。

第6章 Chapter 6 微服务监控

本章作者：齐磊

软件服务的架构设计方法从传统的MVC到SOA，再到微服务，其基础设施以及软件架构随之巨变。从小的创业公司到世界500强公司，其组织建立和系统运营的方式已经发生了巨大的变化，单体应用架构已经无法满足业界对服务的高可用、可扩展特性的需求。对于大多数的互联网应用来说，将传统的单体应用进行微服务化改造并上云（私有云或公有云），无论是对后期的维护，还是对服务的扩展，都是在当前阶段比较不错的选择。随着微服务在各种开发项目中日益普及，观测整个系统的运行情况成为测试过程最大的痛点。微服务架构给测试人员带来了新的挑战，例如过去对单体服务做性能测试，我们只需监控单体服务即可了解服务的大体性能状况，而现在我们需要监控多个服务才能了解微服务系统的实时运行状态，所以这一章我们就来聊聊微服务监控。

6.1 了解微服务监控

在过去，大部分公司仍采用CS架构模型来设计系统架构，而应用本身基本在服务器端作为独立的单元存在，并且大多用于处理HTTP请求、执行业务逻辑以及检索或更新基础数据库中的数据等。这意味着当我们对代码进行修改时，即使是很小的改动，也可能致使服务面临巨大的风险，需要利用大量的资源来保证修改的正确性。比如构建和部署一个新版本就需要考虑服务的可用性，以及业务与客户是否会受到影响。但CS架构模型有利于服务监控实现，我们只需监控部署的服务器即可了解服务的整体运转状况。而容器、Kubernetes、微服务、服务网格、不可变基础设施和Serverless这些新的技术与架构的出现，从根本上改变了软件的运作方式。随着越来越多的公司在开发流程中实践这些新技术，其构建系统业务时也相应地采取微服务的方式去提高敏捷性和保持可伸缩性，而在与容器化技术结合之后，整个构建流程周期也变得更加短暂。但我们在获得更加高效开发方式的同时，也面临着服务复杂度成倍递增的问题，这是因为我们无法及时了解服务的构建与运行状态，所以为了实现这一点，监控成为管理 IT 系统的关键部分，而监控微服务则更具有挑战性。

6.1.1 为什么要监控你的微服务

最近的一项研究表明，69% 的企业在新应用程序的开发或现有应用程序的重构中都采用了微服务架构，这意味着未来每个新开发的项目都可能存在对微服务的依赖。而微服务作为构建应用程序并最终交付终端用户体验的新方式，它的可用性、性能和功能则会成为每个开发团队重点关注的方面。投资人希望确保每个终端用户都拥有良好的体验，而运营团队希望确保由这些微服务驱动的应用程序是可用并且运行良好的，开发团队则希望应用程序的系统和微服务能够按设计的方式正确运行。

1. 系统架构及开发视角的转变

在传统的单体应用中，开发团队会从整体架构的不同层级对应用进行监控或者记录日志。其常用的方式是将监控分成基础设施、系统、应用、业务和用户端这几层，并对每一层分别进行监控。

而在微服务系统中，随着阿里云、Azure、AWS 等 IaaS 的广泛应用，开发团队的视角相应地也发生了巨大的转变，开发团队无须再花费精力去关注底层基础设施的性能与维护工作，从而将重点关注对象从单体应用的分层、硬件转变为服务。在当今大多数微服务中，传统的分层方式已经不太适用于新的技术与业务架构。当今的应用服务多数都是部署在 Kubernetes 的 Pod 中或者类似 AWS 的 Serverless 平台之中，我们只需要考虑如何对 Kubernetes 中容器进行监控。同样，企业的业务流程可能是通过一系列的服务实现的，如何监控与追踪整条业务流的处理同样至关重要。

2. 服务在运行时都可能出错

服务出现故障码是系统监控中最明显的信号，但故障并非服务不工作唯一的原因。而系统性能也不是简单使用数字就能完全表述的，它们都会受许多外界因素影响，并且系统的状态也不只是启动或关闭两种。无论是单体系统还是微服务系统，都可能在性能降级的状态下运行。这些降级的状态往往预示着一系列的系统问题即将发生。而通过监控系统的各种异常状态变化可以在全面故障发生之前向团队发出降级状态的预警。

所以如果不了解微服务架构的健康状况，整个服务就会长期存在盲点。而最简单的方式是通过监控服务之间通信或 API 相互调用的状态，来确保服务能够按照预期的设计进行正确的通信。

3. 微服务间协同工作的重要性

微服务与人体构造非常相似，如果器官病变或损坏，人就会得病，同样如果组件存在问题或失效，应用程序也会发生错误。了解每个组件的执行状态对衡量整个应用程序的实际运行状态至关重要。如果把每一项服务比作人体的一个器官，则器官之间的交流也相应存在一个信号交互过程，这个过程能够让器官之间协同工作，从而使我们的身体正常运转。器官是通过内分泌系统进行交流，并通过荷尔蒙传递信息到目标器官以获得广泛而持久的反应。在微服务中，API 通常充当内分泌系统中的激素——在系统之间传递信息，以便各项服务能够顺畅地协调工作。当信息传递失败时微服务也会发生问题，例如某些服务需要依赖 RESTful API 调用来完成整个系统间的通信，如果请求失效，就会造成某些功能长期不可用。

6.1.2　微服务监控与传统监控的区别

将大型软件项目分解为更小、独立和松耦合的模块不仅会对部署产生巨大的影响，还会让系统监控方式也发生相应的改变。本章将从监控的角度来看单体应用和微服务应用之间的区别。

1. 应用程序组件之间交互的差异性

从单体架构与微服务架构区别的角度来看，单体应用程序通常结合 IPM 和 APM 软件。APM 工具能够对与代码相关的问题进行深入的故障排除，例如帮助系统监控和定位 JVM 是否存在内存泄漏等问题。而在微服务应用程序中，监控工具通常需要支持更广泛的技术栈，并且因为不同的服务使用了不同的编程语言和框架，最终需要根据系统具体的结构图（见图 6-1）了解服务的实际情况后，选择适配该服务的监控框架或工具。

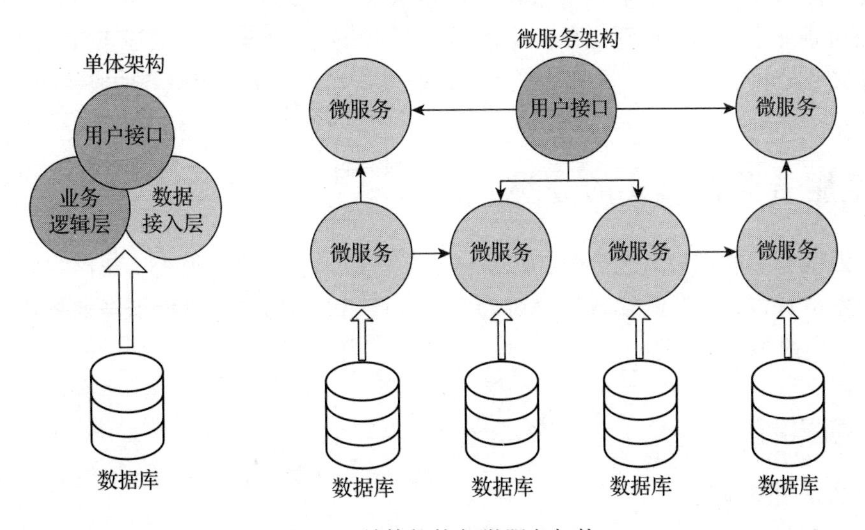

图 6-1　单体架构与微服务架构

2. 基础架构模型之间的差异

单体应用程序通常部署在应用服务器上，例如部署在Tomcat应用服务器上的Java应用程序。而微服务则是由不同的技术组成，每个服务运行在自己的特定实例上，底层通常使用容器化技术，如Docker。

同样，这对监控实现方式也会有影响。在单体应用程序中，通常只需要监控数量有限的服务器或VM（虚拟机）。而在微服务应用程序中，容器的数量要大一个数量级，并且使用Kubernetes、Docker Swarm或Mesos等编排平台，以更加动态的方式添加和删除容器。因此，选择的监控工具应适用于这样的大型动态集群环境，并能够与这些编排平台集成，可选的监控工具有Prometheus、ELK、Fluentd/Fluent Bit等。

3. 微服务和单体服务监控方式的差异

容器在构造上是非常轻量级的，其设计初衷就是为每个容器运行单个进程。尽管在单体应用程序中通常会为每个服务器或VM运行一个监控代理，但不建议在容器级别上使用这种方法，因为这样会污染容器及与监控代理一起运行的服务。

要从容器内运行的应用程序组件收集更详细的指标信息，需要使用不同的方法。一种替代方法是利用从容器外部访问的应用程序日志文件。对具有默认日志记录功能的应用程序组件来说，这是最直接有效的方法。另一种方法是使用StatsD之类的技术从内部检测应用程序。

StatsD是一个简单的网络守护进程，基于Node.js平台工作，通过UDP或者TCP方式侦听各种统计信息，包括计数器和定时器，并发送聚合信息到后端服务，如Graphite。

这是一种从应用程序中提取定制指标的有用方法。最后，可以从一些应用程序组件的Public API中获取相关指标。

将单体应用程序拆分为微服务也意味着需要相应拆分应用监控。单体应用程序通常会使用代码级监控和可视化的传统APM工具（如Zabbix、Nagios等），这对我们理解应用程序内部的性能瓶颈非常有用。而对微服务应用程序来说，我们则需要将关注点放在单个微服务的性能及服务之间的交互上，并使用低开销的插桩技术来收集特定服务的监控指标信息。

6.2 微服务监控模式的分类

基于微服务的监控模式主要分为以下4类：健康检查、日志监控、链路追踪、监控指标。我们也将对这4类监控模式逐一讨论，让读者能够全方位了解微服务监控模式，并选取正确模式应用于系统之中。

6.2.1 健康检查

1. 什么是健康检查

健康检查（health check），是服务反馈其是否正常运行的一种方式。Web服务通常通过/

health 等 HTTP 端点来展示服务当前的状态信息。例如，Spring Boot Actuator 就可以帮助我们监控和管理 Spring Boot 应用，像健康检查、审计、统计和 HTTP 请求追踪等。开启 Actuator 服务并访问 http://localhost:8080/actuator，在如图 6-2 所示页面就能拿到我们想要的监控数据。

localhost:8080/actuator/

```
{
  "_links": {
    "self": {
      "href": "http://localhost:8080/actuator",
      "templated": false
    },
    "health": {
      "href": "http://localhost:8080/actuator/health",
      "templated": false
    },
    "info": {
      "href": "http://localhost:8080/actuator/info",
      "templated": false
    }
  }
}
```

图 6-2 Actuator health check

之后配合使用编排组件（如负载均衡器或服务发现系统）轮询该端点，监控整个服务集群的健康状况，并在出现以下问题后能够及时做出关键的决策，例如：

1）部署的新版本服务是否准备好接收来自客户端的请求？

2）新部署的服务无响应时，我们是否应该回撤代码并部署旧版本？

3）某服务的 CPU 使用率长时间处于过高区间时，我们能否重新开启一个新实例来降低运维风险？

2. 创建有意义的健康检查

对企业而言，服务健康检查的重要性不言而喻，大部分企业虽然设置了相关健康检查却没有起到应有的作用，根本原因是没有从以下几点全方面地从企业角度考虑设置健康检查点的正确性。

（1）考虑业务用例

在不同的语境中，健康检查有不同的含义。对于公开 HTTP API 的 Web 服务，我们只需要监控内部服务器发生错误的比例就能够满足日常需求。而对于其他服务，例如需要定期运行的任务或需要使用事件订阅服务的应用类型，健康状态可能意味着完全不同的情况，如果定期运行的任务存在问题，则意味着这个任务完全不可用，也不会被触发；而事件订阅服务，如果消息队列存在阻塞，那么订阅者则不能及时收到消息通知。所以我们要从业务本身出发来设计你的健康检查。

（2）检查下游依赖项

健康检查不只依赖于服务本身，还关联到下游服务，如数据库、第三方 API 等。例如健康检查发现 Web 服务不可用，但因为并非服务本身出现问题，所以无法给出具体的原因。我们需要考虑从更多场景来获取信息，而不仅仅只关注服务本身。例如，可能不是服务的问题，而是数据库方面的问题：

1）数据库的 JDBC 连接池能够获取连接吗？

2）后台服务是否可以从数据库查询到需要的数据？

3）数据库查询请求是否在可接受的时间内完成？

（3）返回有意义的数据

健康检查主要是用于监控服务的各类应用场景（可视化、决策、负载均衡、警报等）。监控检查所展现的内容应该是以软件工程标准化格式返回监控数据（如 XML、JSON 等），它和公司的所有服务返回请求数据类型应保持一致，监控数据要能够明确地说明检查的内容，如哪些检查失败以及失败的原因等。随着应用服务部署与路由策略在微服务中变得愈加复杂，这些信息将变得非常宝贵，能够在系统发生问题时及时地提供给我们详细的、有价值的信息，便于我们追踪问题的根因。

（4）合理区分状态类型与设置应对措施

人们的健康状态并不是简单用死亡或活着就能够描述，还可能存在生病、难过等多种状态。针对不同状态，我们处理的方式也不尽相同。我们的服务也有类似情况：服务无响应时，可能需要我们重启服务；如果服务接口面临大量并发请求，则需要匹配负载均衡策略。

当我们要对某种不健康的状态做出响应时，就需要考虑清楚具体实施方案。例如系统存在某个问题时，可能需要回滚版本，也可能只需要重新启动服务，减少流量，或呼叫我们待命的工程师帮助修复问题。这在很大程度上取决于我们健康检查如何区分不同服务状态。

（5）考虑不同的检查点

像 Kubernetes 这样的编排平台，包含活动检查和准备状态检查。准备状态检查指的是我们的服务在正式运转前需要检查的一些配置和状态。例如它可能会检查如下内容。

1）系统是否可以建立到数据库的连接？

2）系统工作时需要的所有重要缓存都准备好了吗？

而活动检查则是指系统正常运转后，能否继续维持正常运行的检查活动。这取决于以下因素。

1）当前系统的错误率可以被接受吗？

2）当前系统是否内存不足？

3）当前系统是否存在内存泄漏？

（6）不要把整体服务和单个服务的健康混为一谈

例如微服务整体工作状况良好，但某个服务的单个节点因硬件问题发生故障，健康检查也相应地反馈了问题，并且这个服务的其他节点仍可提供服务，服务整体并没有受到任何影响，那么我们不能因为部分服务失效，就断定服务整体已经失控，关键是如何从所有正常的服务中快速找出损坏的服务，并在不影响用户的情况下快速替换或修复它们。

（7）不要公开健康检查的端点

健康检查运行状况一般都会包含调试级别的信息。这些信息可能会泄露系统内部架构的重要细节，比如服务使用什么版本的依赖，基于什么框架设计等。我们对待服务的隐私就应该像对待客户的隐私一样，所以也要注意这方面的安全问题。黑客很可能从这些端点中找出破绽，进而利用这些漏洞发动网络攻击。

（8）健康检查应具有高效的响应

假设我们有一个访问量巨大的服务，每秒都可能面对成千上万的请求量。面对这种服务时健康检查的端点也可能会超时，如果响应时间过长，系统可能会错误判断服务失效。因此，我们需要遵循一些简单的检查模式。

1）使用超时机制来确保延迟在可接受的范围内。

2）更好的做法是，定期在后台快速访问运行状况端点，并立即返回当前最新状态检查，并始终保持状态是集中的、最新的。

（9）监控运行状况检查的历史记录

运行状况检查可以生成非常有用的时间序列数据。我们可以利用这些数据进行分析，帮助我们日后在不同方面进行改进工作。例如，每当生成运行状况报告时，将指标发送到可观测的系统。通过监测系统图表以及数据分析，我们能够回答以下问题。

1）实例准备好需要多长时间？

2）系统正常运行多久了？

3）多久就会有部分不健康的状态？原因是什么？

4）健康检查收到多少请求？

通过这些数据我们能够及时防止问题发生，确定宕机的根本原因，进而优化应用程序中的关键领域问题。

6.2.2　服务日志监控

当前企业在进行整体性应用拆分实现微服务化时，需要建立松耦合的模块，从而保证其便于测试并降低变更风险。这些模块也都可以独立部署以实现快速、横向扩展。但这也会带来一些初看并不严重，但长远来看影响极为重大的问题，其中的典型代表就是服务日志记录。

微服务日志对整个开发团队的作用可以总结为以下几点。

- 业务日志：从业务角度来对一些分支条件进行记录，方便日后排查。例如：在支付服务中，日志需要记录每条交易的支付信息，支付的状态、金额、双方的支付账号等。
- 异常记录：对于服务的代码错误以及异常，我们需要记录运行时异常的详细信息和上下文等，方便事后排查修复。
- 性能定位：对于质量分析师和传统测试人员，我们可以利用日志系统的请求标识和时间戳等信息来验证系统性能，还可以排查函数或请求调用的时间消耗、内存、CPU 使用率等。

（1）微服务日志监控的特点

日志是我们日常工作中最常用的监控方式。日志的特点是由事件驱动发生变化，带有不连续性、随机性，日志数据可以是结构化的或非结构化的。在传统的单体服务中，我们可以采用 Log4j、Logback 和 SLF4J 等主流的日志框架将服务日志记录在日志文件中。

微服务架构的特点决定了功能模块的部署采用分布式的系统结构，而大部分功能模块都是独立部署运行，彼此通过总线交互。微服务之间通常也是相互隔离的，不共享公共数据库和日志文件，因此微服务监控也如微服务一样具有复杂特性。

1）监控源的多样化：不同的服务存在于不同业务开发的子系统、模块、数据库和中间件。

2）海量数据：基于各种业务类型汇聚海量的业务数据，包括结构化数据和非结构化数据（影音文件、电子文档、消息体等）。

3）成百上千个应用服务：大量的微服务部署在不同的虚拟机或者云平台上，服务的注册、提供、挂起、版本更新、停止等都应被日志所记录。

4）调用链路关系复杂且环节长：一个业务流程可能需要经过十几个服务才能够完成，其中任何一个环节出现问题，想要从日志中调试与定位问题都将十分困难。

（2）微服务日志监控面临的挑战与应对方案

微服务日志监控带给我们诸多便利之时，同样面临着如下挑战。

1）如何从成百上千个微服务中快速找到某个微服务的出错日志？

2）如果微服务之间存在调用，如何从一次完整的调用和整个请求链路角度来分析相关服务的日志？

3）当触发异常日志后，系统如何进行自我预警？

面对上述挑战，我们应从以下几点思考应对策略：

1）微服务日志的收集、管理与查询；

2）微服务的调用链跟踪；

3）微服务异常日志的预警。

我们需要一种能够在众多服务中查看分布式事务日志和进行分布式调试的架构。我们需要日志分析平台帮助收集不同微服务的日志信息，并能够归纳汇总，在我们需要时可快速高效地从平台上查找出有价值的信息，帮助团队快速定位问题。

随着微服务的流行，其相关的工具也随之演进，目前业界最流行的微服务日志监控组合是Elasticsearch、Logstash和Kibana，即我们常提到的ELK。它们用于实时搜索、分析和可视化日志数据，相应地解决了上面提到的挑战。

在ELK套件中，它们分别负责不同功能，如图6-3所示。

1）Logstash负责从不同的微服务、不同的子节点上收集日志文件，并对日志进行格式化。

2）Elasticsearch（以下简称ES）负责日志数据的存储、索引。

3）Kibana提供了友好的数据可视化、分析界面。

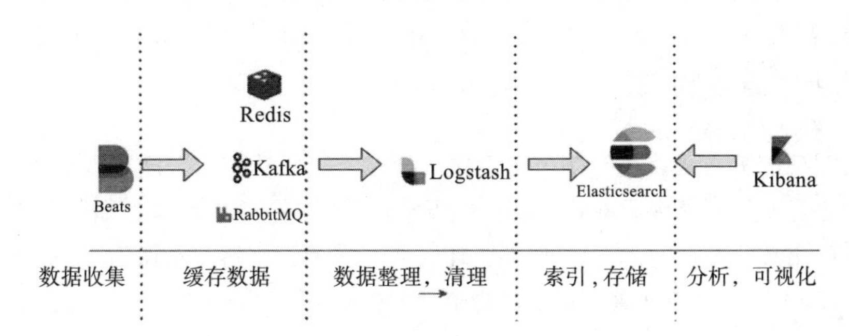

图6-3　ELK套件组成的监控系统

在图6-3中，Beats负责收集日志，将收集到的数据存储到Redis内存数据库和Kafka或RabbitMQ消息队列服务中，并将日志发送给Logstash，由Elasticsearch汇总分析，并最终由Kibana以图表的形式展现给整个团队。

6.2.3　链路追踪

链路追踪（tracing）即调用链监控，特点是通过记录多个在请求间跨服务完成的逻辑请求信息，帮助开发人员优化性能和进行问题追踪。链路追踪可以捕获每个请求遇到的异常和错误，以及即时信息和有价值的数据，所以我们说链路追踪工具是很有价值的诊断工具。

1. 微服务链路追踪解决的难题

随着微服务应用数量的极速增加，服务与服务链路之间的调用关系也变得错综复杂。此时，我们也会碰到各种难题。

- 系统出现问题后，由于服务链路过长或过于复杂，无法快速准确定位问题。客户端（如浏览器）或者移动端应用报出异常或者错误，也无法确定是哪个服务抛出的异常。
- 某个业务请求非常慢，且总是超时，无法确定系统哪个环节存在性能的问题。

上面难题可以归纳为以下几个方面。

- ❑ 如何快速发现问题？可以通过调用链结合业务日志快速定位错误信息。
- ❑ 如何判断故障影响范围？各个阶段链路耗时、服务依赖关系可以通过可视化界面展现出来，从而直观地审视故障的影响范围。
- ❑ 如何梳理服务依赖以及依赖的合理性？如何分析链路性能问题以及实时容量规划？通过分析链路耗时、服务间的依赖关系，就可以得到用户的行为路径，汇总分析出具体出问题的场景。

2. 链路追踪工具介绍

分布式调用链监控工具就是为了解决上面提到的问题而产生的。实际上，市面上的绝大部分 APM 都是以谷歌公开论文中提到的 Dapper 为基础构建而成，我们先来一起看看调用链监控中的几个重要概念。

（1）Trace

指一次完整的分布式调用链路可以看作一棵二叉树，从中我们能直观地看到请求经过所有服务的路径。从请求到服务器开始，到服务器返回响应数据结束，跟踪每次 RPC 调用的耗时，并使用唯一标识 trace id。例如，你完成一次微信支付，从微信扫描二维码到付款成功，唯一 trace id 将保留在整个请求链路中，如图 6-4 所示。

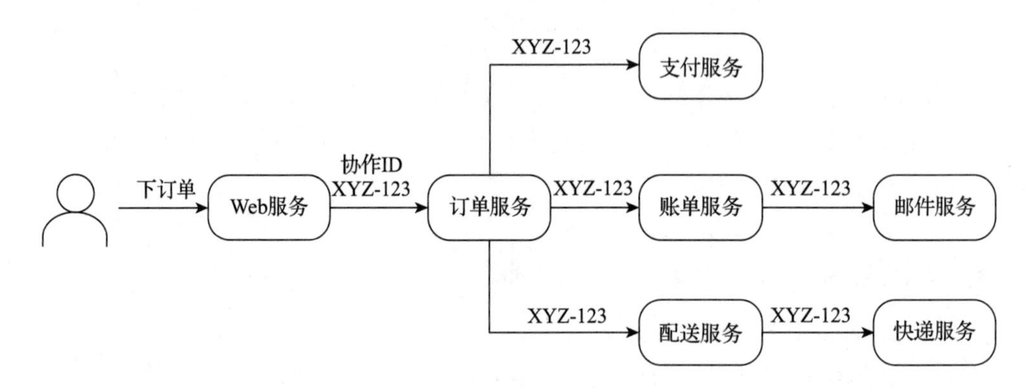

图 6-4　某次请求的完整链路

服务间经过的分支链路构成了一条完整的链路，其中每一条分支链路都用全局唯一的 trace id 来标识，便于对其上下文进行追踪。

（2）Span

每次进行本地或者远程方法的调用时会创建一个 Span，我们通过一个 64 位 ID 来标识它，Span 中还有其他数据，例如描述信息、时间戳、key-value 对（Annotation）的 tag 信息、parent id 等，其中 parent id 可以表示 Span 调用链路来源。

通过 Span 的 ID 我们可以轻松了解服务的父服务是谁，再结合 trace id 就可以将一条完整的请求调用链串联起来，如图 6-5 所示就是一次完整的 span id 调用过程。

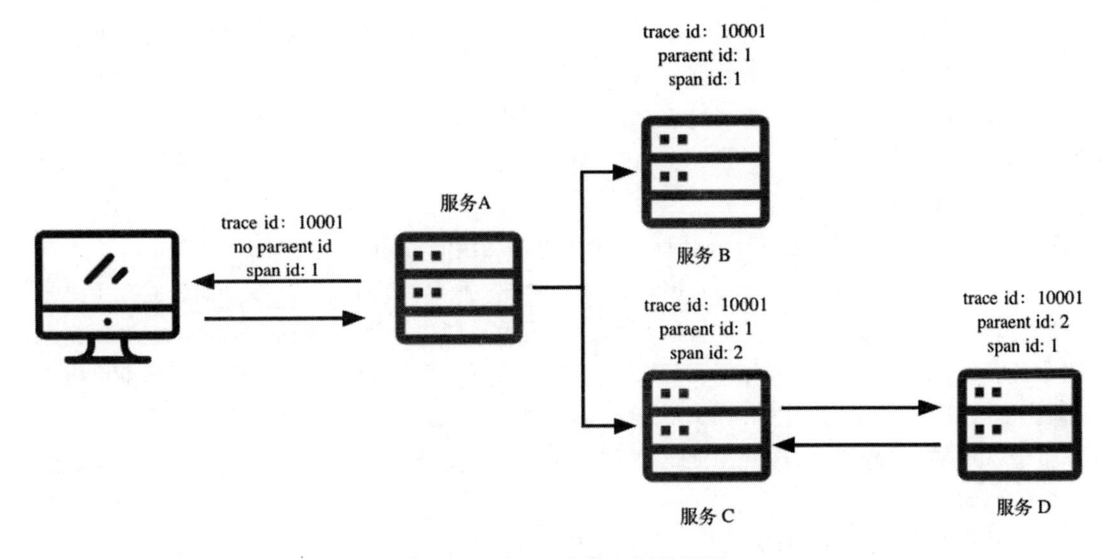

图 6-5　span id 在服务间的调用

（3）Annotation

指附加在 Span 上的日志信息，图 6-6 所示为 Annotation 在请求中的应用，主要包含下面 5 个环节。

- Client Start：表示客户端发起请求；
- Server Receive：表示服务端收到请求；
- Server Send：表示服务端完成处理，并将结果发送给客户端；
- Client Received：表示客户端获取到服务端返回的响应数据。
- foo：表示开发者选择在跟踪中增加他们自己的注释，即业务数据，这些信息会和 Span 信息被一同记录。

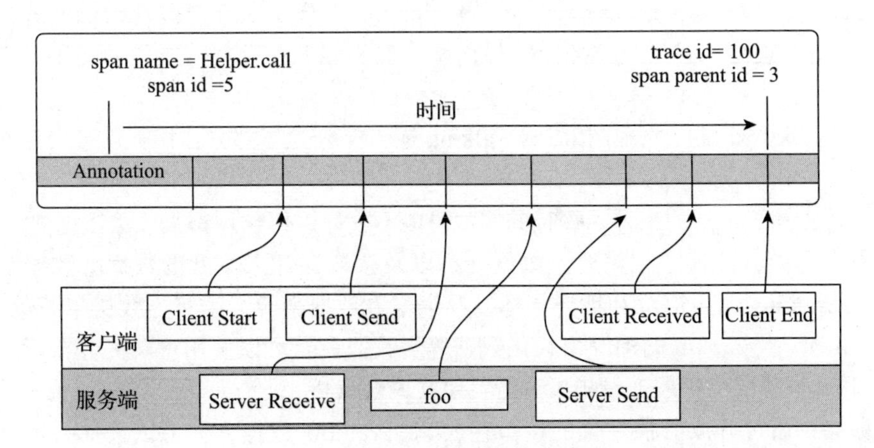

图 6-6　Annotation 在请求中的应用

图 6-6 来自 Dapper 的官方论文，展示了从客户端调用服务端的一次完整过程。我们可以利用 Annotation 里的信息来计算一次调用的耗时，只需将客户端结束的时间点减去客户端开始请求的时间点，如果要计算客户端发送网络耗时，即客户端接收请求的时间点减去客户端发送请求的时间点。

（4）Sampling

采样率，需在客户端按照比例埋点并将信息提交给服务端。

采集信息时的低损耗是类似 Dapper 这类监控服务设计时的重要标准，如果监控工具采集信息时给微服务造成了严重的性能问题，反而得不偿失。进行样本采样时，应该根据系统业务和技术架构，对每个应用和服务分别设置相应的采样率，每个应用的采样率可以动态调整。在产品的不同阶段采样率可能不同。例如，产品上线后的时段需要大量采样来了解整个系统的运行状态，这就需要提高采样率，当系统处于稳定时期，可以适当降低收集采样的频率。

采样收集包括可变自适应采样与固定采样。

1）可变自适应采样机制是不使用统一的采样率，在低流量负载时会自动提高采样率，而高流量负载则会自动降低采样率，从而掌控性能损耗。

2）而固定采样率模式是设置采样的百分比，可以设置阈值为 0～100 之间，当采样率设置为 100 时，则每次调用都会进行采样收集。

对收集到的采样信息进行存储，Dapper 使用了 BigTable，而其他常用的还有 Elasticsearch、HBase、内存数据库等。

3. 链路工具应用实例

了解了链路追踪工具的原理后，我们来看看业界常用的链路追踪系统 Zipkin、PinPoint、SkyWalking、Cat。它们都可以作为企业级链路追踪系统，这里主要介绍下 SkyWalking。

SkyWalking 已经由 Apache 董事会批准为顶级项目，支持 Java、.Net、Node.js 等探针，数据存储支持 MySQL、Elasticsearch 等，和 Pinpoint 一样采用字节码注入的方式，实现代码的无侵入链路追踪，且支持云原生，目前增长势头强劲，社区活跃，并提供详细的中文文档。

图 6-7 为 SkyWalking 原理图，SkyWalking 逻辑上分为 4 部分：探针、平台后端、存储和用户界面。

1）探针：基于不同的来源，探针的实现可能不一样，但作用都是收集数据。

2）平台后端：支持数据聚合、数据分析以及获取探针采集到的数据。数据获取与分析来自 SkyWalking 原生追踪和性能指标以及第三方数据来源，第三方数据来源包括 Istio、Envoy telemetry 及 Zipkin 的追踪格式化数据等。我们甚至可以使用可观测分析语言对原生度量指标和计量系统的扩展变量指标进行自定义聚合分析。

3）存储：通过开放的插件化的接口存放 SkyWalking 数据，你可以选择一个既有的存储系统，如 Elasticsearch、H2 或 MySQL 集群（ShardingSphere 管理），也可以选择自己实现一个存储系统。

4）用户界面：一个基于接口并且可定制化的 Web 系统，用户可以查看和管理 SkyWalking 数据。

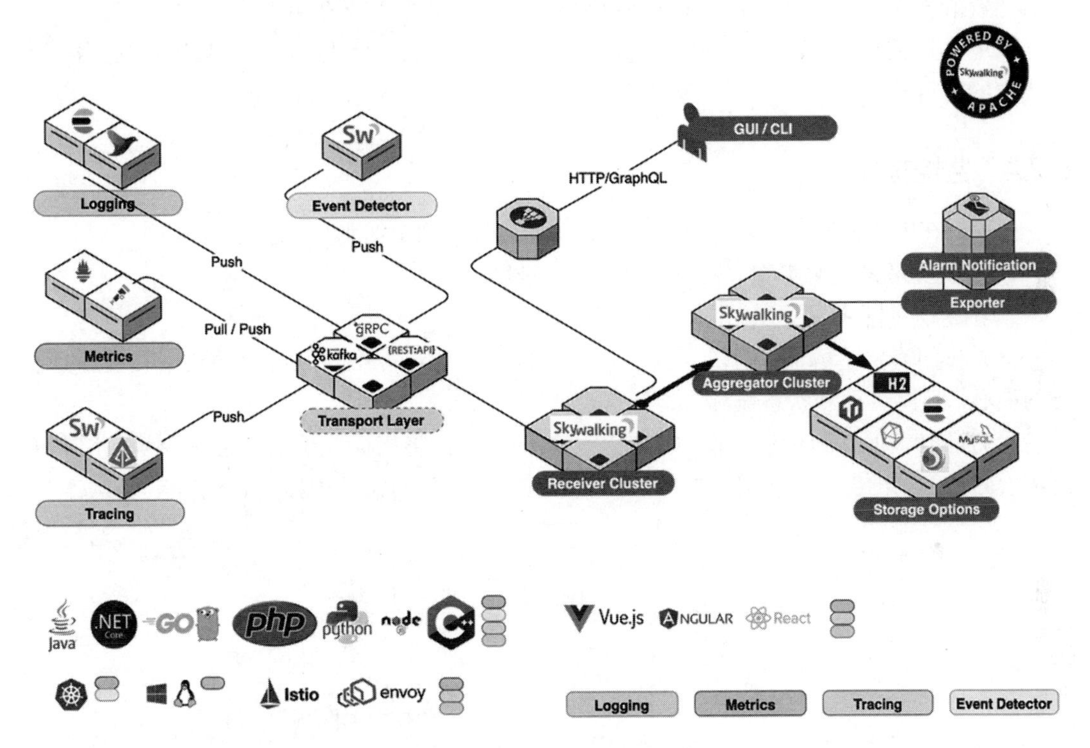

图 6-7　SkyWalking 原理图

SkyWalking 中设定采样率则是在 receiver-trace 接收者中，你可以在 sampleRate 设置中进行更改。

```
receiver-trace:
    default:
      bufferPath: ../trace-buffer/  # Path to trace buffer files, suggest to use
absolute path
      bufferOffsetMaxFileSize: 100 # Unit is MB
      bufferDataMaxFileSize: 500 # Unit is MB
      bufferFileCleanWhenRestart: false
      sampleRate: ${SW_TRACE_SAMPLE_RATE:1000} # The sample rate precision is 1/10000.
10000 means 100% sample in default.
```

sampleRate 也可设置后端采样率的精准度。例如，采样率精度为 1/10000，10000 表示默认为 100% 样本。

我们可以给不同的后端实例设置不同的 sampleRate 值，此时需要定义明确服务的实例：

```
Backend-InstanceA.sampleRate = 35
Backend-InstanceB.sampleRate = 55
```

在上面例子中，我们假设 Agent 向后端报告了所有跟踪段，然后 InstanceA 将有 35% 的采样数据被收集并存储，而 InstanceB 则将会有 55% 的采样数据被收集、存储。

以上就是关于 SkyWalking 的大体介绍，后面我们还会详细介绍 SkyWalking 在微服务实践中的应用场景。

6.2.4 监控指标

当我们在搜索引擎中输入“监控”时，首先出现的两个结果如下。

1）观察及检查（某事物）在一段时间内的进度或品质。

2）保持定期监控。

首先我们需要了解监控什么数据，从系统以及各种环境中获取需要的数据和状态是监控的核心，这些数据和状态被称为指标监控。

我们可以根据实际场景，按照系统层级结构划分，将指标监控的监控对象从底层向上层依次归类于基础层、中间层、应用层、业务层这几个层面，具体如图 6-8 所示。

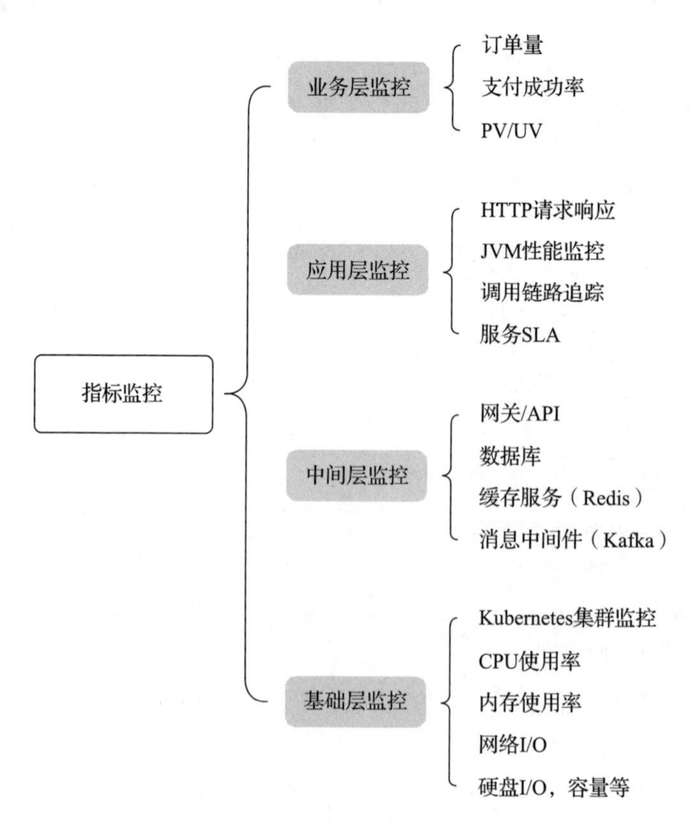

图 6-8 指标监控分层划分

1. 指标的概念与特征

微服务领域中的指标涉及两个要点：各类数据指标、量化对比。

故指标应具备以下 3 个显著的特性。

1）可对比：指标能够在不同的微服务或同一个微服务的多个实例之间进行比较。例如，当同一个微服务有多个实例运行时，对不同实例入栈请求数的监控。再如，当某个实例面临大量请求时，对比正常工作状态下的请求数，这时我们依据负载均衡的指标阈值进行合理的请求分配。

2）易理解：指标所衡量的对象、计算方法和输出的结果值都是容易被理解的。

3）理想的比例：理想的比例是可预见的，例如我们设置某个接口成功和失败请求的比例为 9:1。

2. 监控指标分层

我们可以从业务人员、开发人员以及运维人员的角度来理解指标的关注面。

（1）从业务人员角度出发

业务人员更关注业务层指标，比如客户转化率、登录数、下单数、交易成功数、退单率等，这些都是从产品本身的业务来定义，开发人员再利用 APM 框架进行埋点，最终收集数据，在 APM 系统中以各类直观的图片呈现以供查看，业务人员通过这些数据来及时判断市场的状况，并进行策略的调整。

（2）从开发人员角度出发

开发人员的关注点则是系统是否出现 Bug，是否存在严重的性能问题。因此需要对请求的延迟居高不下、请求失败率过高、代码出错等情况进行监控。开发团队对整个项目代码进行讨论分析，并对可能存在问题的代码进行埋点，最终在发生问题后，开发人员就可以通过埋点标记查看具体问题的详细数据，并及时修复问题。

（3）从运维人员的角度出发

运维人员的关注方向在于硬件层面能否支撑整个服务集群的正常运转。面对成百上千个微服务实例，每个实例都有自己的 CPU、内存、硬盘等信息，运维人员需要通过这些数据度量和监控硬件层面的健康状况。

下面将着重介绍微服务监控的指标，从基础设施到运行时监控指标，再到业务场景下对应服务的监控指标。

3. 基础设施监控

基础设施监控是针对运行服务底层设施的监控，比如容器、虚拟机、物理机等，监控的指标主要有内存使用率、CPU 使用率等资源的状态。我们通过对资源的监控和告警能够及时发现资源瓶颈，从而进行扩容操作避免影响服务，同时资源的异常变化也能辅助定位服务问题，如内存泄漏等。

而 CIM（Core Infrastructure Monitoring，核心基础设施监控）中的核心指标则更是我们需要重点关注的，主要包含以下几个指标。

1）Avg. CPU usage：平均 CPU 使用率；

2）Peak CPU duration：峰值 CPU 持续时间；

3）Avg. memory usage：平均内存使用量；

4）Inbound and outbound bandwidth usage：入站和出站带宽使用情况。

以上所提及的指标就能满足大部分服务对于底层基础设施监控的需求，利用监控服务设置好合理的阈值能够帮助我们在特殊情况下快速做出反应。例如通过流量的变化趋势可以清晰地了解到服务的流量高峰以及流量的增长情况，流量也是资源分配的重要参考指标。耗时是服务性能的最直观体现，耗时比较大的服务往往最需要进行优化。比如，部署在 AWS 上的服务遇到大量并发请求并触发负载均衡机制时，就需要启动多个服务实例帮助服务缓解性能问题。平均耗时往往参考价值不大，我们通常采用中位数，包括性能指标 TP90、TP95、TP99 等。

4. 中间层监控

中间层监控主要是对应用服务所依赖的中间件进行监控，如 Nginx、Redis、MySQL、RocketMQ、Kafka 等，它们的稳定也是保证应用程序持续可用的关键。

我们就以 Nginx 为例来聊聊如何对中间层进行监控。Nginx 可以说是当今应用最为广泛的中间层应用，因其采用了异步非阻塞工作模型，具备高并发、低资源消耗的特性，同时高度模块化的设计使 Nginx 具备很好的扩展性。Nginx 可以作为反向代理服务器来转发用户请求，在处理请求的过程中实现后端实例的负载均衡；也可将 Nginx 配置为本地静态服务器，来处理静态请求。

Nginx 的核心监控指标如表 6-1 所示。

表 6-1　Nginx 核心监控指标

监控类型	监控指标及其描述
请求延迟	客户端从发出请求到得到响应的全部时间
服务错误率	HTTP 请求状态码
流量（QPS）	监控服务的实时 PV（页面浏览量），防止恶意攻击
基础活跃指标	包括 Accepts、Handled、Requests、Active、Waiting、Reading、Writing，它们随着请求量而变化

1）请求延迟监控。请求延迟监控主要关注 $request_time，并绘制 TP 指标图，来确认 TP99 指标值。另外，我们还可以增加对 $upstream_response_time 指标的监控，来辅助开发人员定位延迟问题的原因。

2）服务错误率监控。考虑到 Nginx 是应用最广的 Web 服务器，我们不但要对 Nginx 本身运行状态进行监控，还必须对 Nginx 的各类错误响应进行监控，HTTP 错误状态码以及 error.log 中记录的错误详细日志都应被监控以协助解决对应问题。

我们可以用心跳监控的方式监控固定时间间隔内服务端发生的错误代码（例如：4××

代码表示客户端错误，5×× 代码表示服务器端错误)，这样我们就可以了解客户端收到的结果是否正确。如果某段时间内错误率飙升，则可能是应用出现了漏洞。

如果希望通过 access.log 和 error.log 文件来分析错误，那么建议使用 ELK，其中 Logstash 可以收集 Nginx 的 access.log 和 error.log 的错误信息，之后利用 Kibana 或 Grafana 展示错误信息。

3）流量。通过持续监控 Nginx 所接受请求，时刻关注流量异常波动，捕获流量突增、突降的情况，来判断服务是否被恶意攻击，并可以对服务的可用性进行评估。我们可以对服务设置阈值，当流量环比增长或降低到阈值设定的区间之外时，就能够及时进行告警。

4）基础活跃指标。如图 6-9 所示，Nginx 数据收集过程显示了一个客户端连接的过程，以及开源版本的 Nginx 如何在连接过程中收集指标。

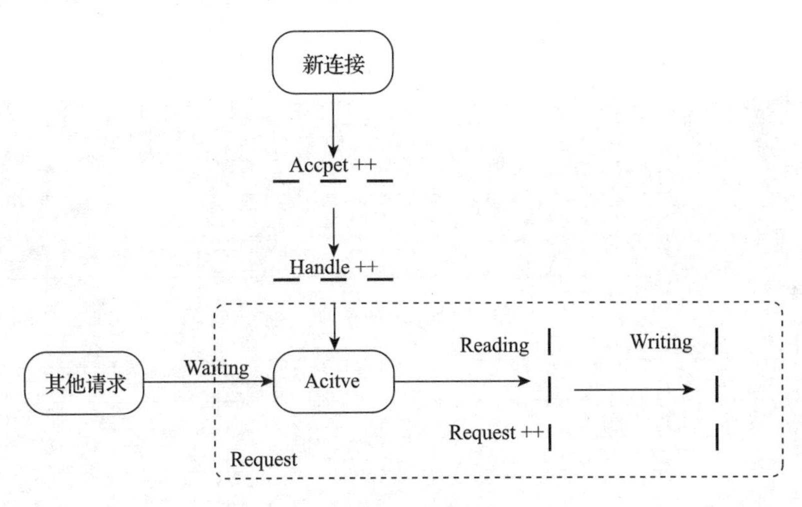

图 6-9　Nginx 数据收集过程

在 Nginx 的配置文件中，将 stub_status 状态设置为 On 后，我们就可以在浏览器中输入 http://127.0.0.1/nginx-status 查看指标信息。

```
Active connections: 500
server accepts handled requests
 3074 2061 8423
Reading: 20 Writing: 30 Waiting: 200
```

对上述 nginx_staus 返回参数的说明请参考表 6-2。

表 6-2　Nginx 配置参数列表

名　称	描　述	是否累加历史数据
Accepts（接受）	Nginx 接受的客户端连接数（包含 Handled、Dropped、Waiting 状态的连接）	是
Handled（已处理）	成功处理的客户端连接数（包含 Waiting 状态连接）	是
Active（活跃）	当前活跃的客户端连接数	否

（续）

名　称	描　述	是否累加历史数据
Dropped（已丢弃）	已丢弃连接数（包含出错的请求）	是
Requests（请求数）	客户端请求数	是
Waiting（等待）	正在等待的连接数	否
Reading（读）	正在执行读操作的连接数	否
Writing（写）	正在执行写操作的连接数	否

通过以上指标我们可以了解 Nginx 详细的工作状态，再结合 ELK 分析 Nginx 日志，并进行可视化展示。在 6.3 节将详细介绍如何用 ELK 结合 DashBoard 进行实时的展示，我们先看看最终会呈现的效果，如图 6-10 所示。

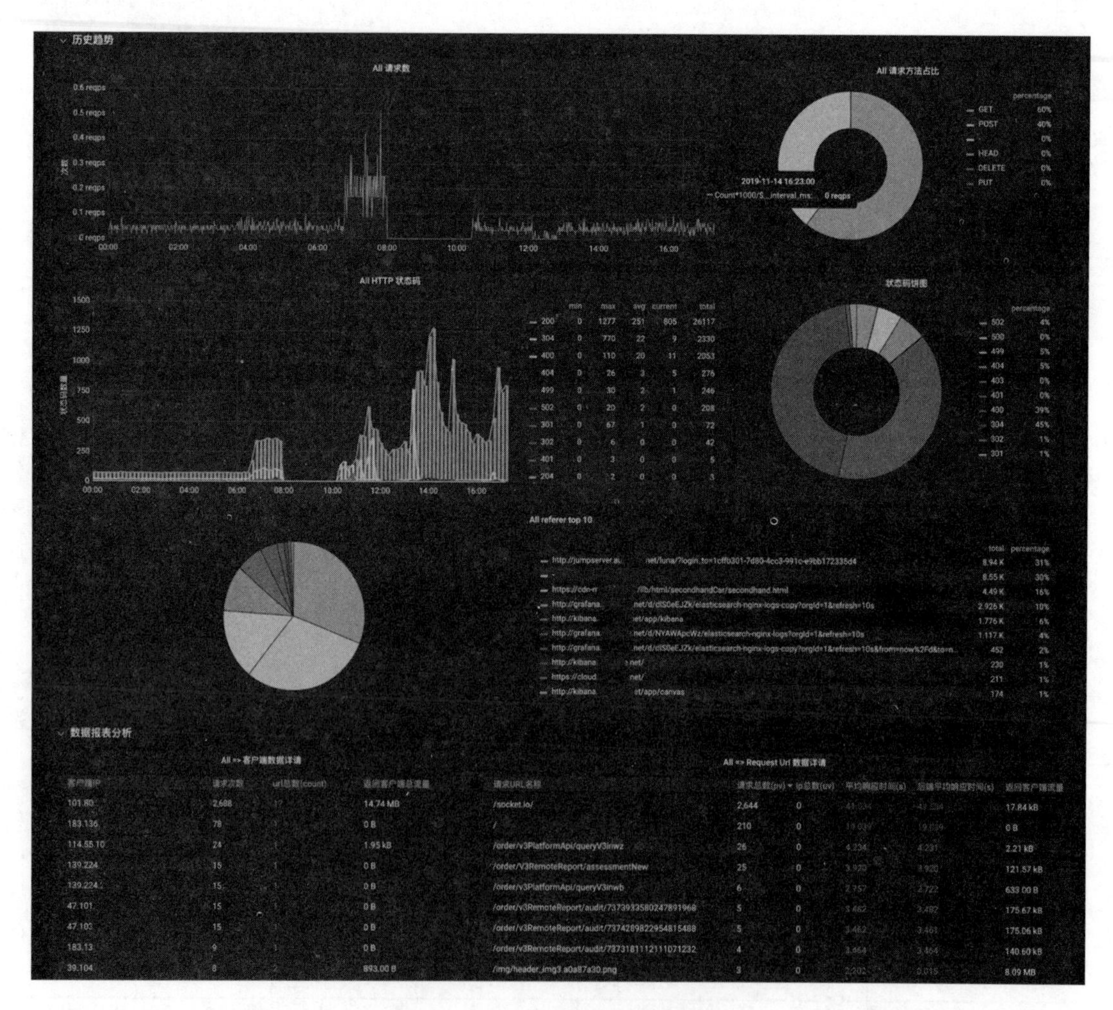

图 6-10　Grafana 数据收集过程

5. 应用层监控

应用层监控一般可划分为运行时监控与 JVM 监控指标。

大部分微服务基于 Spring Cloud 组件架构，监控 JVM 运行时关键性能指标就能够帮助我们优化应用服务。

JVM 监控指标包括堆内存指标、非堆内存指标、直接缓冲区指标、内存映射缓冲区指标、GC（Garbage Collection，垃圾回收）瞬时和累计详情及 JVM 线程数等。具体 JVM 监控指标如表 6-3 所示。

表 6-3 JVM 监控指标

监控指标	具体参数
GC 瞬时和累计详情	FullGC 次数 YoungGC 次数 FullGC 耗时 YoungGC 耗时
堆内存	堆内存总和 堆内存老年代字节数 堆内存年轻代 Survivor 区字节数 堆内存年轻代 Eden 区字节数
非堆内存	非堆内存提交字节数 非堆内存初始字节数 非堆内存最大字节数
内存映射缓冲区	MappedByteBuffer 总大小（字节） MappedByteBuffer 使用大小（字节）
元空间	元空间字节数
直接缓冲区	DirectBuffer 总大小（字节） DirectBuffer 使用大小（字节）
JVM 线程数	线程总数量 死锁线程数量 新建线程数量 阻塞线程数量 可运行线程数量 终结线程数量 限时等待线程数量 等待中线程数量

监控 JVM 的工具很多，JDK 本身提供了很多便捷的 JVM 性能调优监控工具，除了 JPS、Jstat、Jinfo、Jmap、Jhat、Jstack 等小巧的工具，还有集成式的 Java VisualVM 和 JConsole。

如果服务部署在云上，也可以利用云厂商提供的监控功能来查看 JVM 的实时状态。如图 6-11 所示是利用了阿里云提供的 JVM 监控。

此外可以利用 Prometheus、Zabbix 等专业监控服务监控 JVM，当然也可以基于当前最流行的 ELK 日志系统，利用 Jolokia 监控 Spring Boot 应用的 JVM 运行时状态。

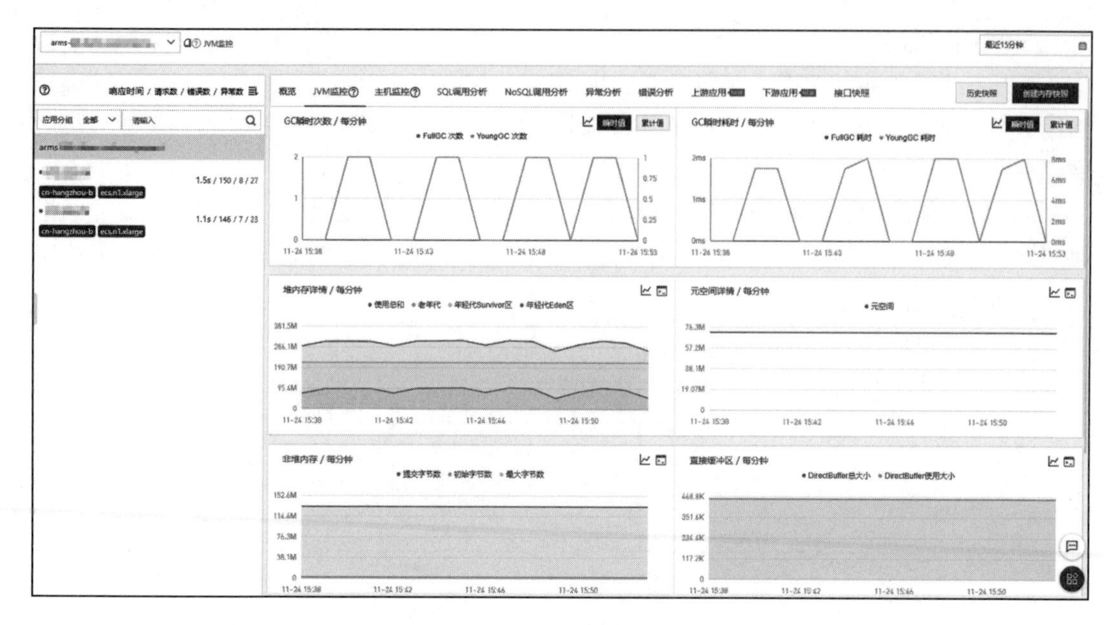

图 6-11 阿里云 JVM 监控

6. 业务层监控

业务层监控也是监控系统关注的重要内容，在实际场景中如果只是做到让应用程序稳定运行是远远不够的，我们常常还要对具体业务产生的数据进行监控，例如：网站所关注的 PV、UV 等参数；后端的交易系统所关注的订单量、成功率等数据。对于业务核心监控指标，其设定因具体的业务和场景存在差异而有所不同，故我们在制定业务层监控的策略时需要构建适合该业务特点的业务监控系统。

6.3 微服务监控实践

我们已经从分类、指标及工具 3 个层面了解了微服务监控的基本理论。工欲善其事，必先利其器，接下来我们通过实践环节进一步理解前面的内容。

6.3.1 利用 Spring Boot Actuator 进行服务监控

我们结合 Spring Boot Actuator 来介绍日常工作中如何对微服务进行监控治理。

1. Actuator 监控

Spring Boot 有一个"习惯优于配置"的理念，采用扫描和自动化配置等机制来加载依赖 jar 包中的 Spring Bean，而不使用任何 XML 配置，就能实现 Spring 的所有配置。同时，Spring Boot 有以下优势：内嵌 Servlet 容器，可以使用命令直接执行项目；提供的

Starter POM，让我们能够非常方便地进行包管理，这在很大程度上减少了 jar Hell 或者 Dependency Hell 问题；提供了对运行中应用状态的监控以及对主流开发框架的无配置集成，并且可与云计算天然集成。这使得使用 Spring Boot 构建微服务变得很容易，丰富的第三方插件也方便我们进行安全管理、性能监控、数据库操作等。

Spring Boot 中的 Spring Boot Actuator 组件可以帮助我们监控和管理 Spring Boot 应用，比如健康检查、审计、统计和 HTTP 追踪等。

2. Actuator 的 RESTful 监控接口

Actuator 监控接口包含了 Health、Info、Bean、HttpTrace、Shutdown 等功能，同时允许我们自定义端点，例如 Health 端点提供了应用程序的基本健康信息。

我们可以将 Spring Boot Actuator 中监控的端点分为两大类：原生端点和用户自定义端点。自定义端点主要是为了对服务进行扩展，用户可以根据自己的实际应用，定义一些比较关心的指标，在应用程序运行期间 Actuator 会对它们进行持续监控。

原生端点则在应用程序里提供众多 Web 接口，通过它们，开发人员可以了解应用程序运行时的内部状况。原生端点又可以分成两大类。

1）应用配置类：我们可以查看应用程序在运行期的静态信息，例如自动配置信息、加载的 Spring Bean 信息、YML 文件配置信息、环境信息、请求映射信息等，来对服务进行快速问题诊断，如表 6-4 所示。

表 6-4 Actuator 应用配置

HTTP 方法	路 径	描 述
GET	/beans	显示应用 Spring Bean 的完整列表
GET	/configprops	描述配置属性（包含默认值）如何注入 Bean
GET	/env	获取全部环境属性

2）度量和监控检查：指的是对服务运行期间产生的动态信息的监控，例如堆栈、请求链、健康指标、指标信息等，如表 6-5 所示。这些指标能够帮助我们了解当前服务的健康状态，尽早发现服务的异常。

表 6-5 Actuator 指标与健康检查

HTTP 方法	路 径	描 述
GET	/health	显示应用程序的健康信息
GET	/metrics	报告各种应用程序度量信息，比如内存用量和 HTTP 请求计数
GET	/metrics/{name}	报告指定名称的应用程序度量值
GET	/info	获取应用程序的定制信息，这些信息由以 info 开头的属性提供

3. 创建 Actuator 的 Spring Boot 工程

可以快速利用 Spring Boot CLI 创建一个依赖 Actuator 的简单应用。

```
spring init -d=web,actuator -n=actuator actuator
```

或者，也可以使用如图 6-12 所示的 Spring Initializr 网站来创建应用。

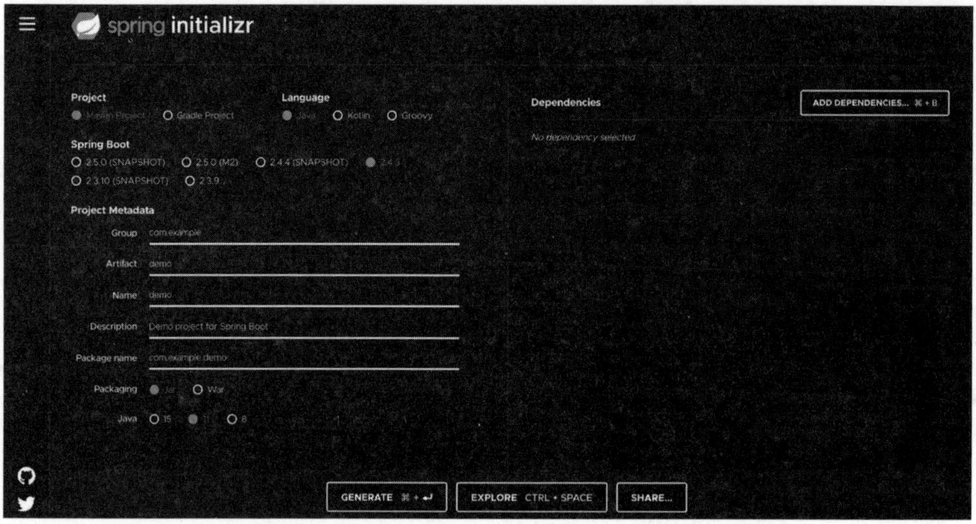

图 6-12 Spring Initializr 网站

4. 添加 Spring Boot Actuator 组件

可以通过使用下面的依赖在既有应用中增加 spring-boot-actuator 模块。

使用 Maven 的方式添加 Spring Boot Actuator 组件的代码如下：

```
<dependencies>
    <dependency>
        <groupId>org.springframework.boot</groupId>
        <artifactId>spring-boot-starter-actuator</artifactId>
    </dependency>
</dependencies>
```

也可以使用 Gradle 的方式，其依赖代码如下：

```
dependencies{ compile("org.springframework.boot:spring-boot-starter-actuator")}
```

5. 使用 Actuator 端点来监控应用程序

Actuator 创建了所谓的端点来暴露 HTTP 或者 JMX 以监控和管理应用程序。在该应用程序的根目录下打开命令行工具，运行以下命令：

```
mvn spring-boot:run
```

应用程序默认使用 8080 端口运行。一旦该应用程序启动，我们就可以通过 http://localhost:8080/actuator 来展示所有通过 HTTP 暴露的端点，默认情况下只有 Health 和 Info 会通过 HTTP 暴露出来。若我们在 application.yaml 中增加如下配置就可以获取所有的端点。

```
management:
 endpoints:
   web:
     exposure:
       include: '*'
 endpoint:
   health:
     show-details: always

info:
 app:
   name: @project.name@
   description: @project.description@
   version: @project.version@
   encoding: @project.build.sourceEncoding@
   java:
   version: @java.version@

spring:
 security:
   user:
     name: actuator
     password: actuator
     roles: ACTUATOR_ADMIN
```

完成配置后，我们访问 http://localhost:8080/actuator 就会得到 Actuator 目前监控的所有端点，结果如下所示：

```
{
  "_links":{
      "self":{
         "href":"http://localhost:8080/actuator",
         "templated":false
      },
      "beans":{
         "href":"http://localhost:8080/actuator/beans",
         "templated":false
      }...
  "metrics-requiredMetricName":{
         "href":"http://localhost:8080/actuator/metrics/{requiredMetricName}",
         "templated":true
      },
      "metrics":{
         "href":"http://localhost:8080/actuator/metrics",
         "templated":false
      },
      "scheduledtasks":{
         "href":"http://localhost:8080/actuator/scheduledtasks",
         "templated":false
      },
      "mappings":{
```

```
            "href":"http://localhost:8080/actuator/mappings",
            "templated":false
        }
    }
}
```

我们以几个常用端点来举例，例如打开 http://localhost:8080/actuator/health，则会显示如下内容：

```
{
    "status":"UP",
    "components":{
        "db":{
            "status":"UP",
            "details":{
                "database":"MySQL",
                "validationQuery":"isValid()"
            }
        },
        "diskSpace":{
            "status":"UP",
            "details":{
                "total":499963174912,
                "free":216140922880,
                "threshold":10485760,
                "exists":true
            }
        },
        "ping":{
            "status":"UP"
        }
    }
}
```

上面代码中显示的状态是 UP，证明应用程序是健康的。如果应用程序不健康将会显示 DOWN，表示可能出现了数据库或其他服务的连接异常，或者磁盘空间不足。

而 Info 端点（http://localhost:8080/actuator/info）展示了关于服务的一般信息，可以帮助我们了解目前服务的代码版本、字节码和 Java 版本等信息，展示的信息如下：

```
{
    "app":{
        "name":"actuator",
        "description":"Demo project for Spring Boot",
        "version":"0.0.1-SNAPSHOT",
        "encoding":"UTF-8",
        "java":{
            "version":"1.8.0_271"
        }
    }
}
```

metrics 端点则展示了服务可以追踪的所有度量标准。通过访问 http://localhost:8080/actuator/metrics 来获得这些数据，数据如下：

```
{
   "names":[
      "hikaricp.connections",
      "hikaricp.connections.acquire",
      "hikaricp.connections.active",
      "hikaricp.connections.creation",
      "Hikaricp.connections.idle".....
      "jvm.threads.live",
      "jvm.threads.peak",
      "jvm.threads.states",
      "logback.events",
      "process.cpu.usage",
      "process.files.max",
      "process.files.open",
      "process.start.time",
      "process.uptime",
      "system.cpu.count",
      "system.cpu.usage",
      "system.load.average.1m",
      "tomcat.sessions.active.current",
      "tomcat.sessions.active.max",
      "tomcat.sessions.alive.max",
      "tomcat.sessions.created",
      "tomcat.sessions.expired",
      "tomcat.sessions.rejected"
   ]
}
```

想要获得某个度量的详细信息，则需要传递相应的度量名称到 URL 中，例如：

```
http://localhost:8080/actuator/metrics/{MetricName}
```

若想获得 jvm.memory.used 的详细信息，可以使用 http://localhost:8080/actuator/metrics/jvm.memory.used 这个 URL。它将显示如下内容：

```
{
   "name":"jvm.memory.used",
   "description":"The amount of used memory",
   "baseUnit":"bytes",
   "measurements":[
      {
         "statistic":"VALUE",
         "value":1.9090304E8
      }
   ],
   "availableTags":[
      {
         "tag":"area",
```

```
            "values":[
               "heap",
               "nonheap"
            ]
         },
         {
            "tag":"id",
            "values":[
               "Compressed Class Space",
               "PS Survivor Space",
               "PS Old Gen",
               "Metaspace",
               "PS Eden Space",
               "Code Cache"
            ]
         }
      ]
   }
```

6.3.2 Spring Boot Actuator 结合 Prometheus 和 Grafana 进行可视化监控

在 6.3.1 节中，我们利用 Actuator 完成了对 Spring Boot 微服务的基本监控，这一节我们将整合外部监控系统 Prometheus 和图表解决方案 Grafana，来对 Spring Boot 应用的所有指标进行可视化监控。

1. 为 Spring Boot 添加 Micrometer、Prometheus、Registry 依赖

在 Spring Boot 中使用 Micrometer 可以将 Actuator Metrics 整合到外部监控系统中，目前支持多种外部监控系统，比如 Netflix Atalas、AWS CloudWatch、Datadog、InfluxData、SignalFx、Graphite、Wavefront 和 Prometheus 等。

这里我们选择 Prometheus 作为监控系统完成整合。我们在项目中添加 micrometer-registry-prometheus 依赖：

```
<dependency>
    <groupId>io.micrometer</groupId>
    <artifactId>micrometer-registry-prometheus</artifactId>
</dependency>
```

这时 Spring Boot 服务就会自动配置一个 Prometheus Meter Registry 和 Collector Registry 向微服务收集信息，以及向监控系统输出格式化的指标，使得 Prometheus 服务器可以周期性地爬取这个端点来获取指标数据。所有应用的指标数据是根据 /prometheus 的端点来设置的。

2. 解析 Spring Boot Actuator 的 Prometheus 端点

这时，我们可以通过 Actuator endpoint-discovery 页面（http://localhost:8080/actuator）来查看 Prometheus 的端点 URL，获取各类监控指标的端点。

```
"prometheus": {
"href": "http://127.0.0.1:8080/actuator/prometheus",
"templated": false
}
```

Prometheus 端点 URL 将格式化后的指标数据暴露给 Prometheus 服务器。我们可以通过 Prometheus 端点（http://localhost:8080/actuator/prometheus）看到所有相关的指标数据：

```
# HELP jvm_threads_states_threads The current number of threads having NEW state
# TYPE jvm_threads_states_threads gauge
jvm_threads_states_threads{state="runnable",} 6.0
jvm_threads_states_threads{state="blocked",} 0.0
jvm_threads_states_threads{state="waiting",} 12.0
jvm_threads_states_threads{state="timed-waiting",} 4.0
jvm_threads_states_threads{state="new",} 0.0
jvm_threads_states_threads{state="terminated",} 0.0
# HELP process_start_time_seconds Start time of the process since unix epoch.
# TYPE process_start_time_seconds gauge
process_start_time_seconds 1.615263138365E9
# HELP system_cpu_usage The "recent cpu usage" for the whole system
# TYPE system_cpu_usage gauge
system_cpu_usage 0.0
# HELP http_server_requests_seconds
# TYPE http_server_requests_seconds summary
http_server_requests_seconds_count{exception="None",method="GET",outcome="SUCCES
S",status="200",uri="/actuator",} 1.0
http_server_requests_seconds_sum{exception="None",method="GET",outcome="SUCCESS"
,status="200",uri="/actuator",} 0.08766298
# HELP http_server_requests_seconds_max
# TYPE http_server_requests_seconds_max gauge
http_server_requests_seconds_max{exception="None",method="GET",outcome="SUCCESS"
,status="200",uri="/actuator",} 0.08766298
……
```

相关的指标很多，这里我们不一一展示，大家可以尝试自行搭建并查看 Prometheus 与 Grafana 的具体指标。

6.3.3　利用 docker-compose 快速搭建监控系统

如图 6-13 所示，微服务监控系统架构是由 Prometheus、Grafana、Spring Boot Actuator 和 Alertmanager 组成的微服务监控系统。Prometheus 负责收集数据，Grafana 负责展示数据，Spring Boot Actuator 负责收集各类指标，Alertmanager 负责告警。接下来我们来实际搭建整个监控系统。

1. 环境准备

首先需要安装 Docker 以及 Docker Compose 工具，接着创建一个工作目录 prometheus_grafana，并创建一个配置目录 config，之后在该目录下创建 prometheus.yml 的配置文件。

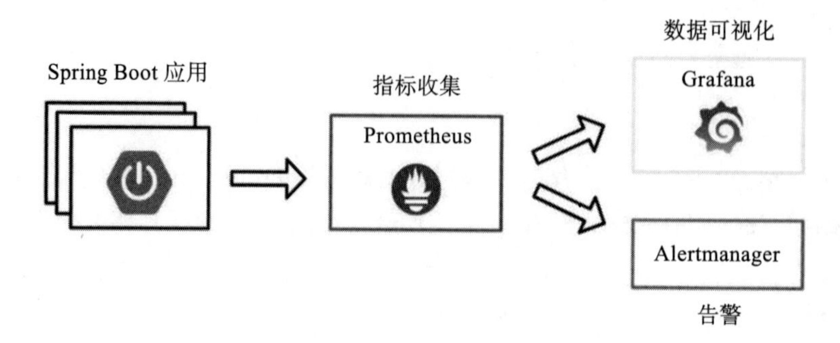

图 6-13　微服务监控系统

```
# my global config
global:
  scrape_interval:     15s # Set the scrape interval to every 15 seconds. Default is every 1 minute.
  evaluation_interval: 15s # Evaluate rules every 15 seconds. The default is every 1 minute.
  # scrape_timeout is set to the global default (10s).
alerting:
  alertmanagers:
  - static_configs:
    - targets: ['127.0.0.1:9093']

# Load rules once and periodically evaluate them according to the global 'evaluation_interval'.
rule_files:
  # - "first_rules.yml"
  # - "second_rules.yml"

# A scrape configuration containing exactly one endpoint to scrape:
# Here it's Prometheus itself.
scrape_configs:
  # The job name is added as a label `job=<job_name>` to any timeseries scraped from this config.
  - job_name: 'prometheus'
    # metrics_path defaults to '/metrics'
    # scheme defaults to 'http'.
    static_configs:
    - targets: ['127.0.0.1:9090']

  - job_name: 'spring-actuator'
    metrics_path: '/actuator/prometheus'
    scrape_interval: 5s
    static_configs:
    - targets: ['172.20.4.65:8080']
```

按如下方式设置告警配置文件，当出现异常场景时，它能够以邮件或者 Oncall 的方式及时通知团队成员：

```
global:
  smtp_smarthost: ''                       #邮件服务器
  smtp_from:  ''                           #发邮件的邮箱
  smtp_auth_username: ''                   #发邮件的邮箱用户名
  smtp_auth_password: 'TPP***'             #发邮件的邮箱密码
  smtp_require_tls: false                  #不进行TLS验证

route:
  group_by: ['alertname']
  group_wait: 10s
  group_interval: 10s
  repeat_interval: 10m
  receiver: live-monitoring

receivers:
- name: 'live-monitoring'
  email_configs:
  - to: ''
```

添加告警规则，当异常出现时会打破这个规则，从而触发我们的告警信息。我们为 Prometheus Targets 监控添加一个 test-alert-rule.yaml，如下所示。

```
groups:
- name: test-alert-rule
  rules:
  -Alert: test down - whether the service is offline
    expr: sum(up{job="springboot-actuator-prometheus-test"}) == 0
    for: 1m
    Labels: custom labels
      severity: critical
      Team: the name of our group, corresponding to the label match above
    annotations:
      Summary: "the order service has been offline, please check!! "
  -Alert: order error rate high: whether the order failure rate is greater than 
10% in 10 minutes
    expr: sum(rate(requests_error_total{application="springboot-actuator-prometheus-test"}
[10m])) / sum(rate(order_request_count_total{application="springboot-actua-
tor-prometheus-test"}[10m])) > 0.1
    for: 1m
    labels:
      severity: major
      team: rhf
    annotations:
      Summary: "the order service response is abnormal!! "
      Description: "the error rate of 10 minute order has exceeded 10% (current 
value: {$value}})!!"!!! "
```

2. 编写监控服务的 docker-compose 文件

Docker Compose 工具支持在 YML 文件中定义创建或者管理多个容器，通过它我们可以快速地部署测试环境与监控环境。

```
version: '1.0'

networks:
    monitor:
        driver: bridge

services:
    prometheus:
        image: prom/prometheus:latest
            container_name: prometheus
        hostname: prometheus
        restart: always
        volumes:
            -./config/prometheus.yml:/etc/prometheus/prometheus.yml
        ports:
            - "9090:9090"
        networks:
            - monitor

    alertmanager:
        image: prom/alertmanager:latest
        container_name: alertmanager
        hostname: alertmanager
        restart: always
        volumes:
            -./config/alertmanager.yml:/etc/alertmanager/alertmanager.yml
        ports:
            - "9093:9093"
        networks:
            - monitor

    grafana:
        image: grafana/grafana
        container_name: grafana
        hostname: grafana
        restart: always
        ports:
            - "3000:3000"
        networks:
            - monitor
```

3. 运行 docker-compose 启动监控服务

运行 docker-compose up 命令，启动我们配置好的监控服务，具体的容器状态如下：

```
# qilei @ qilei-mbp in ~/Documents/data-integration [16:51:14] C:130
$ docker ps
CONTAINER ID   IMAGE                                COMMAND                                CREATED
STATUS                            PORTS                          NAMES
```

```
6b9ad380bb7a   springboot/docker:v2       "java -jar /app.jar"       49 minutes ago
up 25 minutes                        0.0.0.0:8080->8080/tcp   web_services
5d491a559117   prom/prometheus:latest     "/bin/prometheus --c..."   57 minutes ago
up 25 minutes                        0.0.0.0:9090->9090/tcp   prometheus
275580c88c73   prom/alertmanager:latest   "/bin/alertmanager -..."   57 minutes ago
Restarting (1) 53 seconds ago                                 alertmanager
ede7c97cd206   grafana/grafana            "/run.sh"                  57 minutes ago
up 25 minutes                        0.0.0.0:3000->3000/tcp   grafana
```

现在就可以查看 Prometheus Targets 的界面，如图 6-14 所示，检查我们运行的服务是否正常。

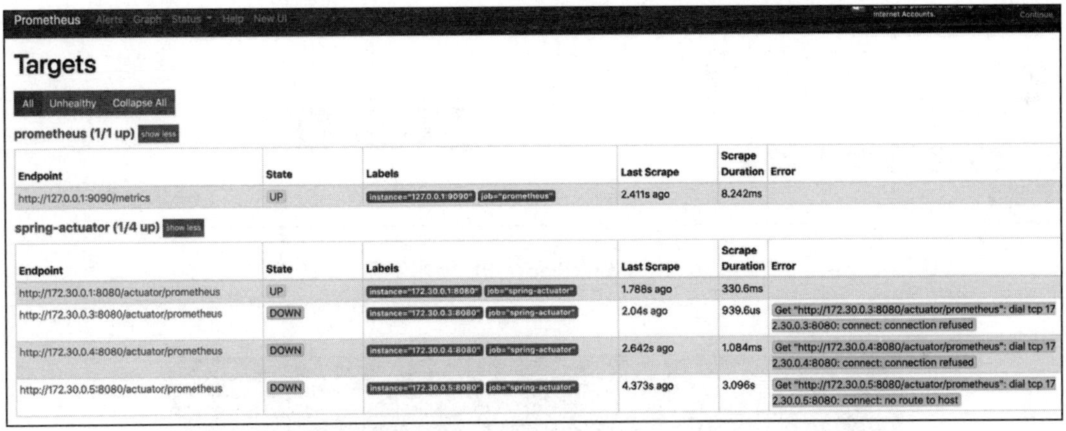

图 6-14　Prometheus Targets 界面

从图 6-14 可以看到 Prometheus 服务运行正常，而我们启动的 spring-actuator 服务也有一个正常的状态，其他则是 DOWN 的状态，这里是我们故意配置错误，为了演示监控对服务状态的实时观测。

之后我们就可以访问 http://localhost:9090 打开 Prometheus 仪表盘，通过 Prometheus 的查询表达式来查询指标。

查询系统的 CPU 在 2min 内的使用率 rate(node_cpu[2m])，结果如图 6-15 所示。

4. 配置 Grafana Dashboard 实现可视化报表

我们可以访问 http://localhost:3000，并且使用默认的账户名和密码来登录 Grafana。配置 Grafana 来导入 Prometheus 中的指标数据，可以通过以下几步导入。

1）在如图 6-16 所示的 Grafana 配置页面上增加 Prometheus 数据源，并设置具体数据源名称、URL、端口以及认证信息。

2）在如图 6-17 所示的页面引入官方提供的 Dashboards 模块，当然我们也可以自己定义展示面板。

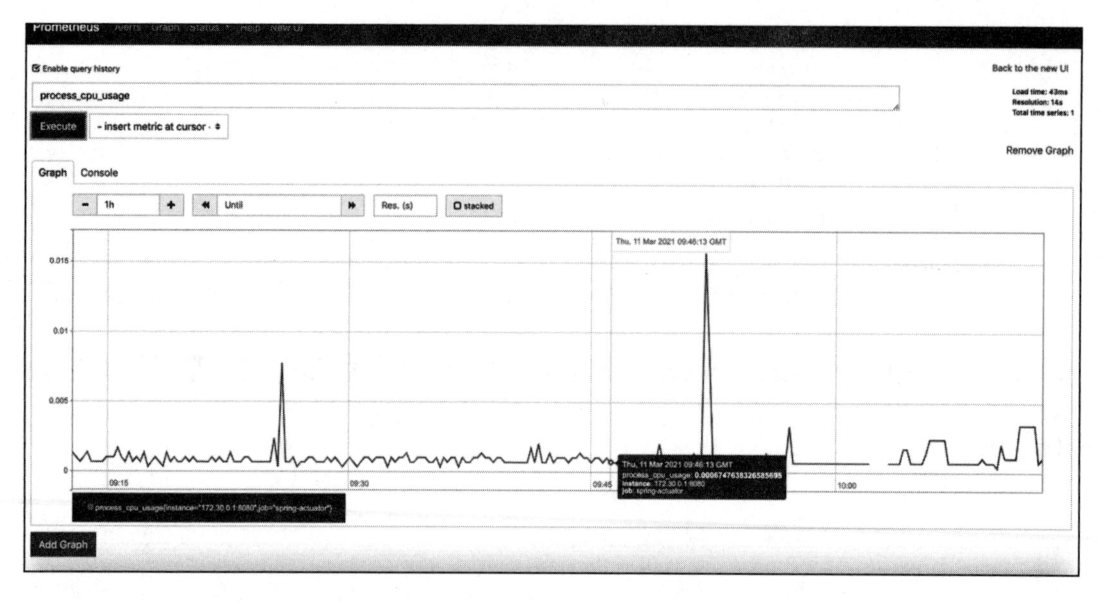

图 6-15　Prometheus CPU 使用率监控

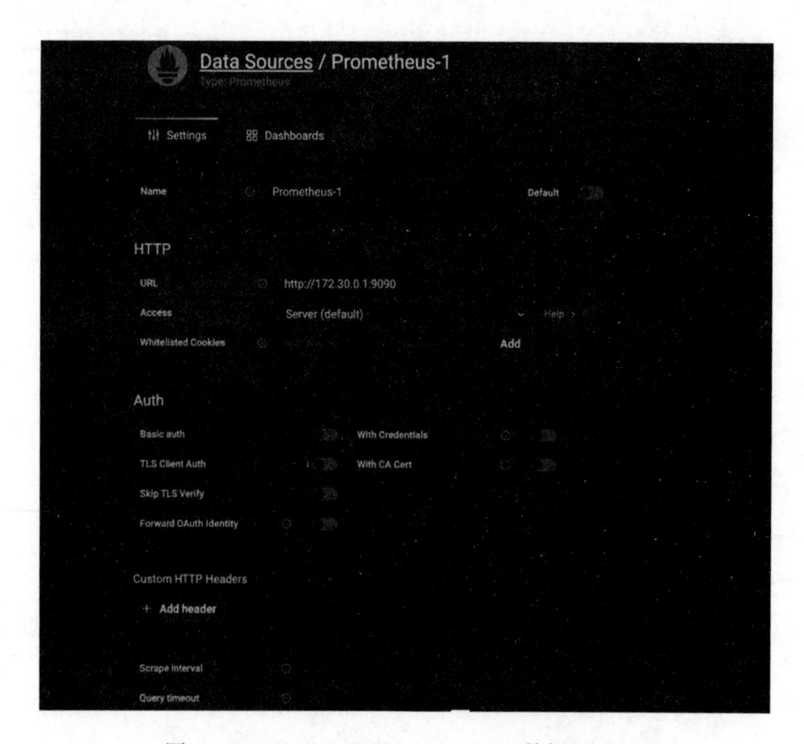

图 6-16　Grafana 配置 Prometheus 数据源（1）

3）之后就可以在如图 6-18 的所示展示面板，看到服务的实时监控数据。

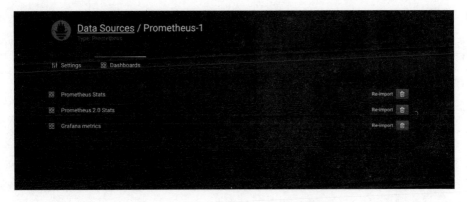

图 6-17　Grafana 配置 Prometheus 数据源（2）

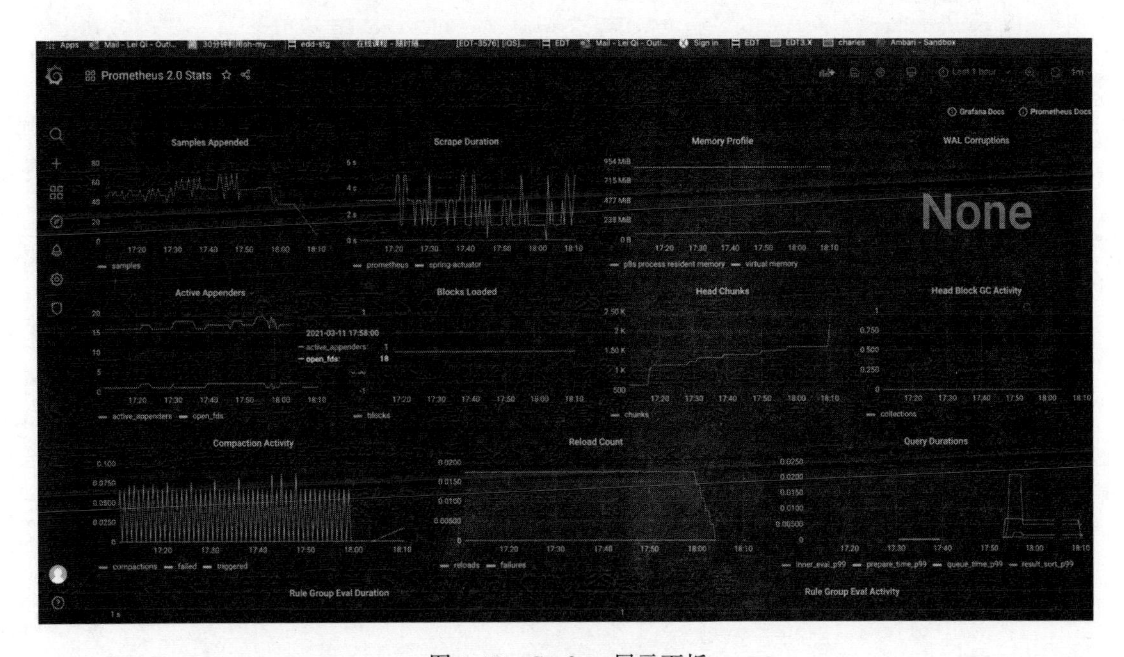

图 6-18　Grafana 展示面板

至此已经完成了基于 Spring Boot Actuator 的监控系统搭建，接下来进行性能测试或混沌工程试验时，可以利用此系统对服务进行实时监控。

6.3.4　Kubernetes 环境下 SkyWalking 容器化部署

前面几节我们利用 Prometheus、Actuator、Grafana 组建了基于 Spring Boot 的监控框架，而 SkyWalking 则像是一个集合体，提供了一整套的解决方案，只要将其和 DevOps 架构结合起来就可以监控我们所有的服务，适合企业级的监控。

1. SkyWalking 官方的 Kubernetes 部署实现

Helm3 是一个 Kubernetes 应用的包管理工具，用来管理 Chart——预先配置好的安装资源包，有点类似于 Ubuntu 的 APT 和 CentOS 中的 YUM 工具。首先安装 Helm3，具体代码如下。

```
curl -LO https://get.helm.sh/helm-v3.2.4-linux-amd64.tar.gz
tar -zxf helm-v3.2.4-linux-amd64.tar.gz
cp linux-amd64/helm /usr/local/bin/helm3
```

而 SkyWalking 官方的 Kubernetes 部署实现地址是 https://github.com/apache/skywalking-kubernetes，官方采用 Helm 实现部署，当我们安装好 Helm3 之后就可以利用以下命令快速搭建 SkyWalking 的 Kubernetes 集群服务。

```
cd ~/k8s/helm/charts
git clone https://github.com/apache/skywalking-kubernetes.git
cd skywalking-kubernetes/chart
helm dep up skywalking
# 创建namespace
kubectl create ns skywalking
# 准备values文件
vim skywalking/values.yaml
#
helm3 install skywalking skywalking -n skywalking --values ./skywalking/values.yaml
helm3 -n skywalking list
helm3 -n skywalking delete skywalking
helm3 -n skywalking upgrade skywalking --values ./skywalking/values.yaml
```

对于上述命令中使用的 values.yaml 文档，我们可以参考如下配置进行快速部署：

```
oap:
  name: oap
  dynamicConfigEnabled: false
  image:
    repository: apache/skywalking-oap-server
    tag: 8.1.0-es7
    pullPolicy: IfNotPresent
  storageType: elasticsearch7 # 存储类型为elasticsearch7
  ports:
    grpc: 11800
    rest: 12800
  replicas: 2
  service:
    type: ClusterIP
  javaOpts: -Xmx2g -Xms2g
  antiAffinity: "soft"
  nodeAffinity: {}
  nodeSelector: {}
  tolerations: []
  resources: {}
```

```
    env:
      SW_NAMESPACE: "skywalking"
  ui:
    name: ui
    replicas: 1
    image:
      repository: apache/skywalking-ui
      tag: 8.1.0
      pullPolicy: IfNotPresent
    ingress:
      enabled: true
      annotations: {}
      path: /
      hosts:
        - skywalking.boer.xyz # ingress地址
      tls: []
  elasticsearch:
    enabled: false # 关闭内置ES，我们使用EFK日志系统的ES集群
    config:
      port:
        http: 9200
      host: "elasticsearch-logging.logging.svc" # 日志系统ES地址
      user: "elastic"
      password: "<your-es-password>"
```

2. 制作 SkyWalking-Agent 客户端镜像收集分布式服务链路信息

SkyWalking-Agent（见图 6-19）提供了多种语言和服务的监控数据收集，Agent 负责从应用中收集链路信息，发送给 SkyWalking OAP 服务器，目前支持收集 SkyWalking、Zikpin、Jaeger 等的链路追踪数据。我们采用的方案是，通过 SkyWalking-Agent 收集 SkyWalking 链路追踪数据后传递给服务器。

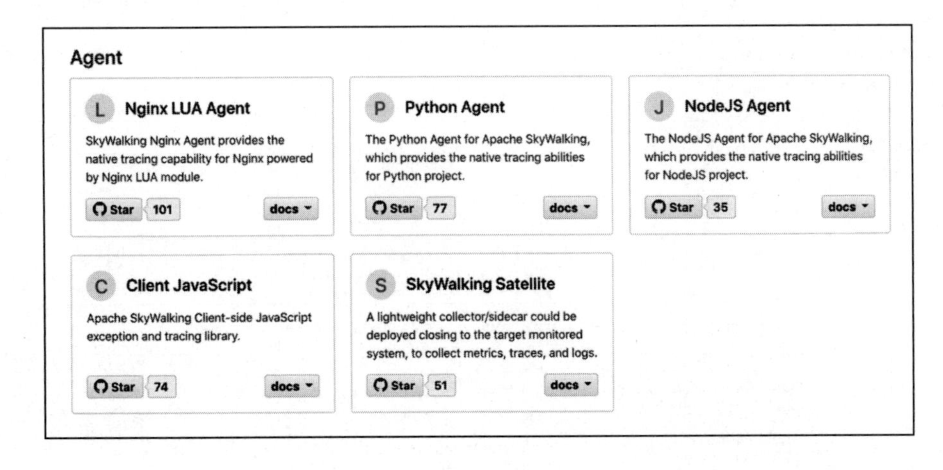

图 6-19　SkyWalking-Agent 界面

按如下方式制作SkyWalking-Agent镜像，便于我们在环境中快速设置监控节点，避免了烦琐的部署过程。

```
FROM busybox:latest
ENV LANG=C.UTF-8
WORKDIR /usr/skywalking/agent
COPY agent/ .
```

编辑SkyWalking-Agent配置文件，区分多环境配置以实现对不同开发环境进行同时监控，参考如下代码。

```
# vim agent/config
# 服务名：区分不同服务，通过环境变量设置
agent.service_name=${SW_AGENT_NAME:Your_ApplicationName}
agent.instance_name=${HOSTNAME} # 实例名：区分多实例，取Pod主机名
collector.backend_service=${SW_AGENT_COLLECTOR_BACKEND_SERVICES:skywalking-oap.
skywalking.svc:11800} # 服务端地址
logging.file_name=${SW_LOGGING_FILE_NAME:skywalking-api.log}
logging.level=${SW_LOGGING_LEVEL:INFO}
logging.max_file_size=${SW_LOGGING_MAX_FILE_SIZE:31457280}
```

3. 利用Sidecar方式挂载Agent实现更简易的监控收集

通过Sidecar方式可以将Agent挂载到需要监控的业务中，并且无须改动业务镜像，只需要改动Deployment的YAML文件即可，具体需要改动的部分如下：

```
apiVersion: apps/v1
kind: Deployment
metadata:
  name: produce-deployment
  annotations:
    kubernetes.io/change-cause: <CHANGE_CAUSE>
spec:
  selector:
    matchLabels:
      app: produce
  replicas: 2
  template:
    metadata:
      labels:
     app: produce
    spec:
      initContainers:
        - image: registry.boer.xyz/public/skywalking-agent:8.1.0
          name: skywalking-agent
          imagePullPolicy: IfNotPresent
          command: ['sh']
          args: ['-c','cp -r /usr/skywalking/agent/* /skywalking/agent']
          volumeMounts:
            - mountPath: /skywalking/agent
```

```yaml
            name: skywalking-agent
      containers:
        - name: produce
          image: <IMAGE>:<IMAGE_TAG>
          imagePullPolicy: IfNotPresent
          volumeMounts:
            - mountPath: /usr/skywalking/agent
              name: skywalking-agent
          ports:
            - containerPort: 10080
          resources:
            requests:
              memory: "512Mi"
              cpu: "200m"
            limits:
              memory: "1Gi"
              cpu: "600m"
          env:
            - name: ENVIRONMENT
              value: "pro"
            - name: SW_AGENT_NAME
              value: "springboot-produce"
            - name: JVM_OPTS
              value: "-Xms512m -Xmx512m -javaagent:/usr/skywalking/agent/skywalking-
agent.jar"
          livenessProbe:
            httpGet:
              path: /actuator/health
              port: 10080
            initialDelaySeconds: 10
            periodSeconds: 10
            timeoutSeconds: 5
          readinessProbe:
            httpGet:
              path: /actuator/health
              port: 10080
            initialDelaySeconds: 10
            periodSeconds: 10
            timeoutSeconds: 5
          lifecycle:
            preStop:
              exec:
                command:
                  - "curl"
                  - "-XPOST"
                  - "http://127.0.0.1:10080/actuator/shutdown"
      imagePullSecrets:
        - name: regcred
      volumes:
        - name: skywalking-agent
          emptyDir: {}
```

完成部署后，访问 SkyWalking 服务，可以看到我们熟悉的 SkyWalking UI 页面，展示了目前所收集的监控数据的图表，如图 6-20 所示。

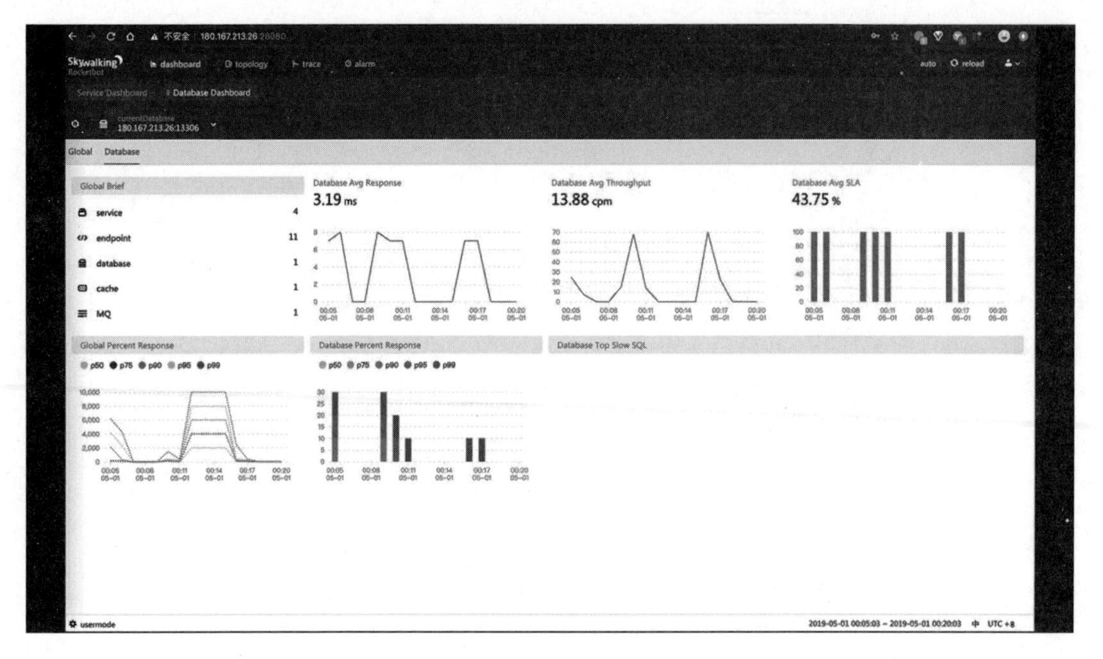

图 6-20　SkyWalking Dashboard

至此我们已经完成了 SkyWalking 的 Kubernetes 容器化部署改造，并且借助 Kubernetes 的特性保证 SkyWalking 的高可用性。我们还可以添加告警规则，通过邮件或者 On Call 的方式，来进一步完善整个监控架构。

6.4　本章小结

由于微服务本身具有复杂性，监控系统的完善程度会影响到微服务日常运营质量的好坏，在微服务线上运行时，有没有一套完善的监控体系能了解它的健康情况，这对整个系统的可靠性和稳定性非常重要。没有对应的监控服务，我们就无法掌控各个不同服务的运行情况，当遇到调用失败的情况时，如果不能快速发现系统的问题，这对业务来说将是一场灾难。

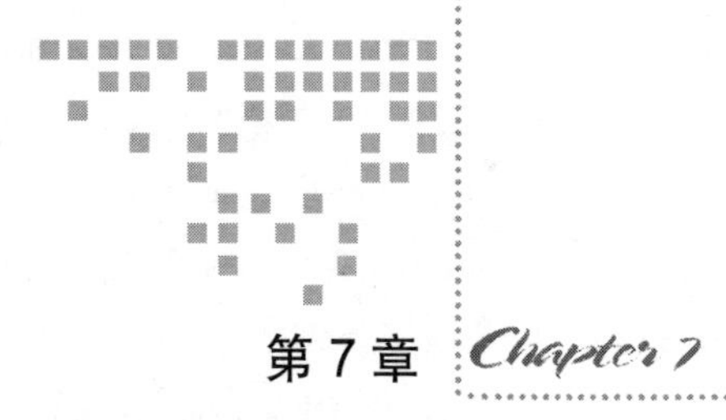

第 7 章 Chapter 7

服务虚拟化

本章作者：付彪

服务虚拟化是微服务测试领域中一项比较特殊的技术，它关注的是服务之间彼此依赖的问题。之所以说它特殊，是因为服务虚拟化本身并不是专门服务测试领域的，在微服务体系下，开发调试甚至部署上线都能使用到服务虚拟化技术。本章会对服务虚拟化技术的概念及其具体的实现方式进行介绍，最后会给出一些常用的服务虚拟化使用场景。

7.1 服务虚拟化价值与简单示例

我们知道，基于微服务进行架构设计与实施的系统，其中的各个微服务功能内聚，彼此之间相互解耦，每个微服务都可以由独立的团队，选择独立的技术栈，进行独立的开发、部署和上线。这些高内聚的功能、低耦合的特性以及各种可独立进行的操作，虽然在宏观上给微服务系统的开发和运维带来了更加灵活的选项，但在细节上给微服务系统的测试提出了一个无法忽略的难题，那就是如何解决微服务系统内部、微服务个体之间的相互依赖给测试单个微服务的工作带来的挑战，该挑战产生的原因如下。

一方面，个体微服务虽然功能内聚且在具体实现上相互解耦，但这并不表示微服务个体之间就没有关联，相反，在一些庞大的微服务体系下，几十甚至上百的微服务个体之间，往往存在着极为紧密的相互依赖。

另一方面，个体微服务可独立开发和可独立部署，这就要求个体微服务也必须可独立测试[1]。然而，独立测试并不等于封闭测试。只要被测微服务不是在业务流中位于末端的数

[1] 所谓的独立测试，其测试过程也仅仅是不涉及被测微服务的下游服务，但仍然需要关联被测微服务上游服务的测试。而这些发生在个体微服务之间的“关联”，就是可能影响个体微服务测试的要点所在。

据服务，比如纯粹的数据库服务，那么它在微服务体系下，就一定或多或少地存在对其他微服务的依赖，对这种服务的测试，是没有办法抛开其依赖服务而进行完全的封闭测试的。

对微服务集群来讲，个体间的相互依赖只是一种中性的现象，并没有好坏之分。依赖之所以会成为测试工作的要害，是因为依赖存在着不同的工况，其中很多工况都会直接影响我们对单个微服务的测试。通常来讲，影响微服务测试的依赖工况包括以下 4 种。

- 不稳定，即测试环境下服务之间的依赖不稳定，比如微服务的某些依赖或者固有接口，常常出现访问超时、部分响应返回数据不全，甚至服务器物理性宕机等问题，这些都是我们平时在测试微服务中经常可能遇到的情况。
- 不可达，相较于单纯的不稳定，不可达的痛点在于消费者服务根本访问不到作为其依赖的生产者服务。这种工况通常发生在消费者服务和生产者服务分属于不同的团队、部门甚至是公司的某些特定情况下，作为依赖的生产者服务并没有提供相应的测试环境来供消费者服务使用。例如，用于自动生成文档的服务、用于自动发送短信的服务，可能只支持预生产环境的测试，而对集成测试环境、开发环境等，是不提供可测试的服务的。
- 无实现，如果不可达的依赖服务还能让你对系统测试环境、预生产环境等的测试抱有一线期望的话，那么无实现的依赖服务可能会让你彻底抓狂。这种还没有完成实现，甚至只有设计没有开发的依赖服务，往往发生在一些多服务或多团队并行开发的项目中。由于依赖服务没有完成，自然也就没有任何可使用的测试环境。
- 无设计，这对依赖服务而言是最糟糕的工况，即从业务和系统架构的角度来说，消费者服务知道它需要依赖某个生产者服务来给它提供某些数据，但目前并没有关于这个生产者服务的任何设计，不知道这个将来会作为依赖的生产者服务能够接收什么样的请求、能够返回什么样的数据，一切都是未知。这样的工况往往发生在一些需要快速验证前端设计与业务流程，而短期内忽略后端实现的前瞻性项目上。

正是因为依赖服务可能出现上述这些异常工况，使得我们对个体微服务的测试往往陷入窘境。而要解决这些问题，现阶段较好的方式就是使用服务虚拟化技术。那么什么是服务虚拟化呢？概括来讲，使用特定的方式快速将某个对象服务的表现行为进行复制的过程，即为服务虚拟化。其中，特定的方式可以是直接编写服务代码，也可以是使用专业的工具，其目的是将对象服务的表现行为进行复制，其结果是得到一个可以正常使用的服务，即虚拟服务。之所以称其为虚拟服务，是因为该服务仅仅克隆了对象服务的业务表现，而没有复制其具体的计算逻辑。

代码清单 7-1 展示了一个使用 Python 的 Flask 框架创建的、非常简单的微服务个体。

代码清单7-1　简单的微服务个体

```
from flask import Flask

app = Flask(__name__)
```

```
@app.route('/calculate/parama/<int:parama>/paramb/<int:paramb>')
def calculate(parama, paramb):
    return str(parama + paramb)
```

启动该服务，然后访问 http://localhost:5000/calculate/parama/1/paramb/1 这个 API 接口，可以获得结果“2”，这就是一个简单的加法计算服务。而启动代码清单 7-2 展示的服务，然后访问 http://localhost:5000/calculate/parama/1/paramb/1 这个 API 接口，同样可以获得结果“2”，但这个结果并不是经过计算得到的，而是通过判断参数直接返回的硬编码，这就是虚拟服务，即仅克隆服务的业务表现而不复制服务的计算逻辑。当然，代码清单 7-2 只是一个示例而已，实际情况下是不会有这种“傻乎乎”的虚拟服务的。

代码清单7-2　简单的虚拟服务

```
from flask import Flask

app = Flask(__name__)

@app.route('/calculate/parama/<int:parama>/paramb/<int:paramb>')
def calculate(parama, paramb):
    if parama==1 and paramb==1:
        return '2'
```

初次接触虚拟服务的测试人员，都会有一个疑惑，那就是“虚拟服务和 Mock、Stub 有什么区别？”这是一个很务实的问题。早在虚拟服务的理念出现之前，像 Mock、Stub 这样的测试替身（test double）技术，就已经在软件测试中被广泛应用了。常见的测试替身通常包括以下 5 种。

- Dummy，纯粹在代码中用来占位的数据项，其数据本身从来不会被用到。比如你需要一个 List 来进行循环，却不使用 List 中的元素。
- Fake，虚假的数据或逻辑对象，其特点在于其数据或逻辑都是正确的、可用的，只不过其数据的内容是虚假的，其逻辑的实现方式也只能用于测试环境，而不能用于生产环境。比如，一个发送邮件的 Fake 对象，它实现了和生产环境下类似的发送邮件的功能，确实可以发送邮件，但为了测试方便，没有对发送的邮件内容加密，或者使用的是测试专用的邮件服务器，而非生产环境的邮件服务器。
- Stub，与 Fake 类似，也是用于测试的对象，只不过 Fake 实现了测试环境下可用的、具体的逻辑功能，而 Stub 通常不会实现这部分逻辑功能，只是返回调用者期望的固定结果。比如，还是上面那个发送邮件的例子，如果采用的是 Stub 对象，当调用者使用 Stub 对象发送邮件时，调用者只会收到“邮件发送成功”的消息，就和真正将邮件发送出去一样，但 Stub 对象本身并没有发送任何邮件。
- Spy，在 Stub 的基础之上，增加了统计的功能。比如，发送邮件的 Spy 对象还会统计自己被调用了多少次，应该发送多少邮件出去。

- Mock，在 Stub 的基础之上，增加了请求断言的功能。比如，发送邮件的 Mock 对象，只会对发送到地址 A 的请求做出正确的响应，如果是发送到地址 B 的请求，则会报错。

这些测试替身技术，有的看起来和现在的虚拟服务很类似，比如 Stub，但是它们都和虚拟服务有着根本性的区别，那就是：传统的测试替身技术都是在单个应用内部的单元测试或集成测试的范畴内进行使用和讨论，其本质都是类或对象，只有在测试代码运行时，才会出现在系统内存当中。而虚拟服务的本质是真实存在的服务，一旦生成就会运行在宿主系统上监听和响应特定端口上的全部请求，其生命周期客观上与任何测试代码和测试活动无关。当然，在本章后面介绍服务虚拟化工具时，你会发现，虚拟服务在实现上也综合使用了 Stub、Mock 等传统的测试替身技术。

所以，在面对微服务系统中个体微服务之间依赖异常的各种问题时，灵活使用服务虚拟化技术，生成虚拟服务来替代异常的依赖服务，是微服务测试中非常重要和实用的一项技能。本章后面的内容将分别介绍 4 款工具，来帮助我们快速实现服务虚拟化。

7.2 基于 WireMock 的服务虚拟化

目前，能够帮助我们实现服务虚拟化的工具，主要分为两大类。

- **命令行工具**，通过使用命令行和维护 Stub 数据文件，比如 JSON 文件，来实现服务虚拟化。其优点是能够提供高阶的虚拟化功能，比如数据的录制回放、服务请求的透传、资源的状态模拟等。其缺点是该工具的学习曲线比较陡峭，Stub 数据的维护需要手动进行文件操作。
- **Web UI 工具**，通过使用浏览器界面来实现服务虚拟化和维护虚拟服务的 Stub 数据。其优点是 Web UI 的使用方式非常方便，能够很快生成可以工作的虚拟服务，对数据的维护也相对直观和简便，缺点是只能提供非常基本的服务虚拟化功能。

从本节开始，我们将介绍 4 款工具，分别是命令行工具 WireMock 和 Hoverfly，以及 Web UI 工具 Mockit 和 YApi。本节将首先介绍 WireMock 的功能和使用方式。

WireMock 的主要功能是提供一个基于 HTTP 的虚拟服务，使用的方式主要有两种：一种是使用 WireMock 提供的 Java API，编写 Java 代码来创建虚拟服务；另一种是将 WireMock 发布的 Java 包文件，即 .jar 文件，作为独立的执行文件，在命令行下直接启动虚拟服务。无论通过哪种方式都能使用 WireMock 提供的服务虚拟化的高级功能，比如录制回放、异常模拟、状态行为、请求的条件匹配等。接下来，我们将详细介绍其中的大部分功能。

7.2.1 模拟系统

讲解服务虚拟化的工具使用，如果只是单纯的纸上谈兵会过于干涩，所以我们准备了一套简单的模拟系统，用于检验 WireMock 的各项功能。当然，这套模拟系统也会作为后面 3 款服务虚拟化工具的练习对象。

模拟系统在 GitHub 上的地址为 https://github.com/Mikuu/Service-Virtualization，使用以下命令将模拟系统克隆到本地。

```
git clone https://github.com/Mikuu/Service-Virtualization.git
```

这是一个非常简单的模拟系统，由 Employee、Salary 和 User 服务组成，其中，Salary 和 User 服务作为独立的生产者服务都拥有自己独立的数据库，Employee 作为消费者服务，自己并不存储任何数据，需要向 Salary 服务和 User 服务发送请求来获取和生成数据。整个系统的架构关系如图 7-1 所示。

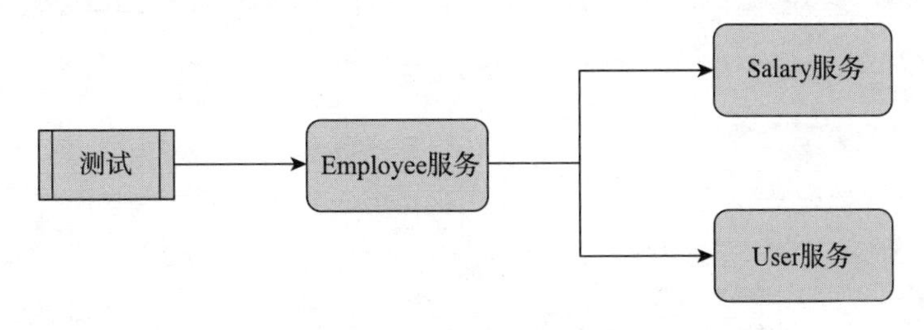

图 7-1　被测服务架构

首先，我们需要启动这 3 个服务，验证原本的系统是可工作的。按照代码清单 7-3 所示，分别启动 Employee 服务、Salary 服务和 User 服务。如果是第一次启动服务，Gradle 的构建过程会下载一些依赖文件，根据具体的网络情况可能会花一些时间，请耐心等待。因为 Salary 服务和 User 服务都带有自己独立的数据库，所以在使用 bootRun 任务启动服务之前，需要先使用 startMongoDb 任务来启动 MongoDB 数据库。User 服务的数据库监听本地端口 27016，Salary 服务的数据库监听本地端口 27015。至于其他更详细的服务配置，读者如果感兴趣可以查看服务源代码。

代码清单7-3　启动服务

```
# 从项目根目录下，启动Employee服务
cd employee
./gradlew bootRun

# 从项目根目录下，启动Salary服务
cd salary
./gradlew startMongoDb
./gradlew bootRun

# 从项目根目录下，启动User服务
cd user
./gradlew startMongoDb
./gradlew bootRun
```

3 个服务分别启动完成后，可以使用它们各自的 Swagger UI 页面来验证服务是否正常。

- ❑ Employee 服务的 Swagger UI 地址：http://localhost:8080/consumer/employee/api/swagger-ui/；
- ❑ User 服务的 Swagger UI 地址：http://localhost:8081/provider/user/api/swagger-ui/；
- ❑ Salary 服务的 Swagger UI 地址：http://localhost:8082/provider/salary/api/swagger-ui/。

使用浏览器访问上面的地址，比如访问 Employee 服务的 Swagger UI 地址，能够看见如图 7-2 所示的 Swagger UI 界面。

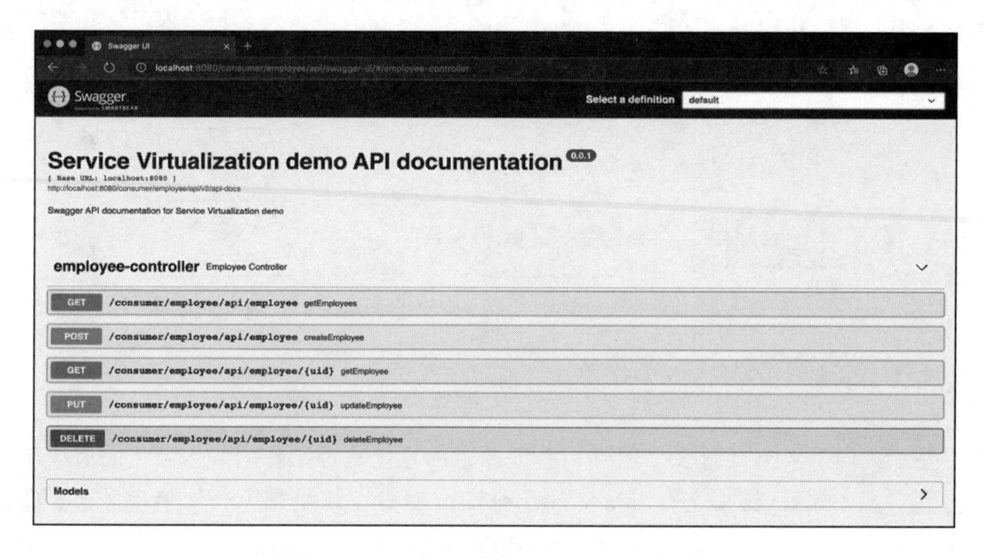

图 7-2　Employee 服务 Swagger UI 界面

通过阅读 Swagger UI 中的接口定义，我们就可以大概了解这 3 个服务的协作方式了。因为我们只会对 Employee 服务进行测试，所以我们先重点关注 Employee 服务提供的功能，即：

- ❑ 创建雇员信息；
- ❑ 获取雇员信息；
- ❑ 查询雇员信息；
- ❑ 修改雇员信息；
- ❑ 删除雇员信息。

具体来说，当创建一个雇员信息时，我们可以使用代码清单 7-4 中的 curl 命令发送一个 Post 请求给 Employee 服务，当然，如果你更喜欢图形化操作，你也可以使用 Postman 完成这项工作。

代码清单7-4　使用curl命令发送请求

```
curl -d '{"name":"nanoha", "age":18, "gender":"female", "nationality":"japan"}'
```

```
    -H "Content-Type: application/json" -X POST http://localhost:8080/consumer/
    employee/api/employee
{"result":"Succeed","uid":"ca05aa3d8cb741dfb6eb3f5877b7d374"}
```

以上命令触发的被测系统的工作流程如图 7-3 所示。

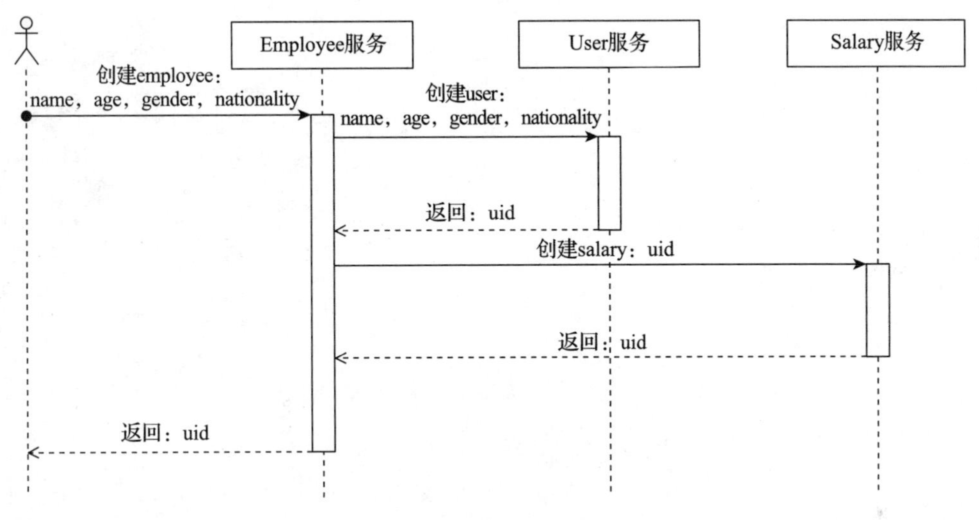

图 7-3　创建雇员流程

上述 POST 请求为我们创建了一个雇员信息，其 uid 为 ca05aa3d8cb741dfb6eb3f5877b7d374。使用代码清单 7-5 中的命令，我们就可以使用这个 uid 来获取已经创建的雇员信息。

代码清单7-5　使用curl命令获取雇员信息

```
curl --location --request GET 'http://localhost:8080/consumer/employee/api/
    employee/ca05aa3d8cb741dfb6eb3f5877b7d374'
{"uid":"ca05aa3d8cb741dfb6eb3f5877b7d374","name":"nanoha","gender":"female","nat
    ionality":"japan","age":18,"salary":47682}
```

以上命令触发的被测系统的工作流程如图 7-4 所示。

除了使用 uid 进行精确获取，我们还能使用 name 按照代码清单 7-6 中的命令来查询雇员信息。

代码清单7-6　使用name查询雇员信息

```
curl --location --request GET 'http://localhost:8080/consumer/employee/api/
    employee?name=nanoha'
{"employeeCount":3,"employees":[{"uid":"5051f988ec634a0a90ded677d91be776","na-
    me":"nanoha","gender":"female","nationality":"japan","age":18,"salary":
    40546},{"uid":"b029ecb6cc70430ba07e933a221b5981","name":"nanoha","gender":"
    female","nationality":"japan-a","age":18,"salary":25038},{"uid":"ca05aa3d8
    cb741dfb6eb3f5877b7d374","name":"nanoha","gender":"female","nationality":"ja-
    pan","age":18,"salary":47682}]}
```

以上命令触发的被测系统的工作流程如图 7-5 所示。

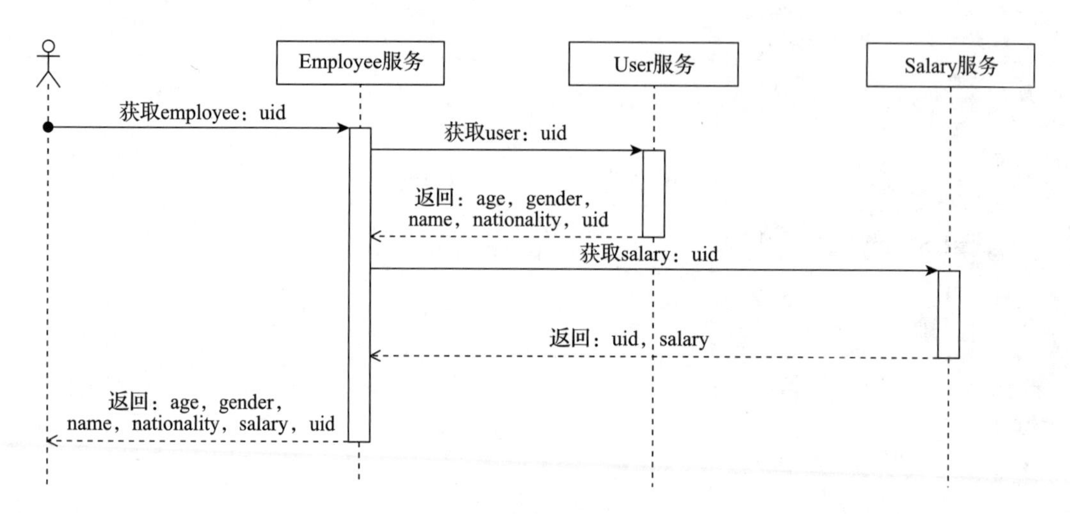

图 7-4　获取雇员流程

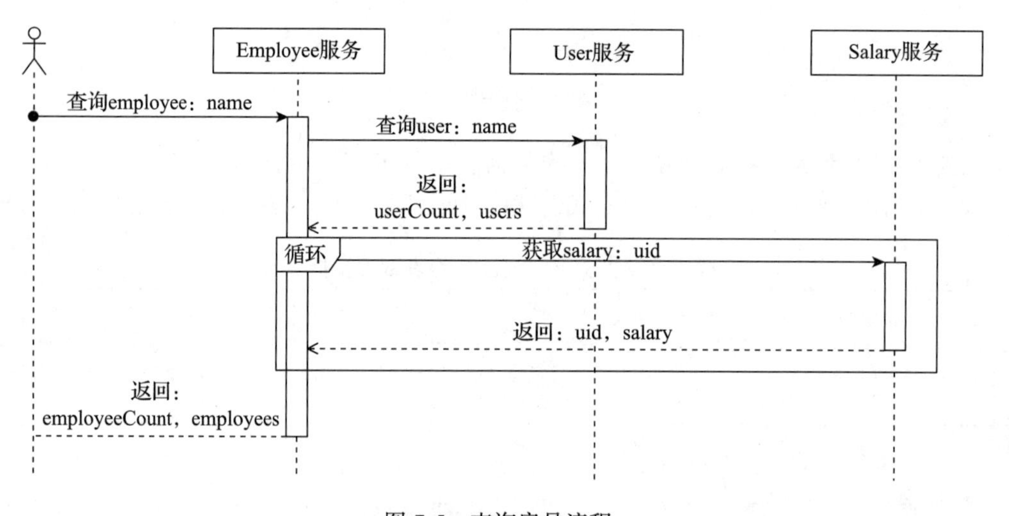

图 7-5　查询雇员流程

使用 PUT 请求，加上雇员的 uid，按照代码清单 7-7 中命令的方式，就可以修改指定雇员的数据。

代码清单7-7　修改雇员信息

```
curl --location --request PUT 'http://localhost:8080/consumer/employee/api/
    employee/ca05aa3d8cb741dfb6eb3f5877b7d374' \
> --header 'Content-Type: application/json' \
> --data-raw '{
>     "name": "hatusne miku",
```

```
>      "age": 15,
>      "gender": "female",
>      "nationality": "japan",
>      "salary": 57500
> }'
{"uid":"ca05aa3d8cb741dfb6eb3f5877b7d374","name":"hatusne miku","gender":"female",
    "nationality":"japan","age":15,"salary":57500}
```

以上命令触发的被测系统的工作流程如图 7-6 所示。

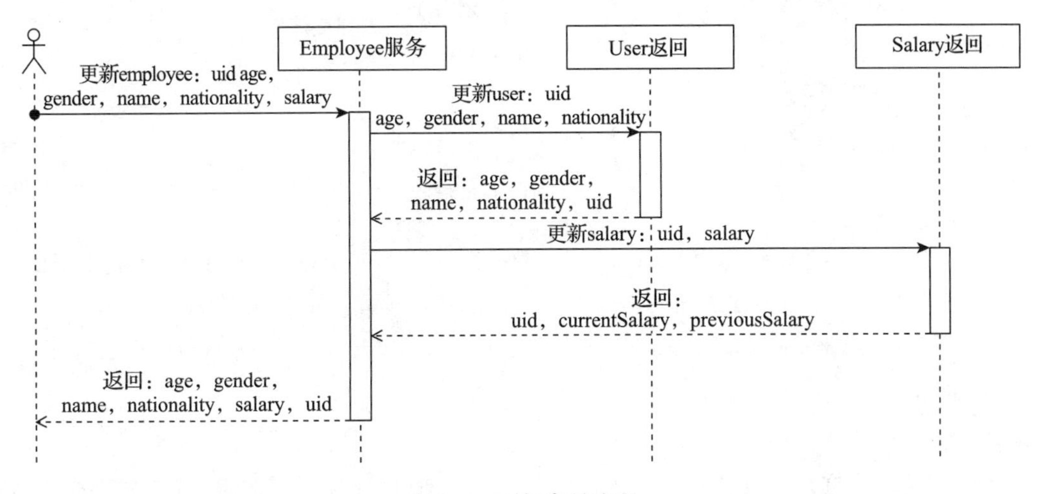

图 7-6　更新雇员流程

最后，使用 DELETE 请求加上雇员 uid，按照代码清单 7-8 中命令的方式，就可以删除该雇员信息。

代码清单7-8　删除雇员信息

```
curl --location --request DELETE 'http://localhost:8080/consumer/employee/api/
    employee/ca05aa3d8cb741dfb6eb3f5877b7d374'
{"result":"Succeed","uid":"ca05aa3d8cb741dfb6eb3f5877b7d374"}
```

以上命令触发的被测系统的工作流程如图 7-7 所示。

至此，我们大概了解了整个被测系统的功能和工作流程，接下来就可以开始正式演练服务虚拟化了。本节中的所有代码和命令执行环境，都位于同一代码仓库内的 wiremocking 目录里，需要时可以查阅。

7.2.2　基于 Java 的基本使用

WireMock 是一个使用 Java 语言开发的服务虚拟化工具，其本质是一套 Java 库，所以我们可以通过编写 Java 代码来使用 WireMock 的全部功能。编写 Java 代码来使用 WireMock 一般有以下两种方式：

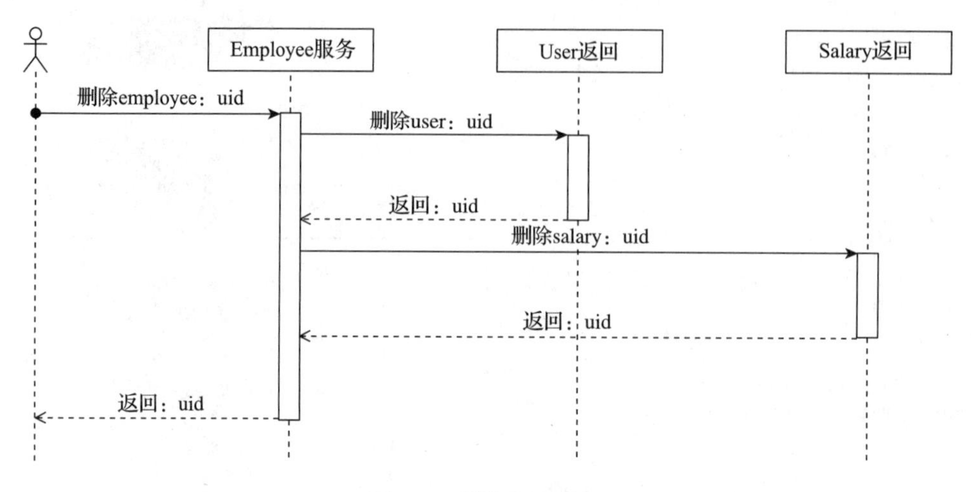

图 7-7 删除雇员流程

- 使用 WireMock 提供的 JUnit Rule，这种方式类似于 Pact 中的 JUnit Rule，帮助我们简化 WireMock 在 JUnit 中的设置，主要用于单元测试、集成测试；
- 直接使用 WireMock 的库，这就相当于基于 WireMock 开发我们自己的虚拟服务，能够根据我们自己的业务需求，实现特定的功能。

1. 通过 JUnit Rule 使用 WireMock

代码清单 7-9 展示了使用 WireMock 提供的 JUnit Rule 快速实现服务虚拟化的方式。其中，我们通过实例化 WireMockClassRule 这个类，得到了一个 WireMock 的虚拟服务实例，这个虚拟服务运行在本地的 localhost 上监听 8083 端口。然后，我们通过 stubFor 方法，在该虚拟服务中添加了一条特定的 Stub 数据。之所以说是“特定”的 Stub 数据，是因为该虚拟服务只会响应访问路径为 /consumer/employee/api/employee/ca05aa3d8cb741dfb6eb3f5877b7d374 的 GET 请求，而它返回的消息体则是由 jsonBody 方法固定返回的 JSON 数据。到目前为止，我们还只是完成了虚拟服务的启动设置和对 Stub 数据的创建。为了完成测试，我们可以添加一些代码来访问我们的虚拟服务，从而验证是否能得到正确的 Stub 数据。为此，我们在测试案例中引入了 RestAssured 这个 API 测试工具，通过 given、when、then 等方法进行链式调用，即可轻松完成对虚拟服务的验证，这里作为示例，我们仅仅验证了返回的消息体中是否包含期望的 uid 和 name 字段。

代码清单7-9 使用JUnit Rule创建虚拟服务

```java
package wiremocking;

import com.fasterxml.jackson.core.JsonProcessingException;
import com.fasterxml.jackson.databind.JsonNode;
import com.fasterxml.jackson.databind.ObjectMapper;
import com.fasterxml.jackson.databind.node.JsonNodeFactory;
import com.github.tomakehurst.wiremock.junit.WireMockClassRule;
```

```
import org.junit.ClassRule;
import org.junit.Rule;
import org.junit.Test;

import static com.github.tomakehurst.wiremock.client.WireMock.*;
import static com.github.tomakehurst.wiremock.client.WireMock.aResponse;
import static io.restassured.RestAssured.*;
import static org.hamcrest.Matchers.*;

public class AppTest {

    @ClassRule
    public static WireMockClassRule wireMockRule = new WireMockClassRule(8083);

    @Rule
    public WireMockClassRule instanceRule = wireMockRule;

    @Test
    public void testGetMockEmployee() {
        stubFor(get(urlEqualTo("/consumer/employee/api/employee/ca05aa3d8cb741df
            b6eb3f5877b7d374"))
                .willReturn(aResponse()
                        .withHeader("Content-Type", "application/json")
                        .withStatus(200)
                        .withJsonBody(jsonBody())));

        given()
                .when()
                .get("http://localhost:8083/consumer/employee/api/employee/ca05a
                    a3d8cb741dfb6eb3f5877b7d374")
                .then()
                .body("uid", is("ca05aa3d8cb741dfb6eb3f5877b7d374"))
                .body("name", is("hatusne miku"));
    }

    private JsonNode jsonBody() {
        String bodyString = "{\"uid\":\"ca05aa3d8cb741dfb6eb3f5877b7d374\",\"name\":
            \"hatusne miku\",\"gender\":\"female\",\"nationality\":\"japan\",
            \"age\":15,\"salary\":57500}\n";
        ObjectMapper mapper = new ObjectMapper();
        JsonNode body = JsonNodeFactory.instance.objectNode();

        try {
            body = mapper.readTree(bodyString);
        } catch (JsonProcessingException e) {
            e.printStackTrace();
        }

        return body;
    }
}
```

值得一提的是，代码清单 7-9 中的示例，虽然使用 WireMock 成功地创建了虚拟服务，并且做了 API 的测试验证，但实际上，这样的测试案例是没有任何意义的。因为我们创建和启动的虚拟服务除了被用于验证的 RestAssured 工具访问外，并没有被任何“真正”的消费者服务使用，其架构如图 7-8 所示，这样的虚拟服务是没有价值的。

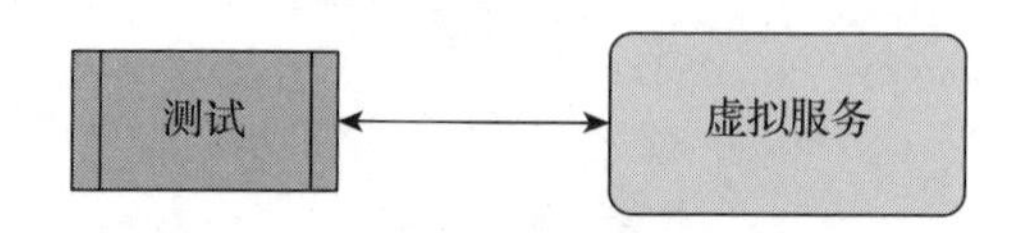

图 7-8 测试直接访问虚拟服务

而在实际项目的测试中，我们通过服务虚拟化的方式快速构建虚拟服务一定是为了提供给被测的服务来使用的。我们的测试案例需要做的也不是直接访问虚拟服务，而是访问将虚拟服务作为生产者服务的被测服务，整个结构如图 7-9 所示。如此，我们通过虚拟服务来替代真实依赖服务，从而解决部分被测服务在依赖的稳定性和可测性方面遇到的挑战。

图 7-9 虚拟服务作为被测服务的生产者服务

2. 直接使用 WireMock 的 Java 库

除了直接在单元测试或者集成测试中，通过 JUnit Rule 的方式使用 WireMock 外，我们还可以直接编写 Java 代码，基于 WireMock 创建我们自己的虚拟服务，代码清单 7-10 展示了这样一个非常简单的示例。这个由 main 函数启动的虚拟服务，其功能与使用 JUnit Rule 配置和创建的虚拟服务完全相同，两种方式唯一的区别就是，在代码中我们使用 configureFor 方法替代了 WireMockClassRule 来配置 WireMock 的虚拟服务实例。

代码清单7-10 使用WireMock的API创建虚拟服务

```
package wiremocking;

import com.fasterxml.jackson.core.JsonProcessingException;
import com.fasterxml.jackson.databind.JsonNode;
import com.fasterxml.jackson.databind.ObjectMapper;
import com.fasterxml.jackson.databind.node.JsonNodeFactory;
import com.github.tomakehurst.wiremock.WireMockServer;
import static com.github.tomakehurst.wiremock.client.WireMock.*;
import static com.github.tomakehurst.wiremock.core.WireMockConfiguration.options;

public class App {

    private static int port = 8083;
    private static String serverAddress = "localhost";
```

```
    private static WireMockServer wireMockServer = new WireMockServer(options().
        port(port));

    public static void main(String[] args) {
        launchServer();
    }

    private static void launchServer() {
        wireMockServer.start();
        System.out.println("\n--------------- Mock Server is running -------------
            --\n");
        loadStubs();
    }

    private static void loadStubs() {
        configureFor(serverAddress, port);
        stubExactUrlOnly();
    }

    public static void stubExactUrlOnly() {
        stubFor(get(urlEqualTo("/consumer/employee/api/employee/ca05aa3d8cb741df
            b6eb3f5877b7d374"))
                .willReturn(aResponse()
                        .withHeader("Content-Type", "application/json")
                        .withStatus(200)
                        .withJsonBody(jsonBody())));
    }

    private static JsonNode jsonBody() {
        String bodyString = "{\"uid\":\"ca05aa3d8cb741dfb6eb3f5877b7d374\",\"nam-
            e\":\"hatusne miku\",\"gender\":\"female\",\"nationality\":\"japan\",
            \"age\":15,\"salary\":57500}\n";
        ObjectMapper mapper = new ObjectMapper();
        JsonNode body = JsonNodeFactory.instance.objectNode();

        try {
            body = mapper.readTree(bodyString);
        } catch (JsonProcessingException e) {
            e.printStackTrace();
        }

        return body;
    }
}
```

使用代码清单 7-11 中的命令就可以启动和验证上面实现的虚拟服务。

代码清单7-11　启动虚拟服务

```
# 在wiremocking目录下
./gradlew run
```

```
# 在另外一个命令行终端下
curl --location --request GET 'http://localhost:8083/consumer/employee/api/
    employee/ca05aa3d8cb741dfb6eb3f5877b7d374'
{"uid":"ca05aa3d8cb741dfb6eb3f5877b7d374","name":"hatusne miku","gender":"female",
    "nationality":"japan","age":15,"salary":57500}
```

通过 Java 代码实现的服务虚拟化，其实质就是编写了一个简单的，没有数据处理逻辑，仅有条件判断逻辑的伪服务。与只能用于单元测试、集成测试的 JUnit Rule 不同的是，这样的伪服务或者说虚拟服务，其生命周期不会受限于任何特定的测试活动，只要我们不主动关停它，该服务就会一直存续。在 Stub 数据的数量足够的条件下，同样的虚拟服务既可帮助开发人员调试程序，也可以辅助测试人员手动测试被测应用，甚至能直接用于流水线上的自动化测试，这就是虚拟服务和早期测试替身的根本区别。

前面我们已经提到过，WireMock 作为一款非常优秀的服务虚拟化工具，主要通过 Java API 和命令行下的可执行 jar 包这两种方式来使用，本节已经介绍了通过 Java 代码使用 WireMock 的 API 的方式。需要强调的是，上面介绍的例子展示的用法都非常基础，除了这些最基础的用法外，WireMock 所有的功能都能通过 Java 代码来实现。可是，在真实的微服务项目中进行服务虚拟化工作时，几乎很少使用 WireMock 的 Java API，绝大多数情况下都是使用 7.2.3 节将会介绍的、基于独立执行文件的方式来使用 WireMock。所以，本节后面关于 WireMock 的功能介绍，都将主要使用独立执行文件的方式来进行，但这并不表示你只能通过独立执行文件来使用这些功能，就像上面反复提到的那样，你同样可以使用 WireMock 的 Java API 来实现 WireMock 全部的功能。

7.2.3 基于独立执行文件的基本使用

WireMock 的源码是用 Java 语言编写的，其本身就是一套 Java API。但在实际项目中，如果要求只要进行服务虚拟化的工作，都必须自己编写 Java 代码的话，就极大提高了服务虚拟化的门槛，特别是对那些不熟悉 Java 技术栈的测试人员来说，WireMock 将很难成为他们的技术选项。所以，WireMock 在最早被推出时，就是以打包编译后的独立执行文件，即类似 wiremock-standalone-2.27.2.jar 这样的 jar 包文件来提供给社区使用的。这样做，除了免去使用 Java 编写代码的技术门槛之外，还有一个非常重要的原因，那就是将维护 Stub 数据的工作从 Java 代码转移到了 JSON 文件上，这在很大程度上提高了数据文件的通用性和可维护性。

使用 WireMock 的独立执行文件是非常简单的，我们可以在 WireMock 的官方仓库中下载到近期主要版本的独立执行文件，该仓库地址为 https://repo1.maven.org/maven2/com/github/tomakehurst/wiremock-standalone/，也可以在 WireMock 的官方文档页面 http://wiremock.org/docs/running-standalone/ 中直接下载最新版本的独立执行文件。该文档页面除了提供最新版本的独立执行文件的下载链接外，还详细描述了其命令行启动的各种参数，测试人员在需要时可以查阅。

下载完独立执行文件，不再需要其他依赖，就可以使用 WireMock 的完整功能了。当然，这里还有一个小小的前提，那就是你的操作系统上得装有 Java 的执行环境（即 JRE 环境），这是运行任何 Java 应用都需要的“依赖”，所以请自行确保已完成安装。

在通过独立执行文件使用 WireMock 时，其启动方式永远都是轻松愉快的，用一行命令搞定，代码清单 7-12 所示就是一个非常基本的启动命令。该命令中，我们通过 –port 参数指定了虚拟服务启动的监听端口为 8083，如果不使用 –port 明文指定监听端口，则默认监听 8080 端口。WireMock 启动成功后，会首先在命令行下打印出它的 Logo，然后是一些关键参数的信息。这些以及其他没有在命令行下直接打印出的参数，都可以在命令行启动时进行赋值。

代码清单7-12　启动WireMock

```
java -jar wiremock-standalone-2.27.2.jar --port 8083
 /$$      /$$ /$$                     /$$      /$$                     /$$
| $$  /$ | $$|__/                    | $$$    /$$$                    | $$
| $$ /$$$| $$ /$$  /$$$$$$   /$$$$$$ | $$$$  /$$$$  /$$$$$$   /$$$$$$$| $$   /$$
| $$/$$ $$ $$| $$ /$$__  $$ /$$__  $$| $$ $$/$$ $$ /$$__  $$ /$$_____/| $$  /$$/
| $$$$_  $$$$| $$| $$  \__/| $$$$$$$$| $$  $$$| $$| $$  \ $$| $$      | $$$$$$/
| $$$/ \  $$$| $$| $$      | $$_____/| $$\  $ | $$| $$  | $$| $$      | $$_  $$
| $$/   \  $$| $$| $$      |  $$$$$$$| $$ \/  | $$|  $$$$$$/|  $$$$$$$| $$ \  $$
|__/     \__/|__/|__/       \_______/|__/     |__/ \______/  \_______/|__/  \__/

port:                           8083
enable-browser-proxying:        false
disable-banner:                 false
no-request-journal:             false
verbose:                        false
```

单单启动一个 WireMock 的虚拟服务实例，除了能验证是否存在端口占用，是没有任何实际意义的，因为我们没有为它进行相关创建和配置来认识 Stub 数据。对虚拟服务来说，服务本身好比一把枪，而 Stub 数据就是它的弹药，两者永远都是缺一不可的。要创建 Stub 数据，首先要在当前目录下创建 mappings 和 __files 文件夹。WireMock 在启动时，会检查当前路径下是否已经存在这两个文件夹，如果没有，就会自动创建它们。在 mappings 目录下，创建一个 JSON 文件，对该文件可以随意命名，比如 my-stub.json，然后编辑如代码清单 7-13 所示的文件内容。

代码清单7-13　WireMock的Stub数据

```
{
    "id" : "2d8fe725-8267-362a-b539-155a9babd07e",
    "request" : {
        "url" : "/consumer/employee/api/employee/5051f988ec634a0a90ded677d91be776",
        "method" : "GET"
```

```
    },
    "response" : {
        "status" : 200,
        "jsonBody" : {"uid":"5051f988ec634a0a90ded677d91be776","name":"nanoha",
            "gender":"female","nationality":"japan","age":18,"salary":40546},
        "headers" : {
            "Content-Type" : "application/json",
            "Date" : "Sun, 11 Oct 2020 07:34:03 GMT",
            "Keep-Alive" : "timeout=60"
        }
    },
    "uuid" : "2d8fe725-8267-362a-b539-155a9babd07e"
}
```

现在，我们的虚拟服务就有 Stub 数据了，关闭并且重启刚才的 WireMock 服务，然后我们就可以使用代码清单 7-14 中的命令，来验证该 WireMock 是否能返回正确的数据信息。

代码清单7-14 使用GET请求验证WireMock的虚拟服务

```
curl --location --request GET 'http://localhost:8083/consumer/employee/api/emplo-
    yee/5051f988ec634a0a90ded677d91be776'
{"uid":"5051f988ec634a0a90ded677d91be776","name":"nanoha","gender":"female","nat-
    ionality":"japan","age":18,"salary":40546}
```

至此，通过一个 JSON 文件加一条启动命令，我们就让一个虚拟服务正常工作了。在继续介绍更多内容之前，先让我们放慢“脚步”来细看一下这个 JSON 文件的具体内容。这是一份标注的、WireMock 的 mapping 文件，主要由 4 部分组成：id、uuid、request 和 response。其中，id 和 uuid 是 WireMock 标识 mapping 文件的唯一性标识，request 和 response 则描述该 Stub 数据的匹配规则和响应内容。具体而言，只有当虚拟服务收到的 GET 请求是指向 /consumer/employee/api/employee/5051f988ec634a0a90ded677d91be776 这个路径时，才会返回 response 中定义的内容。代码清单 7-15 中的命令展示了当请求指向不准确的路径时得到的响应。

代码清单7-15 WireMock响应不匹配的请求

```
curl --location --request GET 'http://localhost:8083/consumer/employee/api/emplo-
    yee/5051f988ec634a0a90ded677d91be777'

                                          Request was not matched
                                          =======================

-----------------------------------------------------------------------------
| Closest stub                                         | Request             |
-----------------------------------------------------------------------------
                                                       |
GET                                                    | GET
/consumer/employee/api/employee/5051f988ec634a0a90ded677d | /consumer/employee/
    api/employee/5051f988ec634a0a90ded677d<<<<< URL does not match
```

```
91be776                                                         | 91be777
                                                                |
                                                                |
--------------------------------------------------------------------------------
```

目前，WireMock 主要针对已下 8 种元素进行请求匹配：

- URL
- HTTP Method
- Query parameter
- Header
- Basic authentication
- Cookie
- Request body
- Multipart/form-data

其中 URL、Query parameter、Header 等元素除了支持基本的等值校验外，都支持使用正则表达式进行各种灵活的匹配，而 Request body 也支持使用标准的 JSONPath 表达式进行匹配。

7.2.4　录制与回放

细心的读者可能已经发现了，到目前为止，我们在 Stub 数据中使用的消息体的内容都是模拟 Employee 服务正常返回的内容。这样就会产生一个棘手的问题：如果我们不知道 Employee 服务的某个请求会返回什么内容，该怎么模拟，或者说硬编码出它的消息体呢？没错，**这是所有服务虚拟化工作中最核心的问题，即如何才能快速、准确地获取或构建虚拟服务的响应消息体**。也许有人会说，没关系，我们项目的文档化工作做得很好，任何服务的任何接口都有完整的接口文档，我可以根据接口文档来编写 Stub 数据。诚然，这种方式在技术上确实可行，但遗憾的是，服务虚拟化不光是一个“技术活儿”，还是一个“体力活儿”。我们从任何服务得到的响应，都是服务本身加上不同数据而产出的结果，图 7-10 抽象了真实服务中响应、服务、数据的关系。

与之相对，图 7-11 则抽象了虚拟服务中响应、服务、数据的关系。

可见，在真实服务中，对于同一个接口，服务本身是唯一的，基于不同的数据，我们会得到不同的响应。而在虚拟服务中，Stub 数据是响应、服务、数据这三者共同的载体，有多少需要模拟的响应，理论上就要有多少 Stub 数据个体，即便它们描述的都是对于相同服务的行为。所以，Stub 数据的创建在服务虚拟化中是一个不折不扣的“体力活儿”。

1. WireMock 的录制回放过程

当然，虽然创建 Stub 数据是“体力活儿”，但并不表示我们要纯手动去完成它。WireMock 的录制功能，就是为了快速、准确生成 Stub 数据而存在的。图 7-12 展示了 WireMock 的录制回放功能的工作模式。

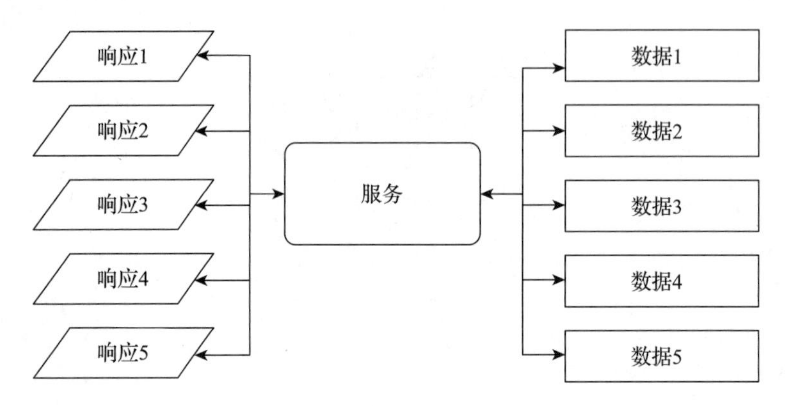

图 7-10 真实服务中响应、服务、数据的关系

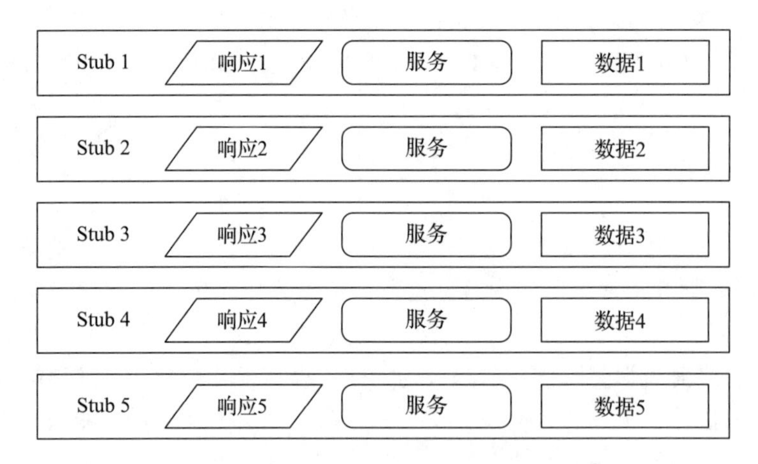

图 7-11 虚拟服务中响应、服务、数据的关系

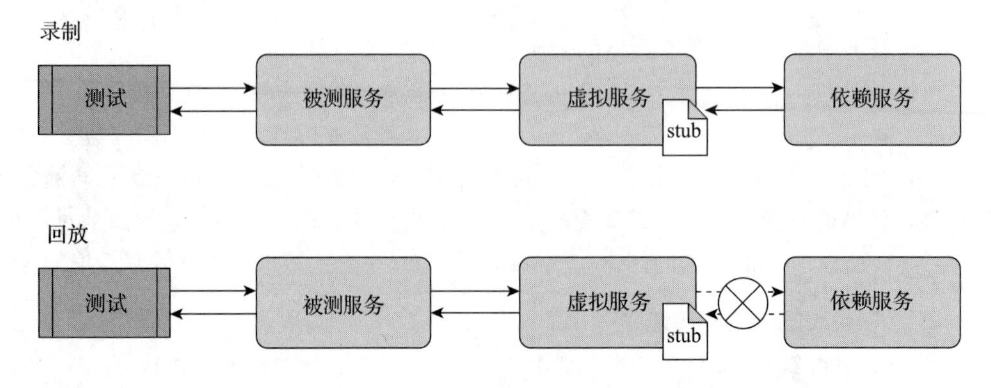

图 7-12 WireMock 录制回放功能的工作方式

首先在录制模式中，我们的虚拟服务会置于被测服务和依赖服务之间，相当于一个代理服务。

- 被测服务把原本应该发送给依赖服务的请求，发送给虚拟服务。
- 虚拟服务再将相同的请求发送给真正的依赖服务。
- 依赖服务返回响应给虚拟服务。
- 虚拟服务得到依赖服务的响应后，会做两件事：其一，将响应返回给被测服务；其二，将该响应和之前的请求作为 Stub 数据保存到 JSON 文件中。
- 被测服务得到响应，该响应和被测服务直接将请求发送给依赖服务得到的响应是完全相同的。

然后在回放模式中，我们不再需要真实的依赖服务，虚拟服务作为依赖服务的替身来响应被测服务的请求。

- 被测服务发送请求给虚拟服务。
- 虚拟服务收到请求后，会根据已有 Stub 数据的匹配情况，返回对应的响应。
- 被测服务收到来自虚拟服务的响应，如果在虚拟服务处的请求匹配成功，被测服务会收到和访问真实的依赖服务所获得响应完全相同的响应。

可见，通过使用 WireMock 的录制功能，我们可以非常快速地生成大量的 Stub 数据，同时，由于这些 Stub 数据都是对真实的访问请求和响应进行直接录制，因此它们的内容是绝对准确的。

2. WireMock 的录制回放演练

是时候用 WireMock 来实际演练服务虚拟化了。图 7-13 展示了我们将要实践的服务虚拟化的工作流程，即我们将会使用 WireMock 构建虚拟服务来替换 User 服务，这里的重点是各个服务暴露给其消费者的端口。

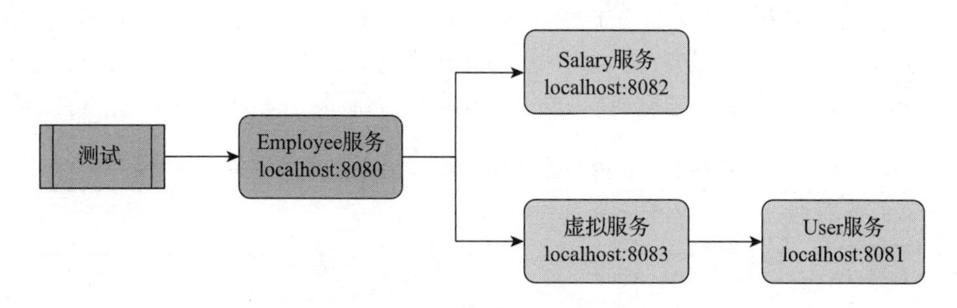

图 7-13　WireMock 的服务虚拟化

正常情况下，Employee 服务应该访问本地 8081 端口的 User 服务，由于我们要引入虚拟服务，并且暂定虚拟服务将会监听本地 8083 端口，所以我们需要 Employee 服务将所有本来发送给本地 8081 端口的请求，全部发送给本地 8083 端口。为了实现这一点，我们需要在 Employee 服务中进行相应的配置。基于 Spring Boot，我们可以创建一个专门的

Profile 文件来配置这个特殊的端口指定命令。代码清单 7-16 展示了文件 employee/src/main/resources/application-wiremock.yml 的内容，其中，我们指定 Employee 服务对 User 服务的访问请求会被发送到本地 8083 端口。

代码清单7-16　使用WireMock的Spring Profile文件

```
---
server:
    port: 8080
    servlet:
        contextPath: /consumer/employee/api
---
spring:
    profiles: wiremock
    application:
        name: service-virtualization-employee
---
user-svc:
    url: http://localhost:8083/provider/user/api
    pathCreateUser: /user
    pathGetUsers: /users
    pathFetchUser: /user/{uid}
    pathUpdateUser: /user/{uid}
    pathDeleteUser: /user/{uid}
---
salary-svc:
    url: http://localhost:8082/provider/salary/api
    pathCreateSalary: /salary
    pathFetchSalary: /salary/{uid}
    pathUpdateSalary: /salary/{uid}
    pathDeleteSalary: /salary/{uid}
```

接下来，按照代码清单 7-17 重启整个模拟系统的服务。请注意，对之前已经按照 7.2.1 节的步骤启动的 Employee 服务、User 服务、Salary 服务，都需要先关闭后再重启。对于 User 服务和 Salary 服务，之前已经启动的 MongoDB 数据库服务不需要关闭，这里可以延用。

代码清单7-17　使用WireMock Profile启动服务

```
# 使用WireMock的Profile启动Employee服务
cd employee
SPRING_PROFILES_ACTIVE=wiremock ./gradlew bootRun

# 在另外一个命令行终端下，启动User服务
cd user
./gradlew bootRun

# 在另外一个命令行终端下，启动Salary服务
cd salary
./gradlew bootRun
```

模拟系统重启完成后，我们可以先验证一下 WireMock 的 Profile 设置是否正确。按照代码清单 7-18 的方式发送一个获取 employee 的请求给 Employee 服务，会得到报错的信息，这表示该设置是正确的，因为 Employee 服务需要访问 localhost:8083 的虚拟服务，但我们还没有启动它。

代码清单7-18　获取虚拟服务异常

```
curl --location --request GET ‘http://localhost:8080/consumer/employee/api/emplo-
    yee/5051f988ec634a0a90ded677d91be776’
{"code":400,"message":"retrieve employee with uid 5051f988ec634a0a90ded677d91
    be776 failed","url":"http://localhost:8080/consumer/employee/api/employee/50
    51f988ec634a0a90ded677d91be776","data":null}
```

接下来启动虚拟服务。因为我们要使用 WireMock 的录制功能，所以需要在启动 WireMock 时带上响应的参数。按照代码清单 7-19 的命令启动 WireMock，即可让启动的 WireMock 虚拟服务实例在录制模式下工作。其中，–port 8083 表示该虚拟服务会监听 8083 端口；-proxy-all http://localhost:8081 表示所有发送给该虚拟服务的请求，会被转发给本地的 8081 端口，即转发给真正的 User 服务；-record-mappings 表示会将得到的请求和响应记录到 JSON 文件当中；-verbose 表示打印日志信息。

代码清单7-19　以录制模式启动WireMock

```
java -jar wiremock-standalone-2.27.2.jar --port 8083 --proxy-all http://
    localhost:8081 --record-mappings --verbose
2020-10-11 16:54:34.929 Verbose logging enabled
2020-10-11 16:54:34.966 Recording mappings to ./mappings
 /$$      /$$ /$$                     /$$      /$$                     /$$
| $$  /$ | $$|__/                    | $$$    /$$$                    | $$
| $$ /$$$| $$ /$$  /$$$$$$   /$$$$$$ | $$$$  /$$$$  /$$$$$$   /$$$$$$$| $$   /$$
| $$/$$ $$ $$| $$ /$$__  $$ /$$__  $$| $$ $$/$$ $$ /$$__  $$ /$$_____/| $$  /$$/
| $$$$_  $$$$| $$| $$  \__/| $$$$$$$$| $$  $$$| $$| $$  \ $$| $$      | $$$$$$/
| $$$/ \  $$$| $$| $$      | $$_____/| $$\  $ | $$| $$  | $$| $$      | $$_  $$
| $$/   \  $$| $$| $$      |  $$$$$$$| $$ \/  | $$|  $$$$$$/|  $$$$$$$| $$ \  $$
|__/     \__/|__/|__/       \_______/|__/     |__/ \______/  \_______/|__/  \__/

port:                          8083
proxy-all:                     http://localhost:8081
preserve-host-header:          false
enable-browser-proxying:       false
disable-banner:                false
record-mappings:               true
match-headers:                 []
no-request-journal:            false
verbose:                       true
```

万事俱备，只欠发送一个请求了。按照代码清单 7-20 的方式再次发送请求，就能得到成功的结果。

代码清单7-20 再次发送查询请求

```
# 获取一个employee的请求
curl --location --request GET 'http://localhost:8080/consumer/employee/api/emplo-
    yee/5051f988ec634a0a90ded677d91be776'
{"uid":"5051f988ec634a0a90ded677d91be776","name":"nanoha","gender":"female","nat-
    ionality":"japan","age":18,"salary":40546}

# 获取另外一个employee的请求
curl --location --request GET 'http://localhost:8080/consumer/employee/api/emplo-
    yee/6478728a16aa48cf92417b43920c6ef7'
{"uid":"6478728a16aa48cf92417b43920c6ef7","name":"miku","gender":"female","natio-
    nality":"japan","age":14,"salary":26225}
```

现在关闭 WireMock 的虚拟服务，会发现在 mappings 和 __files 文件夹内已经自动创建了相应的 Stub 数据文件。代码清单 7-21 展示了 mappings 文件夹内的一份 JSON 文件的内容，该文件中的代码的结构和前面代码清单 7-13 所示的结构大致相同。它们在内容上除了请求的消息体不同之外，响应的消息体也不同，代码清单 7-21 使用了 bodyFileName 来指定了另外一份 JSON 文件。

代码清单7-21 使用body文件的Stub数据

```
{
    "id" : "2fbf578a-2226-3d75-b117-941c2de5b04c",
    "request" : {
        "url" : "/provider/user/api/user/5051f988ec634a0a90ded677d91be776",
        "method" : "GET"
    },
    "response" : {
        "status" : 200,
        "bodyFileName" : "body-provider-user-api-user-5051f988ec634a0a90ded677d91be776-
            6ivOe.json",
        "headers" : {
            "Content-Type" : "application/json",
            "Date" : "Sun, 11 Oct 2020 13:09:09 GMT",
            "Keep-Alive" : "timeout=60"
        }
    },
    "uuid" : "2fbf578a-2226-3d75-b117-941c2de5b04c"
}
```

bodyFileName 指定的 JSON 文件，被称作 body 文件，可以在 __files 文件夹下面找到，代码清单 7-22 展示了其内容。可见，body 文件中记录的就是纯粹的依赖服务，即 User 服务返回的消息体内容。至此，我们知道了，WireMock 的响应消息体既可以直接在 mapping 文件中进行定义，也可以先在 body 文件中进行定义，然后在 mapping 文件中被引用。这是非常便利的功能，因为有些服务的消息体内容可能会非常多，如果都在 mapping 文件中进行定义会使其非常难以维护。另外，body 文件是对依赖服务的消息体内容进行单纯的持久化存储而得到的 JSON 文件，没有任何额外的、非业务的格式和内容上的要求，这就在最大程度上为后期的数据维护提供了便利。比如，我们可以使用任何编程语言来维护这些 body 文件，也可以在其他工程、工具中生成这样的 JSON 文件来作为 body 文件使用，当依赖服务需要更新时，比如从 API 的 v1 版本升级到 v2 版本，我们只需要替换相应的 body 文件即可，不会影响 mapping 文件。所以，使用 mapping 文件和 body 文件分别存储 Stub 数据，是 WireMock 的一个非常实用的特性。

代码清单7-22　JSON格式的body文件

```
{"uid":"5051f988ec634a0a90ded677d91be776","name":"nanoha","gender":"female","nat
    ionality":"japan","age":18}
```

好了，对 Stub 数据的录制成功后，就可以“回放”这些相同的请求了。使用代码清单 7-23 的命令再次启动 WireMock 的虚拟服务。当不指定 –record-mappings 参数时，WireMock 就工作在默认的回放模式下。此时，再次按照代码清单 7-20 的方式，发送同样的请求，我们就能够得到相同的响应了。

代码清单7-23　再次以回放模式启动WireMock

```
java -jar wiremock-standalone-2.27.2.jar --port 8083 --verbose
2020-10-11  17:34:07.191 Verbose logging enabled
 /$$      /$$ /$$                     /$$      /$$                     /$$
| $$  /$ | $$|__/                    | $$$    /$$$                    | $$
| $$ /$$$| $$ /$$  /$$$$$$   /$$$$$$ | $$$$  /$$$$  /$$$$$$   /$$$$$$$| $$   /$$
| $$/$$ $$ $$| $$ /$$__  $$ /$$__  $$| $$ $$/$$ $$ /$$__  $$ /$$_____/| $$  /$$/
| $$$$_  $$$$| $$| $$  \__/| $$$$$$$$| $$  $$$| $$| $$  \ $$| $$      | $$$$$$/
| $$$/ \  $$$| $$| $$      | $$_____/| $$\  $ | $$| $$  | $$| $$      | $$_  $$
| $$/   \  $$| $$| $$      |  $$$$$$$| $$ \/  | $$|  $$$$$$/|  $$$$$$$| $$ \  $$
|__/     \__/|__/|__/       \_______/|__/     |__/ \______/  \_______/|__/  \__/

port:                         8083
enable-browser-proxying:      false
disable-banner:               false
no-request-journal:           false
verbose:                      true
```

至此，我们成功地使用 WireMock 的录制功能，快速、准确地创建了 Stub 数据，并且使用该 Stub 数据实现了对 User 服务的模拟。值得再次强调的是，在我们的示例中，被测试的服务是 Employee 服务，User 服务作为 Employee 服务的依赖服务被虚拟服务替代，而对另外一个依赖服务 Salary 服务，则一直使用其真实服务。这种有真有假的依赖组合方式，在真实的微服务项目测试工作中，是很普遍的。

最后，还想说明一下的是，以上的示例仅仅演示了如何虚拟化一个非常简单的 GET 请求。为了使服务虚拟化的操作能辅助对完整业务的测试，我们往往需要虚拟化完整的业务请求链，即对创建、获取、查询、修改、删除等操作，都准备好相应的 Stub 数据。这些

全链路的虚拟化工作，有的可以通过仅仅虚拟化单个服务就能实现，就像我们上面模拟的GET请求，仅仅虚拟化了User服务就能实现。而有的却必须虚拟化整个链路中的全部相关服务才能实现，比如，如果要模拟POST请求创建employee，就必须同时虚拟化User服务和Salary服务，否则就会出现User服务或者Salary服务中uid冲突的错误，感兴趣的读者不妨尝试一下。

7.2.5 异常模拟

除了依赖服务的稳定性问题外，微服务系统中的另一个测试痛点，就是如何测试被测服务在异常情况下的响应。比如，如何测试被测服务返回状态码为500时的响应？当被测服务的依赖服务返回异常时，被测服务如何表现？当其依赖服务出现请求超时时，被测服务又如何表现？这些异常场景，是微服务系统的必测点，但往往又是难测点，因为在通常情况下，除了在被测服务的内部通过硬编码来模拟依赖服务的异常外，我们很难直接触发真实依赖服务的异常响应。而虚拟服务则是这类问题的绝佳解决方案。

我们常见的依赖服务异常主要有三大类：

- 依赖服务响应异常，比如常见的4××和5××错误；
- 依赖服务响应超时，这对自动化测试来说是非常不友好的情况；
- 依赖服务通信异常，比如链接中断等。

1. WireMock模拟响应异常

对响应异常的模拟，在WireMock中是非常简单的，直接修改mapping文件，就能控制虚拟服务的返回状态码。比如，按照代码清单7-24的方式，将User服务的虚拟服务的响应状态码设置为500，重启或重置虚拟服务。

代码清单7-24 在Stub数据中设置异常状态码

```
{
    "id" : "2fbf578a-2226-3d75-b117-941c2de5b04c",
    "request" : {
        "url" : "/provider/user/api/user/5051f988ec634a0a90ded677d91be776",
        "method" : "GET"
    },
    "response" : {
        "status" : 500,
        "headers" : {
            "Content-Type" : "application/json",
            "Date" : "Sun, 11 Oct 2020 13:09:09 GMT",
            "Keep-Alive" : "timeout=60"
        }
    },
    "uuid" : "2fbf578a-2226-3d75-b117-941c2de5b04c"
}
```

再按照代码清单 7-25 的命令测试 Employee 服务，就会得到错误的返回结果。这时查看 Employee 服务打印在命令行终端里的日志，就能发现它提示了 500 的服务器错误，这个错误就是我们通过虚拟服务模拟发送给 Employee 服务的。

代码清单7-25　Employee服务响应异常

```
# 发送请求获取employee
curl --location --request GET 'http://localhost:8080/consumer/employee/api/emplo
    yee/5051f988ec634a0a90ded677d91be776'
{"code":400,"message":"retrieve employee with uid 5051f988ec634a0a90ded677d91
    be776 failed","url":"http://localhost:8080/consumer/employee/api/employee/50
    51f988ec634a0a90ded677d91be776","data":null}

# 在Employee服务的命令行终端下能够得到错误提示信息
......
2020-10-11 21:22:47.860 ERROR 86291 --- [nio-8080-exec-1] c.s.employee.service.
    UserService            : FBI --> fetching user or salary Error: 500 Server
    Error: [no body]
2020-10-11 21:22:47.892  WARN 86291 --- [nio-8080-exec-1] .m.m.a.ExceptionHandle
    rExceptionResolver : Resolved [com.servicevirtualization.employee.exception.
    SVException: retrieve employee with uid 5051f988ec634a0a90ded677d91be776
    failed]
```

同理，在 WireMork 中模拟其他的 400、401、404、206 等异常响应也是非常简单和方便的。值得提醒的是，有的服务间通信除了检查状态码之外，还会要求返回相应的错误信息，即需要在出错的情况下返回响应消息体信息，那么对于这样的服务，我们在修改 mapping 文件的状态码之外，还必须编辑恰当的响应消息体，它在 mapping 文件或者 body 文件中的编写方式和正常响应是完全相同的。

2. WireMock 模拟响应超时

对于虚拟服务的响应超时，WireMock 提供了多种模拟方式。例如，代码清单 7-26 使用 fixedDelayMilliseconds 关键字定义了 5s 的固定延时：

代码清单7-26　Stub数据中设置固定延时

```
{
    "id" : "2fbf578a-2226-3d75-b117-941c2de5b04c",
    "request" : {
        "url" : "/provider/user/api/user/5051f988ec634a0a90ded677d91be776",
        "method" : "GET"
    },
    "response" : {
        "status" : 200,
        "fixedDelayMilliseconds" : 5000,
        "bodyFileName" : "body-provider-user-api-user-5051f988ec634a0a90ded677
            d91be776-6ivOe.json",
        "headers" : {
```

```
            "Content-Type" : "application/json",
            "Date" : "Sun, 11 Oct 2020 13:09:09 GMT",
            "Keep-Alive" : "timeout=60"
        }
    },
    "uuid" : "2fbf578a-2226-3d75-b117-941c2de5b04c"
}
```

代码清单 7-27 使用 delayDistribution 关键字定义了按照给定条件进行分布式随机延时：

代码清单7-27　Stub数据中设置分布式延时

```
{
    "id" : "2fbf578a-2226-3d75-b117-941c2de5b04c",
    "request" : {
        "url" : "/provider/user/api/user/5051f988ec634a0a90ded677d91be776",
        "method" : "GET"
    },
    "response" : {
        "status" : 200,
        "delayDistribution": {
            "type": "lognormal",
            "median": 80,
            "sigma": 0.4
        },
        "bodyFileName" : "body-provider-user-api-user-5051f988ec634a0a90ded677
            d91be776-6ivOe.json",
        "headers" : {
            "Content-Type" : "application/json",
            "Date" : "Sun, 11 Oct 2020 13:09:09 GMT",
            "Keep-Alive" : "timeout=60"
        }
    },
    "uuid" : "2fbf578a-2226-3d75-b117-941c2de5b04c"
}
```

除了固定和随机的延时之外，WireMock 还提供了另外一种有趣的延时，它将需要返回的响应内容分割成几个片段，依次分别延时返回，代码清单 7-28 展示了这种分段延时的方式：

代码清单7-28　Stub数据中设置分段延时

```
{
    "id" : "2fbf578a-2226-3d75-b117-941c2de5b04c",
    "request" : {
        "url" : "/provider/user/api/user/5051f988ec634a0a90ded677d91be776",
        "method" : "GET"
    },
    "response" : {
        "status" : 200,
        "chunkedDribbleDelay": {
            "numberOfChunks": 5,
```

```
            "totalDuration": 1000
        },
        "bodyFileName" : "body-provider-user-api-user-5051f988ec634a0a90ded677d91
            be776- 6ivOe.json",
        "headers" : {
            "Content-Type" : "application/json",
            "Date" : "Sun, 11 Oct 2020 13:09:09 GMT",
            "Keep-Alive" : "timeout=60"
        }
    },
    "uuid" : "2fbf578a-2226-3d75-b117-941c2de5b04c"
}
```

3. WireMock 模拟通信异常

通信异常是微服务测试中最难模拟的情况，WireMock 提供了 4 种特殊的选项来模拟通信异常。

- EMPTY_RESPONSE，即返回完全空白的响应，这会让大部分网络代码抛出 I/O Error 的错误；
- MALFORMED_RESPONSE_CHUNK，先发送正常状态的 Header，然后发送垃圾信息，最后关闭连接；
- RANDOM_DATA_THEN_CLOSE，发送垃圾信息，然后关闭连接；
- CONNECTION_RESET_BY_PEER，关闭连接。

比如，按照代码清单 7-29 的方式配置 User 虚拟服务的 mapping 文件。

代码清单7-29　Stub数据中设置异常连接状态

```
{
    "id" : "2fbf578a-2226-3d75-b117-941c2de5b04c",
    "request" : {
        "url" : "/provider/user/api/user/5051f988ec634a0a90ded677d91be776",
        "method" : "GET"
    },
    "response" : {
        "fault": "CONNECTION_RESET_BY_PEER"
    },
    "uuid" : "2fbf578a-2226-3d75-b117-941c2de5b04c"
}
```

再按照代码清单 7-30 的命令发送请求给 Employee 服务，就能在 Employee 服务的命令行终端下得到 Connection reset 的错误提示信息。

代码清单7-30　验证连接异常

```
# 发送请求获取employee
curl --location --request GET 'http://localhost:8080/consumer/employee/api/emplo
    yee/5051f988ec634a0a90ded677d91be776'
```

```
{"code":400,"message":"retrieve employee with uid 5051f988ec634a0a90ded677d91
    be776 failed","url":"http://localhost:8080/consumer/employee/api/employee/50
    51f988ec634a0a90ded677d91be776","data":null}

# 在Employee服务的命令行终端下能够得到错误提示信息
......
2020-10-11 22:17:03.288 ERROR 86549 --- [nio-8080-exec-3] c.s.employee.service.
    UserService          : FBI --> fetching user or salary Error: I/O error on
    GET request for "http://localhost:8083/provider/user/api/user/5051f988ec
    634a0a90ded677d91be776": Connection reset; nested exception is java.net.
    SocketException: Connection reset
2020-10-11 22:17:03.289  WARN 86549 --- [nio-8080-exec-3] .m.m.a.ExceptionHandle
    rExceptionResolver : Resolved [com.servicevirtualization.employee.exception.
    SVException: retrieve employee with uid 5051f988ec634a0a90ded677d91be776
    failed]
```

7.2.6 状态行为

我们曾在 4.2.5 节中对服务的状态，更准确地说，是对服务提供的资源的状态做过专门的介绍。大多数情况下，我们通过服务虚拟化得到的虚拟服务在返回由 Stub 数据表述的资源时，资源的信息往往都是相同的，这表示资源状态是恒定的。比如，我们在大多数情况下发送 GET 请求 http://localhost:8080/consumer/employee/api/employee/5051f988ec634a0a90ded677d91be776 得到的雇员信息都是相同的。但如果我们先发送一次 PUT 请求对该雇员信息做修改，然后发送 GET 请求获取该雇员信息，虽然两次 GET 请求的 URL 完全相同，但得到的雇员信息却是不同的，这是由于 localhost:8080/consumer/employee/api/employee/5051f988ec634a0a90ded677d91be776 这个 URI 定位的远端资源的状态发生了改变。

资源状态的改变，在真实的服务中是非常常见的。通过对资源状态的模拟，可以更准确地模拟依赖服务的实际使用场景。本节将会介绍如何使用 WireMock 来模拟资源的状态行为。

1. WireMock 的状态行为概述

资源状态改变的情况，对于真实的服务来说是非常普通的作业场景，但对虚拟服务来说却是一个难点。因为虚拟服务是没有业务逻辑的，它只有对请求的匹配逻辑，当虚拟服务得到的前后两次 GET 请求完全相同时，它由该请求定位的 Stub 数据也是唯一的，所以返回的结果也一定是唯一的，这样就无法实现对同一资源的状态改变的模拟。

为了解决这个问题，WireMock 提供了一关于状态行为的方案，其原理非常简单。我们可以发现，任何资源状态的改变，都是由特定的事件造成的，比如使用 PUT 请求修改了资源，又或者使用 DELETE 请求删除了资源等。这些特定事件的发生有一定顺序。只要按照对应的顺序，将这些特定的事件串联起来，那么服务在不同的节点上即便接收到完全相同的请求，只要能甄别该请求所在节点在序列中的位置就能返回在当前节点上应该返回的资源数据，从而实现对资源状态改变的模拟。举例来说，对 GET 请求，只要知道当前它是发生在使用 PUT 请求修改资源之前还是之后，就能返回正确的资源信息。基于这样的想法，WireMock 在 mapping 文件中，引入了一套简单的状态机，使用 3 个特殊字段来标注其状态。

- scenarioName：当前 mapping 文件所属的场景名称。当不同的 mapping 文件使用相同的 scenarioName 时，就表示它们处于相同的状态机中，也表示它们是同一条请求调用序列中的不同节点。WireMock 的虚拟服务在运行时，支持多组状态机同时并存。
- requiredScenarioState：当前 mapping 文件需要满足的场景状态。如果当前 mapping 文件的状态机的状态等于该字段值，就表示调用序列走到了该 mapping 文件定义的节点，该 mapping 文件才能被匹配并返回其定义的响应。
- newScenarioState：新的场景状态。设置当前状态机的最新状态为该字段的值，如果当前 mapping 已经是你设计的调用序列中的末节点，那么可以不用设置该字段值。

2. 实践 WireMock 的状态行为

接下来，我们仍然使用 Employee 服务和 User 服务、Salary 服务来实践 WireMock 的状态行为。早期版本的 WireMock 会自动录制重复请求的 mapping 和 body，然后我们需要手动标注状态机的状态信息，将对应请求的 Stub 数据串成期望的调用链。目前新版本的 WireMock 单独在命令行下启动时，默认不会录制重复请求的数据，需要使用 WireMock 提供的 Web 界面来开启对重复请求的录制。先按照代码清单 7-31 的命令启动 WireMock。

代码清单7-31 启动WireMock

```
java -jar wiremock-standalone-2.27.2.jar --port 8083 --verbose
2020-10-14 21:03:54.946 Verbose logging enabled
 /$$      /$$ /$$                     /$$      /$$                     /$$
| $$  /$ | $$|__/                    | $$$    /$$$                    | $$
| $$ /$$$| $$ /$$  /$$$$$$   /$$$$$$ | $$$$  /$$$$  /$$$$$$   /$$$$$$$| $$   /$$
| $$/$$ $$ $$| $$ /$$__  $$ /$$__  $$| $$ $$/$$ $$ /$$__  $$ /$$_____/| $$  /$$/
| $$$$_  $$$$| $$| $$  \__/| $$$$$$$$| $$  $$$| $$| $$  \ $$| $$      | $$$$$$/
| $$$/ \  $$$| $$| $$      | $$_____/| $$\  $ | $$| $$  | $$| $$      | $$_  $$
| $$/   \  $$| $$| $$      |  $$$$$$$| $$ \/  | $$|  $$$$$$/|  $$$$$$$| $$ \  $$
|__/     \__/|__/|__/       \_______/|__/     |__/ \______/  \_______/|__/  \__/

port:                            8083
enable-browser-proxying:         false
disable-banner:                  false
no-request-journal:              false
verbose:                         true
```

然后使用网页浏览器访问 http://localhost:8083/__admin/recorder/，可以看到类似图 7-14 所示的界面，在 Target URL 中填入 http://localhost:8081，即 User 服务的地址，然后点击 Record 按钮，就成功将 WireMock 置于可录制重复请求的状态。

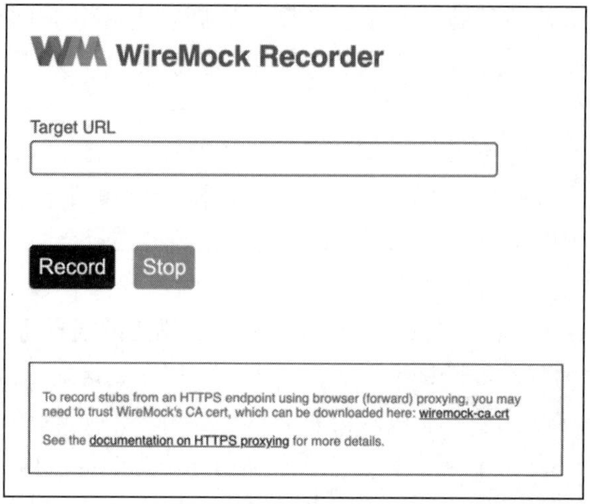

图 7-14　WireMock 的录制启动界面

接下来就该进行录制了。在录制之前，请确保 Employee 服务仍然是按照代码清单 7-17 中的方式，使用 WireMock 的 profile 启动的。然后按照代码清单 7-32 的方式，依次向 Employee 服务发送 3 次请求。

代码清单7-32　发送查询和修改请求

```
# 第一次发送GET请求，获取uid为5051f988ec634a0a90ded677d91be776的雇员信息
curl --location --request GET 'http://localhost:8080/consumer/employee/api/emplo
    yee/5051f988ec634a0a90ded677d91be776'
{"uid":"5051f988ec634a0a90ded677d91be776","name":"nanoha","gender":"female","nat
    ionality":"japan","age":18,"salary":40546}

# 第二次发送PUT请求，修改uid为5051f988ec634a0a90ded677d91be776的雇员信息，将age修改为24
curl --location --request PUT 'http://localhost:8080/consumer/employee/api/empl
    oyee/5051f988ec634a0a90ded677d91be776' --header 'Content-Type: application/
    json' --data-raw '{
    "name": "nanoha",
    "age": 24,
    "gender": "female",
    "nationality": "japan",
    "salary": 40546
}'
{"uid":"5051f988ec634a0a90ded677d91be776","name":"nanoha","gender":"female","nat
    ionality":"japan","age":24,"salary":40546}

# 第三次再次发送与第一次相同的GET请求，获取uid为5051f988ec634a0a90ded677d91be776的雇员信息
curl --location --request GET 'http://localhost:8080/consumer/employee/api/emplo
    yee/5051f988ec634a0a90ded677d91be776'
{"uid":"5051f988ec634a0a90ded677d91be776","name":"nanoha","gender":"female","nat
    ionality":"japan","age":24,"salary":40546}
```

3 次请求发送完后，点击浏览器界面的 Stop 按钮，会在 mappings 目录下生成对以上请求的录制文件。需要指出的是，新版本 WireMock 在录制过程中，即在点击 Stop 按钮之前，将所有的服务请求和响应都保存在内存中，只有点击 Stop 按钮后才会将数据写入 Stub 数据文件中。另外，在 Stub 数据文件中，响应的消息体是记录在 mapping 文件中的，所以这里不会生成 body 文件，只会生成 mapping 文件。如果一切正常的话，你会在 mappings 目录下发现 4 份新产生的 JSON 文件，请不要奇怪为什么发送了 3 次请求却生成了 4 份 mapping 文件。那是因为，虽然我们只使用 curl 命令向 Employee 服务发送了 3 次请求，但 Employee 服务向虚拟的 User 服务发送了 4 次请求，所以我们的虚拟服务会录制出 4 份 mapping 文件。

回顾这 3 次请求：第一次发送 GET 请求获取原始的雇员信息；第二次发送 PUT 请求将该雇员信息的 age 值从 18 改成了 24，触发了资源的状态改变；第三次再发送与第一次完全相同的 GET 请求，成功得到修改后的雇员信息。这些交互对真实的服务来说是很正常的，而对服务虚拟化而言却是挑战。

查看录制得到的 mapping 文件，会发现其中 3 份 GET 请求被加上了状态机的信息。比如，代码清单 7-33 展示了第一个 GET 请求的 mapping 文件，其中 requiredScenarioState 的值为 Started，表明这是整个调用链的起始节点。

代码清单7-33 Started状态的mapping文件

```
{
    "id" : "f074cb6f-18df-4c52-bf8c-faec17f19c2b",
    "name" : "provider_user_api_user_5051f988ec634a0a90ded677d91be776",
    "request" : {
        "url" : "/provider/user/api/user/5051f988ec634a0a90ded677d91be776",
        "method" : "GET"
    },
    "response" : {
        "status" : 200,
        "body" : "{\"uid\":\"5051f988ec634a0a90ded677d91be776\",\"name\":\"nanoh
            a\",\"gender\":\"female\",\"nationality\":\"japan\",\"age\":18}",
        "headers" : {
            "Content-Type" : "application/json",
            "Date" : "Wed, 14 Oct 2020 11:56:28 GMT",
            "Keep-Alive" : "timeout=60"
        }
    },
    "uuid" : "f074cb6f-18df-4c52-bf8c-faec17f19c2b",
    "persistent" : true,
    "scenarioName" : "scenario-1-provider-user-api-user-5051f988ec634a0a90ded677
        d91be776",
    "requiredScenarioState" : "Started",
    "newScenarioState" : "scenario-1-provider-user-api-user-5051f988ec634a0a90de
        d677d91be776-2",
    "insertionIndex" : 2
}
```

在代码清单7-34展示的对应最后一个GET请求的mapping文件中，只有requiredScenarioState的键值，而没有newScenarioState的键值，表明这是整个调用链的末端节点。

代码清单7-34 调用链末端的mapping文件

```
{
    "id" : "91ddf209-bd9f-4042-9524-2599da3db480",
    "name" : "provider_user_api_user_5051f988ec634a0a90ded677d91be776",
    "request" : {
        "url" : "/provider/user/api/user/5051f988ec634a0a90ded677d91be776",
        "method" : "GET"
    },
    "response" : {
        "status" : 200,
        "body" : "{\"uid\":\"5051f988ec634a0a90ded677d91be776\",\"name\":\"nanoh
            a\",\"gender\":\"female\",\"nationality\":\"japan\",\"age\":24}",
        "headers" : {
            "Content-Type" : "application/json",
            "Date" : "Wed, 14 Oct 2020 11:56:49 GMT",
            "Keep-Alive" : "timeout=60"
        }
    },
    "uuid" : "91ddf209-bd9f-4042-9524-2599da3db480",
    "persistent" : true,
    "scenarioName" : "scenario-1-provider-user-api-user-5051f988ec634a0a90ded677
        d91be776",
    "requiredScenarioState" : "scenario-1-provider-user-api-user-5051f988ec634a0
        a90ded677d91be776-3",
    "insertionIndex" : 5
}
```

接下来，就该回放我们录制的整个调用链了。首先关闭WireMock的虚拟服务，然后按照代码清单7-31的方式重启WireMock的虚拟服务，因为这次是回放请求，所以不必开启录制功能。再重复代码清单7-32中的步骤，就可以得到和之前完全相同的交互响应，这说明我们成功地使用WireMock实现了含有状态行为的服务模拟。

最后的问题是，为什么我们的调用链里面有4次请求，但状态机的mapping文件只有3份呢？这是因为WireMock默认将重复的请求在同一个状态机里进行记录，这里就是获取雇员信息的GET请求，而修改雇员信息的PUT请求是唯一的，所以即便在调用链中也没有被加上状态机的信息。这只是WireMock的自动录制行为，而在一些实际的服务虚拟化过程中，为了让整个调用链的逻辑更加清晰，我们可以选择手动地将那些不重复的请求也加上状态机的信息，从而构成真正完整的调用链。虽然这些状态机是手动添加的，但只要它们顺序得当，WireMock是可以正确回放的。

至此，对使用WireMock进行服务虚拟化的介绍就告一段落了。本节介绍的都是WireMock在进行服务虚拟化过程中最常用的功能，除此之外，WireMock还提供了诸如Admin API和WireMock Extension等更高阶的功能，感兴趣的读者可以继续深入了解。

7.3　基于 Hoverfly 的服务虚拟化

Hoverfly 是另外一款功能强大的服务虚拟化工具，其源码基于 Go 语言编写，在 GitHub 上开源。本节将介绍如何使用 Hoverfly 来进行服务虚拟化的工作，我们会继续使用之前介绍 WireMock 时使用的那套 Employee 雇员信息系统，来辅助我们演练 Hoverfly 的具体功能。

和 WireMock 的多实例服务不同的是，Hoverfly 的服务实例是唯一的，在使用 Hoverfly 之前需要对 Hoverfly 进行操作系统级别的安装。目前，Hoverfly 提供了基于 Linux、MacOS、Windows，以及 Docker 和 Kubernetes 等不同环境的安装方式，读者可以在 Hoverfly 的官网（https://docs.hoverfly.io/en/latest/pages/introduction/downloadinstallation.html）找到适合自己环境的方式来安装 Hoverfly。

Hoverfly 主要由两部分组成：hoverfly 和 hoverctl。其中，hoverfly 为服务实例，可以被启动、关闭和进行各种配置。hoverctl 实质上是一个命令行工具，其角色相当于 hoverfly 的控制面板，功能是对 hoverfly 服务进行各种管理操作。代码清单 7-35 展示了一些使用 hoverctl 进行的基本操作。

代码清单7-35　Hoverfly的基本命令

```
# 查看当前安装的hoverfly和hoverctl的版本
hoverctl version

+----------+---------+
| hoverctl | v1.3.1  |
| hoverfly | v1.3.1  |
+----------+---------+

# 启动hoverfly服务。其中，8500是hoverfly以代理方式工作时的监听端口，8888是hoverfly接收控制
  请求的端口，即hoverctl通过8888端口和hoverfly进行通信
hoverctl start
Hoverfly is now running

+------------+------+
| admin-port | 8888 |
| proxy-port | 8500 |
+------------+------+

# 查看hoverfly服务的当前状态
hoverctl status

+------------+----------+
| Hoverfly   | running  |
| Admin port |     8888 |
| Proxy port |     8500 |
| Proxy type | forward  |
| Mode       | simulate |
| Middleware | disabled |
```

```
| CORS       | disabled |
+------------+----------+

# 关闭hoverfly服务
hoverctl stop
Hoverfly has been stopped

# 查看hoverctl命令的完整帮助信息
hoverctl -h
hoverctl is the command line tool for Hoverfly

Usage:
    hoverctl [command]

Available Commands:
    completion  Create Bash completion file for hoverctl
    config      Show hoverctl configuration information
    delete      Delete Hoverfly simulation
    destination Get and set Hoverfly destination
    diff        Manage the diffs for Hoverfly
    export      Export a simulation from Hoverfly
    flush       Flush the internal cache in Hoverfly
    import      Import a simulation into Hoverfly
    login       Login to Hoverfly
    logs        Get the logs from Hoverfly
    middleware  Get and set Hoverfly middleware
    mode        Get and set the Hoverfly mode
    simulation  Manage the simulation for Hoverfly
    start       Start Hoverfly
    state       Manage the state for Hoverfly
    status      Get the current status of Hoverfly
    stop        Stop Hoverfly
    targets     Get the current targets registered with hoverctl
    version     Get the version of hoverctl

Flags:
    -f, --force          Bypass any confirmation when using hoverctl
        --set-default    Sets the current target as the default target for hoverctl
    -t, --target string   A name for an instance of Hoverfly you are trying to
          communicate with. Overrides the default target (default)
    -v, --verbose        Verbose logging from hoverctl

Use “hoverctl [command] --help” for more information about a command.
```

Hoverfly 对其服务方式和工作模式有明确的定义，所有的服务虚拟化工作都是基于特定的服务方式和工作模式来实现的，接下来我们会对这些内容进行详细的介绍。

7.3.1 理解 Hoverfly 的服务方式

Hoverfly 有两种服务方式，分别式是 proxy server 和 webserver，即 Hoverfly 服务既可

以作为代理服务器来使用，也可以作为 Web 服务器来使用。

1. Hoverfly 作为代理服务器

当作为代理服务器工作时，Hoverfly 和服务端、客户端的逻辑关系如图 7-15 所示，该关系图来自 Hoverfly 的官方介绍（https://docs.hoverfly.io/en/latest/pages/keyconcepts/proxyserver.html）。其中，Hoverfly 作为代理服务器，位于客户端和服务端之间。这样的架构方式和 WireMock 在录制时的架构方式是相同的，它们的区别在于：在 WireMock 的架构中，客户端的请求，是通过修改 URL 明文指向 WireMock 的虚拟服务，再由 WireMock 的虚拟服务转发到服务端；而在 Hoverfly 的架构中，客户端访问服务端时，请求的 URL 不需要改变，而需要请求经过 Hoverfly 的代理服务。

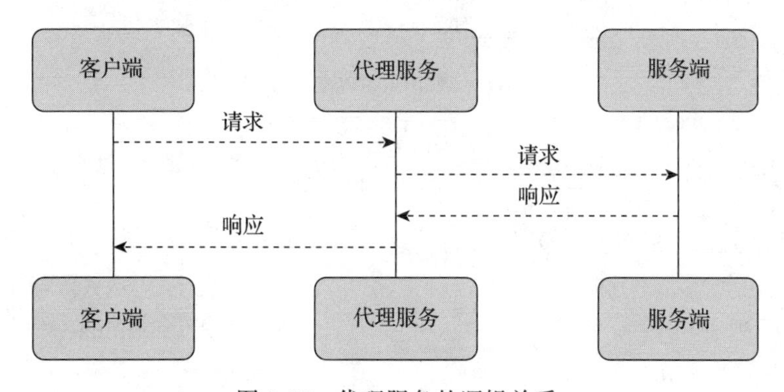

图 7-15　代理服务的逻辑关系

当需要使用 Hoverfly 以代理服务器的方式来工作时，除了正确启动和配置 Hoverfly 本身之外，合理配置使用该代理服务的客户端及测试环境也是非常重要的工作。通常，我们配置代理服务的方式有以下 3 种。

- 配置操作系统级别的全局代理，比如修改系统的 hosts 文件，或者修改系统的网络配置；
- 配置当前运行环境的代理，比如在当前命令行下配置 HTTP_PROXY 和 HTTPS_PROXY 环境变量，当然这些配置只会影响那些使用该环境变量的应用；
- 直接给指定应用配置代理服务，比如，当客户端是 Java 应用，则需要给 JVM 配置 http.proxyHost、http.proxyPort、https.proxyHost、https.proxyPort 等参数。

2. Hoverfly 作为 Web 服务器

当作为 Web 服务器工作时，Hoverfly 和服务端、客户端的逻辑关系如图 7-16 所示，该关系图同样来自 Hoverfly 的官方介绍（https://docs.hoverfly.io/en/latest/pages/keyconcepts/webserver.html）。其中，Hoverfly 将作为完全独立的服务运行在需要的系统架构中，这和 WireMock 的回放模式是完全相同的，即当客户端发送请求给 Hoverfly 的服务时，hoverfly 会对请求进行甄别，当该请求满足匹配条件时 hoverfly 会返回其对应的响应。与 WireMock

在回放请求时，其 mapping 和 body 文件需要记录 Stub 数据一样，Hoverfly 以 Web 服务器的方式工作时，也需要有预置好的 Stub 数据，在 Hoverfly 的上下文中，它被称为 simulation。

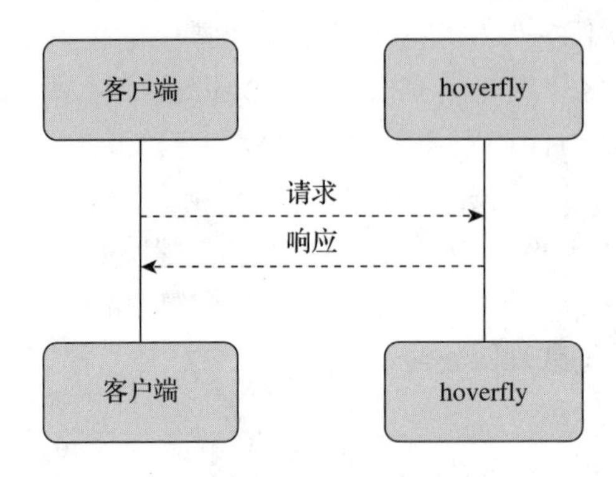

图 7-16　Web 服务的工作方式

7.3.2　选择合适的工作模式

Hoverfly 作为一个服务，为了既能提供复合多样的功能，又能清晰地描述和控制这些功能的使用，在代理服务和 Web 服务两种服务方式的基础之上，又对自身的工作模式做了划分。Hoverfly 区分了 6 种工作模式，分别为 Capture 模式、Simulate 模式、Spy 模式、Synthesize 模式、Modify 模式和 Diff 模式。

1. Hoverfly 的工作模式

Capture 模式，即捕获模式，顾名思义，就是捕获来自客户端的服务请求和来自服务端的服务响应，该工作模式和 WireMock 的录制模式是非常相似的，都是为了生成和保存 Stub 数据，提供给之后的虚拟服务使用。Capture 模式下生成的 Stub 数据被称为 simulation。

Simulate 模式，即模拟模式，这是 Hoverfly 以 Web 服务器的方式工作时的标准模式，即根据收到的请求，检索 simulation 数据中定义的匹配关系，当发现匹配的请求时，返回对应的响应。该模式和 WireMock 的回放模式完全相同。与 WireMock 类似，为了使用 Simulate 模式，必须提前准备好需要的 simulation 数据，其数据可以手动编写，也可以使用 Capture 模式来录制。

Spy 模式，即间谍模式，当 Hoverfly 在 Spy 模式下工作时，对于收到的请求，Hoverfly 如果在 simulation 中检索到匹配的请求，会返回对应的响应，这和 Simulate 模式完全相同。不同的是，当 Hoverfly 无法在 simulation 中找到任何匹配的请求时，它会“放行”该请求到真正的服务端，然后获取真正的请求并且最终返回给客户端。这是一种非常实用的工作模式，也是 Hoverfly 相比于 WireMock 所独有的工作模式。如果想使用 WireMock 实现类似的功能，需要使用 WireMock 的 Java API 自行实现相应的逻辑。

Synthesize 模式，即合成模式，Hoverfly 在其官方文档（https://docs.hoverfly.io/en/latest/

pages/keyconcepts/modes/synthesize.html）中给出了该模式的调用逻辑图，如图 7-17 所示。

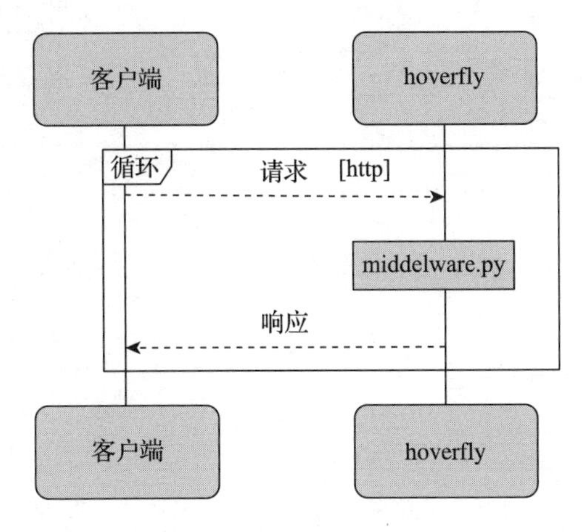

图 7-17 Synthesize 模式

Hoverfly 在 Synthesize 模式和 Simulate 模式下表现得非常类似，区别在于后者是根据收到的请求在 simulation 中检索对应的响应，前者则是将收到的请求传递给一个中间件，由该中间件负责处理该请求并且返回适当的信息，Hoverfly 再将该中间件返回的信息作为响应返回给客户端。这种模式能够实现 Hoverfly 对请求的动态响应，我们可以根据实际的需求，编写任何需要的处理逻辑。如果需要使用 WireMock 达到类似的目的，则需要使用 WireMock 的 Extension 功能。

另外，对于 Synthesize 模式需要着重强调的是，Synthesize 模式的实质是给虚拟服务挂载自定义的请求处理逻辑，这样的操作其实已经跨越了虚拟服务的界限。我们曾经介绍过，虚拟服务和真实服务最大、也是最本质的区别就在于：**虚拟服务是没有请求处理逻辑的**。虚拟服务只会对请求进行匹配检索，然后返回对应的响应，而真实服务往往是对请求进行“理解”和处理，然后才返回相应的响应。举个例子，对于一个发送给 /provider/user/api/user/5051f988ec634a0a90ded677d91be776 的 GET 请求，虚拟服务只会去查询是否有匹配的响应可以返回，而真实服务则会去查数据库，然后组装对应的数据信息进行返回，当遇到特殊逻辑时，比如该用户已经注销或被举报，可能就不会返回完整的信息。之所以强调虚拟服务和真实服务的界限，是因为一旦在做服务虚拟化的过程中，过度跨出虚拟服务的范畴并进入真实服务的范畴，就可能会产生负面效应。比如，当需要的中间件的逻辑过于复杂时，其实现的工作量甚至可以比肩真实服务，那虚拟服务就会失去了原本的价值，再者如何保证该复杂中间件的质量，也会成为一个难以确定的问题。

Modify 模式，即修改模式，官方（https://docs.hoverfly.io/en/latest/pages/keyconcepts/modes/modify.html）给出的调用逻辑图如图 7-18 所示。该模式的服务调用关系类似于 Capture 模式，Hoverfly 在代理服务器的方式下工作，但不会记录收到的服务请求和响应，而是会将请求和响应分别传递给对应的中间件，经中间件处理后再将信息分别发送给服务端和客户端。这种模式达到的效果和使用 WireMock 的 Extension 功能是一致的。

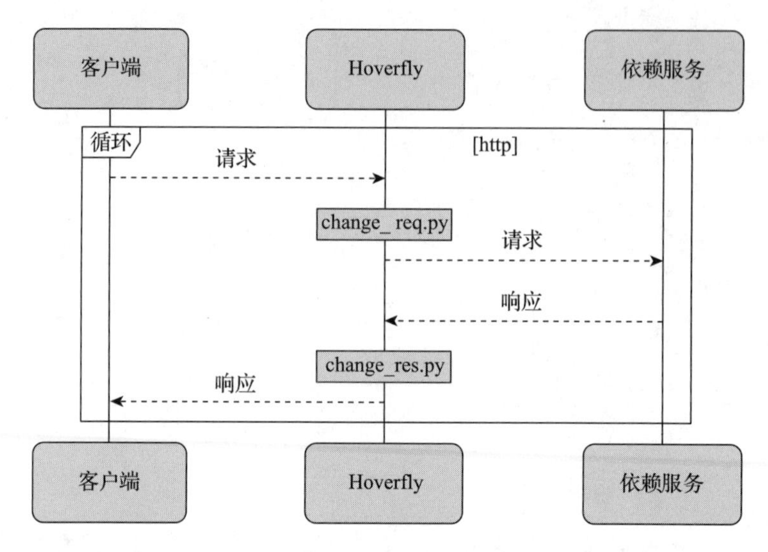

图 7-18　Modify 模式

Diff 模式，即差异模式，在该模式下，Hoverfly 首先会将收到的请求直接发送给真实的服务端，待收到来自真实服务端的响应后，Hoverfly 除了会将响应返回给客户端之外，还会将响应和已经存在的 simulation 进行差异上的比较，比较的结果会被暂存起来。对于比较的结果，我们可以使用 Hoverfly 提供的 API 对 /api/v2/diff 进行 GET 或者 DELETE 访问，从而获取或者删除得到的差异信息。差异信息只会被保存在当前 hoverfly 服务的生命周期内，关闭当前运行的 hoverfly 服务就会丢失暂存的差异信息。可见，对于 Diff 模式，Hoverfly 并不会对客户端与服务端之间的信息收发做任何产生影响的操作。这种模式的主要作用有两个，其一是帮助我们诊断既有的 simulation 是否已经过期，其二是帮助我们发现特定服务端的响应是否发生了变化。对于后者，如果我们合理地加以利用，能够使其起到简便且快速的功能测试或契约测试的作用。

需要强调的是，Hoverfly 的 6 种工作模式及其两种服务方式是不同的两个概念，它们的关系如表 7-1 所示。

表 7-1　Hoverfly 的服务方式与工作模式

Hoverfly 的服务方式	Hoverfly 的工作模式
代理服务器	Capture 模式、Spy 模式、Modify 模式、Diff 模式
Web 服务器	Simulate 模式、Synthesize 模式

2. Hoverfly 的实践

在了解 Hoverfly 的服务方式和工作模式后，让我们来具体地对它进行实践。在

Hoverfly 的 6 种工作模式中，最常被服务虚拟化使用到的模式是 Capture 模式、Simulate 模式以及 Spy 模式。Capture 模式用来快速生成描述 Stub 数据的 simulation，Simulate 模式用来构建完整的虚拟服务，Spy 模式在 Simulate 模式的基础上，为服务在缺少 simulation 时提供畅通保障。

为了使用 Capture 模式录制 simulation 文件，需要以代理服务的方式启动 hoverfly 服务。按照代码清单 7-36 的方式启动和设置 Hoverfly，使其在 Capture 模式下工作。

代码清单7-36 使用Capture模式启动Hoverfly

```
# 启动Hoverfly
hoverctl start
Hoverfly is now running

+------------+------+
| admin-port | 8888 |
| proxy-port | 8500 |
+------------+------+

# 设置hoverfly的工作模式为Capture模式
hoverctl mode capture
Hoverfly has been set to capture mode

# 查看hoverfly的状态，验证其确实工作在Capture模式下
hoverctl status

+------------+----------+
| Hoverfly   | running  |
| Admin port |     8888 |
| Proxy port |     8500 |
| Proxy type | forward  |
| Mode       | capture  |
| Middleware | disabled |
| CORS       | disabled |
+------------+----------+
```

在 hoverfly 服务启动完成后就可以启动 Employee 服务了。由于 hoverfly 服务是以代理服务器的方式工作的，所以在启动 Employee 服务时需要指定相应的代理服务信息。按照代码清单 7-37 的方式启动 Employee 服务，且保证 Salary 服务和 User 服务也都处于正常运行的状态。在使用 Gradlew 启动 Employee 服务时，除了指定必须的代理服务的地址和端口外，我们还额外指定了 nonProxyHosts，这是因为所有的 JVM 在使用代理服务时，其 nonProxyHosts 的默认值是 localhost|127.*|[::1]，也就是说，JVM 在默认情况下会对所有发送给本地目标服务的请求忽略使用代理服务的选项。而 Employee 服务的目标服务 Salary 服务和 User 服务正好是启动在本地环境的，所以默认情况下发送给它们的请求就不会经过 Hoverfly 的代理服务，这样我们就无法在本地使用 hoverfly 服务。所以，我们需要在启动时声明 nonProxyHosts 为空值。至于真实项目环境下如何使用，就请读者酌情考虑。

代码清单7-37 启动Employee服务

```
# 使用assemble命令将Employee项目编译打包成目标jar文件，生成的jar文件位于build/libs目录下
./gradlew assemble

> Task :compileJava
Note: Some input files use unchecked or unsafe operations.
Note: Recompile with -Xlint:unchecked for details.

BUILD SUCCESSFUL in 17s
3 actionable tasks: 3 executed

# 然后直接使用java命令启动打包好的Employee服务
java -Dhttp.proxyHost=127.0.0.1 -Dhttp.proxyPort=8500 -Dhttp.nonProxyHosts=''
    -jar build/libs/employee-0.0.1-SNAPSHOT.jar
  .   ____          _            __ _ _
 /\\ / ___'_ __ _ _(_)_ __  __ _ \ \ \ \
( ( )\___ | '_ | '_| | '_ \/ _` | \ \ \ \
 \\/  ___)| |_)| | | | | || (_| |  ) ) ) )
  '  |____| .__|_| |_|_| |_\__, | / / / /
 =========|_|==============|___/=/_/_/_/
 :: Spring Boot ::        (v2.4.0-SNAPSHOT)
......
```

当Employee服务启动之后，服务虚拟化的准备工作就完成了。接下来，我们可以任意访问Employee服务，Employee服务会使用Hoverfly提供的代理服务来访问User服务和Salary服务，hoverfly服务在这个过程中会将整个交互过程暂存起来。比如，按照代码清单7-38的方式，向Employee服务获取雇员信息，然后使用hoverctl logs命令查看hoverfly服务的日志信息，可以发现hoverfly服务已经捕获到了该次请求的数据。

代码清单7-38 Hoverfly响应Employee服务

```
curl --location --request GET 'http://localhost:8080/consumer/employee/api/emplo
    yee/5051f988ec634a0a90ded677d91be776'
{"uid":"5051f988ec634a0a90ded677d91be776","name":"nanoha","gender":"female","nat
    ionality":"japan","age":24,"salary":40546}

# 查看hoverfly服务的日志
hoverctl logs
INFO[2020-10-19T21:10:00+08:00] Default proxy port has been overwritten   port=8500
INFO[2020-10-19T21:10:00+08:00] Default admin port has been overwritten   port=8888
INFO[2020-10-19T21:10:00+08:00] Using memory backend
INFO[2020-10-19T21:10:00+08:00] Proxy prepared... Destination=. Mode=simulate ProxyPort=8500
INFO[2020-10-19T21:10:00+08:00] current proxy configuration destination=. mode=simulate
    port=8500
INFO[2020-10-19T21:10:00+08:00] Admin interface is starting... AdminPort=8888
INFO[2020-10-19T21:10:00+08:00] serving proxy
INFO[2020-10-19T21:10:12+08:00] Mode has been changed mode=capture
INFO[2020-10-19T21:12:54+08:00] request and response captured  mode=capture
    request="&map[body: destination:localhost:8081 headers:map[Accept:[application/
```

```
    json, application/*+json] Proxy-Connection:[keep-alive] User-
    Agent:[Java/1.8.0_121]] method:GET path:/provider/user/api/user/5051f988ec634a0
    a90ded677d91be776 query:map[] scheme:http]" response="&map[error:nil response]"
INFO[2020-10-19T21:52:55+08:00] request and response captured mode=capture
    request="&map[body: destination:localhost:8082 headers:map[Accept:[application/
    json, application/*+json] Proxy-Connection:[keep-alive] User-
    Agent:[Java/1.8.0_121]] method:GET path:/provider/salary/api/salary/5051f988
    ec634a0a90ded677d91be776 query:map[] scheme:http]" response="&map[error:nil
    response]"
```

目前，hoverfly代理服务虽然捕获到了我们发送的请求和响应，但其数据还只是被暂存，并没有被持久化到文件当中，我们可以使用代码清单7-39的方式，将捕获到的数据写入JSON文件，即Hoverfly的simulation文件。

代码清单7-39　使用JSON文件保存交互数据

```
hoverctl export getEmployee.simulation.json
Successfully exported simulation to getEmployee.simulation.json
```

代码清单7-40展示了该simulation文件中的内容，其中data.pairs列表中的内容就是我们捕获到的请求数据，也就是我们的虚拟服务将会使用的Stub数据。因为Employee分别向User服务和Salary服务发送了GET请求，所以这里的data.pairs里一共有两对request和response的数据信息。

代码清单7-40　simulation文件

```
{
    "data": {
        "pairs": [
            {
                "request": {
                    "path": [
                        {
                            "matcher": "exact",
                            "value": "/provider/user/api/user/5051f988ec634a0a90
                                ded677d91be776"
                        }
                    ],
                    "method": [
                        {
                            "matcher": "exact",
                            "value": "GET"
                        }
                    ],
                    "destination": [
                        {
                            "matcher": "exact",
                            "value": "localhost:8081"
                        }
```

```
            ],
            "scheme": [
                {
                    "matcher": "exact",
                    "value": "http"
                }
            ],
            "body": [
                {
                    "matcher": "exact",
                    "value": ""
                }
            ]
        },
        "response": {
            "status": 200,
            "body": "{\"uid\":\"5051f988ec634a0a90ded677d91be776\",\"nam
                e\":\"nanoha\",\"gender\":\"female\",\"nationality\":\"j
                apan\",\"age\":24}",
            "encodedBody": false,
            "headers": {
                "Content-Type": [
                    "application/json"
                ],
                "Date": [
                    "Tue, 20 Oct 2020 21:12:15 GMT"
                ],
                "Hoverfly": [
                    "Was-Here"
                ]
            },
            "templated": false
        }
    },
    {
        "request": {
            "path": [
                {
                    "matcher": "exact",
                    "value": "/provider/salary/api/salary/5051f988ec634a
                        0a90ded677d91be776"
                }
            ],
            "method": [
                {
                    "matcher": "exact",
                    "value": "GET"
                }
            ],
            "destination": [
                {
```

```
                        "matcher": "exact",
                        "value": "localhost:8082"
                    }
                ],
                "scheme": [
                    {
                        "matcher": "exact",
                        "value": "http"
                    }
                ],
                "body": [
                    {
                        "matcher": "exact",
                        "value": ""
                    }
                ]
            },
            "response": {
                "status": 200,
                "body": "{\"uid\":\"5051f988ec634a0a90ded677d91be776\",\"sal
                    ary\":40546}",
                "encodedBody": false,
                "headers": {
                    "Content-Type": [
                        "application/json"
                    ],
                    "Date": [
                        "Tue, 20 Oct 2020 21:12:15 GMT"
                    ],
                    "Hoverfly": [
                        "Was-Here"
                    ]
                },
                "templated": false
            }
        }
    ],
    "globalActions": {
        "delays": [],
        "delaysLogNormal": []
    }
},
"meta": {
    "schemaVersion": "v5.1",
    "hoverflyVersion": "v1.3.1",
    "timeExported": "2020-10-20T21:11:24+08:00"
}
}
```

simulation 文件录制完成后，就可以使用 Simulate 模式来启动虚拟服务了。按照代码清单 7-41 的方式，将 Hoverfly 的工作模式切换到 Simulate 模式，然后关闭 User 服务和 Salary 服务，再次使用与代码清单 7-38 所示相同的方式，去访问 Employee 服务获取雇员信息，能够得到和之前完全相同的响应。因为我们已经关闭了 User 服务和 Salary 服务，所以可以确信 Employee 服务依赖的信息均来自 Hoverfly 提供的虚拟服务，从而实现了对 User 服务和 Salary 服务的虚拟化。

代码清单7-41　切换simulate模式

```
hoverctl mode simulate
Hoverfly has been set to simulate mode with a matching strategy of 'strongest'
```

上述过程中，我们使用 Simulate 模式实现的虚拟服务中的 Stub 数据直接来自先前使用 Capture 模式进行的录制，该数据本身一直保存在运行的 hoverfly 服务内部。而在真实项目中更多时候会使用已经提前导出或者手动创建好的 simulation 文件来构建模拟服务，这就要我们在启动 hoverfly 服务后，将需要的 simulation 文件加载到 hoverfly 服务中去。按照代码清单 7-42 的方式，就可以使用准备好的 simulation 文件来构建虚拟服务。

代码清单7-42　加载已经准备好的simulation文件数据

```
# 首先使用delete命令删除Hoverfly内部的simulation数据
hoverctl delete
Are you sure you want to delete the current simulation? [y/n]: y
Simulation data has been deleted from Hoverfly

# 然后尝试访问Employee服务，会得到错误提示信息，因为我们的虚拟服务中已经没有数据，这是正常的
curl --location --request GET 'http://localhost:8080/consumer/employee/api/emplo
    yee/5051f988ec634a0a90ded677d91be776'
{"code":400,"message":"retrieve employee with uid 5051f988ec634a0a90ded677d91
    be776 failed","url":"http://localhost:8080/consumer/employee/api/employee/50
    51f988ec634a0a90ded677d91be776","data":null}

# 接下来我们将之前导出的simulation文件再次加载回hoverfly服务
hoverctl import getEmployee.simulation.json
Successfully imported simulation from getEmployee.simulation.json

# 最后再次访问Employee服务，又能得到正确的响应
curl --location --request GET 'http://localhost:8080/consumer/employee/api/emplo
    yee/5051f988ec634a0a90ded677d91be776'
{"uid":"5051f988ec634a0a90ded677d91be776","name":"nanoha","gender":"female","nat
    ionality":"japan","age":24,"salary":40546}
```

代码清单 7-42 只是一个非常简单的例子，展示了如何加载准备好的 simulation 文件，这是一个十分轻松的步骤，而在真实的微服务测试项目中，复杂且充满挑战的工作是如何合理地规划和准备，甚至是“伪造”需要的 simulation 文件，这就需要我们根据真正的被测对象的业务逻辑，以及需要的测试场景来进行考量和设计。

7.3.3 深入 simulation 的细节

在介绍 Hoverfly 的更多内容之前，让我们放慢脚步，来看看 simulation 的相关细节内容。

1. 匹配规则

Stub 数据是任何虚拟服务的核心，而作为 Hoverfly 的 Stub 数据的载体，simulation 定义的请求匹配功能，直接决定了 Hoverfly 在实现虚拟服务时的使用灵活度。代码清单 7-43 展示了一份完整的 simulation 文件格式。

代码清单7-43　完整的simulation文件格式

```
{
    "data": {
        "pairs": [
            {
                "request": {
                    "path": [
                        {
                            "matcher": "exact",
                            "value": "/pages/keyconcepts/templates.html"
                        }
                    ],
                    "method": [
                        {
                            "matcher": "exact",
                            "value": "GET"
                        }
                    ],
                    "destination": [
                        {
                            "matcher": "exact",
                            "value": "docs.hoverfly.io"
                        },
                        {
                            "matcher": "glob",
                            "value": "*.hoverfly.io"
                        }
                    ],
                    "scheme": [
                        {
                            "matcher": "exact",
                            "value": "http"
                        }
                    ],
                    "body": [
                        {
                            "matcher": "exact",
                            "value": ""
                        }
```

```
                    ],
                    "query": {
                        "query": [
                            {
                                "matcher": "exact",
                                "value": "true"
                            }
                        ]
                    }
                },
                "response": {
                    "status": 200,
                    "body": "Response from docs.hoverfly.io/pages/keyconcepts/
                        templates.html",
                    "encodedBody": false,
                    "headers": {
                        "Hoverfly": [
                            "Was-Here"
                        ]
                    },
                    "templated": false
                }
            }
        ],
        "globalActions": {
            "delays": [],
            "delaysLogNormal": []
        }
    },
    "meta": {
        "schemaVersion": "v5.1",
        "hoverflyVersion": "v1.2.0",
        "timeExported": "2020-04-25T17:56:32+03:00"
    }
}
```

Hoverfly 在对请求进行同一认证时，检查对象有 6 个：

- schema，比如 https；
- method，比如 GET；
- destination，比如 www.google.com；
- path，比如 /privacy；
- query，比如 hl=en-HK&fg=1；
- body，比如 {“uid”: “x101001”}；
- headers，比如 Content-Type: application/json。

在对这些对象进行检查时，Hoverfly 提供 8 种可选的校验方式（Request Matcher）：

- exact，等值校验；

- glob，通配符校验；
- regex，正则表达式校验；
- XML，XML 格式的对象校验；
- XPath，使用 XPath 进行的校验；
- JSON，基于 JSON 格式的全文校验；
- JSON partial，基于 JSON 格式的部分校验；
- JSONPath，使用 JSONPath 进行的校验。

在对检查对象进行校验时，可以灵活选择以上 8 种校验方式中的任意一种，也可以为一个检查对象配置多种校验方式。有时，对于一条收到的请求，simulation 中可能有多组 Stub 数据都与之匹配，具体哪一组 Stub 数据会“中标”返回，就涉及 Hoverfly 对请求的匹配策略。具体来讲，当出现多组 Stub 数据的检查对象全部或部分匹配请求时，Hoverfly 按照以下匹配策略进行选择。

- 当数据组的检查对象部分匹配时，判定为匹配失败不返回。比如 destination 匹配但 method 不匹配。
- 当数据组的检查对象全部匹配时，会计算匹配分值。具体地讲，每当有一个检查对象匹配时，匹配分值就加 1，当多组数据都全部匹配时，分值高者被返回。比如，第一组数据只检查 destination，匹配成功，分值为 1；第二组数据检查 destination 和 method，匹配成功，分值为 2，则最终返回第二组数据。

该策略被称为“最强匹配”策略，是 Hoverfly 的默认匹配策略。除此之外，还有“第一匹配”策略，即当多组数据都全部匹配时，不进行匹配分值计算，直接返回检索到的第一组数据。匹配策略可以通过 -matching-strategy 参数，在切换工作模式时指定，例如代码清单 7-44 那样。

代码清单7-44　切换simulate模式时指定匹配策略

```
hoverctl mode simulate --matching-strategy=first
```

2. 响应延迟

和 WireMock 类似，Hoverfly 也提供了方式来实现响应的延迟返回，例如，可以按照代码清单 7-45 的方式，给指定的请求设置响应延迟。

代码清单7-45　指定响应延迟

```
{
    "request": {
        "path": [
            {"matcher": "exact", "value": "/api/profile"}
        ],
        "headers": {
            "X-API-Version": [
```

```
                {"matcher": "exact", "value": "v1"}
            ]
        }
    },
    "response": {
        "status": 404,
        "body": "Page not found",
        "fixedDelay": 3000
    }
}
```

3. body 文件

另外，除了在 simulation 文件中直接定义响应的消息体外，也可以像使用 WireMock 的 body 文件那样，将具体的消息体记录在另外的 JSON 文件中，然后在 simulation 文件中引用该 JSON 文件，如代码清单 7-46 所示。

代码清单7-46　引用body文件

```
"response": {
    "status": 200,
    "encodedBody": false,
    "templated": false,
    "bodyFile": "responses/200-success.json"
}
```

4. 请求缓存

为了提高虚拟服务的性能，Hoverfly 还使用了缓存来检查请求的匹配结果。每当 hoverfly 服务切换到 Simulate 模式时，Hoverfly 就会将 simulation 中记录的请求全部进行 Hash 计算后保存在缓存当中。当收到来自客户端的请求后，Hoverfly 会先将收到的请求进行 Hash 计算，并将其结果和缓存中的记录进行快速比较，如果命中，就返回对应的响应；如果没有命中，则进行 simulation 中的匹配。每当有新的匹配成功时，其请求的 Hash 值会被自动增加到缓存中去。当 simulation 中没有能够匹配的 Stub 数据时，即表示该请求匹配失败。对应匹配失败的请求，Hoverfly 也会维护一个缓存，用来快速判断无法匹配的请求。目前，计算请求 Hash 值的过程是不包含 Header 信息的，因为 Header 信息经常包含一些一次性数据，比如 Token、时间戳、数字指纹等，对它们进行 Hash 计算会极大增加匹配失败的概率。

7.3.4　使用模板实现动态响应

在服务虚拟化的过程中，有时我们期望返回响应的消息体中除了固定信息外，还能够包含一些动态的信息。这些动态信息通常来自两方面，即请求中携带的信息或完全随机生成的信息。我们可以使用 Hoverfly 的模板功能来实现虚拟服务中的动态响应。

默认情况下，Hoverfly 的模板功能是关闭的，我们可以根据需要，在 simulation 文件里将消息体定义中的 templated 赋值为 true，即可开启请求响应的模板功能。模板功能开启后，我们就可以在响应中使用 Hoverfly 预定义的模板语言来生成动态数据了。目前，Hoverfly 提供如表 7-2 所示的模板语言来获取请求中的动态信息，并提供如表 7-3 所示的模板语言来生成随机信息。

表 7-2　Hoverfly 获取请求中信息的模板语言

请求中的对象	模板语言	请求示例	获取的数据
Request scheme	{{ Request.Scheme }}	http://www.foo.com	http
Query parameter value	{{ Request.QueryParam.myParam }}	http://www.foo.com?myParam=bar	bar
Query parameter value (list)	{{ Request.QueryParam.NameOfParameter.[1] }}	http://www.foo.com?myParam=bar1&myParam=bar2	bar2
Path parameter value	{{ Request.Path.[1] }}	http://www.foo.com/zero/one/two	one
Method	{{ Request.Method }}	http://www.foo.com/zero/one/two	GET
jsonpath on body	{{ Request.Body "jsonpath" "$.id" }}	{ "id": 123, "username": "hoverfly" }	123
xpath on body	{{ Request.Body "xpath" "/root/id" }}	123	123
Header value	{{ Request.Header.X-Header-Id }}	{ "X-Header-Id": ["bar"] }	bar
Header value (list)	{{ Request.Header.X-Header-Id.[1] }}	{ "X-Header-Id": ["bar1", "bar2"] }	bar2
State	{{ State.basket }}	State Store = {"basket":"eggs"}	eggs

表 7-3　Hoverfly 生成随机信息的模板语言

数据项	模板语言	示例值
当前时间 + 1 天，unix 时间戳	{{ now "1d" "unix" }}	1136300645
当前时间，ISO 8601 格式	{{ now "" "" }}	2006-01-02T15:04:05Z
当前时间 - 1 天，自定义格式	{{ now "-1d" "2006-Jan-02" }}	2006-Jan-01
随机字符串	{{ randomString }}	hGfclKjnmwcCds
指定长度的随机字符串	{{ randomStringLength 2 }}	KC
随机布尔值	{{ randomBoolean }}	true
随机整数	{{ randomInteger }}	42
指定范围的随机整数	{{ randomIntegerRange 1 10 }}	7
随机浮点数	{{ randomFloat }}	42
指定范围的随机浮点数	{{ randomFloatRange 1.0 10.0 }}	7.4563213423
随机邮件地址	{{ randomEmail }}	LoriStewart@Photolist.com

（续）

数据项	模板语言	示例值
随机 IPv4 地址	{{ randomIPv4 }}	224.36.27.8
随机 IPv6 地址	{{ randomIPv6 }}	41d7:daa0:6e97:6fce:411e:681:f86f:e557
随机 UUID	{{ randomUuid }}	7b791f3d-d7f4-4635-8ea1-99568d821562
替换请求中的指定字符	{{ replace Request.Body “be” “mock” }}	(原始 Request.Body=“to be or not to be”) to mock or not to mock

为了演练对模板语言的使用，我们可以“克隆”一份之前导出的 simulation 文件，然后对其做以下修改：

- ❑ 对请求的 path 对象使用通配符来匹配 uid；
- ❑ 在 response.body 的内容中，使用请求中的路径参数来动态返回 uid 值；
- ❑ 在 response.body 的内容中，使用随机整数来生成动态的 salary 值；
- ❑ 设置 response.templated 为 true，开启模板功能。

修改后的 simulation 文件内容如代码清单 7-47 所示。

代码清单7-47　使用模板语言的simulation文件

```
{
    "data": {
        "pairs": [
            {
                "request": {
                    "path": [
                        {
                            "matcher": "glob",
                            "value": "/provider/user/api/user/*"
                        }
                    ],
                    "method": [
                        {
                            "matcher": "exact",
                            "value": "GET"
                        }
                    ],
                    "destination": [
                        {
                            "matcher": "exact",
                            "value": "localhost:8081"
                        }
                    ],
                    "scheme": [
                        {
                            "matcher": "exact",
                            "value": "http"
                        }
```

```
        ],
        "body": [
            {
                "matcher": "exact",
                "value": ""
            }
        ]
    },
    "response": {
        "status": 200,
        "body": "{\"uid\":\"{{ Request.Path.[4] }}\",\"name\":\"nano
            ha\",\"gender\":\"female\",\"nationality\":\"japan\",\"a
            ge\":24}",
        "encodedBody": false,
        "headers": {
            "Content-Type": [
                "application/json"
            ],
            "Date": [
                "Tue, 20 Oct 2020 21:11:15 GMT"
            ],
            "Hoverfly": [
                "Was-Here"
            ]
        },
        "templated": true
    }
},
{
    "request": {
        "path": [
            {
                "matcher": "glob",
                "value": "/provider/salary/api/salary/*"
            }
        ],
        "method": [
            {
                "matcher": "exact",
                "value": "GET"
            }
        ],
        "destination": [
            {
                "matcher": "exact",
                "value": "localhost:8082"
            }
        ],
        "scheme": [
            {
                "matcher": "exact",
```

```
                        "value": "http"
                    }
                ],
                "body": [
                    {
                        "matcher": "exact",
                        "value": ""
                    }
                ]
            },
            "response": {
                "status": 200,
                "body": "{\"uid\":\"{{ Request.Path.[4]  }}\",\"salary\":{{
                    randomIntegerRange 100 200 }} }",
                "encodedBody": false,
                "headers": {
                    "Content-Type": [
                        "application/json"
                    ],
                    "Date": [
                        "Tue, 20 Oct 2020 21:11:15 GMT"
                    ],
                    "Hoverfly": [
                        "Was-Here"
                    ]
                },
                "templated": true
            }
        }
    ],
    "globalActions": {
        "delays": [],
        "delaysLogNormal": []
    }
},
"meta": {
    "schemaVersion": "v5.1",
    "hoverflyVersion": "v1.3.1",
    "timeExported": "2020-10-20T21:11:24+08:00"
}
}
```

再按照代码清单 7-48 的方式加载这个 simulation 文件，就可以在访问 Employee 服务时，获取动态信息了。

代码清单7-48　加载simulation文件

```
# 加载开启模板功能的simulation文件
hoverctl import getEmployee.templating.simulation.json
Successfully imported simulation from getEmployee.templating.simulation.json
```

```
# 查询simulation中不存在的uid 5051f988ec634a0a90ded677d91be779，仍然可以获取“正确”的响应
curl --location --request GET 'http://localhost:8080/consumer/employee/api/emplo
    yee/5051f988ec634a0a90ded677d91be779'
{"uid":"5051f988ec634a0a90ded677d91be779","name":"nanoha","gender":"female","nat
    ionality":"japan","age":24,"salary":117}

# 再次查询simulation中另一个不存在的uid 5051f988ec634a0a90ded677d91be800，仍然可以得到
  “正确”的响应，注意，前后两次响应中的salary均是动态生成的随机值
curl --location --request GET 'http://localhost:8080/consumer/employee/api/emplo
    yee/5051f988ec634a0a90ded677d91be800'
{"uid":"5051f988ec634a0a90ded677d91be800","name":"nanoha","gender":"female","nat
    ionality":"japan","age":24,"salary":145}
```

模板功能的使用，除了可以提高虚拟服务在返回数据时的灵活性和多样性之外，另一个重要的方面是，它可以达到使用同一组 Stub 数据正确匹配多条请求的目的，这样就在很大程度上减少了准备大量类似的 Stub 数据的需求，提高了服务虚拟化工作的效率。

7.3.5 Hoverfly 的状态行为

Hoverfly 同样支持对需要含有状态行为的 API 进行模拟，其工作方式和 WireMock 大同小异，也是通过在 simulation 文件中，使用关键字信息在 hoverfly 服务中创建状态机和修改状态机的状态。当收到有状态需求的请求时，Hoverfly 将当前状态机的状态和期望的状态进行对比，从而选择符合期望状态的响应予以返回。

Hoverfly 主要使用以下关键字在 simulation 文件中控制状态机：

- requiresState，在 request 中使用，比如 requiresState：{“state-flow”: “1st”}，表示当前状态机只有在满足 requiresState 定义的状态时，才会匹配该组请求和响应；
- transitionsState，在 response 中使用，比如 transitionsState ：{“state-flow”: “2nd”}，表示该响应返回后，就将当前状态机设置成 transitionsState 定义的状态；
- removesState，在 response 中使用，比如 removesState: [“state-flow”]，表示该响应返回后，就从状态机中删除该项状态。

Hoverfly 的 Capture 模式，默认是不支持状态行为的，也就是说，Hoverfly 不会重复录制相同的请求。要让 Capture 模式支持状态行为，需要在切换模式时指定为 –stateful 参数。接下来，我们可以按照代码清单 7-49 的方式，使用 Employee 服务来演练有状态行为的服务虚拟化。

代码清单7-49　使用stateful参数切换成录制模式

```
# 首先将Hoverfly切换到有状态的Capture模式下
hoverctl mode capture --stateful
Hoverfly has been set to capture mode

# 为了消除之前已经录制的数据的影响，我们可以先清除既有的Stub数据信息
hoverctl delete -f
```

```
Simulation data has been deleted from Hoverfly

# 第一次向Employee服务发送请求，获取雇员信息，在执行这一步之前，请确保Employee服务、User服
  务、Salary服务均已正确启动
curl --location --request GET 'http://localhost:8080/consumer/employee/api/emplo
    yee/5051f988ec634a0a90ded677d91be776'
{"uid":"5051f988ec634a0a90ded677d91be776","name":"nanoha","gender":"femal","nati
    onality":"japan","age":24,"salary":40000}

# 然后发送PUT请求，将雇员信息的salary从40000修改成40001
curl --location --request PUT 'http://localhost:8080/consumer/employee/api/empl
    oyee/5051f988ec634a0a90ded677d91be776' --header 'Content-Type: application/
    json' --data-raw '{"name": "nanoha", "age": 24, "gender": "femal",
    "nationality": "japan", "salary": 40001}'

# 第二次使用相同的请求获取雇员信息，得到的salary是修改后的40001
curl --location --request GET 'http://localhost:8080/consumer/employee/api/emplo
    yee/5051f988ec634a0a90ded677d91be776'
{"uid":"5051f988ec634a0a90ded677d91be776","name":"nanoha","gender":"femal","nati
    onality":"japan","age":24,"salary":40001}
```

至此，我们就捕获到含有状态行为的请求了，将目前为止的数据导出到 simulation 文件，可以得到类似代码清单 7-50 的内容。我们可以看到 “sequence:1”: “1” 和 “sequence:2”: “3” 这样的状态机关键字，这是 Hoverfly 在录制包含状态行为的请求时，默认使用的状态机关键字，其前缀 sequence 可以确保 Hoverfly 在 Simulate 模式下回放这些请求时，能够按照状态改变的指定顺序进行响应。其中，“sequence:1”: “1” 中的第一个 1 表示这是第一组状态，第二个 1 表示这是该组的第一个状态。除了使用默认生成的状态机关键字以外，我们也可以根据实际的需求，对状态机的关键字进行自定义，这样可以使数据的语义更加丰富，利于对状态的管理和对数据的维护。

代码清单7-50　包含状态序列的simulation文件

```
{
    "data": {
        "pairs": [
            {
                "request": {
                    "path": [
                        {
                            "matcher": "exact",
                            "value": "/provider/user/api/user/5051f988ec634a0a90
                                ded677d91be776"
                        }
                    ],
                    "method": [
                        {
                            "matcher": "exact",
                            "value": "GET"
```

```
            }
        ],
        "destination": [
            {
                "matcher": "exact",
                "value": "localhost:8081"
            }
        ],
        "scheme": [
            {
                "matcher": "exact",
                "value": "http"
            }
        ],
        "body": [
            {
                "matcher": "exact",
                "value": ""
            }
        ],
        "requiresState": {
            "sequence:1": "1"
        }
    },
    "response": {
        "status": 200,
        "body":  "{\"uid\":\"5051f988ec634a0a90ded677d91be776\",\"nam
            e\":\"nanoha\",\"gender\":\"femal\",\"nationality\":\"ja
            pan\",\"age\":24}",
        "encodedBody": false,
        "headers": {
            "Content-Type": [
                "application/json"
            ],
            "Date": [
                "Thu, 22 Oct 2020 21:17:29 GMT"
            ],
            "Hoverfly": [
                "Was-Here"
            ]
        },
        "templated": false,
        "transitionsState": {
            "sequence:1": "2"
        }
    }
},
{
    "request": {
        "path": [
            {
```

```
                "matcher": "exact",
                "value": "/provider/salary/api/salary/5051f988ec634a
                    0a90ded677d91be776"
            }
        ],
        "method": [
            {
                "matcher": "exact",
                "value": "GET"
            }
        ],
        "destination": [
            {
                "matcher": "exact",
                "value": "localhost:8082"
            }
        ],
        "scheme": [
            {
                "matcher": "exact",
                "value": "http"
            }
        ],
        "body": [
            {
                "matcher": "exact",
                "value": ""
            }
        ],
        "requiresState": {
            "sequence:2": "1"
        }
    },
    "response": {
        "status": 200,
        "body": "{\"uid\":\"5051f988ec634a0a90ded677d91be776\",\"sal
            ary\":40000}",
        "encodedBody": false,
        "headers": {
            "Content-Type": [
                "application/json"
            ],
            "Date": [
                "Thu, 22 Oct 2020 21:17:29 GMT"
            ],
            "Hoverfly": [
                "Was-Here"
            ]
        },
        "templated": false,
        "transitionsState": {
```

```
            "sequence:2": "2"
        }
    }
},
{
    "request": {
        "path": [
            {
                "matcher": "exact",
                "value": "/provider/user/api/user/5051f988ec634a0a90
                    ded677d91be776"
            }
        ],
        "method": [
            {
                "matcher": "exact",
                "value": "GET"
            }
        ],
        "destination": [
            {
                "matcher": "exact",
                "value": "localhost:8081"
            }
        ],
        "scheme": [
            {
                "matcher": "exact",
                "value": "http"
            }
        ],
        "body": [
            {
                "matcher": "exact",
                "value": ""
            }
        ],
        "requiresState": {
            "sequence:1": "2"
        }
    },
    "response": {
        "status": 200,
        "body": "{\"uid\":\"5051f988ec634a0a90ded677d91be776\",\"nam
            e\":\"nanoha\",\"gender\":\"femal\",\"nationality\":\"ja
            pan\",\"age\":24}",
        "encodedBody": false,
        "headers": {
            "Content-Type": [
                "application/json"
            ],
```

```
                "Date": [
                    "Thu, 22 Oct 2020 21:17:34 GMT"
                ],
                "Hoverfly": [
                    "Was-Here"
                ]
            },
            "templated": false,
            "transitionsState": {
                "sequence:1": "3"
            }
        }
    },
    {
        "request": {
            "path": [
                {
                    "matcher": "exact",
                    "value": "/provider/salary/api/salary/5051f988ec634a
                        0a90ded677d91be776"
                }
            ],
            "method": [
                {
                    "matcher": "exact",
                    "value": "GET"
                }
            ],
            "destination": [
                {
                    "matcher": "exact",
                    "value": "localhost:8082"
                }
            ],
            "scheme": [
                {
                    "matcher": "exact",
                    "value": "http"
                }
            ],
            "body": [
                {
                    "matcher": "exact",
                    "value": ""
                }
            ],
            "requiresState": {
                "sequence:2": "2"
            }
        },
        "response": {
```

```
            "status": 200,
            "body": "{\"uid\":\"5051f988ec634a0a90ded677d91be776\",\"sal
                ary\":40000}",
            "encodedBody": false,
            "headers": {
                "Content-Type": [
                    "application/json"
                ],
                "Date": [
                    "Thu, 22 Oct 2020 21:17:34 GMT"
                ],
                "Hoverfly": [
                    "Was-Here"
                ]
            },
            "templated": false,
            "transitionsState": {
                "sequence:2": "3"
            }
        }
    },
    {
        "request": {
            "path": [
                {
                    "matcher": "exact",
                    "value": "/provider/user/api/user/5051f988ec634a0a90
                        ded677d91be776"
                }
            ],
            "method": [
                {
                    "matcher": "exact",
                    "value": "PUT"
                }
            ],
            "destination": [
                {
                    "matcher": "exact",
                    "value": "localhost:8081"
                }
            ],
            "scheme": [
                {
                    "matcher": "exact",
                    "value": "http"
                }
            ],
            "body": [
                {
                    "matcher": "json",
```

```
                    "value":  "{\"name\":\"nanoha\",\"gender\":\"femal\",
                        \"nationality\":\"japan\",\"age\":24}"
                }
            ]
        },
        "response": {
            "status": 200,
            "body":  "{\"uid\":\"5051f988ec634a0a90ded677d91be776\",\"nam
                e\":\"nanoha\",\"gender\":\"femal\",\"nationality\":\"ja
                pan\",\"age\":24}",
            "encodedBody": false,
            "headers": {
                "Content-Type": [
                    "application/json"
                ],
                "Date": [
                    "Thu, 22 Oct 2020 21:17:34 GMT"
                ],
                "Hoverfly": [
                    "Was-Here"
                ]
            },
            "templated": false
        }
    },
    {
        "request": {
            "path": [
                {
                    "matcher": "exact",
                    "value":  "/provider/salary/api/salary/5051f988ec634a
                        0a90ded677d91be776"
                }
            ],
            "method": [
                {
                    "matcher": "exact",
                    "value": "PUT"
                }
            ],
            "destination": [
                {
                    "matcher": "exact",
                    "value": "localhost:8082"
                }
            ],
            "scheme": [
                {
                    "matcher": "exact",
                    "value": "http"
                }
```

```
            ],
            "body": [
                {
                    "matcher": "json",
                    "value": "{\"salary\":40001}"
                }
            ]
        },
        "response": {
            "status": 200,
            "body": "{\"uid\":\"5051f988ec634a0a90ded677d91be776\",\"pre
                viousSalary\":40000,\"currentSalary\":40001}",
            "encodedBody": false,
            "headers": {
                "Content-Type": [
                    "application/json"
                ],
                "Date": [
                    "Thu, 22 Oct 2020 21:17:34 GMT"
                ],
                "Hoverfly": [
                    "Was-Here"
                ]
            },
            "templated": false
        }
    },
    {
        "request": {
            "path": [
                {
                    "matcher": "exact",
                    "value": "/provider/user/api/user/5051f988ec634a0a90
                        ded677d91be776"
                }
            ],
            "method": [
                {
                    "matcher": "exact",
                    "value": "GET"
                }
            ],
            "destination": [
                {
                    "matcher": "exact",
                    "value": "localhost:8081"
                }
            ],
            "scheme": [
                {
                    "matcher": "exact",
```

```
                "value": "http"
            }
        ],
        "body": [
            {
                "matcher": "exact",
                "value": ""
            }
        ],
        "requiresState": {
            "sequence:1": "3"
        }
    },
    "response": {
        "status": 200,
        "body":  "{\"uid\":\"5051f988ec634a0a90ded677d91be776\",\"nam
            e\":\"nanoha\",\"gender\":\"femal\",\"nationality\":\"ja
            pan\",\"age\":24}",
        "encodedBody": false,
        "headers": {
            "Content-Type": [
                "application/json"
            ],
            "Date": [
                "Thu, 22 Oct 2020 21:17:37 GMT"
            ],
            "Hoverfly": [
                "Was-Here"
            ]
        },
        "templated": false
    }
},
{
    "request": {
        "path": [
            {
                "matcher": "exact",
                "value":  "/provider/salary/api/salary/5051f988ec634a
                    0a90ded677d91be776"
            }
        ],
        "method": [
            {
                "matcher": "exact",
                "value": "GET"
            }
        ],
        "destination": [
            {
                "matcher": "exact",
```

```
                        "value": "localhost:8082"
                    }
                ],
                "scheme": [
                    {
                        "matcher": "exact",
                        "value": "http"
                    }
                ],
                "body": [
                    {
                        "matcher": "exact",
                        "value": ""
                    }
                ],
                "requiresState": {
                    "sequence:2": "3"
                }
            },
            "response": {
                "status": 200,
                "body": "{\"uid\":\"5051f988ec634a0a90ded677d91be776\",\"sal
                    ary\":40001}",
                "encodedBody": false,
                "headers": {
                    "Content-Type": [
                        "application/json"
                    ],
                    "Date": [
                        "Thu, 22 Oct 2020 21:17:37 GMT"
                    ],
                    "Hoverfly": [
                        "Was-Here"
                    ]
                },
                "templated": false
            }
        }
    ],
    "globalActions": {
        "delays": [],
        "delaysLogNormal": []
    }
},
"meta": {
    "schemaVersion": "v5.1",
    "hoverflyVersion": "v1.3.1",
    "timeExported": "2020-10-22T21:18:04+08:00"
}
}
```

有了 simulation 文件，我们就可以在 Simulate 模式下，对其进行回放了。按照代码清单 7-51 的方式，就可以对先前有状态行为的服务请求实现模拟了。

代码清单7-51　模拟有状态的服务

```
# 先清除既有的录制数据，然后切换到Simulate模式，加载simulation文件
hoverctl delete -f
Simulation data has been deleted from Hoverfly

hoverctl mode simulate
Hoverfly has been set to simulate mode with a matching strategy of 'strongest'

hoverctl import employee.state.simulation.json
Successfully imported simulation from employee.state.simulation.json

# 最后，重复发送之前的请求，就能得到完全相同的结果
curl --location --request GET 'http://localhost:8080/consumer/employee/api/emplo-
    yee/5051f988ec634a0a90ded677d91be776'
{"uid":"5051f988ec634a0a90ded677d91be776","name":"nanoha","gender":"femal","nati-
    onality":"japan","age":24,"salary":40000}

curl --location --request PUT 'http://localhost:8080/consumer/employee/api/empl-
    oyee/5051f988ec634a0a90ded677d91be776' --header 'Content-Type: application/
    json' --data-raw '{"name": "nanoha", "age": 24, "gender": "femal",
    "nationality": "japan", "salary": 40001}'
{"uid":"5051f988ec634a0a90ded677d91be776","name":"nanoha","gender":"femal","nati-
    onality":"japan","age":24,"salary":40001}

curl --location --request GET 'http://localhost:8080/consumer/employee/api/emplo-
    yee/5051f988ec634a0a90ded677d91be776'
{"uid":"5051f988ec634a0a90ded677d91be776","name":"nanoha","gender":"femal","nati
    onality":"japan","age":24,"salary":40001}
```

当 hoverfly 服务运行时，对其内存中状态机的状态，我们除了在 transitionsState 和 removesState 的定义中进行修改外，也能使用 hoverctl state 命令进行手动修改，当然很多情况下，这只是帮助我们调试虚拟服务的一种手段。另外，值得提醒的是，回放有状态请求的 simulation 时，Hoverfly 会在导入 simulation 的时候，自动地将 simulation 中所有使用 sequence 前缀的状态项在当前状态机中的状态值设为 1，作为该状态项的起始状态值。而没有使用 sequence 前缀的自定义状态项，是没有起始状态的，所以为了能触发这些自定义的状态链，我们应该在状态链的起始节点的请求响应中仅设置 transitionsState，而不设置 requiresState，这样就能经由一般的匹配逻辑来激活整个状态链。

7.3.6　使用中间件

在使用 Hoverfly 进行服务虚拟化的过程中，中间件的基本作用是对取得的数据进行“编造”。既可以将来自客户端的真实请求“掺假”后发送给真实的服务端，也可以把来自

服务端的响应“改造”后返回给客户端，或者直接承包整个请求与响应的处理工作。

基于 Hoverfly 不同的工作模式，中间件可以起到的作用也是不同的，具体如下：

- 在 Capture 模式下，中间件可以改造发送给服务端的请求；
- 在 Simulate 和 Spy 模式下，中间件可以改造返回给客户端的响应；
- 在 Synthesize 模式下，中间件自身负责生产整个响应；
- 在 Modify 模式下，中间件可以同时改造发送给服务端的请求和返回给客户端的响应。

Hoverfly 可以使用两种方式的中间件：一种是本地的可执行文件，另一种是远端的 API 调用。通过本地的可执行文件来运行中间件，需要在运行 hoverfly 服务的环境下，安装好对应的执行环境，并且准备好相应的可执行文件。例如，当使用 Java 运行中间件时，需要安装 JRE 环境，并且准备编译好的 .jar 文件；当使用 Python 运行中间件时，需要安装好对应版本的 Python，准备好 .py 的脚本文件。通过远端 API 来运行中间件时，则是将中间件的处理逻辑放在部署好的远端服务中，再指定相应的 API 接口供 hoverfly 服务调用。通常情况下，我们都更倾向于使用本地可执行文件来运行 Hoverfly 的中间件，其相比于远端 API 有显而易见的便利性。但有些情况下，比如，当需要大范围的跨团队协作时，或者在已经运行 hoverfly 服务的环境中无法添加目标中间件的执行环境时，部署远端 API 服务也可能是我们在无奈下的选择。

接下来，让我们简单实践一下如何使用本地可执行文件来运行中间件。使用 curl 发送 get 请求给 http://time.jsontest.com 服务，会得到当前的时间戳作为响应，如代码清单 7-52 所示。

代码清单7-52　获取被测服务的数据

```
curl http://time.jsontest.com
{
    "date": "10-27-2020",
    "milliseconds_since_epoch": 1603734222024,
    "time": "20:10:22 PM"
}
```

现在，我们使用 JavaScript 语言创建一个中间件文件 middleware.js，其内容如代码清单 7-53 所示。该中间件的逻辑很简单，先从标注的输入流中获取数据，这个数据会在 hoverfly 服务执行该 JavaScript 文件时作为参数传递给它。然后主要做 3 件事：其一，将响应的状态码修改成 201；其二，将响应的消息体替换成包含 title、role、grade 关键字的 JSON 对象；其三，在原有响应的 Header 列表中，添加 ariman-header-key 这个 Header。最后，将处理后的响应以 JSON 的格式输出到标注的输出流中去。

代码清单7-53　使用JavaScript实现的中间件

```
process.stdin.resume();
process.stdin.setEncoding('utf8');
```

```
process.stdin.on('data', function(data) {
    let dateJson = JSON.parse(data);

    dateJson.response.status = 201;

    const body = {
        "title": "software engineer",
        "role": "tester",
        "grade": 8
    };
    dateJson.response.body = JSON.stringify(body);

    dateJson.response.headers = {...dateJson.response.headers, "ariman-header-
        key": ["ariman-header-value"]}

  console.log(JSON.stringify(dateJson));
});
```

有了中间件脚本，再加上已经安装好的 Node.js 执行环境，我们就可以按照代码清单 7-54 的方式在 Hoverfly 中使用该中间件了。

代码清单7-54 hoverfly服务使用中间件

```
# 首先启动hoverfly服务，并将Hoverfly切换到Capture模式
hoverctl start
Hoverfly is now running

+------------+------+
| admin-port | 8888 |
| proxy-port | 8500 |
+------------+------+

hoverctl mode capture
Hoverfly has been set to capture mode

# 然后让curl命令通过hoverfly服务的代理来访问目标服务，这样会把得到的响应暂存在hoverfly服务中
curl --proxy http://localhost:8500 http://time.jsontest.com
{
    "date": "10-27-2020",
    "milliseconds_since_epoch": 1603780414879,
    "time": "06:33:34 AM"
}

# 再将Hoverfly的工作模式切换到Simulate模式
hoverctl mode simulate
Hoverfly has been set to simulate mode with a matching strategy of 'strongest'

# 指定要使用的中间件，这里除了指定中间件的脚本文件外，还通过--binary参数指定了运行该脚本文件的执行文件
hoverctl middleware --binary node --script middleware.js
Testing middleware against Hoverfly...
```

```
Hoverfly middleware configuration has been set to
Binary: node
Script:
process.stdin.resume();
process.stdin.setEncoding( 'utf8' );

process.stdin.on( 'data' , function(data) {
...

# 最后，我们再次执行curl命令，就能得到通过中间件改造后的响应。这里额外使用了curl的-v参数，可以
  打印header信息，验证我们添加的ariman-header-kay也被成功返回了
curl -v --proxy http://localhost:8500 http://time.jsontest.com
*   Trying ::1...
* TCP_NODELAY set
* Connection failed
* connect to ::1 port 8500 failed: Connection refused
*   Trying 127.0.0.1...
* TCP_NODELAY set
* Connected to localhost (127.0.0.1) port 8500 (#0)
> GET http://time.jsontest.com/ HTTP/1.1
> Host: time.jsontest.com
> User-Agent: curl/7.64.1
> Accept: */*
> Proxy-Connection: Keep-Alive
>
< HTTP/1.1 201 Created
< Access-Control-Allow-Origin: *
< Content-Length: 100
< Content-Type: application/json
< Date: Tue, 27 Oct 2020 06:33:34 GMT
< Hoverfly: Was-Here
< Server: Google Frontend
< X-Cloud-Trace-Context: 8962d10fa52116f5088ad389b0c77f4e
< ariman-header-key: ariman-header-value
<
* transfer closed with 45 bytes remaining to read
* Closing connection 0
{"title":"software engineer","role":"tester","grade":8}
curl: (18) transfer closed with 45 bytes remaining to read
```

在使用中间件时，当我们通过命令 hoverctl middleware –binary node –script middleware.js 加载中间件文件时，Hoverfly 会尝试先执行该中间件来验证其执行环境和执行文件是否正确。如果中间件不能返回正确的信息，就会出现类似代码清单 7-55 的提示，此时中间件的加载是不成功的。

代码清单7-55　中间件执行环节校验异常

```
hoverctl middleware --binary node --script middleware.js
Testing middleware against Hoverfly...
```

```
Could not set middleware, it may have failed the test

Failed to unmarshal JSON from middleware
Command: node /var/folders/dv/fn5p_lw57rn2y5zm8ndwfryc0000gn/T/hoverfly/
    hoverfly_158438371
unexpected end of JSON input

STDIN:
{"response":{"status":200,"body":"ok","encodedBody":false,"headers":{"test_heade
    r":["true"]}},"request":{"path":"/","method":"GET","destination":"www.test.
    com","scheme":"","query":"","body":"","headers":{"test_header":["true"]}}}

STDOUT:
```

最后，值得提醒的是，我们的中间件脚本返回给标准输出流的 JSON 对象，其内容并不是响应，而是一个符合 simulation Schema 格式的 JSON 对象，目前 v5 版本的 simulation Schema 如代码清单 7-56 所示。

代码清单7-56 v5版本的simulation Schema

```
{
    "additionalProperties": false,
    "definitions": {
        "delay": {
            "properties": {
                "delay": {
                    "type": "integer"
                },
                "httpMethod": {
                    "type": "string"
                },
                "urlPattern": {
                    "type": "string"
                }
            },
            "type": "object"
        },
        "delay-log-normal": {
            "properties": {
                "httpMethod": {
                    "type": "string"
                },
                "max": {
                    "type": "integer"
                },
                "mean": {
                    "type": "integer"
                },
                "median": {
                    "type": "integer"
```

```
        },
        "min": {
            "type": "integer"
        },
        "urlPattern": {
            "type": "string"
        }
    },
    "type": "object"
},
"field-matchers": {
    "properties": {
        "matcher": {
            "type": "string"
        },
        "value": {}
    },
    "type": "object"
},
"headers": {
    "additionalProperties": {
        "items": {
            "type": "string"
        },
        "type": "array"
    },
    "type": "object"
},
"meta": {
    "properties": {
        "hoverflyVersion": {
            "type": "string"
        },
        "schemaVersion": {
            "type": "string"
        },
        "timeExported": {
            "type": "string"
        }
    },
    "required": ["schemaVersion"],
    "type": "object"
},
"request": {
    "properties": {
        "body": {
            "items": {
                "$ref": "#/definitions/field-matchers"
            },
            "type": "array"
        },
```

```
                "destination": {
                    "items": {
                        "$ref": "#/definitions/field-matchers"
                    },
                    "type": "array"
                },
                "headers": {
                    "$ref": "#/definitions/request-headers"
                },
                "path": {
                    "items": {
                        "$ref": "#/definitions/field-matchers"
                    },
                    "type": "array"
                },
                "query": {
                    "$ref": "#/definitions/request-queries"
                },
                "requiresState": {
                    "patternProperties": {
                        ".{1,}": {
                            "type": "string"
                        }
                    },
                    "type": "object"
                },
                "scheme": {
                    "items": {
                        "$ref": "#/definitions/field-matchers"
                    },
                    "type": "array"
                }
            },
            "type": "object"
        },
        "request-headers": {
            "additionalProperties": {
                "items": {
                    "$ref": "#/definitions/field-matchers"
                },
                "type": "array"
            },
            "type": "object"
        },
        "request-queries": {
            "additionalProperties": {
                "items": {
                    "$ref": "#/definitions/field-matchers"
                },
                "type": "array"
```

```
        },
        "type": "object"
    },
    "request-response-pair": {
        "properties": {
            "request": {
                "$ref": "#/definitions/request"
            },
            "response": {
                "$ref": "#/definitions/response"
            }
        },
        "required": ["request", "response"],
        "type": "object"
    },
    "response": {
        "properties": {
            "body": {
                "type": "string"
            },
            "bodyFile": {
                "type": "string"
            },
            "encodedBody": {
                "type": "boolean"
            },
            "fixedDelay": {
                "type": "integer"
            },
            "headers": {
                "$ref": "#/definitions/headers"
            },
            "logNormalDelay": {
                "properties": {
                    "max": {
                        "type": "integer"
                    },
                    "mean": {
                        "type": "integer"
                    },
                    "median": {
                        "type": "integer"
                    },
                    "min": {
                        "type": "integer"
                    }
                }
            },
            "removesState": {
                "type": "array"
```

```
                },
                "status": {
                    "type": "integer"
                },
                "templated": {
                    "type": "boolean"
                },
                "transitionsState": {
                    "patternProperties": {
                        ".{1,}": {
                            "type": "string"
                        }
                    },
                    "type": "object"
                }
            },
            "type": "object"
        }
    },
    "description": "Hoverfly simulation schema",
    "properties": {
        "data": {
            "properties": {
                "globalActions": {
                    "properties": {
                        "delays": {
                            "items": {
                                "$ref": "#/definitions/delay"
                            },
                            "type": "array"
                        },
                        "delaysLogNormal": {
                            "items": {
                                "$ref": "#/definitions/delay-log-normal"
                            },
                            "type": "array"
                        }
                    },
                    "type": "object"
                },
                "pairs": {
                    "items": {
                        "$ref": "#/definitions/request-response-pair"
                    },
                    "type": "array"
                }
            },
            "type": "object"
        },
        "meta": {
```

```
            "$ref": "#/definitions/meta"
        }
    },
    "required": ["data", "meta"],
    "type": "object"
}
```

7.4　提供 Web UI 的轻量级服务虚拟化方案

WireMock 和 Hoverfly 提供的各种功能，虽然可以帮助我们实现不同形式的服务虚拟化，但它们都有一些共同的特点，比如，工具本身的学习成本相对较高，对 Stub 数据的管理依赖大量的文件操作，对虚拟服务的管理只能通过终端命令或 API 访问的方式进行等。然而，在实际的微服务项目中，无论是测试人员还是开发人员，有时相比于实现一些复杂但不常用的服务虚拟化功能，比如请求录制、状态响应等，更希望能够快速实现一些可调用的 API 接口，返回必要的数据，来方便我们验证或调试手头上的开发或测试工作。为此，使用基于 Web UI 的轻量级服务虚拟化工具往往要比 WireMock 和 Hoverfly 高效很多。

首先，这类基于 Web UI 的工具，都是通过浏览器来进行服务和数据的管理，面向这样的界面进行操作比面向文件和命令行要方便很多。其次，我们在 UI 界面上的任何修改，对虚拟服务来说都是实时生效的，这大大提高了我们调试虚拟服务的效率。另外，由于这类工具通常都会有一个主体服务在长时运行，而我们通过 UI 界面生成虚拟服务，其实质只是给该主体服务添加 API 接口，这就免去了“部署”虚拟服务的过程，从而在很大程度上简化了创建多用户、长时运行的虚拟服务的步骤。

7.4.1　最简单的交互式服务虚拟化工具：Mockit

Mockit 是一款非常简单易用的服务型、交互式服务虚拟化工具，其本质是一套由 3 组服务组成的系统，包括客户端服务、服务端服务以及虚拟 API 服务，它们的主要作用如下。

- 客户端服务：提供前端 UI 界面的服务，用户使用浏览器，通过该服务对虚拟服务的接口进行增删查改的操作，默认启动地址为 localhost:5000。
- 服务端服务：对于需要存储的 Stub 数据，Mockit 没有使用数据库来进行持久化操作，而是使用配置文件的方式来进行存储，而该服务端服务主要就是通过向客户端服务提供 API 接口来对数据文件进行读写，默认地址为 localhost:4000。
- 虚拟 API 服务：也就是我们的目标虚拟服务，用户通过客户端服务的 UI 界面进行的任何增删查改的操作，都会动态地修改该虚拟服务，默认地址为 localhost:3000。

通常情况下，Mockit 的用户只会接触到客户端服务和虚拟 API 服务，不会直接跟服务端服务进行交互。就整个系统的架构来说，服务端服务其实就是一个负责数据存储的微服务，尽管它的名字有着太大的迷惑性。这一点，对于 Mockit 的普通使用者来说无关紧要，但对于想要在其基础上进行二次开发的开发人员来说，还是值得注意的。

虽然 Mockit 是一套服务，但得益于容器技术的普及，我们可以非常方便地启动 Mockit。按照代码清单 7-57 的方式，即可完成 Mockit 在本地的启动。

代码清单7-57　本地启动Mockit

```
# 首先下载Mockit的发布包并解压
wget --no-check-certificate https://github.com/boyney123/mockit/archive/1.2.1.zip
unzip 1.2.1.zip

# 进入其工程目录后，使用docker-compose命令即可完成所有服务的启动工作
cd mockit-1.2.1
docker-compose up -d

# 服务启动完成后，可以查看当前正在运行的Docker容器，可见mockit-routes、mockit-server以及
  mockit-client3个服务都已经成功启动
docker container ls
CONTAINER ID        IMAGE               COMMAND             CREATED
STATUS              PORTS                    NAMES
aff8ffbae4ad        mockit-routes       "npm start"         About a minute ago
Up About a minute   0.0.0.0:3000->3000/tcp   mockit_mockit-routes_1
a2c35bd96e3c        mockit-server       "npm start"         About a minute ago
Up About a minute   0.0.0.0:4000->4000/tcp   mockit_mockit-server_1
be8f908fa3b7        mockit-client       "npm start"         About a minute ago
Up About a minute   0.0.0.0:5000->3000/tcp   mockit_mockit-client_1
```

启动完成后，使用浏览器访问 http://localhost:5000，就能看到 Mockit 的客户端页面，如图 7-19 所示。

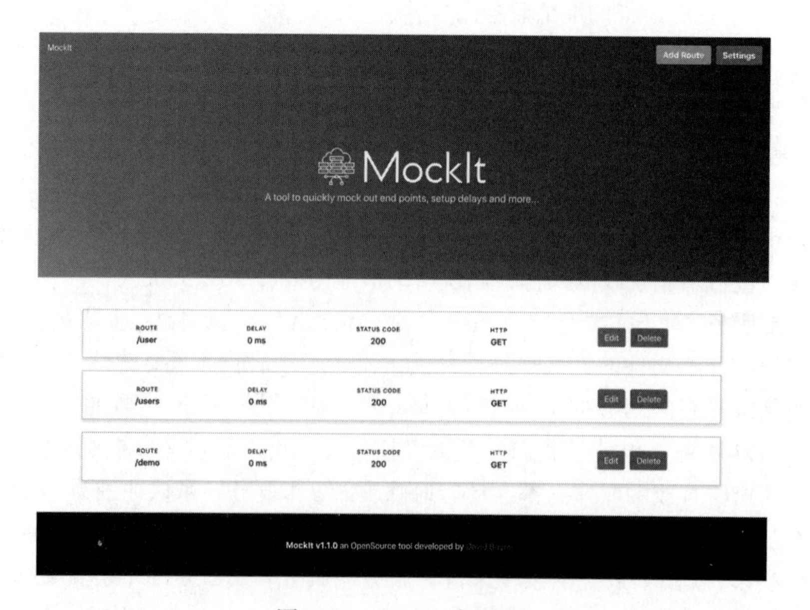

图 7-19　Mockit 主页面

Mockit 的使用非常简单，其功能主要分为两部分：一部分是对接口进行增删查改，另一部分是开关一些额外的控制功能。

Mockit 初始启动后，默认配置了三个接口：/user、/users、/demo，这些接口都是可以直接使用的。比如，我们可以使用 curl 命令访问 /user 接口来获取数据，如代码清单 7-58 所示。

代码清单7-58　获取Mockit服务的数据

```
curl --location --request GET 'http://localhost:3000/user'
{"name":"Jermain Spinka","username":"Agnes71","email":"Taurean.Huels55@hotmail.
    com","address":{"street":"Kihn Inlet","suite":"Apt. 784","city":"South Dorasid-
    e","zipcode":"91828","geo":{"lat":"-56.8426","lng":"-122.9710"}},"phone":"810-
    578-0341","website":"jewell.name","company":{"name":"Quitzon, Wilderman and Vo
    nRueden","catchPhrase":"Realigned zero administration encoding","bs":"robust
    incubate synergies"}}
```

在主页上点击 Add Route 按钮就可以弹出如图 7-20 所示的编辑框，其中，我们可以对 HTTP 请求中的常用参数进行编辑，比如请求方法、响应的状态码、响应的消息体等。

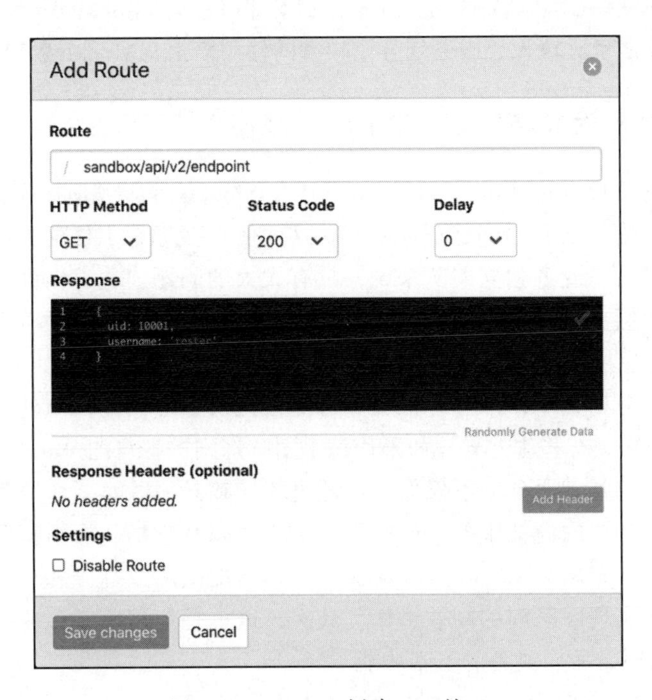

图 7-20　Mockit 创建 API 接口

点击 Save changes 按钮，就能将新创建的接口保存下来，然后就可以在 localhost:3000 的虚拟服务上进行访问了。

除了基本的接口数据维护外，Mockit 还提供了一些额外的辅助功能，比如对虚拟服务启用基础认证、对返回的响应引入“猴子”扰动等，这些功能都可以在系统的设置界面中开启或关闭。其中，当开启基础认证后，我们在访问虚拟服务的接口时，就需要使用用户名和密码，类似代码清单 7-59 那样。用户名和密码在客户端的界面上是不会出现的，它们保存在项目路径下的 configuration/routes.JSON 文件中。

代码清单7-59　使用认证访问虚拟服务

```
# 不使用认证时，会得到Access denied
curl --location --request GET 'http://localhost:3000/sandbox/api/v1/endpoint'
Access denied

# 使用认证后才能得到正确的响应
curl -u test:test --location --request GET 'http://localhost:3000/sandbox/api/
    v1/endpoint'
{"uid":10001,"username":"tester"}
```

作为服务型的服务虚拟化解决方案，Mockit 提供的简洁功能能够帮助我们快速创建可工作的虚拟接口，这在大多数时候已经足够辅助我们进行微服务系统下的测试和调试工作了。然而，由于只使用了配置文件的方式来存储 Stub 数据，Mockit 只能应对少量的服务虚拟化工作，对于数据量比较大、服务划分比较细的使用需求，Mockit 就难以胜任了。

7.4.2　支持团队协作的服务虚拟化工具：YApi

目前为止，我们介绍的 WireMock、Hoverfly、Mockit 等服务虚拟化工具，对虚拟服务的维护者在工具使用的上层面都是不设限的，这就使得在理论上任何人都可以管理该虚拟服务。这对于个人用户或者独立团队来说，没有太大的问题。通过内网访问控制和文件版本控制等手段，我们在一定程度上仍然可以做到对虚拟服务的限制性管理。但对于需要跨团队协作的情况，使用缺乏必要权限管理的工具就会遇到麻烦。比如，在多团队、跨部门，甚至跨企业的微服务项目中，部分虚拟服务可能被提供给不同的团队使用，而每个团队对这些虚拟服务的需求又有些许差异。如果让每个团队都维护各自的 WireMock 或者 Hoverfly 来虚拟化某些类似的基础服务，不仅低效，还可能导致某团队对依赖服务接口的理解有差异，从而生成完全错误的虚拟服务。如果仅仅由单一团队维护一套虚拟服务，又很难高效地满足不同团队的自定义需求。在这种情况下，能够提供用户划分和权限控制的服务虚拟化工具才能最好地实现团队间的高效协作。其实，这也是任何服务型或平台型工具，在面对多团队协作需求时，所应具备的基本功能。

除了权限管理外，在需要使用大量 Stub 数据的情况下，无论是对读写效率还是对数据维护，通过配置文件的方式存储数据，都不再能够满足其需求，这时就必须使用带有数据库存储功能的服务虚拟化工具，YApi 就是其中之一。YApi 使用 MongoDB 数据库来存储 Stub 数据，还提供了非常丰富，甚至可以说是庞大的虚拟服务管理功能。其中，YApi 异于且优于普通服务虚拟化工具的最大特点，就是它提供明确的用户划分和与之对应的清晰的权限约束。

1. 安装 YApi 服务

作为一个功能强大的服务型工具，YApi 的安装虽然谈不上简单，但其团队已经在很大程度上实现了轻松的安装和维护方案，比如提供了单独的服务管理命令工具 yapi，提供了可视化的部署配置方式等。要在本地启动和使用 YApi，我们首先需要准备 MongoDB 数据库服务。得益于容器化技术的普及，我们可以按照代码清单 7-60 的方式，非常便捷地使用 Docker 在本地启动一个 MongoDB 数据库。

代码清单7-60　使用Docker启动MongoDB数据库

```
# 启动MongoDB数据库容器
docker container run -d --name yapi-mongodb -p 27070:27017 mongo
8700f34994e77dd9026ddd04e89a8d1f45794f7d700ca22e7cab4826075fff42

# 查看启动的容器
docker container ls
CONTAINER ID        IMAGE               COMMAND                  CREATED
STATUS              PORTS               NAMES
8700f34994e7        mongo               "docker-entrypoint.s…"   6 seconds ago
Up 5 seconds        0.0.0.0:27070->27017/tcp   yapi-mongodb
```

数据库容器启动完成后，就可以开始 YApi 的安装了。首先安装 YApi 的服务管理工具 yapi，并启动可视化部署程序帮助我们完成后面的具体部署工作，如代码清单 7-61 所示。

代码清单7-61　按照YApi的服务管理工具

```
# 安装服务管理命令工具yapi
npm install -g yapi-cli --registry https://registry.npm.taobao.org

# 使用yapi启动可视化部署程序
yapi server
在浏览器打开http://0.0.0.0:9090访问。非本地服务器，请将0.0.0.0替换成指定的域名或IP
```

使用浏览器访问 http://0.0.0.0:9090 或者 http://localhost:9090，就能看到类似图 7-21 所示的可视化部署界面了。其中，公司名称随意填写，部署路径和网站端口号根据我们自己的需求填写，数据库服务的地址和端口，则根据我们之前创建数据库服务的具体信息填写。比如这里我们使用的数据库服务端口是 27070，而不是 MongoDB 数据库服务默认的 27017。至于数据库名称，如果在之前启动数据库服务时没有提前创建，或者数据库服务启动完成后也没有手动创建的话就可以任意填写，YApi 会在首次访问数据库服务时使用给定的名称创建该数据库。值得一提的是，作为本地环境下的演示，我们这里没有开启数据库服务认证，但在真实的微服务项目中，一定要使用有认证的数据库服务，千万不要“裸奔”，切记。

YApi 平台部署

* 部署版本 1.9.2

* 公司名称 Sandbox

* 部署路径 /Users/Biao/Workspace/Yaping/official-deployment

* 管理员邮箱 admin@admin.com

* 网站端口号 3000

* 数据库地址 127.0.0.1

* 数据库端口 27017

* 数据库名 yapidb

数据库认证

数据库用户名 yapidb-user

数据库密码 yapidb-pwd

开始部署

图 7-21　YApi 平台初始部署界面

所有信息填写完毕后，就可以开始部署了。整个部署的过程，会在浏览器的界面和命令行的终端里同步输出，部署完成后，会显示相应的成功信息，如代码清单 7-62 所示，其中，除了一大段的 npm 安装日志外，最重要的信息是最后显示的初始化的管理员账号信息，例如，我们这里的管理员账号就是 admin@admin.com，初始密码为 ymfe.org。

代码清单7-62　YApi服务在部署过程中的终端信息（删减了部分无用信息）

```
yapi server
在浏览器打开http://0.0.0.0:9090访问。非本地服务器，请将0.0.0.0替换成指定的域名或IP
(node:78431) UnhandledPromiseRejectionWarning: Error: getaddrinfo ENOTFOUND yapi.
demo.qunar.com yapi.demo.qunar.com:80
    at GetAddrInfoReqWrap.onlookup [as oncomplete] (dns.js:56:26)
(node:78431) UnhandledPromiseRejectionWarning: Unhandled promise rejection. This
    error originated either by throwing inside of an async function without a
    catch block, or by rejecting a promise which was not handled with .catch().
    (rejection id: 2)
(node:78431) [DEP0018] DeprecationWarning: Unhandled promise rejections are
    deprecated. In the future, promise rejections that are not handled will
    terminate the Node.js process with a non-zero exit code.
当前安装版本: 1.9.2
连接数据库成功!
开始下载平台文件压缩包
http://registry.npm.taobao.org/yapi-vendor/download/yapi-vendor-1.9.2.tgz
部署文件完成，正在安装依赖库
 npm
```

```
  WARN deprecated babel-preset-es2015@6.24.1: ????  Thanks for using Babel: we
      recommend using babel-preset-env now: please read https://babeljs.io/env
      to update!

 npm
 WARN deprecated babel@6.23.0: In 6.x, the babel package has been deprecated in
     favor of babel-cli. Check https://opencollective.com/babel to support the
     Babel maintainer

......

 added 332 packages from 286 contributors in 53.587s


9 packages are looking for funding
  run `npm fund` for details


依赖库安装完成，正在初始化数据库MongoDB

> yapi-vendor@1.9.2 install-server /Users/Biao/Workspace/Yaping/official-
     deployment/vendors
> node server/install.js


 log: mongodb load success...

初始化管理员账号成功，账号名为admin@admin.com，密码为ymfe.org

部署成功，请切换到部署目录，输入node vendors/server/app.js指令启动服务器，然后在浏览器打开
   http://127.0.0.1:3033访问
```

那么，上面的部署过程到底做了什么呢？还记得我们之前在可视化部署界面中填写的部署路径也叫项目路径，在该路径下的 vendors 目录下，就有着已经部署完成的整个 YApi 服务的程序文件，感兴趣的读者不妨进去转转。部署业已完成，我们离使用 YApi 仅剩最后一步，那就是启动 YApi。YApi 实质上只是一个用 Node.js 开发的服务，所以，我们用一行 Node.js 命令就可以启动它，比如在项目路径下按照代码清单 7-63 的方式就能启动 YApi。

代码清单7-63　启动YApi服务

```
node vendors/server/app.js
log: ------------------------------------swaggerSyncUtils constructor---------
     -------------------------------------
log: 服务已启动，请打开下面链接访问：
http://127.0.0.1:3030/
log: mongodb load success...
```

但显然，这种粗暴的服务启动方式并不符合 YApi“高大上的气质”，所以其官方推荐使用 PM2 工具来管理 YApi 服务。代码清单 7-64 展示了如何通过 PM2 来便捷地管理 YApi 服务。

代码清单7-64　使用PM2工具来管理YApi服务

```
# 首先需要安装PM2工具
npm install pm2 -g
/usr/local/bin/pm2-docker -> /usr/local/lib/node_modules/pm2/bin/pm2-docker
/usr/local/bin/pm2 -> /usr/local/lib/node_modules/pm2/bin/pm2
/usr/local/bin/pm2-runtime -> /usr/local/lib/node_modules/pm2/bin/pm2-runtime
/usr/local/bin/pm2-dev -> /usr/local/lib/node_modules/pm2/bin/pm2-dev
+ pm2@4.5.0
added 196 packages from 199 contributors in 29.611s

# 安装完成后，在项目路径下，启动YApi服务
pm2 start "vendors/server/app.js" --name yapi

                        -------------

__/\\\\\\\\\\\\\____/\\\\____________/\\\\____/\\\\\\\\\_____
 _\/\\\/////////\\\_\/\\\\\\________/\\\\\\__/\\\///////\\\___
  _\/\\\_______\/\\\_\/\\\//\\\____/\\\//\\\_\///______\//\\\__
   _\/\\\\\\\\\\\\\/__\/\\\\///\\\/\\\/_\/\\\___________/\\\/___
    _\/\\\/////////____\/\\\__\///\\\/___\/\\\________/\\\//_____
     _\/\\\_____________\/\\\____\///_____\/\\\_____/\\\//________
      _\/\\\_____________\/\\\_____________\/\\\___/\\\/___________
       _\/\\\_____________\/\\\_____________\/\\\__/\\\\\\\\\\\\\\\_
        _\///______________\///______________\///__\///////////////__


                          Runtime Edition

        PM2 is a Production Process Manager for Node.js applications
                     with a built-in Load Balancer.

                Start and Daemonize any application:
                $ pm2 start app.js

                Load Balance 4 instances of api.js:
                $ pm2 start api.js -i 4

                Monitor in production:
                $ pm2 monitor

                Make pm2 auto-boot at server restart:
                $ pm2 startup

                To go further checkout:
                http://pm2.io/


                        -------------

[PM2] Spawning PM2 daemon with pm2_home=/Users/Biao/.pm2
```

```
[PM2] PM2 Successfully daemonized
[PM2] Starting /Users/Biao/Workspace/Yaping/yapi-deployment/vendors/server/app.
js in fork_mode (1 instance)
[PM2] Done.
┌────┬──────┬───────────┬─────────┬──────┬───────┬────────┬───┬────────┬─────┬────────┬──────┬──────────┐
│ id │ name │ namespace │ version │ mode │ pid   │ uptime │ u │ status │ cpu │ mem    │ user │ watching │
├────┼──────┼───────────┼─────────┼──────┼───────┼────────┼───┼────────┼─────┼────────┼──────┼──────────┤
│ 0  │ yapi │ default   │ 1.9.2   │ fork │ 22292 │ 0s     │ 0 │ online │ 0%  │ 10.6mb │ Biao │ disabled │
└────┴──────┴───────────┴─────────┴──────┴───────┴────────┴───┴────────┴─────┴────────┴──────┴──────────┘

# 可以使用PM2查询当前YApi服务的运行状态
pm2 info yapi
 Describing process with id 0 - name yapi
┌───────────────────┬───────────────────────────────────────────────────────────────┐
│ status            │ online                                                        │
│ name              │ yapi                                                          │
│ namespace         │ default                                                       │
│ version           │ 1.9.2                                                         │
│ restarts          │ 0                                                             │
│ uptime            │ 15s                                                           │
│ script path       │ /Users/Biao/Workspace/Yaping/yapi-deployment/vendors/server/app.js │
│ script args       │ N/A                                                           │
│ error log path    │ /Users/Biao/.pm2/logs/yapi-error.log                          │
│ out log path      │ /Users/Biao/.pm2/logs/yapi-out.log                            │
│ pid path          │ /Users/Biao/.pm2/pids/yapi-0.pid                              │
│ interpreter       │ node                                                          │
│ interpreter args  │ N/A                                                           │
│ script id         │ 0                                                             │
│ exec cwd          │ /Users/Biao/Workspace/Yaping/yapi-deployment                  │
│ exec mode         │ fork_mode                                                     │
│ node.js version   │ 10.16.0                                                       │
│ node env          │ N/A                                                           │
│ watch & reload    │ ✘                                                             │
│ unstable restarts │ 0                                                             │
│ created at        │ 2020-11-11T13:31:29.254Z                                      │
└───────────────────┴───────────────────────────────────────────────────────────────┘
 Actions available
┌────────────────────────┐
│ km:heapdump            │
│ km:cpu:profiling:start │
│ km:cpu:profiling:stop  │
│ km:heap:sampling:start │
│ km:heap:sampling:stop  │
└────────────────────────┘
 Trigger via: pm2 trigger yapi <action_name>

 Code metrics value
┌────────────────────────┬───────────┐
│ Heap Size              │ 37.30 MiB │
│ Heap Usage             │ 82.43 %   │
```

```
| Used Heap Size              | 30.74 MiB  |
| Active requests             | 0          |
| Active handles              | 10         |
| Event Loop Latency          | 3.68 ms    |
| Event Loop Latency p95      | 322.27 ms  |
└─────────────────────────────┴────────────┘

 Divergent env variables from local env

# 或者停止YApi服务
pm2 stop yapi
[PM2] Applying action stopProcessId on app [yapi](ids: 0)
[PM2] [yapi](0) ✓
┌────┬──────┬───────────┬─────────┬──────┬─────┬────────┬───┬─────────┬─────┬─────┬──────┬──────────┐
| id | name | namespace | version | mode | pid | uptime | u | status  | cpu | mem | user | watching |
├────┼──────┼───────────┼─────────┼──────┼─────┼────────┼───┼─────────┼─────┼─────┼──────┼──────────┤
| 0  | yapi | default   | 1.9.2   | fork | 0   | 0      | 0 | stopped | 0%  | 0b  | Biao | disabled |
└────┴──────┴───────────┴─────────┴──────┴─────┴────────┴───┴─────────┴─────┴─────┴──────┴──────────┘

# 以及重启YApi服务
pm2 restart yapi
Use --update-env to update environment variables
[PM2] Applying action restartProcessId on app [yapi](ids: 0)
[PM2] [yapi](0) ✓
┌────┬──────┬───────────┬─────────┬──────┬───────┬────────┬───┬────────┬─────┬───────┬──────┬──────────┐
| id | name | namespace | version | mode | pid   | uptime | u | status | cpu | mem   | user | watching |
├────┼──────┼───────────┼─────────┼──────┼───────┼────────┼───┼────────┼─────┼───────┼──────┼──────────┤
| 0  | yapi | default   | 1.9.2   | fork | 22303 | 0s     | 0 | online | 0%  | 7.8mb | Biao | disabled |
└────┴──────┴───────────┴─────────┴──────┴───────┴────────┴───┴────────┴─────┴───────┴──────┴──────────┘
```

一旦成功启动 YApi 服务，我们就可以使用浏览器访问 http://localhost:3030 来使用 YApi 了。

好奇的读者可能会问，难道没有容器化的镜像能使其“一键”搞定吗？目前，YApi 还没有提供由官方维护的容器化的 YApi 镜像，Docker Hub 上有一些社区爱好者贡献了非官方的容器镜像，感兴趣的读者可以自行尝试。

2. 使用 YApi 创建虚拟服务

使用浏览器访问 YApi，就能进入其登录主页。然后使用先前部署时得到的管理员用户名和密码就能登录进入。

YApi 在虚拟服务的管理上，有着清晰的层级划分，自上而下，依次是分组→项目→接口分类→接口。所以，要得到可以访问的虚拟接口，就必须先创建相应的分组、项目，然后才是接口分类和接口。其中，分组只能由管理员创建。由于我们是以管理员身份登录的，所以我们可以创建全部的资源。YApi 有良好的页面设计和便捷的操作入口，所以具体的操作步骤就无须赘述了，但凡有任何网页程序使用经验的人，都能很快掌握其创建方法。例如，图 7-22 就是创建虚拟服务接口的界面，非常简单明了。

图 7-22　创建服务接口

接口创建成功之后，我们就可以访问对应的虚拟服务接口了。比如，访问图 7-22 中的 Mock 地址，访问方式如代码清单 7-65 所示。

代码清单7-65　访问YApi的虚拟服务接口

```
curl --location --request GET 'http://localhost:3033/mock/11/sandbox/health/status'
{"status":{"dashboard":"alive","engine":"alive","database":"alive"}}
```

YApi 在对项目管理以及对具体接口的编辑上提供了非常多的功能，但抛开这些“华丽的外表”，从虚拟服务的角度来看的话，YApi 的实质作用仍然是作为用户终端，通过 Web 页面给长时运行的对象服务动态地添加接口，这一点其实跟 Mockit 是完全一致的。当然，YApi 最大的亮点还在于它的用户权限功能。YApi 从分组和项目两个维度分别对用户角色进行划分，每个维度都包含组长、开发者、游客这三种角色，其分组权限如表 7-4 所示，项目权限如表 7-5 所示。

表 7-4　YApi 分组权限

操　作	游　客	开发者	组　长	管理员
浏览分组	√	√	√	√
在分组中创建项目		√	√	√
编辑分组信息			√	√
管理分组成员			√	√
删除分组			√	√

表 7-5 YApi 项目权限

操　作	游　客	开发者	组　长	管理员
浏览公开项目与接口	√	√	√	√
浏览私有项目与接口		√	√	√
编辑项目信息		√	√	√
新建接口		√	√	√
编辑接口		√	√	√

那么，对于 YApi 的介绍就到此为止了，请不要惊讶为什么我们比较详尽地讲解了 YApi 的安装步骤，却在介绍 YApi 的具体功能上蜻蜓点水、一笔带过。这是因为，首先，YApi 是国内的团队开发维护的，有非常详细的中文官方文档，大家可以很方便地查阅最新的使用手册，所以没有必要过多讲解其功能。其次，本章的重点是介绍服务虚拟化，YApi 虽然在操作界面的设计、用户权限的管理、Stub 数据的维护等方面都做得十分优秀，但就服务虚拟化这一核心话题来说，其功能还是比较单一的，主要就是实现单服务、多接口的静态与动态数据的返回。像服务穿透、交易请求录制、状态行为响应等比较高阶的服务虚拟化功能，YApi 还是不具备的。所以 Mockit、YApi 这样以服务方式实现的 Mock 工具，在服务虚拟化的范畴中，仍然是轻量级的解决方案。

7.5 服务虚拟化技术的灵活运用

至此，我们介绍了 WireMock、Hoverfly、Mockit、YApi 这 4 款可以帮助我们进行服务虚拟化的工具。它们的使用方式有着较大的差别，WireMock 主要以 jar 包的方式来使用，Hoverfly 主要以命令行的方式来使用，Mockit 和 YApi 在本质上虽然都是服务型 Web 应用，但其使用成熟度差异较大，导致安装和部署的实施也存在差异。然而，工具仅仅只是工具，使用它们只是一个开始，能够在微服务环境下灵活运用这些工具来实现想法、解决开发测试中的那些难题，才是我们实践服务虚拟化的最终目的。在本节，我们将介绍微服务项目中一些可以通过服务虚拟化来解决的经典问题，我们不会落到具体的代码实现和命令执行上，只是希望通过这些场景，开启大家对使用服务虚拟化技术的想象空间。

7.5.1 在集成测试中的运用

这是服务虚拟化技术在微服务系统中使用频率最高的场景。当我们的被测服务存在较多依赖服务时，其中部分依赖服务可能存在响应不稳定，甚至通信不可达的工况，这在实际项目中是十分常见的。这样的环境对系统的集成测试是非常不友好的，特别是对自动化的功能测试，这类测试常常会因为依赖服务的问题导致测试结果失真，从而失去其价值。

那么，在这些环境中，合理引入和运用虚拟服务，可以在很大程度上创造一个相对稳定的测试环境。其中，“合理”运用虚拟服务的原则，是虚拟对象的最小化。因为无论我们的 Stub 数据和请求匹配逻辑做得再真实，虚拟服务终归不是真实服务，所以要在解决问题、满足需求的前提下，尽量限制其使用规模。比如，尽管依赖服务 A 和依赖服务 B 都是由同一个“不靠谱”的团队维护，但只要通过虚拟化服务 A 便能解决问题，就不要去打服务 B 的主意；又如，对同一个依赖服务，只要模拟其部分接口就能解决问题，就没必要“顺手”替换掉该服务的其他接口。

7.5.2　在性能测试中的运用

性能测试是微服务系统中的一个重头戏。被测服务的依赖服务、被测子系统的依赖服务，也许在正常的开发测试条件下一切正常。但在性能测试时，可能由于网络带宽、数据库读写瓶颈、服务宿主系统的资源配额等原因，造成“低配”的依赖服务测试环境，该环境无法承受被测服务在进行性能测试时带来的访问压力，致使最终被测系统崩溃。对这样的结果，不能完全归因于被测系统。不是每个个体微服务都会配有相应的性能测试环境，这是在微服务系统中进行性能测试时绕不开的尴尬情况。对这种情况，曾经的做法是直接在性能测试中屏蔽掉非核心服务。比如，在代码层面直接注释掉发送给某些依赖服务的请求，然后默认返回一些可用的固定值，这就是常说的测试挡板，然后将代码编译、打包、部署，专门用于性能测试。这样的方式，在结果上确实可以实现稳定的性能测试，但缺点也很明显，就是需要侵入式地修改源代码，而这通常是一种不合适的实践方式。所以，当性能测试遇上虚拟服务时，问题就简单多了。将原本需要被屏蔽的依赖服务，替换成虚拟服务，就能在完全不影响被测服务的条件下辅助完成性能测试。当然，这里还有一个前置条件，那就是被使用的虚拟服务本身，应该承受得了足够大的访问压力的冲击。所以，在必要的时候，需要对虚拟服务本身进行提前的抗压验证，如果单个虚拟服务无法胜任，可以考虑构建虚拟服务集群。

7.5.3　在视觉测试中的运用

视觉测试是对 UI 前端界面的一种测试方式，它通过对被测界面进行前后两次的截图对比，能够快速、准确地发现界面上的任何变更差异，从而辅助回归测试的实施。视觉测试虽然是一种非常高效的 UI 回归测试方法，但有一个致命的缺陷，就是对动态信息存在误报的情况。像时间戳、随机 ID 等信息，通常在每次显示的界面中，都有不一样的结果，从而造成视觉测试的失效。解决这个问题的方法有多种，虚拟服务就是其中之一。通过使用 WireMock 的 Extension 功能，或者 Hoverfly 的 Modify 模式，我们可以将真实后端服务返回信息中的任何动态信息，选择性地修改成可接受的固定值，从而确保视觉测试中两次截图对比是一致的。

7.5.4 在契约测试中的运用

在介绍契约测试时提到，无论是 Pact 还是 Spring Cloud Contract，在其消费者服务端，都会使用到虚拟服务。其中，Spring Cloud Contract 在生产者服务端会生成 WireMock 的 Stub 数据文件，而在消费者服务端的测试过程中，会直接使用这些 Stub 数据文件来启动 WireMock 的虚拟服务。Pact 在消费者服务端的测试过程中，尽管没有直接使用任何现成的服务虚拟化工具，但通过 HttpClient 类快速实现了一个模拟的生产者服务，仍旧是一个典型的服务虚拟化案例。

7.5.5 在 UI 自动化测试中的运用

本节将介绍 2 种虚拟化服务在 UI 自动化测试中的运用。

1. 在 UI 自动化测试中绕过登录系统

现在的前端应用，尤其是网页端的应用程序，越来越多地开始使用单点登录系统，即当我们访问某个网页时，首先会被重定向到某个单独的登录认证中心服务，在该中心使用用户名和密码完成登录后，会被再次重定向到之前所访问的网页应用。单点登录是微服务系统中十分常用的认证方式，它对 UI 层面的手动测试没有多大影响，但可能会为其自动化测试带来一些麻烦。比如，在从前端应用跳转到登录认证中心，再返回前端应用的过程中，有些场景下可能发生跨域请求，而有些 UI 自动化测试工具是不允许这种请求的。另外，有时被测的前端应用只是整个网站中的一个子模块，其开发团队使用的测试环境跟登录认证中心服务的测试环境，可能是隔离的。例如在用户验收测试以下的测试环境中，可能就没有相应的登录认证中心服务的测试环境。更麻烦的是，为了满足测试的需求，我们有时需要准备一些特殊甚至不合规的测试账号，这些特殊账号在正常的登录认证中心服务里是很难或者根本就无法被创建和维护的。这些和用户账号相关的种种问题，有时就是 UI 自动化测试道路上的“绊脚石”。然而，通过使用虚拟服务技术，我们可以在某些情况下解决这些问题。

通常来讲，围绕单点登录的使用流程是这样的：

- 当用户从登录认证中心服务完成登录，跳转回前端应用时，其请求会携带上由登录认证中心服务颁发的 Token 信息；
- 回到前端应用后，当前端应用需要跟任何后端服务进行通信时，其所有请求都会带上该 Token 信息；
- 后端服务获取到该 Token 信息后，会再次向登录认证中心服务进行鉴权，根据鉴权的结果和前端请求的资源，返回相应的信息。

在上述过程中，最重要的就是 Token 信息。无论登录认证中心如何响应，只要前端应用能在跟后端服务的通信中带上正确的 Token 信息，那么整个前后端就能正常地交互。所以，我们完全可以使用虚拟服务替换真正的登录认证中心，从而解决自动化测试在登录上遇到的种种麻烦。

对于有些后端服务，它们拿到Token后可能只需要从中解析出部分关键信息，比如UUID，就能完成相应的业务，根本就不需要再次使用该Token去登录认证中心服务进行完整的鉴权操作。当前端应用与这样的后端服务进行交互时，我们甚至不需要对登录认证中心服务进行虚拟化。完全可以使用WireMock的Proxy加上自定义Header的方式，或者使用Hoverfly的Modify模式，将每次由前端应用发出的请求进行拦截，然后添加我们需要的Token信息，最后发送给真实的后端服务，从而更加轻松地解决问题。

2. 在UI自动化测试中解决外部网站跳转的问题

有些网页应用在正常使用过程中会有跳转到第三方网站的场景，其中最典型的场景就是在线支付，网页会跳转到网银或专门的支付站点，待支付完成后再回到应用网站。这样的场景和先前我们提到的跳转登录认证服务有相似之处。不同的是，从UI自动化测试的角度来讲，这种与外部站点之间的跳转，其影响只停留在应用的前端层面，并不会影响前后端的交互（当然，这里我们不考虑站外事件的结果，比如支付是否成功等）。而该跳转的步骤，对流程化的UI自动化测试来说，是不可或缺的。可当这一步骤在测试环境下很难或者无法反复实施时，它就会成为UI自动化测试的阻碍。比如，我们很难做到在每次自动化测试中都跳转到某个支付页面去进行真正的支付，除非我们有该支付页面的专用测试环境。此时，我们可以尝试使用虚拟服务来替换整个外部站点。在对其外部站点进行虚拟化的过程中，不用在意用户在外部站点究竟会进行哪些操作，仅仅保证能够从外部站点重定向回被测前端，就能保证UI自动化测试的顺利进行。与一般的服务虚拟化不同，站点的虚拟化需要有页面的呈现。复杂地，如果想做得“真实”一些，可以克隆整个外部站点的Web页面，包含HTML、CSS、JavaScript、图片等；但简单地，我们也可以只使用一个内容完全空白的HTML文件，来完成页面的跳转。感兴趣的读者不妨试一下用WireMock录制对某个前端网站的访问，然后回放，你可能会发现惊喜。

7.5.6 不要滥用服务虚拟化

在微服务系统的开发和测试过程中，尽管服务虚拟化有着较多的适用场景，但其本身毕竟不是真实的系统服务，对虚拟服务的选择和使用还是应该保持“慎选限用”的原则。在测试架构中过多地实施虚拟服务，会大大降低整个被测系统的真实性。另外，虚拟服务作为项目的构建产物，往往存在较多的Stub数据和请求匹配逻辑，其本身也有维护的成本和对质量的要求，而现实中，测试人员往往只对维护成本非常敏感，但对其质量要求却容易疏忽，毕竟我们很少去专门测试测试人员的构建结果。所以，降低出错风险的最好方式，就是合理地限制对虚拟服务的使用。最后，虚拟服务终究是不包含业务逻辑的“空壳”服务，请尽量避免在虚拟服务中添加真正的逻辑。如果真的需要虚拟服务按照相应的业务逻辑来进行工作，那就直接放弃虚拟服务，创建真正的替代服务，有时会事半功倍。

7.6 本章小结

服务虚拟化不是一个一成不变的技术，而是项目实践中解决问题的一种灵活的思路。通过使用虚拟服务，我们能够高效解决在微服务系统的开发和测试过程中遇到的和依赖服务相关的多种问题。常见的服务虚拟化工具主要有两类，一类是功能完善但使用方式相对烦琐的、基于命令与文件的工具，例如 WireMock 和 Hoverfly；另一类是功能相对单一但使用和维护方便的、基于 Web UI 的服务型工具，例如 Mockit 和 YApi。根据项目需求选择恰当的虚拟化工具，合理地限制虚拟服务的使用范围，才能获得应用服务虚拟化的最佳收益。

第8章 Chapter 8
混沌工程

本章作者：齐磊

在大多数人的印象中，混沌工程是用来随机破坏我们开发的系统的，但其实这和我们这章要介绍的混沌工程有很大差别。混沌工程工作在分布式软件系统之上，其通过故障注入的方式帮助系统寻找薄弱点，从而提高系统的稳定性。混沌工程目的是帮助我们对系统整体质量有所了解，即对该系统在生产环境中是否能够应对各种威胁和故障的预判，从而建立信心。

8.1 初识混沌工程

目前混沌工程实验大多用来测试系统弹性对抗方面的验证，而这些实验基本都来自以下3个方面：基础设施故障、网络故障、应用程序故障。本章的内容也会围绕这3个方面展开讲解。

8.1.1 混沌工程的起源

Netflix的流媒体服务器最初是由Netflix工程师基于单体架构构建而成的，并采用垂直扩展的服务器架构，并不支持横向扩展。这样的架构一旦发生问题就会造成服务器不可用。实际上在2008年8月，Netflix的服务器遭遇了攻击并受到重创，当时Netflix主要数据库的服务器宕机达3天之久，Netflix无法提供核心业务DVD租赁服务，工作人员也无法将DVD运送到客户手中。为了防止这样的事件再次发生，Netflix的工程师开始将整个Netflix

应用从单体架构迁移到 AWS 上的分布式云架构。这种基于微服务的新型分布式架构有效消除了单点故障，但也给系统引入了新的复杂性：数百个分布式微服务所带来的复杂性超乎想象，需要更加可靠、稳定与容错率高的系统。因此我们需要从可靠性（reliability）、可扩展性（scalability）和可维护性（maintainability）来考虑整个系统的设计与实现。为了测试系统这三个方面能否满足现阶段和未来的增长需求，Netflix 工程师创建了 Chaos Monkey。从 Chaos Monkey 开始，逐步演变为故障注入测试（FIT）等更为复杂的工具和工程实践。利用这些新的技术，Netflix 工程师可以快速了解他们正在构建的服务是否健壮，服务遇到性能问题时是否有足够的自行扩展弹性，是否可以容忍设计之外的故障存在。之后，Google、阿里等国际化公司也都逐步开始构建自己的混沌工程团队。

8.1.2 微服务为什么需要混沌工程

现阶段微服务早已成为团队开发和部署首选的设计模式。微服务让开发人员可以使用更集中、更轻量化的代码库，并且能够独立决定何时以及如何部署服务。然而，天下没有免费的午餐。当你从单体架构过渡到微服务架构时，复杂性并没有随之消失，反而随着微服务数量的增多而增加。

在使用微服务构建的系统时，会有更多的主机或容器、更多的负载均衡器、更多的防火墙规则等在运行。你可能将 Nginx 用于不同的业务场景（Web 服务、反向代理、负载均衡等），以满足不同的微服务需求。随着服务数量从几十个增长到几百个甚至上万个，我们想要理解系统与预测其行为就变得更加困难。此外，所有业务都通过网络相互协作，而不是通过系统内部的模块调用，这样性能也随之成为微服务面临的主要问题之一。

同时，随着微服务架构和容器编排技术（如 Kubernetes）的盛行，增加了评估此类系统可靠性的难度。要解决微服务带来的运维工作量的增加、复杂链路的监控难题，以及服务间性能开销等问题，需要我们基于分布式的微服务架构进行混沌工程实验，测试有关分布式服务体系结构的假设以及验证上面所提及的问题，并发现分布式服务体系结构中存在的未知行为，例如，当集群中某个节点的 CPU 负载达到峰值、系统发生错误时，实验中的微服务系统将会表现出的行为。最终我们的目标是验证微服务系统在不利条件下的运行情况是否达到预期，并了解可采取哪些措施使系统具有更大的弹性来适应这些变化。

混沌工程最终目标是帮助我们的团队更好地管理生产环境中运行的应用，并使系统更具弹性。

8.1.3 混沌工程的两类场景

混沌工程中的场景可以划分为故障和非故障两类。

故障类场景涵盖系统中的服务发生故障或者利用工具向系统中注入相应的故障，如超时、异常错误等。如何将故障注入这类服务架构中呢？最简单的方法是将其中 EC2 实例通过混沌工程实验进行异常关闭，当然也可以将EBS磁盘卷进行异常卸载，或容器异常关闭，或将RDS数据库实例进行故障切换等，这些都是基于AWS服务故障进行的模拟。当然我们也可以将某段错误代码注入服务中。这些故障场景我们已经了解到，其会对系统产生哪些影响，我们同时期望系统能够正确响应我们设置在系统中的应对方案。

以上是故障注入的典型场景。图8-1所示为基于AWS构建的微服务架构。

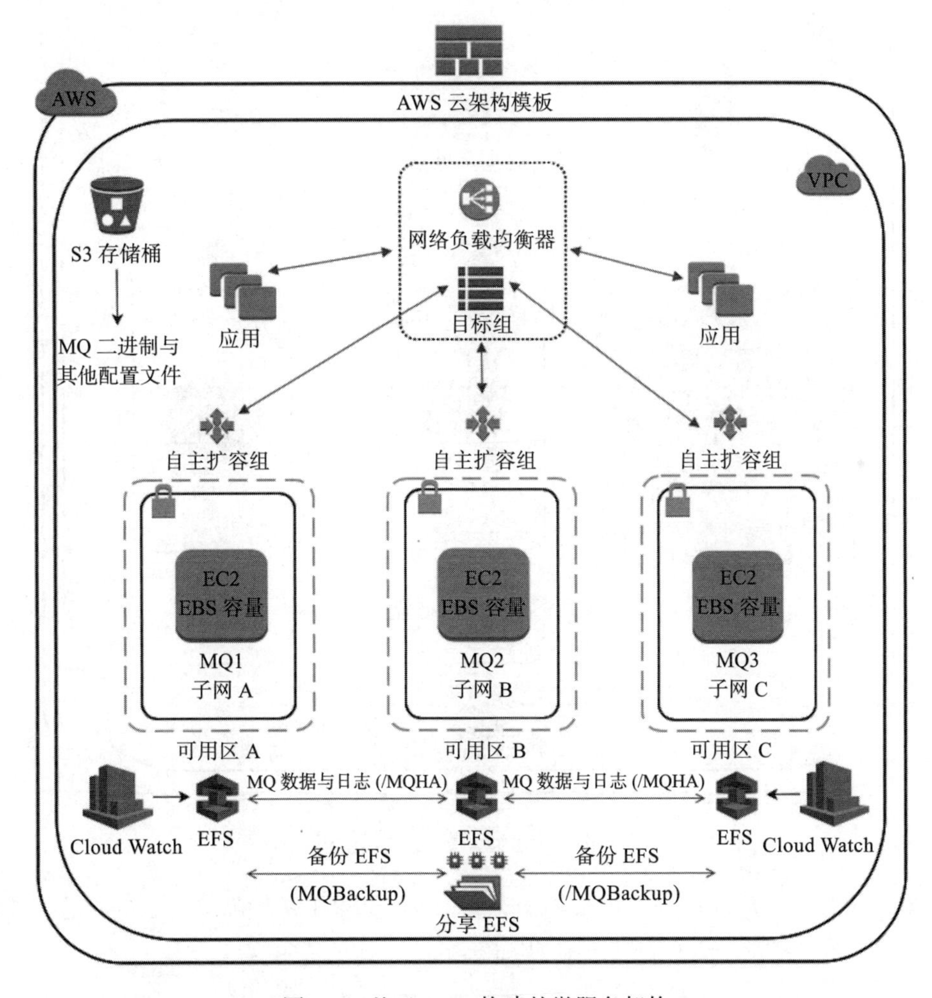

图8-1 基于AWS构建的微服务架构

我们也可以利用混沌工程实验工具（Chaos Blade等）将图8-2所示的可用区A停止服务，我们希望网络负载均衡器能够自动将可用区A流量切换到可用区B与可用区C中，虽然这样该地区用户访问服务慢一些，但至少能够保证系统是可工作的，不会让用户对公司产品的可用性产生质疑。但可用区A停止后，系统真的会像我们设想的一样工作吗？这可不一定。所以我们需要通过类似实验来检验服务中存在的薄弱环节，尽早修复与防御，避免此类问题给客户与公司造成无法估量的损失。

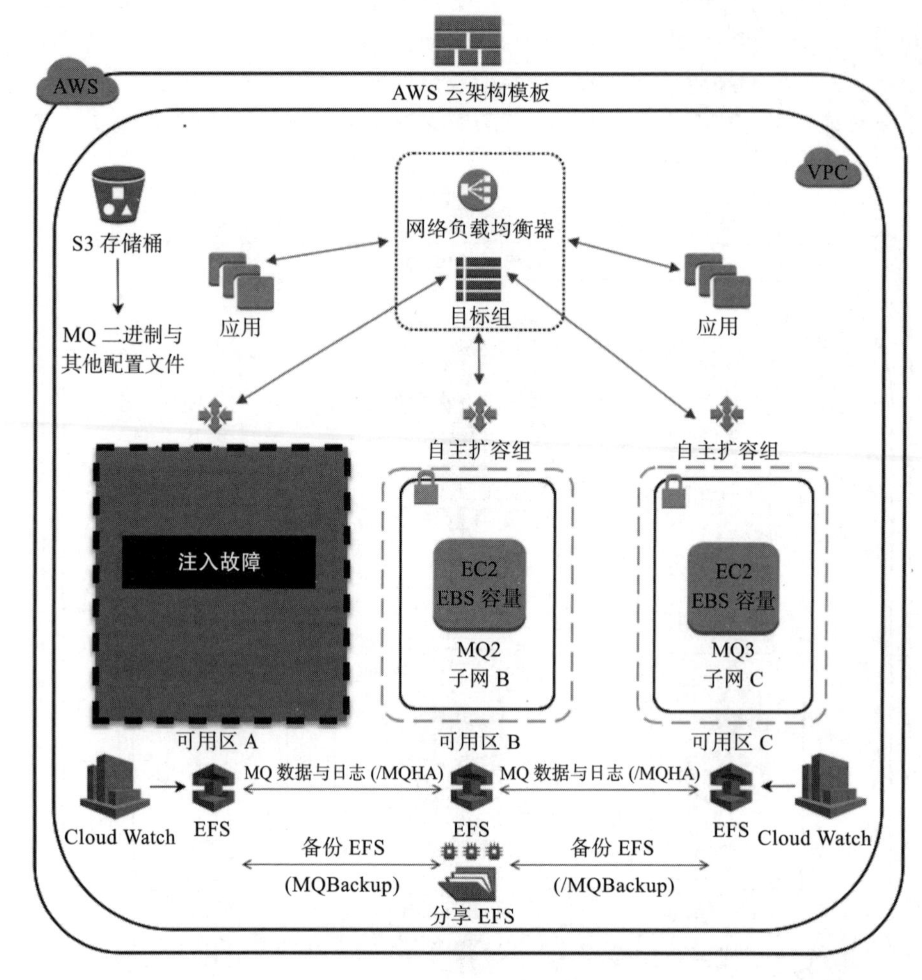

图 8-2 注入故障到可用区 A

故障类场景涉及从硬件到上层架构的方方面面，表 8-1 是故障类场景的汇总，我们可以根据该表来检查系统是否存在这方面的风险。

表 8-1 故障类场景汇总

故障注入场景	具体描述
依赖型故障	服务依赖的云服务发生故障，如 RDS、OSS、Serverless、ELB、S3、DynamoDB、Lambda 等发生故障造成服务不可用
主机型故障	ECS 关机和重启服务失败、ECS 实例宕机、NAS 磁盘失效、EC2 实例异常终止、EC2 实例异常关闭、EBS 磁盘卷异常卸载、容器异常终止、容器异常关闭、RDS 数据库实例故障切换、ElastiCache 实例故障切换等

（续）

故障注入场景	具体描述
操作系统内故障	CPU、内存、磁盘空间、IOPS 占满或突发过高占用，系统重启，熵耗尽等
网络故障	网络延迟、网络丢包、DNS 解析故障、DNS 缓存故障、网络黑洞等
服务层故障	服务无法通信、不正常关闭连接、进程被杀死、暂停 / 启用进程、内核崩溃等
请求拦截型故障	异常请求、请求处理延迟、连接超时等

当然除了这些故障类场景需要我们进行防范之外，其实我们更希望能够探索系统中其他非故障类场景。当系统突然面临大量请求时，如“双十一”整点秒杀或支付时，系统的负载均衡机制能否正常分流请求，触发我们之前设置的负载均衡策略，例如我们采取服务熔断机制，防止整个系统出现雪崩，或者暂时停止对该服务的调用和采用降级处理等策略，暂时舍弃系统的一些非核心接口和数据请求，直接返回一个提前准备好的回退（fallback）错误处理信息。这样，虽然我们提供的是一个不完整的服务，但保证了整个系统的稳定性和可用性。

其他类似非故障类场景还有系统资源竞争、拜占庭将军故障（例如系统中性能差或有异常的节点对请求做出错误的响应、发生异常行为、对调用者随机返回不同的响应等）、非计划中的或非正常组合的消息处理等。系统在面对这些异常时，处理方式往往是未知的，故我们需要进行相应的实验探究。

8.2 混沌工程实验与测试

混沌工程实验的目的是建立系统抵御生产环境中失控情况的能力以及信心，进而找到系统中未知的弱点。

8.2.1 混沌工程实验和传统测试的区别与联系

（1）两者的区别

两者的区别是结果是否已知。在传统测试工作中，我们需要先对被测系统进行了解，划分功能区域，根据功能与对应的业务进行测试场景的设计，再根据不同的测试场景提出假设，设置特定触发条件，进而根据这些假设与前提条件，给出系统预期产生的特定输出。然而这个过程并不会引入关于系统的新知识，我们只需要按照假设对系统进行操作，来看能否达到预期结果。而混沌工程实验则是对所在领域进行的探索，希望能够获得新的认知。例如，我们利用工具将 AWS 某个区域里的服务全部停掉时，或者某个微服务 CPU 长期处于高负载状态时，系统会如何应对，这都需要我们来探索。

（2）两者的联系

混沌工程实验需要利用某些测试工具模拟一些异常场景，并且需要测试理论和策略来帮助我们进行实验。例如，当需要将某个登录服务大约 30% 的请求响应时间设置为延迟 300ms 时，我们可以利用性能测试工具模拟不同并发数，来观察这种异常对整个微服务系统造成了什么样的影响，当系统不能够及时处理请求时，消息队列服务是否存在大量消息排队行为，大量的消息是否会被放入死信队列（dead queue）里等待。如果 30% 请求对服务的影响很小，我们可以设置 50% 请求响应延迟，来察看系统对这些不同场景的处理有何不同。

8.2.2 混沌工程与故障注入测试的区别

上面我们厘清了传统测试和混沌工程的区别与联系，我们再来讲解故障注入与混沌工程有什么区别。它们关注的对象与使用的工具的确有一定的重叠，都是在被测系统中注入异常或失败来观察系统的反应。混沌工程侧重于通过实验观察是否产生新的或者无法预知的信息，帮助我们从整体上更好地认识系统中是否还存在未知的问题。而故障注入则是判断系统在处理这些异常或失败时能否达到我们预期的结果，如果结果和预期不相符，则应抛出在代码中设置好的异常信息。故障注入测试更多的是利用用例中设计好的场景破坏系统，并没有相应的探索和认知过程。例如 8.1 节基于 AWS 的微服务架构中，我们将整个自主扩容组中所有 EC2 实例的 CPU 占用率设置为 80%，这时我们并不知道整个系统将会如何处理这个问题，我们需要进行试验、观察，这就是典型的混沌工程场景。

而故障注入场景则是我们可以将其中 1 个 EC2 CPU 占用率直接设置为 100%，这时我们期望负载均衡策略被触发，将新的请求都转移到自主扩容组中其他的 EC2 实例上。

8.2.3 QA In Production 与混沌工程

Thoughtworks 最近几年在测试领域提到了一个新的主题——QA In Production，强调通过分析生产环境的监控与日志来帮助持续提高产品质量、持续优化业务价值。必要时，甚至会在生产环境进行某些实验，例如利用 DevOps 的一些方法（如灰度发布）在生产环境尝试故障注入测试。

很多公司对在生产环境下进行混沌工程有很多的顾虑，担心复现 Bug 的同时，会对正常数据造成影响，甚至会直接造成生产环境的崩溃，所以很多公司对 QA In Production 都持反对意见，这些公司认为 Beta 环境能够复现 Bug。我们一直强调测试左移，而左移目的是尽早进行测试工作。当代码部署到开发环境时，我们就能够尽早测试与发现问题，甚至在开发人员提交代码到开发环境之前，运行单元测试以及本地静态扫描时，就能规避很多代码质量与安全问题。传统测试验证的是项目代码的业务逻辑正确性，如通过单元测试、接口测试、集成测试来检查实现是否正确。但在混沌工程中，因为我们关注点是整个系统的行为，特别是在系统注入问题后，观察系统状态以及第三方系统导致的难以预期的行为，所以在生产环境中执行混沌工程实验才能够真实反馈系统整体的状态变化。比如性能测试的测试环境越接近生产环境，测试结果就越能够反映当前服务所存在的性能问题。

8.3 实施混沌工程的先决条件

看到这里也许很多人已经开始蠢蠢欲动，想在自己的项目中应用混沌工程。别急，我们先看一下自己的项目是否真的需要混沌工程。

和实施任何工程项目一样，在实施混沌工程前同样需要了解项目是否满足实验的条件。混沌工程用来揭示生产系统中未知的弱点，但如果因为混沌工程实验导致系统出现严重问题，进行实验就没有任何意义。我们下面就来了解实施混沌工程都需要哪些先决条件。

8.3.1 我的项目需要实施混沌工程吗

项目是否需要实施混沌工程可以从以下两点来考量。

（1）服务是否为分布式系统

混沌工程更适用于以分布式为基础的服务架构，其服务数量足够多，服务之间的关系往往也错综复杂。例如，使用基于云计算的大型分布式系统（具有 50 个或更多个实例）及各种服务与流程，这些服务和流程旨在向外扩展，那么对其注入一些故障或设置一些异常场景，对于提升整个系统稳定性与可用性就会非常有价值。而对于单体服务架构或只有一两个服务的微服务架构来说，实施混沌工程实验的价值不大，反而会资源浪费。

（2）服务或业务对故障的容忍度

是否需要实施混沌工程实验也取决于服务或者业务对故障的容忍度以及发生故障的可能性。如果运行的系统可接受故障存在，那么只要在用户不使用时及时修复即可。但如果业务不允许发生上面总结的故障或异常场景，或发生问题后会造成无法估量的损失，建议尽早实施混沌工程。

8.3.2 实施混沌工程的先决条件

要对项目实施混沌工程，需要具备以下先决条件：

- 系统具有监控或可观察性；
- 系统具备弹性；
- 系统具有呼叫轮询和突发事件管理机制。

1. 完备的监控措施

系统具备完备的监控措施是实施混沌工程实验的关键所在。

监控措施不仅指的是在系统中有无记录错误的日志，还包括服务之间的调用信息、硬件指标、服务状态等整套系统监控服务，我们通过这些监控服务就可以了解当前应用系统的运行状况。例如，我们将某个故障注入微服务的某个节点后，如果系统没有监控服务，我们就无从得知该故障对上下游服务的影响。监控服务相当于帮助我们开了天眼，利用监控服务我们可以观察服务的细微变化，从而对系统进行观察分析，进而反推故障对系统更深层次的影响。所以没有监控服务，无法观测系统的行为与状态，我们执行混沌工程实验没有任何意义。

日志管理工具，如 Sumo Logic、Splunk 等，都是十分优秀的商业化软件，它们提供强大的功能和便捷的服务。开源的日志管理工具 Logstash 在 ELK 中承担日志处理工作，它创建一个集中化的管道来储存、搜索和分析日志文件，能够帮我们更好地定制化日志服务。

关于 ELK 的详细内容我们已在第 6 章介绍过。

图 8-3 所示为 SkyWalking 监控平台，通过该平台我们可以很容易地监控程序内部执行过程中的指标变化，以及服务之间链路调用情况，这有利于团队深入代码寻找请求响应“慢”的根本原因，可参见第 6 章。

除了日志管理工具外，全链路追踪系统也是我们实施混沌工程的好帮手。

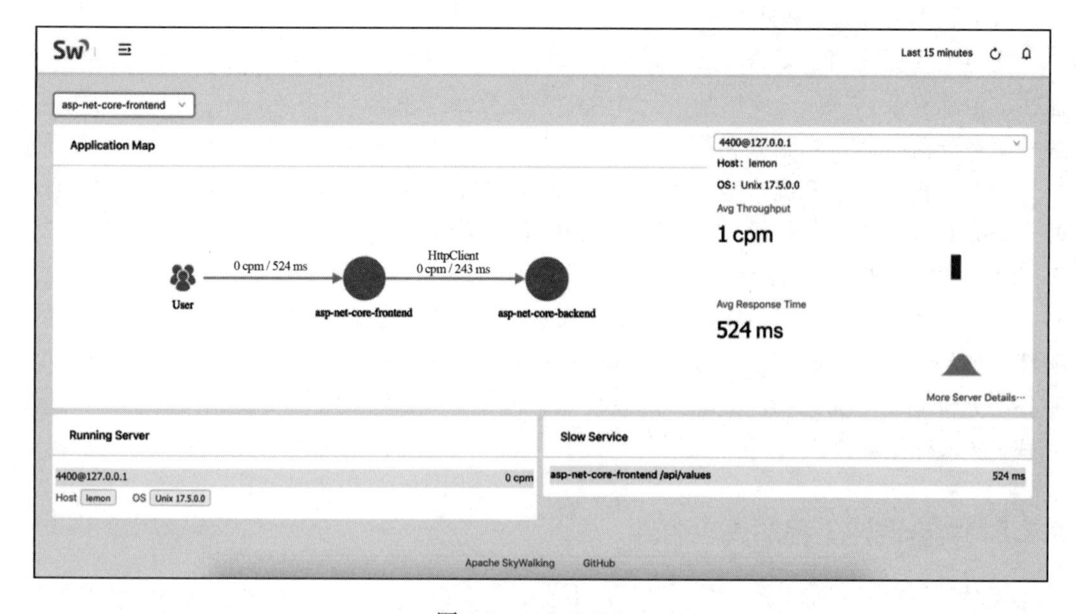

图 8-3　SkyWalking

2. 系统应具有弹性

我们的服务应具备一些弹性来应对真实环境中的异常或错误事件？例如，当某服务因为异常问题而无法工作时，应触发弹性规则，启动备份服务来处理该服务的请求；某段时间内网络延迟提高或请求量剧增时，我们的服务应触发熔断机制，保护其他服务或节点不受影响。在我们执行混沌工程时，应尽量确保现有服务的弹性策略和容错机制能够正常起作用，否则实验将被各类服务问题打断，导致我们无法真实、正确地了解被测试系统。

3. 呼叫轮询和突发事件管理

服务有了全面的监控与完善的弹性机制，就能够满足混沌工程实验条件了吗？当然不是，它也在调用公司内部其他的服务，当我们在做混沌工程实验时，恰好其他服务同时发生问题，那么我们应该找谁解决问题呢？大部分情况下，我们需要用大量的时间去寻找相应问题的负责人，有了呼叫轮询系统也就是 On-Call 系统后，就可以轻而易举地找到该系统的指定处理负责人，之后通过突发事件管理系统日志就可以大体上确定该问题的分类和优先级排序，并将所获取的日志与错误信息通过邮件通知 On-Call 工程师或负责人，告知其尽快处理问题。所以，呼叫轮询和突发事件管理服务能够帮助我们在实验出错后快速地处理问题，完善混沌工程实验。其中最著名的呼叫轮询系统与突发事件管理工具便是图 8-4 所示的 pagerduty。

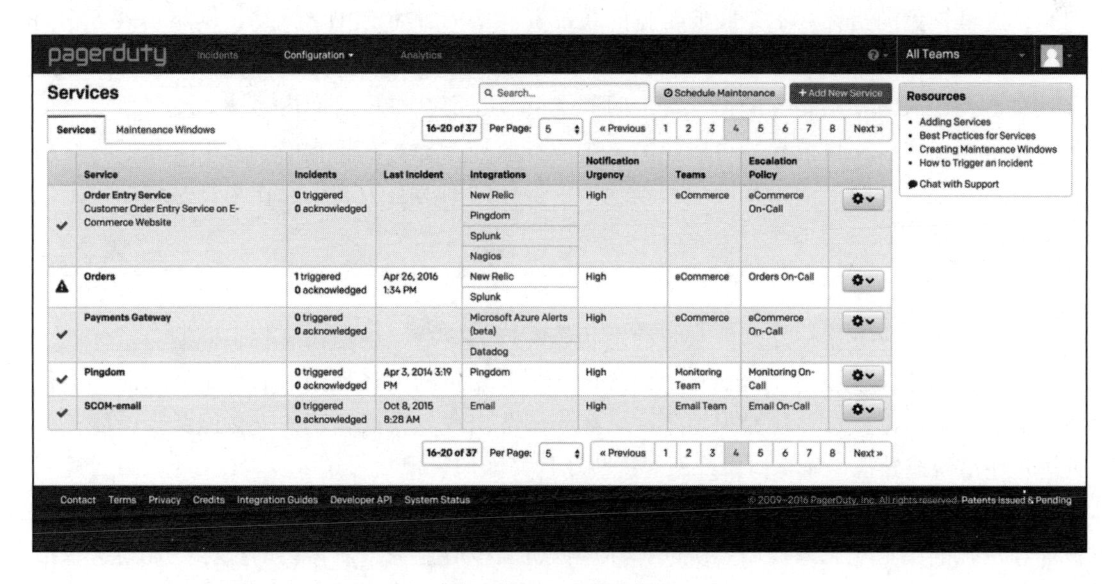

图 8-4 pagerduty 界面

8.4 混沌工程原则

在了解混沌工程原理与实验的先决条件后，我们仍需要在实施过程中遵循 Netflix 总结的 5 个经典原则。

1）我们要对系统建立稳定状态的假设。

2）在实验中运用多样的现实世界事件进行验证。

3）实验尽可能运行在生产环境或与生产环境类似的预生产环境中。

4）利用 CI/CD 等 DevOps 方法持续进行混沌工程实验。

5）实验必须有最小化爆炸半径，以免造成整个系统的瘫痪。

8.4.1 建立系统稳定状态的假设

汽车正常行驶时，发动机需要根据油门的大小、速度快慢、刹车指令等快速响应各种请求，这一系列要素就构成了汽车这个复杂系统的稳定状态。当然微服务系统也有类似的行为，我们将系统正常运作时的状态称为“稳定状态”。当我们的速度到达极限时，这个稳定状态随时可能被打破，如发动机爆缸、变速器损坏等。

1. 稳定状态模型与业务指标

我们通过定义好的稳定状态模型，以及特定场景下所期望的业务指标来描述系统的稳定状态。选择的指标和业务关联性越紧密，可以获取的执行策略信息就越多，这样在实施混沌工程时，过程就越清晰，越有利于我们获取实验对系统所造成影响的结果。需要注意的是，这里提到的指标并不是我们常见的系统资源指标，如 CPU、网络、网络负载等，而是能够直接衡量系统服务质量的业务监控指标。举个例子，在支付服务中，我们利用故障工具制造延迟故障，则相应的请求响应时间会变长，那么单位时间内系统总支付数就会低于正常指标。所以支付请求就可以作为一个业务监控指标。在正常的场景下，我们将交易系统以及其上下游服务的正常响应和处理请求操作时的所有关联信息作为该系统的稳定状态模型组成部分。

2. 建立稳定状态实验

我们定义好业务指标并理解系统稳定状态的行为之后，根据稳定状态模型与指标就可以建立实验的假设期望了。例如在上面的例子中，支付网关在遇到瞬时大量请求时，支付业务的稳定状态是被破坏还是保持不变？如果服务出现异常或错误，支付网关是否能正常处理这些错误或异常，而整体系统面对这些场景又如何表现？

阿里、腾讯、Netflix 等公司都在核心的业务系统中建立了相应的业务指标，通过设置该业务系统的稳定状态来提高系统的弹性。分析出核心业务中所需要的指标以及与这些指标关联的系统稳定状态是实施混沌工程实验至关重要的第一步。

8.4.2 用多样的现实世界事件做验证

1. 现实世界事件及问题分类

真实世界中任何事物间都存在着错综复杂的关系，每一刻都有未知的事件在发生。每个微服务系统都是从简单的单体服务最后拆分成复杂微服务架构而来的。随着时间的推移，服务都会受到各种不可预知事件与条件的影响。例如，负载的增加、硬件故障、软件缺陷、网络延迟、系统自身的 Bug 及不合法的数据处理等。

无穷无尽的系统事件、触发条件、未知的问题等着我们去探索，但我们真的需要考虑所有的问题吗？某些情况下我们也要对系统设置合适的问题容忍度，就像 Bug 有不同的优先级一样。我们先看看常见的问题分类：

- 硬件故障；
- 云服务功能不可用（例如 AWS 某个区域不可用）；
- 系统本身的功能缺陷（例如功能未实现或者实现错误）；
- 状态转换异常（例如发送方和接收方的状态不一致）；
- 网络延迟或隔离（例如微服务之间延迟过大）；
- 拒绝服务（例如由上行或下行输入 / 输出的大幅波动以及重试风暴导致）；
- 资源竞争或耗尽（例如内存泄漏）；
- 拜占庭故障（例如异常的节点等）；
- 依赖故障（例如所依赖的第三方服务不可用）。

当然，最复杂的情况是上述这些事件的各类排列组合导致系统发生异常行为。

2. 全面综合考虑现实世界的影响

想要彻底杜绝服务所有问题是不可能的，但我们可以尽可能减轻这些问题带来的影响与危害。在决定开始混沌工程实验之前，我们需要划定实验的范围，之后根据划定的范围和业务场景，最终决定要引入哪些事件或注入哪些错误，并且对这些影响作出大略的估算，如这些事件在系统中发生的频率与影响范围，最后考虑这些引入的影响需要耗费的成本以及实验的复杂度。

我们使用 AWS 或者阿里云来搭建我们的服务架构，当我们的服务部署在多个节点时，最常遇到的问题是节点不可用，这时我们在实施混沌工程实验时，随机关闭某一个节点，既可以模拟具体测试场景，也降低了引入故障的成本和实施难度。但如果我们选择关闭整个区，就会影响部署在该区下的其他服务，还会引入高昂的修复成本。所以，我们必须从各个方面考虑整个实验的细节；是否有弹性策略应对故障，引入的难度和复杂度是否合理，影响的范围是否在可控的区间中等。

如果模拟实验验证结果是正确的，那么我们在完成混沌工程实验时，也验证了服务在高负载、错误配置、服务中断等场景下的弹性。此外，在模拟实验时我们通过服务监控，可以逆向追踪出故障根源及其发生的概率。这样就可以提前做好应对与防范措施。

在给微服务系统注入引发故障的根因事件时，我们需要考虑该节点是否被其他节点强依赖，这将造成其他节点也都不可用，因为一个节点的问题，造成全服务的崩溃并不是我们想要的测试场景。设计微服务的架构时，就应该避免这种因为资源共享从单体故障域波及整个服务故障域问题的出现。

我们无法穷举所有可能对系统造成影响的事件，也不需要。所以我们在做混沌工程实验时，要尽量考虑那些频繁发生且对整个服务影响甚大的问题，我们也要了解被测试服务的哪些问题是允许存在于服务中的，以及这些问题是否在系统架构设计时已经被考虑到。例如，我们的微服务都采用了故障处理机制，团队都认为不会发生任何问题，但往往问题会发生在这些被认为最安全的地方：当客户访问服务时，所有的请求都被分发到错误的服务上，最后发现是因为配置没有生效，服务还在使用旧的配置文件。所以在系统中进行模拟实验时，详细了解我们设计的场景与边界是必要条件。

我们反复强调了混沌工程在真实系统中的重要性，但还需要强调的是——我们必须在系统能处理的范围内进行实验。例如公司 5 年之内也不会达到现有业务量的 10 倍，我们现在却按照 100 倍的场景对系统进行并发请求测试，服务现有架构与技术不能够支撑该测试场景。上面提到的都是软件和架构层面的问题，但有时人为的安全问题也会对系统的弹性和服务造成影响，所以我们在做实验之前要对业务、架构、人员、安全等不同的层面进行全方面的分析。

8.4.3 在生产环境运行实验

我们要对在生产环境中进行混沌工程实验有足够的信心和支持，否则再怎么实验也是白费工夫。接下来我们讨论在生产环境中进行实验的几个要点。

1. 在生产环境中进行实验的要点

（1）有状态服务与无状态服务

我们之所以在这里讨论服务状态，是因为微服务架构中的服务类型大多是有状态服务，例如缓存服务、对象存储服务以及可持久化的消息服务。

即便是在无状态的服务中，其状态信息也将会随着请求的完成而保存在内存或硬盘的数据结构中。当其他的请求依赖于该数据时，则会不可避免地影响到后续请求。这里也只是数据状态，还有服务、硬件、网络的状态等，尽管我们不可能完全考虑到生产环境存在的各种状态问题，但考虑得相对全面对于系统是百利而无一害的。

（2）生产环境中的输入

我们永远都猜不到用户打算在页面上干什么，面对不同类型的表单和请求服务，也永远猜不到用户输入什么会造成系统的崩溃，用户不会按测试用例里的步骤完成每一步操作，所以我们在做混沌工程实验时利用真实环境的数据会更有效果。

- 构建基于真实环境的输入数据，我们可以利用 Jvm-Sandbox-Repeater、Goreplay 等流量录制回放工具轻松将真实环境的数据用于混沌工程实验中。
- 利用如安全测试、模糊测试来尽量避免输入异常造成的系统崩溃问题。

（3）依赖的第三方系统

大多数的微服务系统中都会包括很多的第三方服务，我们事先无法完全预知它们运行时的状态与行为，设想天猫“双十一”购物节在 0 点启动秒杀活动时，平台抗住了大量并发请求，但在支付调用第三方网银服务系统时，网银服务系统无法处理这样大的请求量而造成系统崩溃。

大部分情况下第三方系统提供测试环境也只能用于功能验证，无法模拟上面所说的那些场景，所以生产环境才是我们系统与第三方系统进行真正交互的场所，这也是我们一再强调在生产环境中进行实验的原因，这样能够最大化地帮助我们发现环境中存在的依赖问题。

（4）生产环境变更

我们的服务不是一成不变的，系统会根据市场的需求不断添加各种各样的功能，例如发布新代码、更新不同环境的配置文件等。在测试环境中想要模拟这些问题很难办到，但是生产环境给我们提供了近乎完美的测试环境，方便我们测试这些改动所带来的影响。

2. 在生产环境中进行实验的担忧

（1）谨慎考虑系统以及依赖所造成的结果

对于某些领域的业务，直接在生产环境中注入问题几乎不可能。例如我们很难将错误注入已经发射的航空飞行器中，这可能会影响整个项目的成败。所以我们需要考虑系统是否支持混沌工程，以及实施混沌工程后出现问题能否立即解决。

（2）系统宕机缺乏应急方案

如果知道注入错误后系统一定会崩溃，这说明系统还无法满足混沌工程的实施条件，我们应该在对系统的弹性具备一定信心的时候再进行混沌工程实验。了解到系统存在薄弱环节，我们就应该针对该环节提出对应的弹性解决方案，并完成相应的修改后，在此基础上进一步利用混沌工程实验检测系统能否应对。

（3）无法控制宕机所造成的影响范围

我们对在生产环境中进行混沌工程实验有担忧是正常的。即使我们的系统已经有各种弹性解决方案，当真正要在生产环境中进行混沌工程实验时，我们仍会担心实验可能引发的蝴蝶效应，造成过多的破坏与损失。

业界通常通过下面两个途径来将影响降到最低：

1）实验能够立即终止，并且快速恢复稳定状态；

2）控制最小化实验造成的“爆炸半径”。

如果我们能采用 DevOps、CI/CD、系统监控等方法，当发现系统存在宕机或者潜在风险时就立即终止混沌工程实验，则可避免造成更大的影响。

同时我们在设计相应的实验场景时，就应该考虑清楚该场景可能会造成的危害，以及是否会波及其他模块与功能，我们应该尽量将危害所影响的范围降到最小。

3. 离生产环境越近越好

即使有各种各样的原因妨碍我们在生产环境中进行实验，我们也应该尽量选择与生产环境类似的环境。例如在大多数银行与金融企业中，它们的系统都会有灾备环境，在确保生产环境不会被实验影响后，我们在灾备环境部署与生产环境相同的代码、数据、硬件设备等，然后在灾备环境模拟多种问题场景：大量的并发请求、某个服务不可用、注入某个 Bug 等。如果真的能够帮助整个系统避免带来巨大的经济损失，直接在生产环境中进行实验，冒一点风险也是值得的。

8.4.4 利用 CI/CD 进行混沌工程实验

如今，混沌工程在诸多互联网公司风靡一时。业界也开始考虑在 CI/CD 流水线中进行混沌工程测试，这也正好迎合了敏捷测试中关于测试左移的策略。

1. 自动执行实验

每次混沌工程实验都是由我们手动执行验证开始的，需从每个细节来确认整个测试过程，特别是要在最小化“爆炸半径”以及稳定状态下的环境中运行。当整个实验在我们设定好的环境中成功执行之后，下一步就是利用CI/CD流水线让其在整个软件生命周期内持续运行。但在此之前，我们一定要确定哪些实验是可以自动化执行的。对于不能自动化执行的实验，我们应该特殊处理，在特殊阶段手动回归验证该问题。

结合了CI/CD的自动化混沌工程实验，让每次代码变更会触发这些自动化测试，每当测试失败，新的问题随之而来，这时开发人员就可以确定问题根源代码。我们可以选择是否发布新版本或只是屏蔽存在问题的功能，并在发布之后优先修复该缺陷。全部手动完成实验只会浪费大量的时间与精力，也很难发现代码以及系统中存在的问题。CI/CD给我们带来的不仅是更快的实验验证，也给整个团队带来极大鼓舞，帮助团队建立信心。

由于系统、业务以及依赖的环境是在不断变化的，故障演练也需要持续进行下去，因此自动化的故障演练是必不可少的环节。

演练平台必须是高效且安全的，为此混沌工程自动化平台需提供以下能力。

- 具备演练流程编排能力和多种演练运行方式。
- 依据配置的恢复参数来自动恢复演练。
- 通过配置定时任务来自动化运行演练。

阿里云混沌工程团队在阿里云上推出了自己的混沌工程自动化平台AHAS Chaos。AHAS Chaos是以混沌工程为理论指导的故障演练平台，目标是成为混沌工程领域的最佳实践平台，因此在功能设计上紧紧围绕了混沌工程的基本原则。

某个场景的演练配置如图8-5所示，其展示的是阿里云网络丢包场景的测试。

2. 攻击注入CI / CD流水线

我们的CI/CD流水线值得信赖吗？随着CI/CD在整个开发流程中的占比越来越大，我们一直将混沌工程实验的重心放在核心业务系统中，但有没有发现随着开发流程的推进，CI/CD流水线也变得十分复杂，这时CI/CD流水线是否稳定？是否经得起混沌工程实验的考验？这值得我们深思。

我们可以从以下几个方向来考虑如何检验CI/CD流水线。

- 在运行服务与测试构建时，关闭节点或服务来测试CI/CD流水线的扩展或恢复机制。
- 制造网络故障，例如注入100ms的延迟或1%～2%的数据包丢失，并观察CI/CD流水线是否受到影响。
- 我们也可以进行一系列资源攻击，增加一些延迟或区域的服务中断。

图 8-5 网络丢包场景的测试

如果项目的混沌工程实验还没有与 CI/CD 流水线相结合，也未思考 CI/CD 流水线中的实验场景，那么不要急于求成，可斟酌每一个实验方案后，再采取小步迭代方式进行改进，不断进步总比没有进步要好。

8.4.5 最小化爆炸半径

要确保实验能随时终止，环境能在很短的时间内恢复，我们需要通过了解业务和技术架构来探索故障造成的未知影响，以及影响的范围与功能，并将影响控制在我们能够处理的范畴，这个范畴我们称之为最小化"爆炸半径"。

我们可将敏捷实践与混沌工程相结合，采用快速迭代的方式来进行实验，这样能够将风险的影响范围缩小，覆盖每一个我们认为有风险的功能，使我们对系统的可用性、稳定性产生极大的信心，从而最终转换为良好的用户体验。其实金丝雀发布与灰度发布就是一个很好的例子。

当确定了实验场景与影响范围之后，我们就可以结合 CI/CD 进行自动化的混沌工程实验。例如，通过金丝雀发布等 DevOps 手段进行小规模的扩散实验，将实验影响的客户比例降到最低，我们可以通过监控以及日志收集系统，实时查看这些抽取的用户行为是否正常，以及一旦系统有异常，我们所设置的备用方案是否有效。再如，单一接口请求数过多，导致请求时间超时，查看系统是否会警示该威胁，并触发该环境的断路器，同时启动弹性负载均衡方案，使系统请求平滑地过渡到其他备用服务的相同接口上。这样实验既可以模拟系统大规模的生产环境事故，也可以把负面影响控制到最低。

当然没有任何限制的实验带来的收益肯定是最大的，所有用户参与混沌工程实验能让我们得到更多关于系统的风险信息，但随之带来的风险也是最大的。我们可以使用隔离、熔断、降级、限流、容错以及资源管控等手段来减少实验造成的危害，并不断扩大实验范围。例如当系统响应时间、异常比率、异常数、超时次数或重试次数超过某个阈值就会触发熔断，接着所有的调用都会快速失败，以保证下游系统的负载安全，如图 8-6 所示。在断开一段时间后，熔断器会尝试着让部分请求负载通过。如果这些请求成功，那么断路器就会逐渐恢复正常工作；如果继续失败，则关闭服务并开启快速失败通道，接着继续这个过程，直到重试的次数超过一定的阈值，从而触发更为严重的"降级模式"。

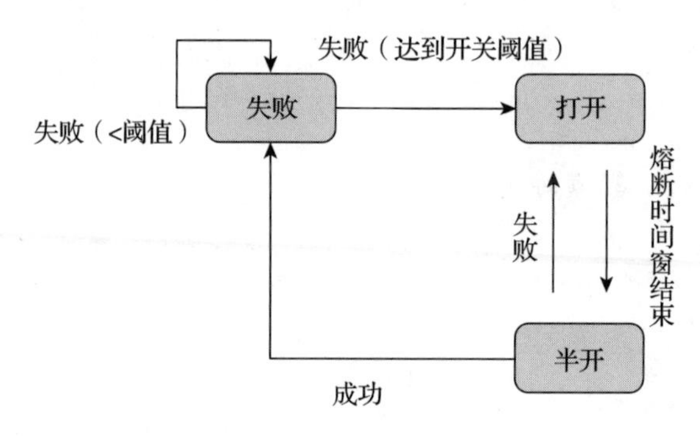

图 8-6　服务熔断

如果系统没有这些服务治理手段，当系统因为某些注入的错误造成大规模的服务中断时，我们就应该立即终止实验。另外，我们需要有一套灾备系统供我们快速切换，而不至于造成系统完全不可用。

当然我们应避免在服务有大量业务或者重大事件发生时实施实验。我们还应确保该实验场景所涉及的干系人必须在场，确保发生问题时干系人能够第一时间确认问题的原因，并根据问题的优先级尝试修复。

最后记住，混沌工程实验的目标是确保服务的稳定性与可用性，如果我们想着如何破坏系统，并不能帮助我们正确地认识整个系统。

8.5 设计混沌工程实验

上面我们主要介绍了混沌工程的概念、原则以及实施条件。接下来我们需要结合这些理论来设计适合项目的混沌工程实验，本小节从实验可行性评估、观测指标以及实验场景这几个方面来阐述如何设计实验。

下面来聊聊怎么为已有系统设计合理的实验场景。我们要从以下几个方面讨论：

- ❑ 实验可行性评估；
- ❑ 观测指标设计与对照；
- ❑ 实验场景设计。

8.5.1 实验可行性评估

本人通过查阅相关资料，发现AWS专业服务团队云架构咨询顾问黄帅给出了一个非常棒的评估模型，它能够帮助我们对项目进行快速评估，接下来让我们了解下这个模型。

1. 混沌工程的可行性评估模型

在进行混沌工程实验时，我们需有一个通用的标准来判断这个实验可不可行，做得好不好。混沌工程的可行性评估模型，结合了亚马逊和Netflix的混沌工程成熟度模型，从成熟度等级和接纳指数两个维度来衡量混沌工程实验能够成功实施的可行性。

2. 混沌工程实验的成熟度等级

混沌工程成熟度可以反映出混沌工程实验的可行性、有效性和安全性。表8-2所示的成熟度级别也会因为混沌工程实验的投入程度而有差异。这里将成熟度等级分为1、2、3、4、5级，等级越高成熟度越好，混沌工程实验的可行性、有效性和安全性就会更有保障。

表8-2 混沌工程成熟度模型

等级 评估项	1级	2级	3级	4级	5级
架构抵御故障的能力	无抵御故障的能力	具备一定的冗余性	冗余且可扩展	已使用可避免级联故障的技术	已实现韧性架构
实验指标设计	无系统指标监控	实验结果只反映系统状态指标	实验结果反映应用的健康状况指标	实验结果反映聚合的业务指标	可在实验组和控制组之间比较业务指标的差异
实验环境选择	只敢在开发和测试环境中运行实验	可在预生产环境中运行实验	未在生产环境中运行实验，而用复制的生产流量来运行实验	在生产环境中运行实验	包括生产环境在内的任意环境都可以运行实验
实验自动化能力	全人工流程	利用工具半自动地运行实验	自助式创建实验，自动运行实验，但需要手动监控和停止实验	自动分析结果，自动终止实验	全自动化地设计、执行和终止实验
实验工具使用	无实验工具	采用实验工具	使用实验框架	实验框架和持续发布工具集成	有工具支持交互式地比对实验组和控制组
故障注入场景	只对实验对象注入一些简单事件，如突发的高CPU、高内存使用率等	可对实验对象进行一些较复杂的故障注入，如EC2实例终止、可用区故障等	为实验对象注入较高级的事件，如网络延迟	为实验组引入服务级别的影响和组合式的故障事件	可以注入更改系统使用模式、返回结果和状态的事件
环境恢复能力	无法恢复正常环境	可手动恢复环境	可半自动恢复环境	部分可自动恢复环境	韧性架构，可自动恢复
实验结果整理	没有生成的实验结果，需要人工整理判断	可通过实验工具得到实验结果，需要人工整理、分析和解读	可通过实验工具持续收集实验结果，但需要人工分析和解读	可通过实验工具持续收集实验结果和报告，并完成简单的故障原因分析	实验结果可预测收入损失、容量规划，并区分出不同服务实际的重要程度

3. 混沌工程实验的接纳指数

混沌工程接纳指数通过混沌工程实验覆盖的广度和深度来描述，如表 8-3 所示。类似成熟度等级，接纳指数也定义了 1、2、3、4 级。

表 8-3 混沌工程接纳指数

接纳指数	描 述
1 级	公司重点项目不会进行混沌工程实验 只覆盖了少量的系统 公司内部基本上对混沌工程实验了解甚少 极少数工程师尝试着偶尔进行混沌工程实验
2 级	混沌工程实验获得正式授权和批准 由工程师兼职进行混沌工程实验 公司内部有多个项目有兴趣引入混沌工程实验 极少数重要系统会不定期进行混沌工程实验
3 级	成立了专门的混沌工程团队 事件响应已经集成在混沌工程实验框架中，以创建对应的回归实验 大多数核心系统都会定期进行混沌工程实验 偶尔以游戏日的形式，对实验中发现的故障进行复盘验证
4 级	公司所有核心系统都会经常进行混沌工程实验 大多数非核心系统也都会经常进行混沌工程实验 混沌工程实验是工程师日常工作的一部分 所有系统默认都要参与混沌工程实验，不参与需要特殊说明

对要实验的项目进行成熟度等级和接纳指数的评估，将两者的结果合并在一张图上，就可构建出类似敏捷测试四象限的坐标轴图，如图 8-7 所示。这可以帮助我们了解当前项目进行混沌工程实验的可行性，还可以与其他项目进行差异对比。此外，根据之前所讨论的混沌工程实验目标，设定想要达到的成熟度等级和接纳程度，以便获得可行性路线图，了解后续要改进的方向。这并不是说处在实验接纳指数与实验成熟度低的象限的项目就不能实施混沌工程，而是要根据项目实际的情况，采用最有价值的方案，给项目带来最大的收益。随着项目进展与完善，逐步向实验成熟度高和实验接纳指数高的象限发展。

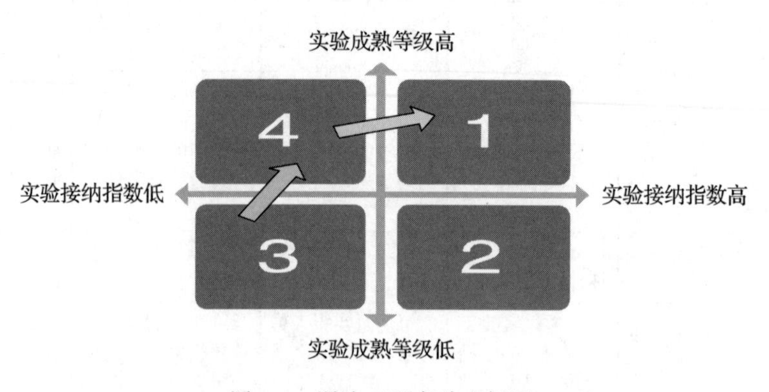

图 8-7 混沌工程实验坐标图

8.5.2 观测指标设计与对照

我们已经完成对项目的可行性评估，我们需要进一步选择合适的观测指标来观察系统对混沌工程实验的反应。这也是整个混沌工程实验成功与否的关键点，产品是否具有可观测性已经是衡量产品好坏的评判标准，可观测性不仅仅指的是系统服务的硬件指标层面，还包括业务指标与应用监控指标层面。

混沌工程常用的实验观测指标包含以下三类。

- 业务指标：根据业务流程去拆解产品的指标，建立产品的指标体系，了解产品的核心业务指标。
- 系统监控指标：例如 Java 应用监控中的各种性能与功能指标，包括线程死锁、JVM 内存使用率、异常报警等。
- 硬件指标：很多监控服务都提供类似的功能，例如 AWS 的 Cloud Watch，阿里云的云监控等。当然也有不少开源的监控框架，例如 SkyWalking、Pinpoint 等，都是不错的选择。

通过上面 3 种类型的指标，采用最简单的对照方法，例如：通过对比系统在运行正常业务和混沌工程实验时的各项指标和图像数据，就可以很直观地观察混沌工程实验对系统稳定状态的影响。

8.5.3 实验场景设计

完成了系统的评估与观测点的设置，接下来就要根据产品的实际情况设计实验场景。设计时要遵循 8.4 节所讲的混沌工程原则。

（1）实验常见场景

云服务与微服务常见的实验场景包含了各个应用层面的故障，从底层网络故障到操作系统，再到应用层，我们可以根据自己需求选取合适的场景，具体请参见 8.1.3 节。

（2）实验环境设计

由于实验环境不同，因此带来的实施复杂度也不相同。实验越接近生产环境，带来的业务风险也越大，当然收益也越大。强烈建议在生产环境中进行混沌工程实验，当然前提条件是我们已经完成了上述各种准备，也相应地在预生产环境或者 Beta 环境中得到了正确的验证。我们也可以逐步推进实验方案，先在开发环境尝试实验，利用 DevOps 手段完善监控以及紧急风险处理应急方案，逐步形成适合自己公司的混沌工程实验环境。之后利用灰度发布等方法，将用户分成控制组和对照组，进而了解故障给整个服务带来的影响，间接缓解混沌工程实验的风险，进一步控制爆炸半径。

非生产环境的混沌工程实验可以采用目前流行的流量录制的方式。例如，基于 Jvm-Sandbox-Reporter 流量回放系统，直接对生产环境上现有的真实流量进行镜像存储，真实流量回到生产环境的真实服务器，存储流量的镜像副本则会分发到测试服务器上。测试服务器上可以实现不同版本的功能测试，或者加压 10 倍进行性能压测。利用这种方案我们可以减少测试数据给混沌工程实验带来的复杂性，进而更有效地验证实验场景和工具的可靠性。

8.6 混沌工程实践

我们已经详细了解了混沌工程基础概念与理论，接下来我们要通过实战来深入理解所学内容。我们将从应用层面利用 Chaos Monkey 对 Spring Boot 微服务进行攻击，再利用 Chaos Blade 对底层基础设施资源进行破坏，最后利用 Chaos Mesh 对 Kubernetes 上复杂的分布式微服务系统进行故障注入。

8.6.1 Chaos Monkey 实践

什么是 Chaos Monkey？它是 Netflix 发明的“捣乱”工具，能够随机终止系统中任意的服务，也可以在特定时间和时间间隔对服务进行关闭或中断。而 chaos-monkey-spring-boot 则是专门为 Spring Boot 所设计的混沌工程实验工具，我们可以利用该工具快速在 Spring Boot 项目中实施混沌工程，验证我们的服务能否抵御攻击。

1. 配置 Chaos Monkey

在 Spring Boot 应用中开启 Chaos Monkey 非常简单，我们只需要把 chaos-monkey-spring-boot 依赖库添加到项目的 pom 文件中。

```
<dependency>
    <groupId>de.codecentric</groupId>
    <artifactId>chaos-monkey-spring-boot</artifactId>
    <version>2.3.1</version>
</dependency>
```

我们使用 Spring Profile chaos-monkey 启动并初始化 Chaos Monkey。我们只需要在运行时动态地激活它。

```
java -jar your-app.jar --spring.profiles.active=chaos-monkey
```

配置 application.properties 文件，以完成 Chaos Monkey 的初始配置信息：

```
spring.profiles.active=chaos-monkey
chaos.monkey.enabled=true
chaos.monkey.watcher.controller=true
chaos.monkey.watcher.restController=true
chaos.monkey.watcher.service=true
chaos.monkey.watcher.repository=false
chaos.monkey.assaults.level=1
```

我们将属性 chaos.monkey.enabled 设置为 true，系统就会触发我们设置的实验场景。所以我们要注意不同环境下该变量的状态，防止误操作影响系统的正常运行。Chaos Monkey

也提供了一些JMX或HTTP公开的端点，允许我们在运行时更改配置。开启Chaos Monkey端点，需要在application.properties或YML文件中增加一些配置：

```
management.endpoint.chaosmonkey.enabled=true
management.endpoint.chaosmonkeyjmx.enabled=true

# include all endpoints
management.endpoints.web.exposure.include=*

# include specific endpoints
management.endpoints.web.exposure.include=health,info,chaosmonkey
```

Chaos Monkey健康检查端点如表8-4所示。

表8-4 Chaos Monkey健康检查端点

端 点	描 述	方 法
/chaosmonkey	Running Chaos Monkey configuration	GET
/chaosmonkey/status	Is Chaos Monkey enabled or disabled?	GET
/chaosmonkey/enable	Enable Chaos Monkey	POST
/chaosmonkey/disable	Disable Chaos Monkey	POST
/chaosmonkey/watchers	Running Watchers configuration.	GET
/chaosmonkey/watchers	Change Watchers Configuration	POST
/chaosmonkey/assaults	Running Assaults configuration	GET
/chaosmonkey/assaults	Change Assaults configuration	POST

通过访问表8-4中的端点，我们就可以对服务执行一些检查操作。例如获取Chaos Monkey的配置端点：/chaosmonkey - Response 200 OK，返回的结果如下所示。


```
{
"chaosMonkeyProperties":{
"enabled": true
},
"assaultProperties":{
"level": 3,
"latencyRangeStart": 1000,
"latencyRangeEnd": 3000,
"latencyActive": true,
"exceptionsActive": false,
"killApplicationActive": false,
"watchedCustomServices": []
},
"watcherProperties":{
"controller": true,
"restController": false,
"service": true,
"repository": false,
```

```
"component": false
}
}
```

开始测试之前，我们需要先激活 Chaos Monkey 服务，访问激活服务的端点：/chaosmonkey/enable-Response 200 OK。

接下来我们执行带有威胁的请求，如请求启用延迟和异常攻击的端点：/chaosmonkey/assaults-Request。

2. chaos-monkey-spring-boot 项目实践

chaos-monkey-spring-boot 项目为我们提供了 4 个示例（https://github.com/codecentric/chaos-monkey-spring-boot/tree/main/demo-apps），帮助我们更好理解该工具的工作原理。

使用 git clone 命令克隆上述链接的代码之后，我们进入 /demo-apps/chaos-monkey-demo-app-ext-jar 项目，执行 Maven 命令，下载 chaos-monkey-demo-app-ext-jar 项目所依赖的库。

```
Mvn install
```

命令执行之后，会在 chaos-monkey-demo-app-ext-jar 项目下的 Target 目录中生成如图 8-8 所示的 jar 文件。

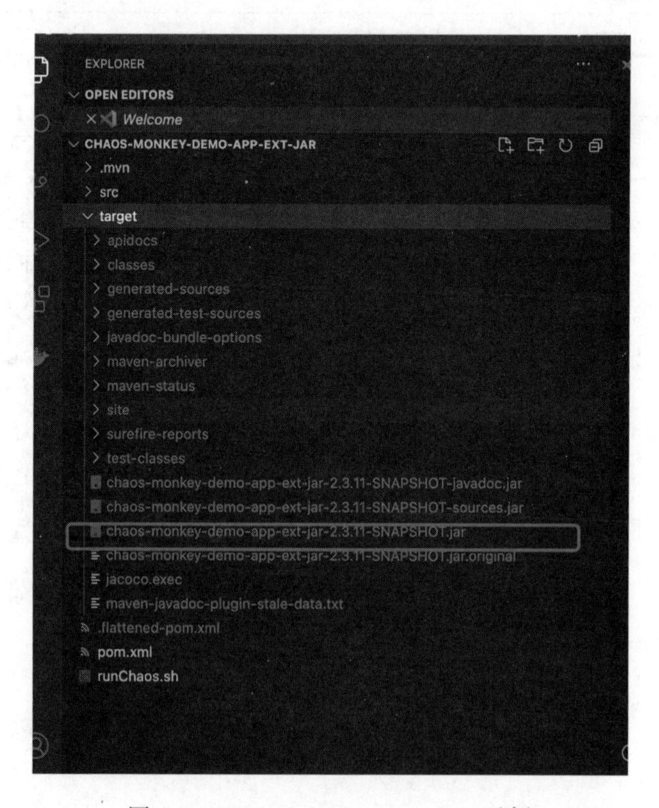

图 8-8　chaos-monkey-spring-boot 示例

我们利用以下命令启动并激活 Chaos Monkey 服务。

```
leiqi@Leis-MBP chaos-monkey-demo-app-ext-jar % java -jar ./target/chaos-monkey-demo-app-ext-jar-2.3.11-SNAPSHOT.jar --spring.profiles.active=chaos-monkey
```

启动服务后访问 Actuator 接口。

```
GET: http://localhost:8080/actuator/chaosmonkey
```

如果返回的是 application.properties 文件中的配置信息，说明配置应用成功：


```
{
    "chaosMonkeyProperties": {
        "enabled": true
    },
    "assaultProperties": {
        "level": 1,
        "latencyRangeStart": 1000,
        "latencyRangeEnd": 4500,
        "latencyActive": true,
        "exceptionsActive": false,
        "exception": {
            "type": null,
            "arguments": null
        },
        "killApplicationActive": false,
        "memoryActive": false,
        "memoryMillisecondsHoldFilledMemory": 90000,
        "memoryMillisecondsWaitNextIncrease": 1000,
        "memoryFillIncrementFraction": 0.15,
        "memoryFillTargetFraction": 0.25,
        "runtimeAssaultCronExpression": "OFF"
    },
    "watcherProperties": {
        "controller": true,
        "restController": true,
        "service": true,
        "repository": false,
        "component": false
    }
}
```


我们解释一下配置信息中各种属性的含义。"level": 1 指的是被攻击的请求数量，属性的取值范围为 1～10：当数值为 1 时意味着每个请求都会受到攻击，数值为 10 时意味着每第 10 个请求会被攻击。"latencyRangeStart": 1000 与 "latencyRangeEnd": 4500 则指的是延迟攻击的方式，该方式是在每个请求处理时添加随机的时间延迟，其中随机延迟取值在 chaos.monkey.assaults.latencyRangeStart 和 chaos.monkey.assaults.latencyRangeEnd 两个属性值之间。

除了延迟攻击外，开启另外 3 种攻击方式的配置如下。

- 服务请求异常：exceptionsActive: true。
- 应用中断：killApplicationActive: true。
- 内存异常：chaos.monkey.assaults.memoryActive: true。

服务请求异常指的是随机地抛出任意异常；应用中断指的是中断服务，让服务暂时不可用；内存攻击指的是攻击 JVM 的内存，让 JVM 内存溢出或不可用。内存攻击在很大程度上取决于所使用的 Java 版本，Java 8 中每个切片的读写速率限制为 256 MB/s。

请注意，如果我们开启了延时和异常的攻击方式，服务中断攻击方式就不会发生。另外，当我们同时开启了延时和异常攻击，则每个请求都会受到攻击，这时我们所设置的 chaos.monkey.assaults.level 属性将会失效。

3. 利用性能测试工具 Locust 对服务发起攻击

我们这里使用如图 8-9 所示的性能测试工具 Locust 来进行测试，模拟 20 个用户持续对服务发起请求，脚本如下。

```
from locust import HttpUser, TaskSet, task, between

def index(l):
    l.client.get("/hello")

class UserTasks(TaskSet):
    # one can specify tasks like this
    tasks = [index]


class WebsiteUser(HttpUser):
    """
    User class that does requests to the locust web server running on localhost
    """

    host = "http://127.0.0.1:8080"
    wait_time = between(2, 5)
    tasks = [UserTasks]
```

让我们来看看 chaos-monkey-spring-boot 会对服务造成什么样的影响。

```
leiqi@Leis-MBP locust % locust -f test.py --host=http://localhost:8080
```

启动 Locust 服务，打开浏览器访问 Locust 提供的界面 http://0.0.0.0:8089，具体设置如图 8-9 所示，并点击 Start swarming 按钮开始测试。

我们可以从图 8-10 中看到部分请求的响应时间超过 3000ms，这是因为我们在 application.properties 文件中设置的 "latencyRangeStart": 1000 与 "latencyRangeEnd": 4500 延迟配置起作用了。

在图 8-11 所示的服务端报出的异常日志，则是因为我们设置的 "exceptionsActive": false 异常配置起作用了。

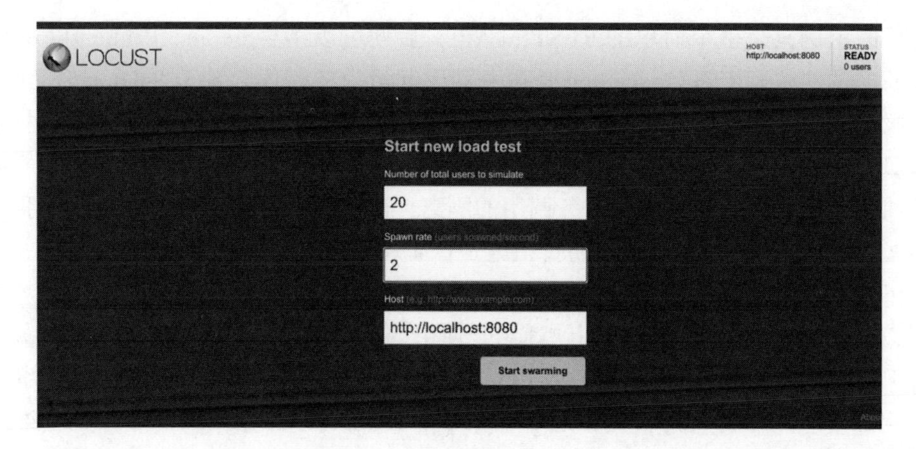

图 8-9 设置 Locust 测试工具

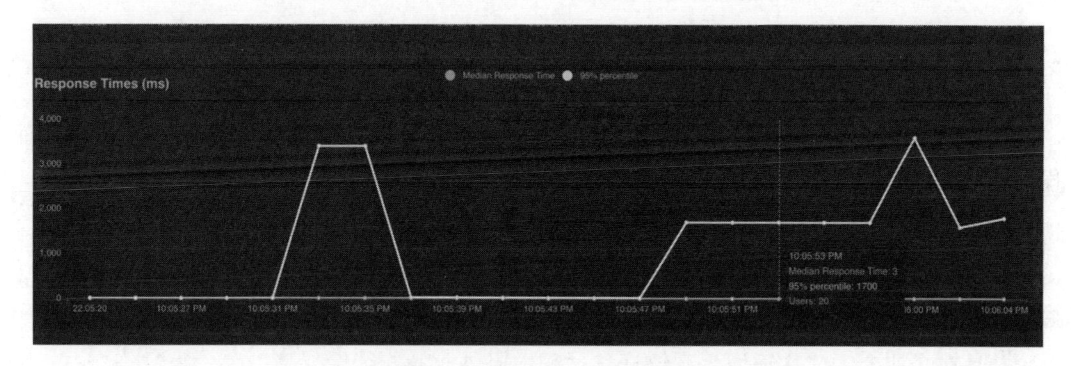

图 8-10 Locust 请求响应时间

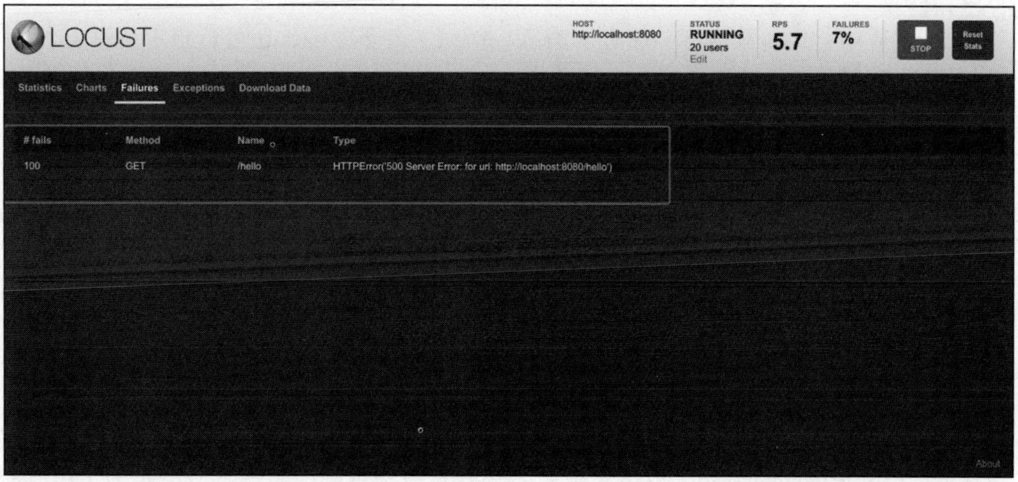

LOCUST
HOST http://localhost:8080
STATUS RUNNING 20 users Edit
RPS 5.7
FAILURES 7%
STOP
Reset Stats
Statistics Charts Failures Exceptions Download Data

# fails	Method	Name	Type
100	GET	/hello	HTTPError('500 Server Error: for url: http://localhost:8080/hello')

图 8-11 Locust 异常请求日志

这里的示例只是一个简单的 RESTful API，后期可以结合 Feign、Ribbon 以及 Hystrix 来组建我们的“防御工事”。Ribbon 是服务间发起请求的时候，基于 Ribbon 做负载均衡，从一个服务的多台机器中选择一台，Feign 基于动态代理机制，根据注解和选择的机器，拼接请求 URL 地址，发起请求，而 Hystrix 起请求是通过 Hystrix 的线程池来走的，不同的服务走不同的线程池，实现了不同服务调用的隔离，避免了服务雪崩的问题。这时我们再次运行测试时，再来看看我们设置的防御措施是否起效。

chaos-monkey-spring-boot 只是诸多开源混沌工程实验方案中的一个，它的优势在于能够快速、简便地与 Spring Boot 项目快速结合使用，共同配置要进行的实验。它的缺陷也很明显，无法应用于运维层面的攻击，而 Pumba、kube-monkey，Chaos Blade 等方案则可以以容器化部署应用作为攻击目标；还有如 Chaos Toolkit 则是基于 Python 强大运维优势的开源方案，可以较快地实现运维层面的攻击，而 Byte-monkey 则能够侵入代码层进行攻击，在字节码层面给 JVM 应用注入相应故障。

8.6.2 Chaos Blade 实践

chaos-monkey-spring-boot 无法对基础资源、Docker 容器、云原生平台等进行测试，而我们需要更全面的工具进行整体测试。

1. Chaos Blade 简介

Chaos Blade 是帮助分布式系统提升容错性和可恢复性的混沌工程工具，可实现底层故障的注入。其特点是操作简洁、无侵入、扩展性强，可帮助企业提升分布式系统的容错能力，并且在企业上云或往云原生系统迁移过程中提供业务连续性保障。

Chaos Blade 功能强大、使用简单，而且支持丰富的实验场景，具体如下。

- 基础资源：比如 CPU、内存、网络、磁盘、进程等实验场景。
- Java 应用：比如数据库、缓存、消息、JVM、微服务等，还可以指定任意类方法注入各种复杂的实验场景。
- C++ 应用：比如指定任意方法或某行代码注入延迟、变量和返回值篡改等实验场景。
- Docker 容器：比如杀死容器或者容器内的 CPU、内存、网络、磁盘、进程等实验场景。
- 云原生平台：比如 Kubernetes 平台节点中的 CPU、内存、网络、磁盘、进程，以及 Pod 网络和 Pod 本身（如杀死 Pod）。

2. Chaos Blade 快速应用

我们利用官方提供的 Chaos Blade 示例，拉取该示例的 Docker 镜像并运行，在容器内快速体验 Chaos Blade 的功能。以下 3 个实验分别对应请求超时、服务异常以及 CPU 满载 3 个测试场景。

1）拉取 Chaos Blade 示例的镜像。

```
leiqi@Leis-MBP serenity-study % docker pull chaosbladeio/chaosblade-demo
Using default tag: latest
latest: Pulling from chaosbladeio/chaosblade-demo
Digest:
sha256:04e9961ed1544695b4b36107197c082c465026bc06c57b1854c296c723843945
Status: Image is up to date for chaosbladeio/chaosblade-demo:latest
docker.io/chaosbladeio/chaosblade-demo:latest
```

2）运行示例镜像。

```
leiqi@Leis-MBP serenity-study % docker run -it --privileged chaosbladeio/
    chaosblade-demo
```

3）执行第一个混沌工程实验。

示例包含了一个简单的 Dubbo 应用服务，我们通过执行以下命令查看 Dubbo 请求的详情。

```
bash-4.4# curl http://localhost:8080/dubbo/hello?name=dubbo
Hello dubbo, response from provider: 172.17.0.3:20880
```

当调用 com.example.service.DemoService#sayHello service 时，创建一个延迟 3s 的实验。

```
bash-4.4# blade create dubbo delay --time 3000 --service com.example.service.
    DemoService --methodname sayHello --consumer
{"code":200,"success":true,"result":"01e2d932bcd0a954"}
```

我们再次请求服务，查看一下现在服务的具体状态，在 Dubbo Filter 中发现超时异常，此时熔断器开始起作用。服务抛出超时（timeout）异常，如下所示。

```
bash-4.4# curl http://localhost:8080/dubbo/hello?name=dubbo
chaosblade-mock-TimeoutException,timeout=1000
```

完成测试后，我们需要终止超时场景的实验。

```
bash-4.4# blade destroy 01e2d932bcd0a954
{"code":200,"success":true,"result":"command: dubbo delay --time 3000 --methodname
    sayHello --provider false --consumer true --debug false --help false --service
    com.example.service.DemoService"}
```

我们也可以利用 Chaos Blade 向 Dubbo 服务中注入异常，当我们请求 Hello Controller Service 时，该服务会抛出自定义异常 chaosblade-mock-exception。

```
bash-4.4# blade create jvm throwCustomException --exception java.lang.Exception \
>     --classname com.example.controller.DubboController --methodname hello
{"code":200,"success":true,"result":"2e28ac05e9e0638d"}

 curl http://localhost:8080/dubbo/hello?name=dubbo
<!doctype html><html lang="en"><head><title>HTTP Status 500 - Internal Server
    Error</title><style type="text/css">h1 {font-family:Tahoma,Arial,sans-
    serif;color:white;background-color:#525D76;font-size:22px;} h2 {font-
```

```
family:Tahoma,Arial,sans-serif;color:white;background-color:#525D76;font-
size:16px;} h3 {font-family:Tahoma,Arial,sans-serif;color:white;background-
color:#525D76;font-size:14px;} body {font-family:Tahoma,Arial,sans-
serif;color:black;background-color:white;} b {font-family:Tahoma,Arial,sans-
serif;color:white;background-color:#525D76;} p {font-family:Tahoma,Arial,sans-
serif;background:white;color:black;font-size:12px;} a {color:black;} a.name
{color:black;} .line {height:1px;background-color:#525D76;border:none;}</
style></head><body><h1>HTTP Status 500 - Internal Server Error</h1><hr
class="line" /><p><b>Type</b> Exception Report</p><p><b>Message</b> Request
processing failed; nested exception is java.lang.Exception: chaosblade-mock-
exception</p><p><b>Description</b> The server encountered an unexpected
condition that prevented it from fulfilling the request.</p><p><b>Exception</
b></p><pre>org.springframework.web.util.NestedServletException: Request
processing failed; nested exception is java.lang.Exception: chaosblade-mock-
exception
org.springframework.web.servlet.FrameworkServlet.processRequest(FrameworkServlet.
    java:948)
org.springframework.web.servlet.FrameworkServlet.doGet(FrameworkServlet.
    java:827)
javax.servlet.http.HttpServlet.service(HttpServlet.java:635)
org.springframework.web.servlet.FrameworkServlet.service(FrameworkServlet.
    java:812)
javax.servlet.http.HttpServlet.service(HttpServlet.java:742)
org.apache.tomcat.websocket.server.WsFilter.doFilter(WsFilter.java:52)
org.springframework.web.filter.CharacterEncodingFilter.doFilterInternal(Char
    acterEncodingFilter.java:88)
org.springframework.web.filter.OncePerRequestFilter.doFilter(OncePerRequestFilter.
    java:107)
```

我们还可以进行服务 CPU 满载场景的实验，来测试 CPU 使用率达到 100% 后对服务会造成怎样的影响。

```
bash-4.4# ./blade create cpu fullload

{"code":200,"success":true,"result":"3c7eee878880e6e9"}
```

如图 8-12 所示，通过 top 命令查看 CPU 使用率，发现已经达到 100%，这时我们就可以探索该场景下微服务会有怎样的表现。

图 8-12 进程监控：CPU 使用率

上面是利用 Chaos Blade 进行的一些简单混沌工程场景的实验。对大部分公司来说，利用 Chaos Blade 作为混沌工程的底层基础架构，并结合 Chaosblade-exec-jvm、Chaosbladeoperator 进行二次开发，构建适合本公司的混沌工程实验平台已经成为一种最佳方案。目前去哪儿、小米等公司都在自己的混沌工程实验平台中集成了 Chaos Blade。

8.6.3 Chaos Mesh 实践

Chaos Mesh 是 PingCAP 公司开源的一个云原生混沌工程平台，它能够提供丰富的故障模拟类型，并且具有强大的故障场景编排能力，能够使用户在开发测试以及生产环境中方便地模拟现实世界中可能出现的各类异常，帮助用户发现系统潜在的问题。Chaos Monkey 以及 Chaos Blade 操作方式都是以命令行为主，而 Chaos Mesh 提供了完善的可视化操作，旨在降低用户进行混沌工程实验的门槛。用户可以方便地在 Web UI 界面上设计自己的混沌工程实验场景，并监控混沌工程实验的运行状态。

1. Chaos Mesh 简介

Kubernetes 编排让我们能够构建多容器的应用服务，在集群上弹性调度这些容器，并可管理它们随时间变化的健康状态。Kubernetes 带来各种便利的同时，也带来了更多、更复杂的混沌工程应用场景，而 Chaos Mesh 可以帮助我们。它可以在 Kubernetes 环境中编排混沌实验场景，并且可以直接部署到 Kubernetes 集群，不需要任何特殊的依赖。

（1）全面的故障类型

Chaos Mesh 考虑了分布式系统可能出现的各类故障，分为基础资源类型故障、平台类型故障和应用层故障三大类。

1）基础资源类型故障如下。

- PodChaos：模拟 Pod 故障，例如 Pod 节点重启、Pod 持续不可用，以及特定 Pod 中的某些容器故障。
- NetworkChaos：模拟网络故障，例如网络延迟、网络丢包、包乱序、各类网络分区。
- DNSChaos：模拟 DNS 故障，例如 DNS 域名解析失败、返回错误 IP 地址。
- HTTPChaos：模拟 HTTP 通信故障，例如 HTTP 通信延迟。
- StressChaos：模拟 CPU 抢占或内存抢占场景。
- IOChaos：模拟具体某个应用的文件 I/O 故障，例如 I/O 延迟、读写失败。
- TimeChaos：模拟时间跳动异常。
- KernelChaos：模拟内核故障，例如应用内存分配异常。

2）平台类型故障如下。

- AWSChaos：模拟 AWS 平台故障，例如 AWS 节点重启。
- GCPChaos：模拟 GCP 平台故障，例如 GCP 节点重启。

3）应用层故障，如 JVMChaos，模拟 JVM 应用故障，例如函数调用延迟。

（2）支持多个场景混合编排

我们实验的场景通常都是由混沌工程实验、应用状态检查以及监控系统组成，这样就能够帮助用户在测试平台上实现混沌工程闭环。

我们运行混沌工程验证某个故障对单一功能的影响，也可以通过一系列的混沌工程实验不断地扩大爆炸半径和增加故障类型。这样我们可以识别出当前的系统状态，判断是否需要对系统进行额外的实验测试。同时通过不断地迭代混沌工程实验，积累混沌工程实验场景经验，并复用到其他混沌工程实验中，这样可大大降低混沌工程实验的成本。

目前 Chaos Mesh 混沌工程实验场景提供的功能有：

- 编排串行混沌工程实验；
- 编排并行混沌工程实验；
- 支持状态检查步骤；
- 支持中途暂停混沌工程实验；
- 支持使用 YAML 文件定义和管理混沌工程实验场景；
- 支持通过 Web UI 定义和管理混沌工程实验场景。

（3）可视化操作

Chaos Mesh 为我们提供了 Dashboard 组件，如图 8-13 所示。它能够以可视化形式设置混沌工程实验。Chaos Mesh Dashboard 极大地简化了混沌工程实验，我们可以通过可视化界面来管理和监控混沌工程实验，只要通过页面操作就能够定义混沌工程实验的范围、注入故障的类型、定义调度规则，以及详细的混沌工程实验报告等。

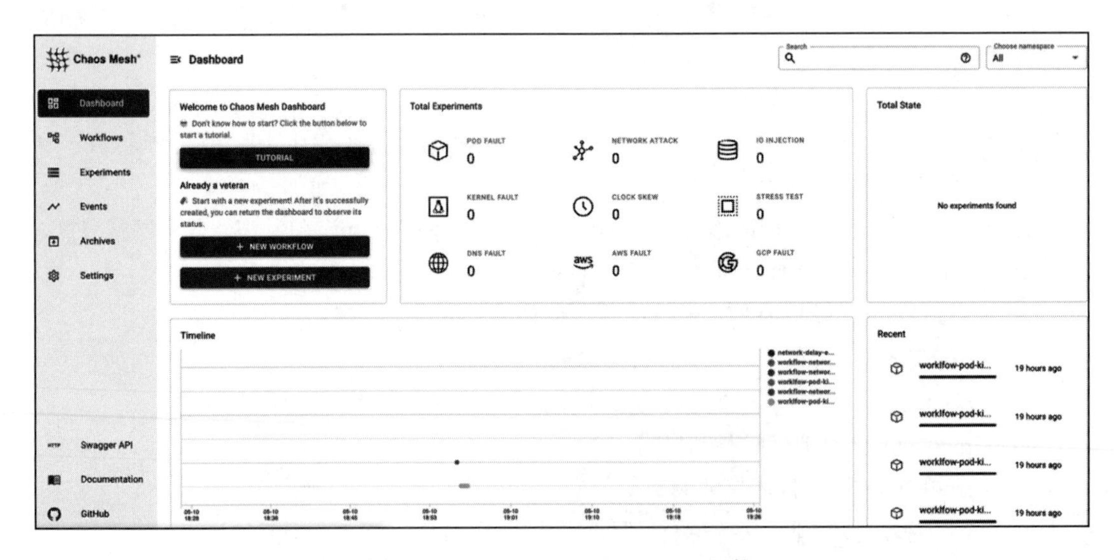

图 8-13 Chaos Mesh Dashboard 组件

2. Chaos Mesh 快速实践

在使用 Chaos Mesh 之前，我们需要准备好相应的实验环境，请先确保环境中已经部署 Kubernetes 集群。由于部署 Kubernetes 集群较为复杂，因此我们可以使用 Minikube。

Minikube 能够让我们在本地轻松运行 Kubernetes 的工具，也能够让我们在笔记本电脑上的虚拟机（VM）中运行单节点 Kubernetes 集群。

（1）Minikube 安装配置

我们可以参考 https://v1-18.docs.kubernetes.io/zh/docs/setup/learning-environment/minikube/ 官方文档中的步骤进行安装。

之后启动 Minikube 并创建一个集群：

```
minikube start
```

（2）安装 Chaos Mesh

我们可以直接在 Kubernetes 集群上安装 Chaos Mesh。确保 Minikube 已经启动，利用以下命令安装 Chaos Mesh。

```
$ curl -sSL https://mirrors.chaos-mesh.org/v1.0.1/install.sh | bash
```

运行上述命令后，系统输出以下信息则表明安装成功。

接下来我们需要使用以下命令验证组件是否在 Kubernetes 集群上运行成功。

```
$ kubectl get pods -n chaos-testing
```

我们可以看到有 3 个组件处于运行状态：Controller、Dashboard 以及运行混沌进程的 Daemon。接着使用 kubectl get crds 命令检查 CRD（Custom Resource Definitions，自定义资源）在集群上是否创建成功。

```
leiqi@Leis-MBP study % kubectl get crds
NAME                                CREATED AT
awschaos.chaos-mesh.org             2021-09-10T09:57:26Z
dnschaos.chaos-mesh.org             2021-09-10T09:57:26Z
gcpchaos.chaos-mesh.org             2021-09-10T09:57:26Z
httpchaos.chaos-mesh.org            2021-09-10T09:57:26Z
iochaos.chaos-mesh.org              2021-09-10T09:57:26Z
kernelchaos.chaos-mesh.org          2021-09-10T09:57:26Z
networkchaos.chaos-mesh.org         2021-09-10T09:57:26Z
podchaos.chaos-mesh.org             2021-09-10T09:57:26Z
podhttpchaos.chaos-mesh.org         2021-09-10T09:57:26Z
podnetworkchaos.chaos-mesh.org      2021-09-10T09:57:26Z
schedules.chaos-mesh.org            2021-09-10T09:57:26Z
stresschaos.chaos-mesh.org          2021-09-10T09:57:26Z
timechaos.chaos-mesh.org            2021-09-10T09:57:26Z
workflownodes.chaos-mesh.org        2021-09-10T09:57:26Z
workflows.chaos-mesh.org            2021-09-10T09:57:26Z
```

在上述代码中，CRD 就代表了表 8-1 提到的各种故障注入对象。

如果想要访问 Chaos Mesh Dashboard，我们可以使用 kube-proxy，或者直接在负载均衡器上暴露它。我们需要知道 Kubernetes 都运行哪些服务，运行以下命令获取当前可用的服务。

```
$ kubectl get pods -all-namespaces
```

从结果中得知，目前 Kubernetes 运行了 Chaos Mesh 服务、Minikube 的基础服务，以及 Kubernetes 的 Dashboard。

Chaos Mesh Dashboard 让用户通过网页便可以查看当前生效的混沌工程任务。Chaos Mesh Dashboard 在 Pod 中的默认端口是 3222，大家也可以通过以下语句获取端口信息。

```
$ kubectl get deploy chaos-dashboard -n chaos-testing -o=jsonpath="{.spec.
    template.spec.containers[0].ports[0].containerPort}{'\n'}"
```

我们需要通过以下命令将任意本地端口转发到 Pod 上的 3222 端口：

```
$ kubectl port-forward -n chaos-testing chaos-dashboard-5887f7559b-xww2t 8888:2333
```

现在我们可以通过 http://localhost:8888 访问 Dashboard 了。从 Dashboard 上可以看到，目前我们还没有创建任何实验，如图 8-14 所示。

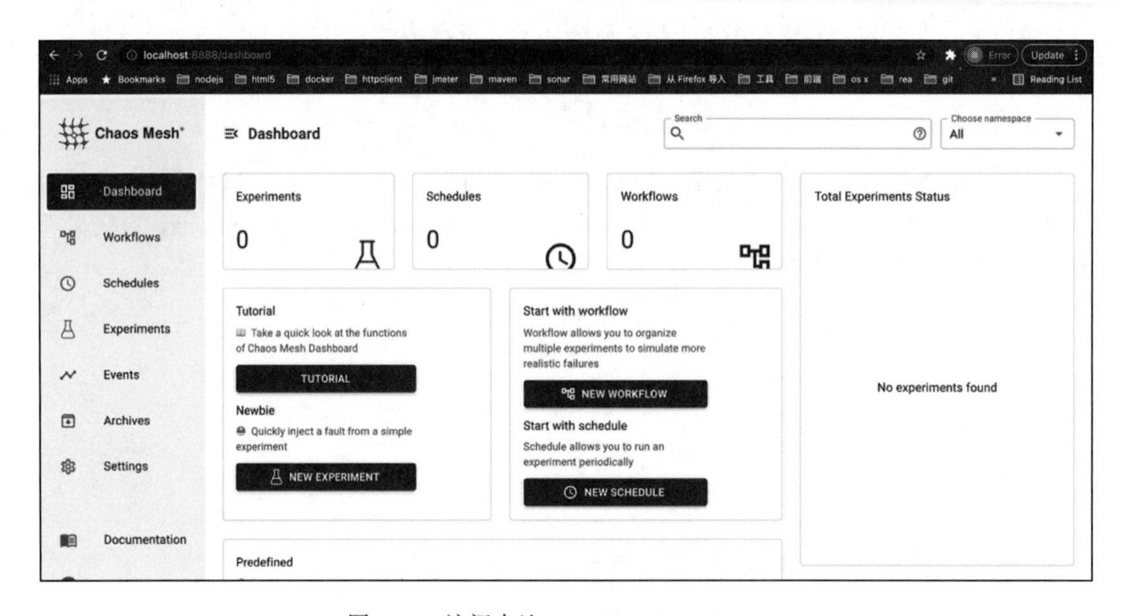

图 8-14 访问本地 Chaos Mesh Dashboard

（3）创建混沌工程实验

我们需要先定义一个测试场景，并在 chaos-k8s 命名空间的 Pod 中创建一个 Web 服务，之后配置相应的混沌工程故障。例如，我们可以设置 3 个故障场景：第一个故障为 Chaos Mesh 向指定的 Pod 中注入 pod-kill 故障，每 1 分钟杀死一个 Pod；第二个故障为 Chaos Mesh 每 2 分钟向指定的 Pod 中注入 pod-failure 故障，使该 Pod 在 30 s 内处于不可用的状态；第三个故障为 Chaos Mesh 每 60 s 让 Pod 内选中的网络连接产生 10 ms 的延迟。除了注入延迟以外，Chaos Mesh 还支持注入丢包、乱序等功能。

首先克隆官方提供的示例仓库来获得 YAML 资源清单文件，并部署对应的 Web 测试服务，具体如下。

```
$ git clone https://github.com/chaos-mesh/chaos-mesh.git
$ cd /chaos-mesh/examples/web-show
```

然后使用 kubectl 创建对应的命名空间以便测试。

```
$ leiqi@Leis-MBP web-show % kubectl create ns chaos-k8s
namespace/chaos-k8s created
```

执行该目录下的 deploy 脚本，该脚本会帮助我们创建 web-show 的 Pod，并启动相应的服务。

```
$ leiqi@Leis-MBP web-show % ./deploy.sh
service/web-show created
deployment.apps/web-show created
Waiting for pod running
Waiting for pod running
Waiting for pod running
leiqi@Leis-MBP web-show % kubectl get pods
NAME                       READY    STATUS     RESTARTS    AGE
web-show-6fb4798b4c-v5t4t  1/1      Running    0           97s
```

我们访问 http://localhost:8081/ 就可以看到如图 8-15 所示的 web-show 页面。

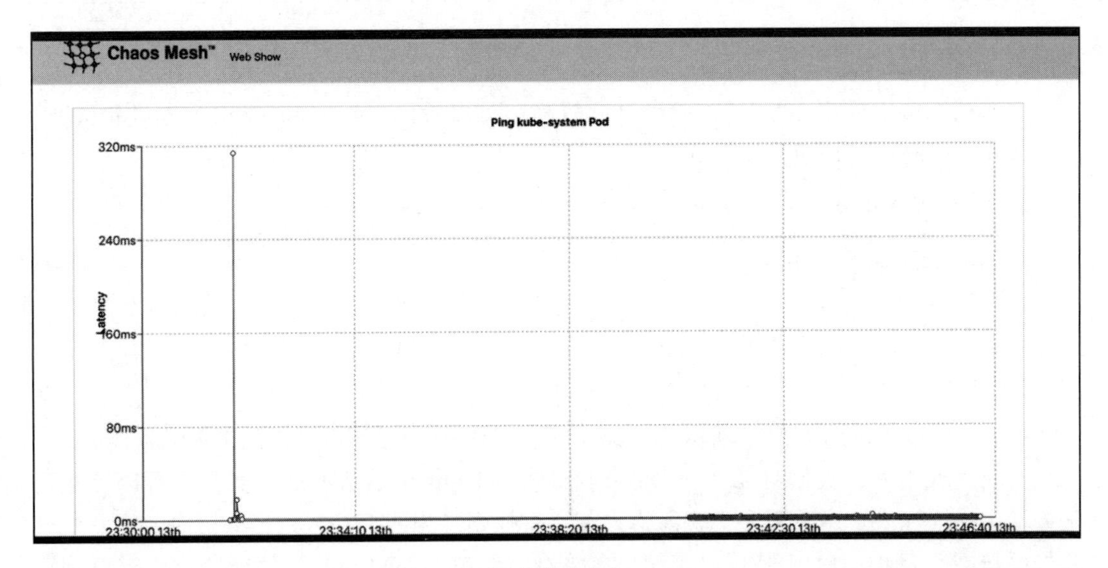

图 8-15　本地测试服务 web-show

一切准备就绪，我们将进入正式的实验。我们先进行 pod-kill 故障。使用 kubectl 创建实验，命令如下：

```
leiqi@Leis-MBP web-show % kubectl apply -f pod-kill.yaml
schedule.chaos-mesh.org/web-show-pod-kill created
```

现在切换到 Chaos Mesh Dashboard 上验证这个实验，如图 8-16 所示。我们选择 Experiment 目录，看到实验已经被创建了，点击实验列表就可以获取实验的详细信息。

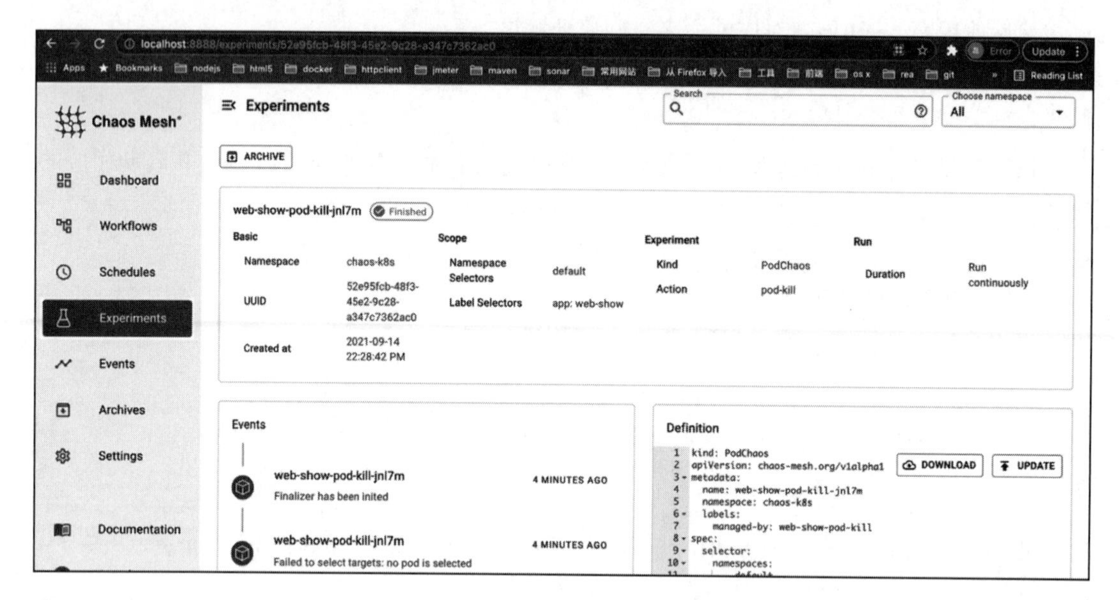

图 8-16　在 Chaos Mesh Dashboard 中查看故障运行情况

现在在终端上使用 kubectl 来验证 Pod 故障，可以看到，web-showpod 不断地被终止，又被 Kubernetes 拉起创建，如下所示。

```
leiqi@Leis-MBP study % kubectl get pods -n chaos-k8s -w
NAME                        READY   STATUS          RESTARTS     AGE
web-show-6sda213-abg13f     1/1     Running          0           37s
web-show-6sda213-abg13f     1/1     Terminating      0           60s
web-show-6sda213-abg13f     1/1     Pending          0           1s
web-show-6sda213-abg13f     1/1     ContainerCreating 0          1s
web-show-6sda213-abg13f     1/1     Running                0     7s
```

我们也可以通过如图 8-17 所示的 Web 界面的 Events 目录得到具体的事件触发详情。

实验完成之后，我们只需要在 Dashboard 的 Schedules 中结束这个实验就可以停止对服务端的错误注入。剩余两个实验留给大家自行探索。当我们注入延迟故障时，注意观察监控系统对访问的 API 延迟是否有相应的变化。而对于 pod-failure 故障，我们需要利用 Kubernetes 的 Dashboard 或者监控系统来观察 Pod 是否在 30 s 内处于不可用的状态。

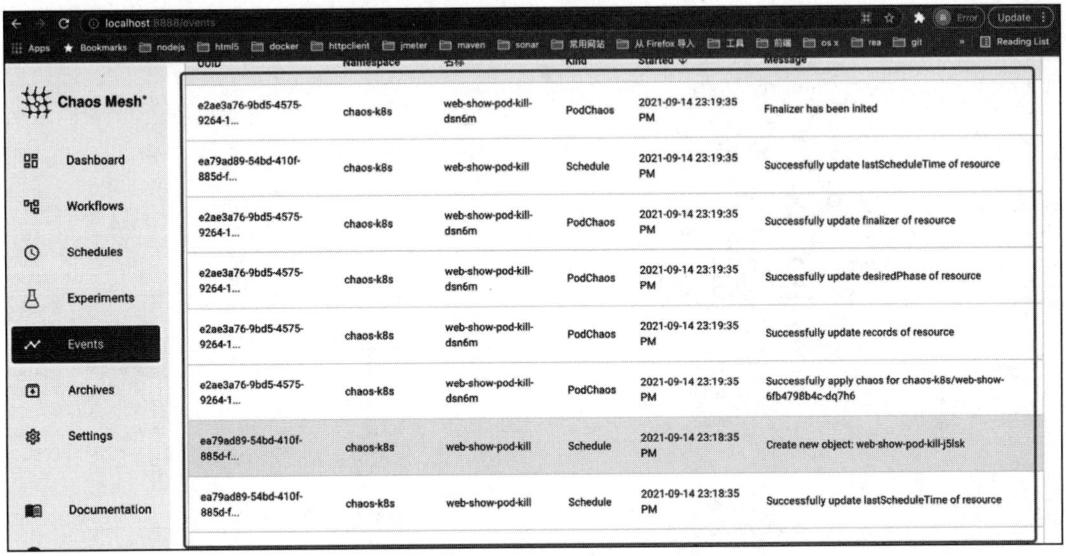

图 8-17 查看 Dashboard 中 Events pod 故障的变化

8.7 本章小结

在落地混沌工程的过程中必然会遇到很多挑战。想要获得成功，必须要坚持混沌工程的实验原则，在满足实验先决条件并进行可行性评估后，采取可靠的策略来管理混沌工程实验的最小爆炸半径，确保实验能够以最小的代价发现系统的薄弱环节。再次说明，混沌工程的核心不在于如何制造各种千奇百怪的故障来让系统崩溃，而在于如何通过有效的控制手段来发现系统中值得关注的问题，并利用混沌工程实验修复这些问题，使系统更加完善。

混沌工程是一种方法论，不是一个工具就能够解决系统所有的问题。我们需要根据系统的架构和基础设施选择合适的平台与工具，并且需要很多其他系统的支持，例如完备的监控服务。

最后，要做好混沌工程实验需要公司高层和整个团队的支持，既能够享受混沌工程实验所带来高价值，也能够承担相应的风险。只有不畏惧失败，勇于尝试、探索和验证，才能够在不断失败中获取成功。

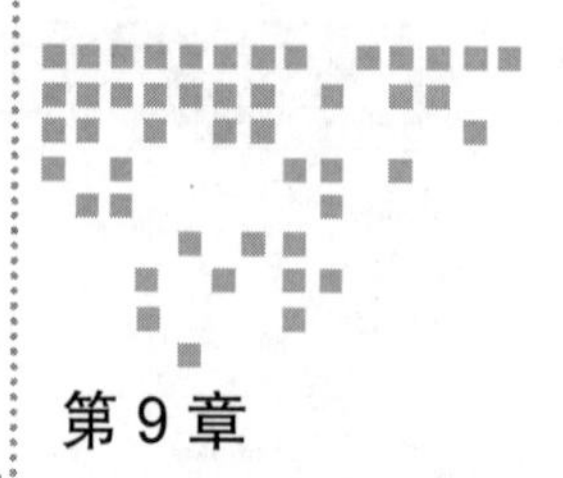

Chapter 9 第9章

安全测试

本章作者：秦五一

你会关注这一章，说明你对安全测试很有兴趣。假如你听说过安全测试，但没有具体学习过该领域相关知识，笔者建议你先从OWASP的网站了解其基础知识；假如你对安全测试已经有了解，那就跟着我来看如何对微服务进行安全测试吧。

9.1 安全测试需求

任何测试工作在开始之前都需要有明确的测试需求，安全测试也一样。然而在现实中，安全测试的需求远没有功能测试那么清晰，甚至相当多的团队从来没有考虑过实施安全测试，更不要说提出安全测试的具体需求。在笔者见过的团队中，即便是有安全测试意识的团队，绝大多数也不清楚如何明确安全测试需求，能够将OWASP TOP 10作为安全测试需求的团队在其中已属于相当好的例子。因此，有必要在正式开始微服务的安全测试前，让大家了解下如何确定安全测试需求。

安全测试需求的确定可以从两个维度出发。

基于功能的安全测试需求：通过实现安全功能可以减少甚至预防安全问题的发生。如图9-1所示，在微服务系统中内部的微服务应拒绝外部的直接访问，用户必须使用如JSON Web Token（JWT）等认证信息才可以访问服务，从而避免信息泄露。

基于风险的安全测试需求：分析系统的实现，对潜在的安全风险进行测试，验证它们是否真的是安全漏洞。如图9-2所示，微服务系统中的每个微服务都有自己独立的数据库，数据库非常多，再加上不同微服务可能由不同团队来开发，其防范SQL注入的效果可能也不同。我们有理由认为微服务系统的 SQL 注入的安全风险是较高的，应该将 SQL 注入作为安全测试的需求之一。

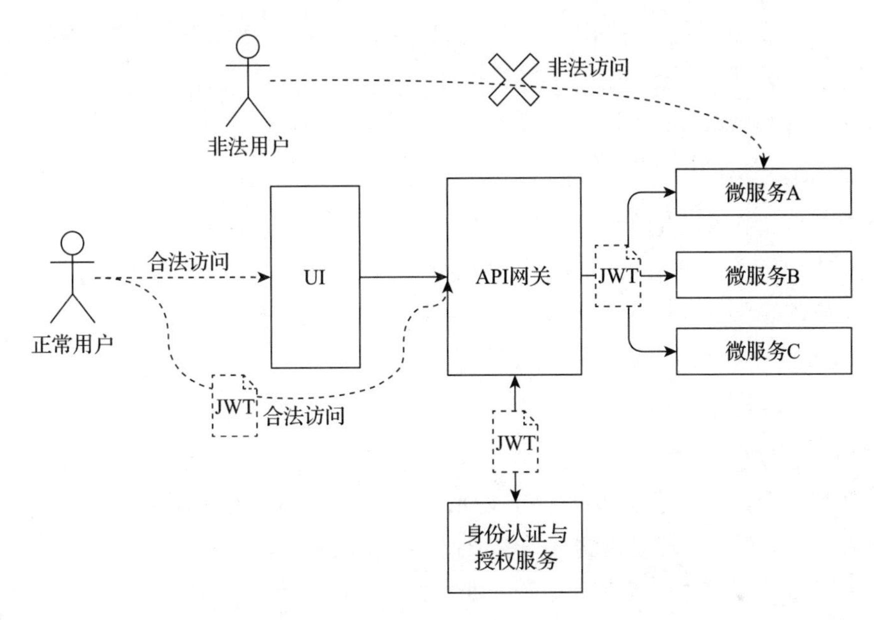

图 9-1 内部微服务拒绝外部直接访问

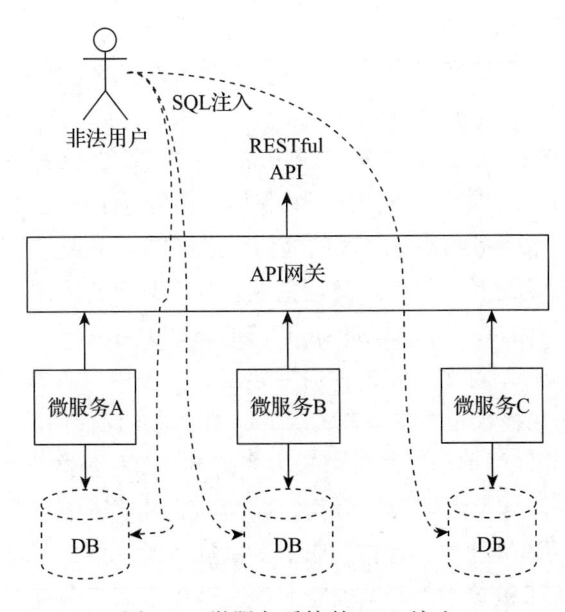

图 9-2 微服务系统的 SQL 注入

9.1.1 基于功能的安全测试需求

这部分安全测试需求多数与业务强相关，与系统是否采用微服务架构的相关性并不强，因此，这里对此类需求只进行简单归类。而其中的产品技术性安全测试需求则与微服务架构有强相关性，这里会介绍一些与之相关概念。

基于功能的安全测试需求通常有两类。

1. 行业安全规范

部分对安全性要求极高的行业会有相应的行业安全规范，进行产品设计和开发时需要满足对应的要求，有些规范相当详细。以金融行业为例，该行业对于网上银行、移动支付等业务都有相应的规范（如下），有兴趣的读者可以在网上查找相关材料，这里不再展开讲解。

（1）《网上银行系统信息安全通用规范》

（2）《中国金融移动支付　应用安全规范》

2. 产品特定安全测试需求

产品特定安全测试需求是指除了行业规范外，基于产品特点而产生的特定的安全测试需求。它可以分为两类：业务性测试需求和技术性测试需求。

（1）**业务性测试需求**：与业务相关，如我们的系统会有 3 类不同的用户 A、B、C，他们 3 个的权限自然不同，这部分与微服务也无关，对此不再深入讲解。

（2）**技术性测试需求**：与系统实现相关，如我们采用了微服务架构，那么在系统的安全测试上就需要考虑微服务的特点。

微服务系统在构建时需要在安全层面重点考虑微服务间的通信安全、微服务部署安全、微服务运行安全。技术性安全测试需求是微服务安全测试的重点，下面简要说明。

1）**微服务间的通信安全**。在微服务系统中除了用户与微服务网关之间有交互外，子服务与子服务之间也通过网络进行通信，交互和整体架构的复杂度上升，导致被攻击面扩大。通常为了安全，我们要求服务与服务之间的通信要做到以下 3 点。首先，信息传输要加密，最好使用 mTLS 进行加密通信。其次，访问需要认证，只有合法用户才可以访问服务。采用的认证方式有 4 类：Basic、分布式 Session、Token 以及 Token+Gateway，现在主流的认证方案为 JWT + Gateway。再次，该过程需要鉴权，合法用户 A 只能访问属于 A 的资源，不能越权，因此需要采用授权相关技术来实现，例如当前广泛使用的 OAuth 技术。

2）**微服务部署安全**。当前的微服务部署大多离不开云和容器技术。首先，作为热门的公有云服务，AWS、Azure 及阿里云等为我们提供了随时申请访问资源的便利，对于在微服务系统中实现服务的弹性伸缩、容错、限流等微服务治理奠定了重要的基础。但是到处都可以访问公网，扩大了被攻击面，其安全风险在理论上高于传统数据中心。当然，各大公有云厂商都提供了强大的安全机制（如 AWS 的 IAM 机制），这需要我们在使用时做深入的了解，确保在云上，对应的安全机制被正确配置和使用。其次，作为当前微服务部署的主流技术基础设施之一，容器技术可以让微服务更快、更有效地进行持续部署。然而，容器采用的基础镜像多为开源镜像，虽然社区一直在积极修复安全漏洞，但也难以发现并修复所有版本容器镜像的安全漏洞，导致恶意用户可能通过已知漏洞攻破系统。

3）**微服务运行安全**。当遭遇大量访问时，微服务系统是否具备服务降级、限流、熔断的机制去限制一些服务的运行，以确保整个系统的核心功能仍然可用。

9.1.2 基于风险的安全测试需求

基于风险的安全测试需求，指从概率出发，验证系统是否存在常见的安全问题。基于风险的安全测试需求与产品的实现高度相关，也是做微服务安全测试需要重点关注的部分。基于风险的安全测试需求通常有3类：通过威胁建模发现的安全威胁、微服务系统中常见的安全漏洞、产品历史中出现过的安全漏洞。

1. 通过威胁建模发现的安全威胁

指通过对当前系统进行威胁建模，获取系统中潜在的安全威胁。行业中普遍采用微软的Stride模型进行分析，获取到的威胁信息可成为后续安全测试的关注点。威胁建模原本是给系统设计者使用的，对于测试人员来说，更多是使用最终的威胁信息，不过，当前也有一些安全测试用例的设计方法基于威胁建模，其过程较为复杂、难度较高，因此本章不进行深入讨论。

2. 微服务系统中常见的安全漏洞

说起Web开发过程中常见的安全漏洞大家都能想到OWASP Top10，该列表每隔4年左右就会更新一次。而微服务系统通常是通过API向外暴露自己的服务，因此相对于单体架构系统，确保API安全是微服务安全测试需要重点关注的目标，那是否有专门针对API安全的常见漏洞列表呢？是的，OWASP除了给出整个Web安全领域的安全风险Top10外，还针对性地提供了OWASP API Top10，具体内容可参考https://owasp.org/。表9-1分别列出了OWASP Top10 2021与OWASP API Top10 2019。

表9-1 OWASP Top10 2021与OWASP API Top10 2019

序号	OWASP Top 10	OWASP API Top 10
1	权限控制失效	失效的对象级别授权
2	加密机制失效	失效的用户身份认证
3	注入式攻击	过度的数据暴露
4	不安全设计	缺少资源和速率限制
5	安全设定缺陷	失效的功能级授权
6	危险或过旧的组件	批量分配
7	认证及验证机制失效	安全配置错误

（续）

序　号	OWASP Top 10	OWASP API Top 10
8	软件及资料完整性失效	注入
9	安全记录及监控失效	资产管理不当
10	服务器端请求伪造	日志记录和监控不足

3. 产品历史中出现过的安全漏洞

产品出现的每个缺陷既与产品的业务、实现技术等因素相关，也与团队成员工作习惯相关，如编码习惯等。产品曾经出现过的缺陷有很高的概率会再次出现，这也是我们将历史缺陷放入回归测试的重要原因，产品在历史上出现过的安全漏洞也是我们做下一轮安全测试的重要需求来源。

9.2 测试人员的定位

大部分对安全性要求较高的公司，其安全测试最终都会由专业的第三方安全部门或者第三方安全咨询公司来实施。测试人员做安全测试属于可选项，因此大部分测试人员对安全测试并不是非常了解。

然而微服务系统对安全测试的需求更加迫切，要求也更加严格，安全测试在软件开发后期才介入会太晚。一方面是没有开发团队内部的安全测试作为第一层防护，软件将会存在大量明显的安全问题，需要被二次甚至多次送检，给宝贵的安全团队造成无谓的消耗，对于产品的发布时间也会有重大的影响；另一方面是太晚发现软件存在安全问题的结果可能令团队无法承受，如架构设计上的安全问题会造成巨大的返工成本。

那么作为微服务安全测试人员，我们的定位是怎样的呢？

9.2.1 测试人员的职责

立志做安全测试的测试人员，都有一颗想成为真正的渗透测试高手的心，畅想着自己如同电影里的黑客一般，手指在键盘上飞速敲打几分钟后，屏幕上突然弹出了“系统攻破！”的提示。然而现实中这些渗透测试交给专业的第三方安全团队是更为实际的，而我们有更重要的使命需要完成。

1）首先，通过安全左移的方式，在软件开发的需求阶段就介入安全测试，并协助团队进行安全内建。根据前面所讲到的确定安全需求的方式，验证安全需求是否合理以及是否完全。当然，这也对我们的要求会变高：一方面需要我们对行业安全规范有所了解；另一方面，对微服务中的安全机制也要有相当程度的了解。然后，在软件开发阶段，推动开发人员考虑威胁建模，采用安全编码规范，实施源码分析、白盒模糊测试等安全测试方法。

2）其次，针对功能性安全测试需求设计相应的安全测试用例。以常见的微服务的Token认证机制为例，我们需要考虑Token机制实施过程是否正确，如：① Token是否能正常获取；② Token是否会过期；③ Token的加密规则是否容易被暴力破解；④ Token是否被包含在URL中造成泄漏；⑤ Token的有效性是否被网关校验过，以防被伪造。

3）再次，针对基于风险的安全测试需求，采用安全测试工具来实施安全测试。具体工具使用方法见9.3节。

表9-2展示了安全测试中不同角色在不同阶段的责任，不同角色的工作形成了4层安全测试防护网。需要注意的是，这并不是说开发、测试、安全团队是相互孤立的，相反，安全是每个人的责任，大家应该协作把安全工作做好。

表9-2 安全测试中不同角色在不同阶段的责任

	研发团队		第三方安全团队（内部安全团队或外部安全公司）
	开发	测试	
需求阶段（第一层）	参与安全需求确定、管理敏感信息	验证安全需求准确性与完备性	
开发阶段（第二层）	威胁建模、源码分析（静态代码扫描如SAST等，代码检视）、白盒模糊测试	参与威胁建模	
构建与测试阶段（第三层）		安全功能测试、静态应用安全测试（SAST）、动态应用安全测试（DAST）、软件成分分析（SCA）、Web渗透测试、黑盒模糊测试	
部署与运维阶段（第四层）			源码分析、逆向工程、人工渗透测试、容器安全检查、云安全检查、安全合规性检查、日志分析与监控告警

9.2.2 测试人员的角色

微服务安全测试人员的角色有两重：一重是安全内建文化的倡导者，另一重是具体安全测试的设计与执行者。

第一重角色非常重要，安全内建（build security in）是微服务中安全保证的核心。微服务系统的特性要求团队要尽早、尽快地发现安全问题，仅仅依靠第三方安全团队或者测试人员，发现问题的时间和效率都难以满足其安全保障需要，因此要推动安全内建，其具体实践在9.2.3节中会被详细介绍。

第二重角色负责的工作是本章讨论的重点。对功能性安全测试需求的测试设计与执行，与产品的特性强相关，与其他的功能测试并无太多区别，有兴趣的读者可以多了解一些微服务的安全机制，如认证、授权等，这将帮助你设计出更好的功能性安全测试用例。如何基于风险的安全测试需求实施测试是本章后续讨论的重点，后面笔者将以 3 种主流的安全测试工具为例，来演示如何进行微服务安全测试。

在结束对测试人员角色的讨论之前，需要提醒读者，上述测试人员的角色讨论基于笔者看到的国内现状，并非代表国际潮流。在当前国际 IT 巨头企业中，有相当多企业已经开始让开发人员来完成研发团队内部的全部安全测试工作，而非测试人员。在这一点上最为激进的是微软，该企业中已经没有了测试人员，其微服务产品的开发与测试工作都是由“合体工程师”来实现的，可以简单认为该企业中只有开发人员了。笔者并不在这里讨论测试人员未来的价值，而是给大家提供一个不同的视角来看还有谁能完成安全测试。对于微服务测试人员而言，大家需要勇于突破角色，转化思路：**微服务团队需要的不是一个软件测试工程师，而是一个懂测试、懂质量保障技术的软件工程师，要成为质量文化的倡导者。团队需要的不是一个角色，而是一种能力。**

9.2.3 安全内建

要成为安全内建文化的倡导者，微服务测试人员首先需要了解什么是安全内建。简单地说安全内建是在现有的软件团队中实施安全开发来减少安全问题、实施大量自动化的安全扫描与安全测试操作来快速发现安全问题，使得团队在内部更早、更快地发现并解决安全问题。

常见的体现安全内建思想的方法有 3 种：BSIMM、Thoughtworks BSI、DevSecOps。

其中 BSIMM 出现得最早，结构最复杂。Thoughtworks BSI 比较新，非常轻量，更加聚焦于具体实现。而 DevSecOps 由 DevOps 发展而来，最具人气，代表了当前行业主流的发展方向，也是进行微服务安全保证工作的首选，图 9-3 展示了在 DevSecOps 中安全测试是如何融入软件开发生命周期的。

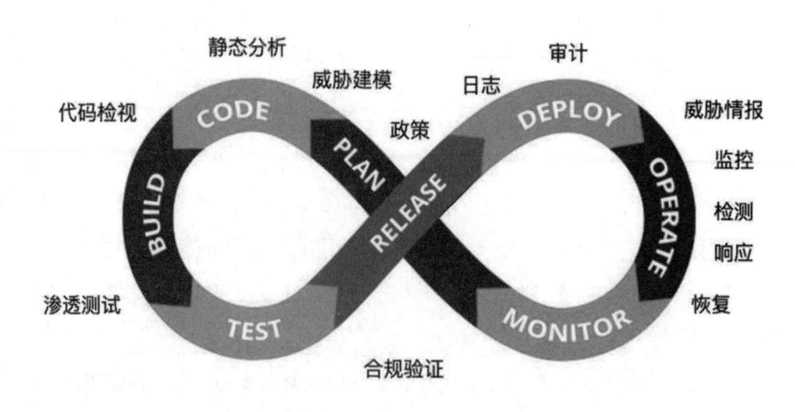

图 9-3 DecSecOps（来源：devops.com）

DevSecOps 强调要尽早且高效地考虑软件及其基础设施的安全测试需求，并在落地方面推崇对安全保证实现自动化和工具化。DevSecOps 是一种文化，一种方法论，在项目实践中采用的具体技术与工具链很多，图 9-4 展示了其中一种典型的基于流水线的安全工具链。

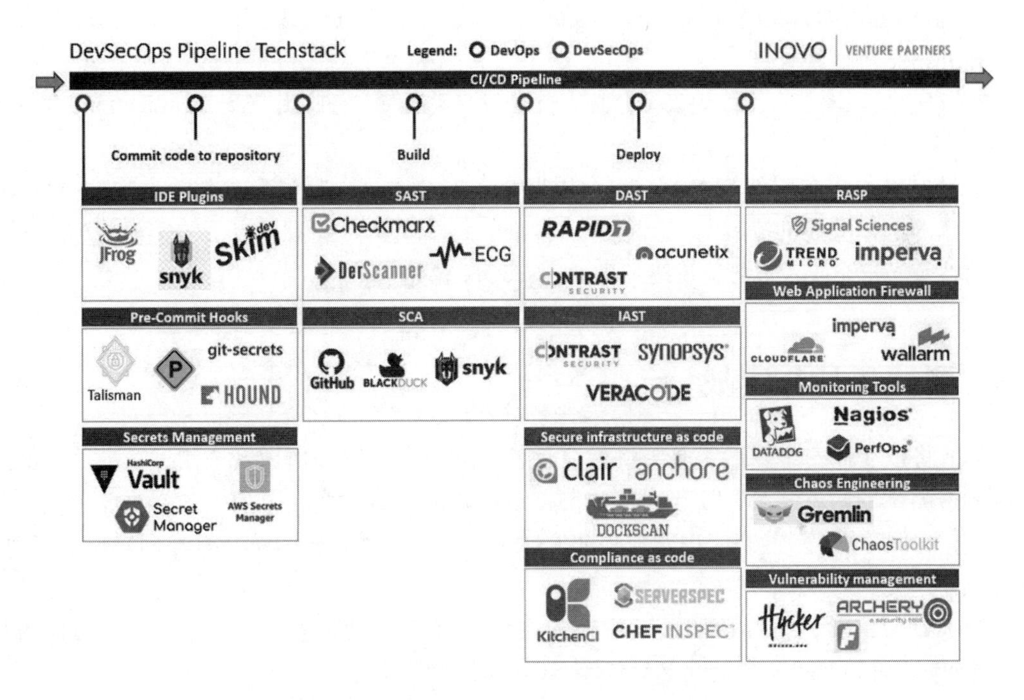

图 9-4　DevSecOps 在 CI/CD 上的工具链示例

简单起见，我们把图 9-4 所示的工具链按如下 3 个阶段进行划分。

（1）开发阶段

1）使用 IDE 安全插件，如 SonarLint、Snyk Vulnerability Scanner。

2）将安全质量门禁设置在 Pre-Commit Hook 中，可以选择 Lint 类工具等。

3）使用专用的 Secrets 管理工具，如 Vault，AWS Secret Manager 等，将密码、key 等敏感信息管理起来，避免在源代码中或者在服务间通信时出现敏感信息泄露。

（2）构建与测试阶段

1）在 CI/CD 服务器上集成 SAST 工具，对源代码进行扫描，具体工具如 Checkmax、SonarQube、Fortify、Coverity 等。

2）集成软件成分分析工具，对第三方依赖及产出物进行安全扫描，如 OWASP Dependency Check、BlackDuck、Synk 等工具。

3）利用 DAST 对部署到测试和预生产环境的应用进行动态扫描，如 Zap、AppScan 等。

4）对安全漏洞进行管理，并可视化安全漏洞数据与全团队共享，其工具如 ArcherySec、

DefectDojo 等。

5）对整个系统进行人工渗透测试，发现更深层的安全漏洞。

（3）部署与运维阶段

1）对 IaaS 层进行安全扫描，如对容器镜像进行安全扫描。

2）根据合规即代码（compliance as code）理念，对安全合规类需求进行自动化测试，工具如 Inspec 等。

3）对产品环境进行持续地安全监控，并触发自动告警，如使用 Web Application Firewall（WAF）等工具。

通过上述方式在软件开发的全生命周期介入安全测试，尽早且高效地发现安全问题。需要注意的是，上述的流程与工具链并非标准，每个团队需要根据自己的实际情况，进行工具的替换、扩充或者裁剪，最终推进 DevSecOps 落地。

9.3 测试工具与实战

本节将以 3 种安全测试工具为例做演示，帮助大家了解如何做安全测试，最后会简要提到渗透测试的两款工具，便于对渗透测试有兴趣的读者参考。下面先来看这 3 种安全测试工具，它们分别为：静态应用安全测试（SAST）工具、动态应用安全测试（DAST）工具、软件成分分析（SCA）工具。

为了方便演示，笔者选取了其中业内主流的开源工具来做演示，对 SAST 选择的是 SonarQube，对 DAST 选择的是 ZAP，对 SCA 选择的是 Dependency Check。

9.3.1 被测微服务系统示例

在正式开始测试之前，我们首先需要一个被测系统。笔者编写了一个简单的微服务应用，预先埋入以 SQL 注入为主的安全性漏洞。该微服务系统由 5 个微服务与 1 个网关组成，如图 9-5 所示。其中与业务强相关的有 3 个：组织架构服务、部门服务、雇员服务。还有两个与微服务服务治理相关的服务：服务注册与发现服务（用于服务注册与发现，使用的工具是 Netflix 的 Eureka）；配置服务（用于保存各个微服务的配置信息）。

在安装部署前，我们需要确保以下工具已经安装：Git、Gradle（6.5 版本以上）或 Maven（3.2.3 版本以上）、JDK 8。

下载源码：

```
$ git clone https://github.com/shane51/microservice-security.git
```

9.3.2 SAST 工具之 SonarQube 实战

SAST（Static Application Security Testing，静态应用程序安全测试）通常指的是白盒安

全测试，即通过分析源代码来发现安全漏洞。目前可以利用静态代码分析工具，通过污点检查和数据流分析等方法来发现未运行代码中的潜在漏洞。

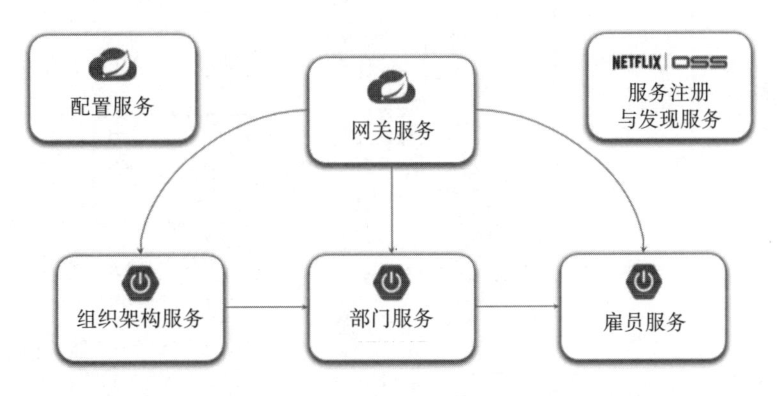

图 9-5 示例微服务系统的架构图

虽然手工源码分析可以获得相对于传统测试更好的覆盖率，然而手工分析的效率和质量，显然无法满足复杂系统的质量要求。

1979 年自动化源码分析的工具 Lint 发布，被用于发现 C 语言代码中潜在的问题。作为第一代代码扫描工具，它发现了很多潜在的代码 Bug。但是它对安全问题的解决效果却并没有预想得那么好，它速度缓慢，报出的问题中有一定数量的假告警，从结果上看，它并没有比手工分析更好。

经过几十年的发展，当今如 HCL AppScan、Coverity、Fortify、SonarQube 等商业静态分析工具都提供了相对准确且更加高效的静态扫描能力。其中 SonarQube 提供了免费的社区版本，下面我们就 SonarQube 社区版本为例来讲解 SAST 工具在微服务测试中如何使用。

1. SonarQube 社区版简介

SonarQube 社区版是 SonarQube 的开源免费版本，支持 Java、JavaScript、Python、Go、Scala、PHP、C#、TypeScript 等 15 种语言，还可以通过大量的插件，扩展其扫描分析能力。对微服务系统而言，其内部的微服务可能采用不同语言去实现不同的功能，SonarQube 的多语言支持能力可以较好地支持整个微服务系统。

简单起见，本章后面提到 SonarQube 或 Sonar 时，都是指 SonarQube 社区版本。

（1）SonarQube 架构简介

如图 9-6 所示，SonarQube 主要由 Scanner 和 Server 两部分组成。Scanner 是源代码的扫描工具。Server 提供了 3 个模块：Web 服务模块，计算引擎模块（用于处理报告）和搜索引擎模块。SonarQube 还需要一个额外的数据库服务，用于存储扫描出的问题及其本身的配置信息。

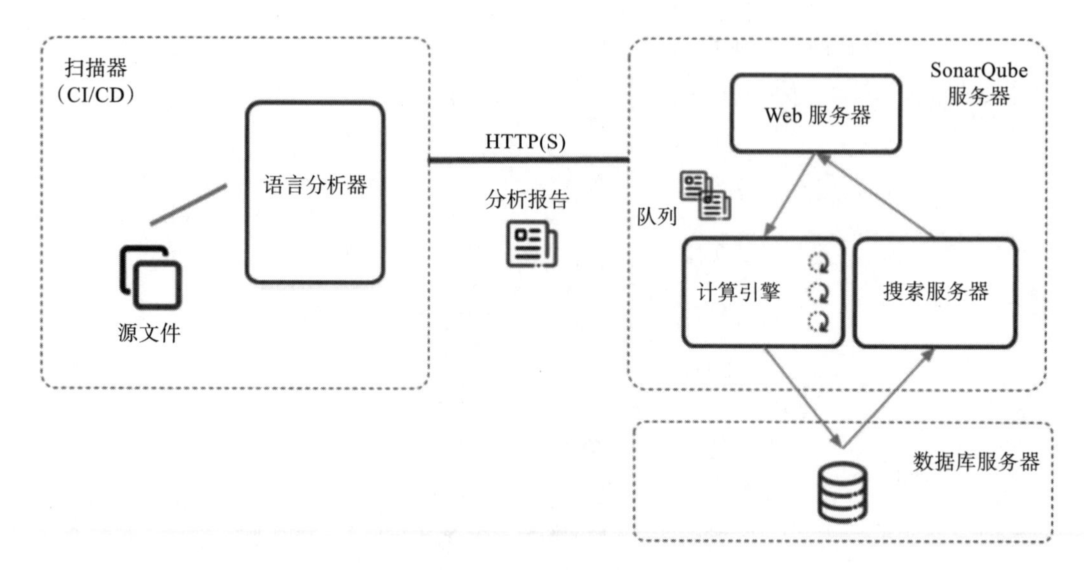

图 9-6 SonarQube 的架构图

（2）SonarQube Server 安装部署

SonarQube Server 端可以通过安装包或者 docker image 来部署。从性能角度出发，官方推荐将 SonarQube 服务器与数据库独立安装到不同的服务器上，为了演示方便，我们部署在一起。

使用 docker-compose 来部署 Server 和 PostgreSQL，源码地址为：https://github.com/shane51/microservice-security/blob/master/docker-compose.yml

```
$ cd microservice-security
$ docker-compose up
```

部署成功后，启动 SonarQube server 后，访问 http://localhost:9000/，即可见如图 9-7 所示的页面，接着使用默认账户登录，验证部署成功。

（3）SonarQube Scanner 配置

当 Server 部署完成后，我们利用 Scanner 扫描 microservice-security 路径下的示例微服务，Scanner 的配置有 3 种不同的方式。

1）通过 Gradle、Maven、MSBuild、Ant 等构建工具来配置。构建工具会自动下载 Scanner。这种方式依赖项目采用的构建工具，主要针对 Java 或 C# 项目。

2）通过 sonar-project.properties 文件来配置。在该方式下，需要手工下载 Scanner 工具，或者利用 Scanner 的 Docker 镜像来进行扫描，笔者采用的是 Docker 镜像的方法。

3）通过 sonar-scanner 命令行参数进行配置。该方式需要下载 Scanner 工具，通过命令行进行配置。

我们以 employee-service 为例，使用 Docker 镜像的方式进行，在扫描该微服务前需要做两个准备。

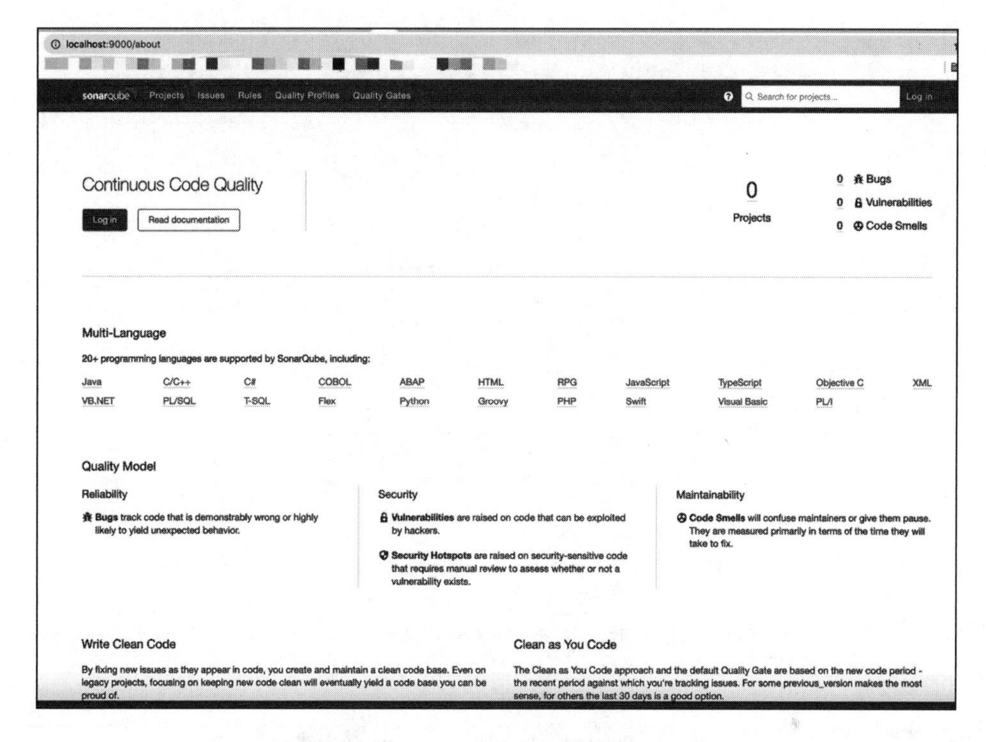

图 9-7 SonarQube 首页

1）创建并配置 sonar-project.properties，源码：https://github.com/shane51/microservice-security/blob/master/employee-service/sonar-project.properties。

2）获取 SonarQube Server 的 Token，用于在 Scanner 与 Server 通信时进行认证。Token 的获取位置是图 9-8 所示的管理员设置页面，在 My Account→Security 的路径下选择 Token 页，点击 Generate，然后点击 Copy，获得 Token 保存备用。

接下来使用 Docker 启动 Scanner 扫描，需要用刚才获取的 Token 替换掉代码清单 9-1 里的 your_sonar_token。

代码清单9-1　在Shell中利用Docker启动Sonar Scanner

```
$ cd employee-service
$ docker run \
    --rm \
    --network=host\
    -e SONAR_HOST_URL="http://localhost:9000" \
    -e SONAR_LOGIN="your_sonar_token" \
    -v "$(pwd):/usr/src" \
    sonarsource/sonar-scanner-cli
```

笔者为了方便，写了一个 Shell 脚本来执行扫描，执行时记得替换 Token：https://github.com/shane51/microservice-security/blob/master/employee-service/sonar_scanner.sh。

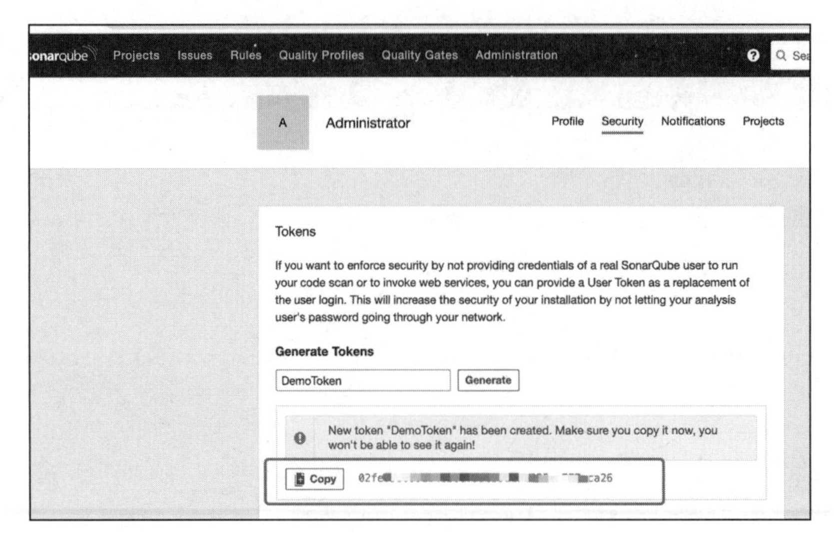

图 9-8 生成 SonarQube Server 的访问 Token

扫描完成后，Scanner 会将结果推向 SonarQube Server，我们便可以从图 9-9 所示的页面上看到结果。

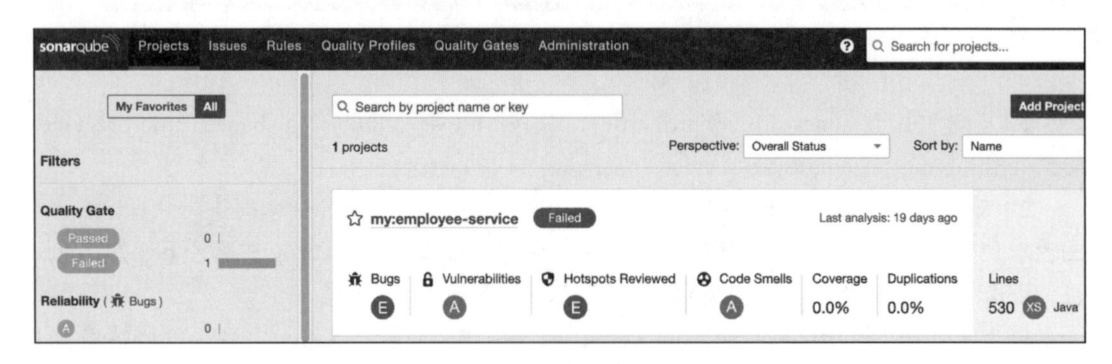

图 9-9 SonarQube 上的 employee-service 扫描结果

点击我们的项目名称，可以看到如图 9-10 所示更详细的信息。

该结果包括 Bugs、Vulnerabilities（安全漏洞）、Security Hotspots（安全风险）等内容。从安全角度，我们优先关心的是安全漏洞和安全风险，当然 Bug 也是要注意的。从第一次扫描的结果可以看到，SonarQube 扫描完成后没有发现任何安全漏洞，仅仅发现了一个潜在的安全风险，这与我们预想的并不相同。

2. 漏报

漏报是指原本代码中有安全漏洞，但是测试时并未将其检测出来，漏报也称为 False Negative（假阴性）。典型的场景就是如图 9-10 所示的场景，SonarQube 几乎没有检测出任何安全漏洞。

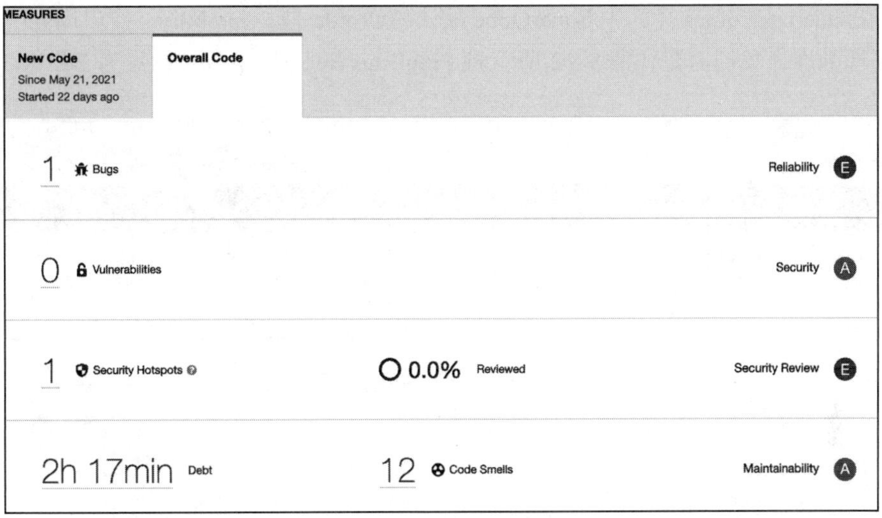

图 9-10　SonarQube 上展示的当前项目全部代码的具体扫描结果

这是为什么呢？

SonarQube 虽然是一个著名的代码质量平台，对于不同语言都有支持，但是分析能力并不强，可能会漏报很多问题。幸运的是，虽然 SonarQube 内置的分析能力有限，但是它提供了强大的插件机制，我们可以安装不同的插件来增强 SonarQube 的分析能力，减少漏报。

静态分析工具，通常对不同语言会采用不同的分析引擎，被测系统是由 Java 语言编写的，那么我们就需要支持 Java 语言的插件。而 Findbugs 作为一个著名的 Java 静态分析工具，对 SonarQube 能以插件的方式提供良好的支持。对于安全测试，Findbugs 中的一个工具 FindSecBugs 功能强大，下面我们就一起来看如何安装与使用 FindSecBugs。

（1）Findbugs 的安装与使用

1）在 SonarQube 中安装 Findbugs 插件。插件的安装非常简单，按照 Administration（管理员设置）页面→Marketplace（应用市场）→Plugin（插件）的路径，如图 9-11 所示，搜索 Findbugs，并安装该插件即可。

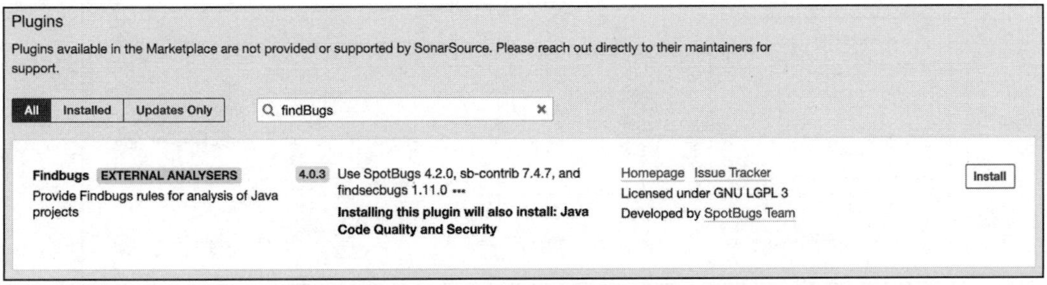

图 9-11　安装 Findbugs 插件

2）在 Quality Profiles 页面中 SonarQube 默认的 Profile 是 Sonar Way。要启用完整的 Find-SecBugs 规则库，我们需要像图 9-12 所示将 FingBugs Security Audit 设置为 DEFAULT。

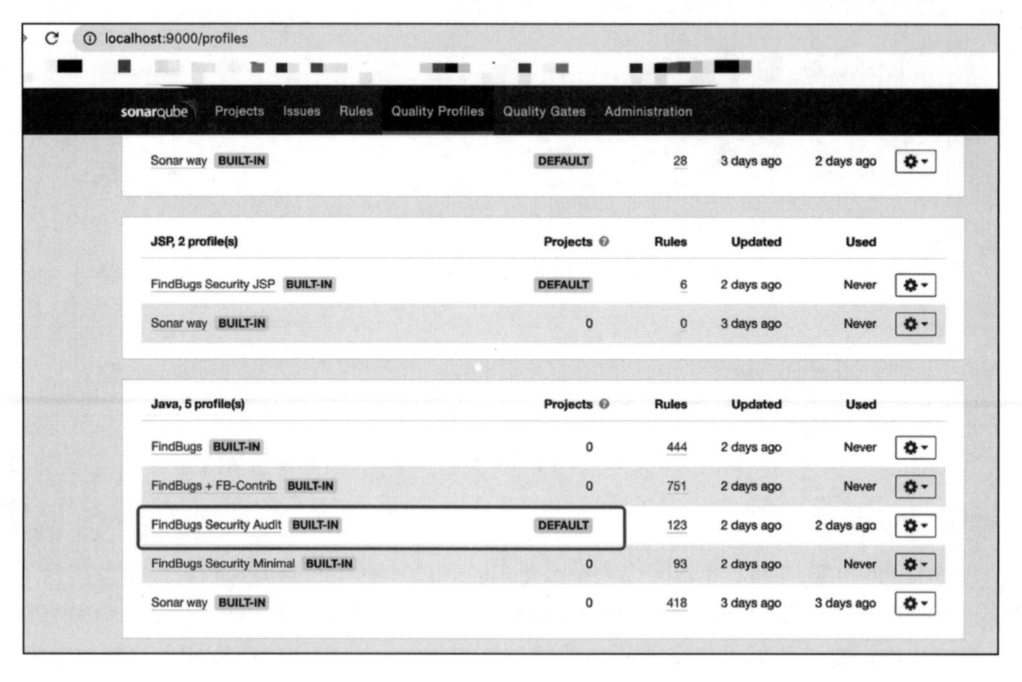

图 9-12 设置 SonarQube 采用 FindSecBugs 作为默认扫描配置

3）重新执行扫描，如图 9-13 所示，之前的安全风险消失了，安全漏洞增加了 8 个。

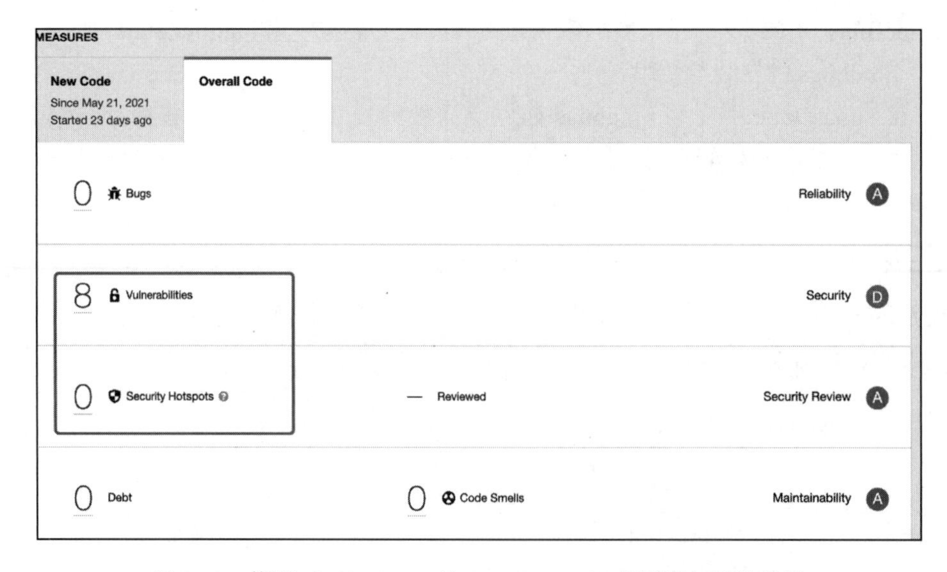

图 9-13 使用 FindSecBugs 的 Security Audit 规则库扫描的结果

安全漏洞的详细信息可以在图 9-14 所示的 Issues 详情页中看到，FindSecBugs 确实发现了我们预先埋入的 SQL 注入漏洞。除此之外，它还发现了两个其他潜在注入漏洞，其严重级别为提示级。

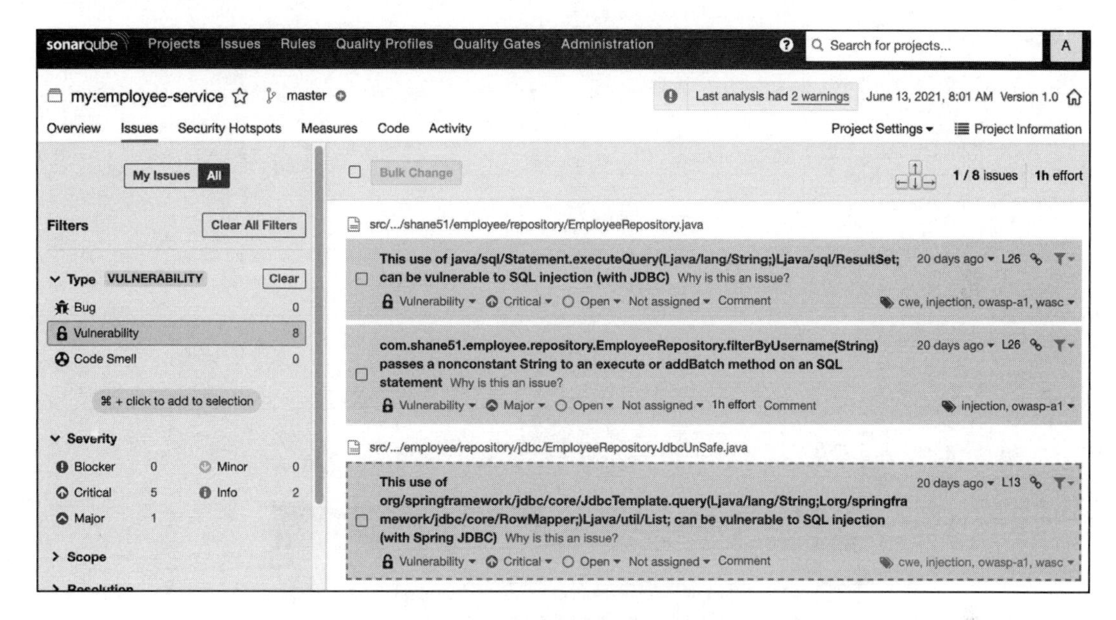

图 9-14　安全漏洞的详细信息

（2）启动更多的安全规则

SonarQube 并不能同时启动多个 Profile，但是可以通过组合现有的规则，形成新的 Profile 来启动更多的规则。图 9-15 是笔者基于 FindBugs Security Audit 的 Profile 创建的自定义 Profile，名为 Max_Sec_profile_java。这次我们将所有安全相关的规则都纳入，如图 9-16 所示，选中所有 Vulnerability 和 Security Hotspot 的规则，并在 Max_Sec_profile_java 中激活这些规则，接下来回到 Quality Profiles 页面启动该自定义 Profile，如图 9-17 所示。

为了让这次结果与之前的区分开，笔者重新修改 sonar-project.properties 中 sonar.projectKey 的名字，给它加上一个 Max-sec-profile 的后缀，再次启动扫描。

```
# must be unique in a given SonarQube instance
sonar.projectKey=my:employee-service-Max-sec-profile
```

我们会发现除了 8 个安全漏洞外，又增加了两个安全风险。

3. 误报

误报是指将不含安全漏洞的代码识别为安全漏洞，误报也被称为 False Positive（假阳性）。误报是从静态分析工具诞生以来一直存在的问题，不同的工具扫描不同的程序出现的漏报与误报情况都是不同的。从上面的例子可以看出，虽然 FindSecBugs 仅有 120 多条规则，却比 400 多条规则的 Sonar Way 扫描出更多的安全问题，而且是正确地找到了代码中的安全问题。但是这并不代表在任何情况下 FindSecBugs 都不会发生误报。

图 9-15 创建新的 Profile

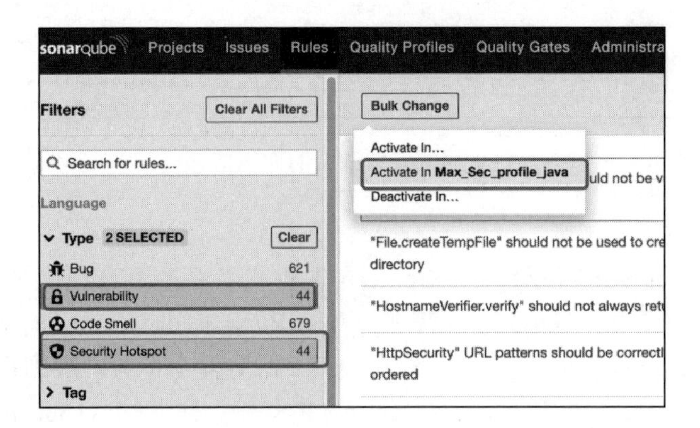

图 9-16 为 Profile 增加更多的安全规则

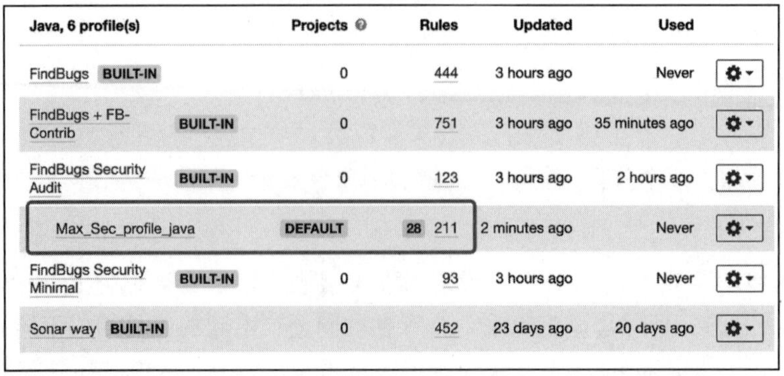

Java, 6 profile(s)	Projects	Rules	Updated	Used	
FindBugs BUILT-IN	0	444	3 hours ago	Never	⚙▾
FindBugs + FB-Contrib BUILT-IN	0	751	3 hours ago	35 minutes ago	⚙▾
FindBugs Security Audit BUILT-IN	0	123	3 hours ago	2 hours ago	⚙▾
Max_Sec_profile_java DEFAULT		28 211	2 minutes ago	Never	⚙▾
FindBugs Security Minimal BUILT-IN	0	93	3 hours ago	Never	⚙▾
Sonar way BUILT-IN	0	452	23 days ago	20 days ago	⚙▾

图 9-17 启动自定义 Profile

如图9-18所示，在2016年OWASP的Benchmark项目评测结果上，Findbugs加上FindSecBugs插件拥有当时最高的综合准确性得分（众多主流商业SAST工具也参与该评测），为39.10%。其中FindSecBugs v1.4.6版本检出真实Bug的能力高达96.84%，漏报率仅为3.16%。但其误报率也为全场最高，为57.74%，也就是说它报告的安全问题中有超过一半都是假的。

Summary of Results by Tool

Tool	Benchmark Version	TPR*	FPR*	Score*
FBwFindSecBugs v1.4.0	1.2	47.64%	35.99%	11.65%
FBwFindSecBugs v1.4.3	1.2	77.60%	45.21%	32.39%
FBwFindSecBugs v1.4.4	1.2	78.77%	44.64%	34.13%
FBwFindSecBugs v1.4.5	1.2	95.20%	57.74%	37.46%
FBwFindSecBugs v1.4.6	1.2	96.84%	57.74%	39.10%
FindBugs v3.0.1	1.2	5.12%	5.19%	-0.07%
OWASP ZAP vD-2015-08-24	1.2	18.03%	0.04%	17.99%
OWASP ZAP vD-2016-09-05	1.2	19.95%	0.12%	19.84%
PMD v5.2.3	1.2	0.00%	0.00%	0.00%
SAST-01	1.1	28.96%	12.22%	16.74%
SAST-02	1.1	56.13%	25.53%	30.60%
SAST-03	1.1	46.33%	21.44%	24.89%
SAST-04	1.1	61.45%	28.81%	32.64%
SAST-05	1.1	47.74%	29.03%	18.71%
SAST-06	1.1	85.02%	52.09%	32.93%
SonarQube Java Plugin v3.14	1.2	50.36%	17.02%	33.34%

图9-18　2016年OWASP Benchmark项目对不同SAST工具的评估结果

需要注意的是，FindSecBugs在实际的代码扫描中并没有这么高的误报率，毕竟OWASP Benchmark是实验性项目。静态分析工具对于不同的系统、不同的编码风格，最终产生的误报情况都不同。

虽然误报是难以完全消除的，但各种SAST工具还是提供了多种对误报的解决方案。

首先，对于商业产品，通常我们可以将误报的问题反馈给厂家的技术支持人员，等待他们的产品更新。而对开源版本的Sonar Way或者第三方插件FindSecBugs，我们可以在GitHub上描述误报的具体信息，其技术社区通常会处理。

其次，SAST工具本身也提供了标记误报的功能，会自动忽略被标记为误报的代码。但值得注意的是，如果标记过的代码发生修改，那么工具会停止对该代码的忽略。图9-19展示了SonarQube如何标记误报，通过旁边的英文提示，你会发现SonarQube团队还是希望我们将误报情况都报告到社区里，帮助该工具减少误报，提升准确性。

再次，通过编辑规则库，将误报规则剔除。在前面提到过创建Profile来添加规则的做法，其实，也可以对Profile删除一些规则。如果我们判定某条规则是误报，就可以将该规则变成 Inactive 状态。这种方式将使工具“永久”地全局性忽略该规则。

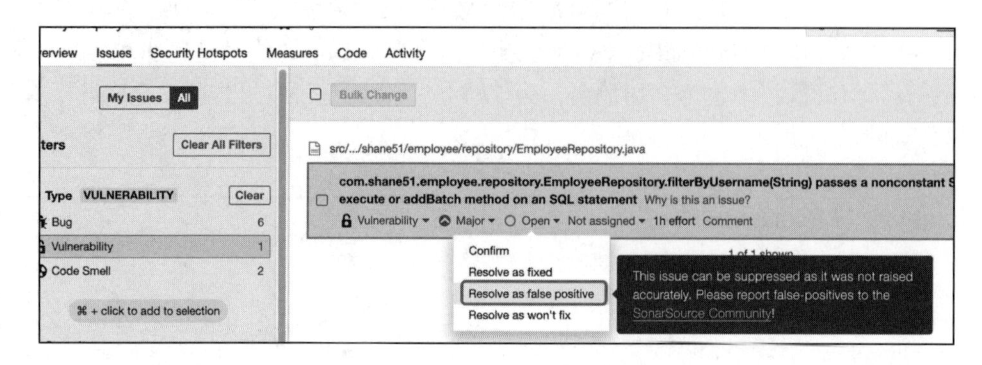

图 9-19　标记误报

总之，对于误报，最佳的处理方式是向工具提供方进行反馈，而上述编辑规则库的方式有较大的风险，可能造成使用该扫描工具的其他团队出现漏报情况，请慎重使用。

4. 权衡漏报与误报

漏报与误报都会导致代码扫描的结果不准确，特别是误报。笔者不止一次听到研发团队反馈 SAST 工具进行代码扫描出现大量的误报，而开发人员对数千个待分析的 Bug 需要花费巨额的成本才能处理完，因此团队在研发阶段放弃使用 SAST 工具。

换个角度看，为什么 SAST 工具会一次扫描出这么多潜在的安全问题？恰恰说明团队在研发早期代码规模还比较小的时候并没有引入工具去及时发现问题。

当扫描结果显示安全问题很多时，有两种处理方式。一种方式是对 SAST 工具的扫描规则进行适配修改，通过增加漏报的风险，获取误报率的下降。比如 FindSecBugs 有一个 FindBugs Security Minimal 的 Profile，是一个精简的规则库。另一种方式是处理所有扫描出的安全问题，例如有的团队使用商业 SAST 工具 Coverity，即使扫描出了上万个问题，还是一个个地把这些安全问题按照计划进行甄别并处理（修复、标记为不修复或标记为误报）。

这两种不同的处理方式有各自的理由，笔者的看法是，其对应团队的安全目标不同，使用第二种方式的团队对安全目标的把控更为苛刻，愿意承受处理误报的成本。

5. 与 CI 集成策略

SAST 作为微服务系统的第一层自动化安全测试防线，需要集成到 CI 流水线上，以加快测试结果的反馈速度。但我们如何选择。规则库会影响到 CI 集成策略。

笔者的建议是将该过程分成两个阶段。

1）将裁剪版本的规则作为质量门禁，设置到 CI 流水线上作为开发人员提交代码的强制要求，其代码必须通过该门禁。

2）将更全的规则与正常 CI 流水线中的正常任务并行执行，完整规则可以给团队提供安全漏洞的参考，团队需基于完整规则对代码定期分析并处理。

对大部分微服务应用而言，上述策略就可以保证开发人员在CI流水线上高效利用SAST工具来发现代码中的大部分安全问题，但是是否把其代码通过所有规则作为产品发布前的强制要求，还是要根据产品的安全目标和安全测试策略来决定。

9.3.3　DAST工具之OWASP ZAP实战

DAST（Dynamic Application Security Testing，动态应用程序安全测试）是将程序运行后进行的安全测试，常常被认为与SAST相对应，被贴上黑盒安全测试的标签。

DAST工具常被用来做自动化的渗透测试或者成为渗透测试中的一环。绝大多数DAST工具针对那些使用HTTP或调用HTTP接口的Web应用程序，但也有少数针对非Web应用程序。针对Web应用程序的DAST工具通常有两种运行方式：主动扫描与被动扫描。

主动扫描会自动攻击被扫描的系统，主要是模拟恶意攻击者对系统的输入/输出，例如对网站进行XSS攻击、SQL注入等，可以认为该过程是自动化的渗透测试。

被动扫描不会攻击，只会扫描系统的信息交换是否有潜在的安全风险，也不会去主动修改任何信息。这种方式的结果成为渗透测试人员进行渗透攻击的有效参考。

上述两种方式都是基于预定义的规则进行扫描，我们可以更新或自行扩展规则库来发现代码中更多的安全漏洞。

1. OWASP ZAP简介

ZAP（Zed Attack Proxy）是OWASP所开源、迄今应用最为广泛的、用于Web安全扫描和渗透测试的工具之一。ZAP提供两种不同的工作模式：自动扫描与手工探索。其原理如图9-20所示，它将自身作为网络代理，放置于浏览器[1]与Web应用之间，通过拦截、分析、修改请求，来检查该应用是否存在安全漏洞。

图9-20　ZAP的原理示意

自动扫描是通过内置的爬虫工具先获取Web应用中所有能获取到的URL，同时被动扫描爬取到的请求和响应，在爬取结束后再采用主动扫描，修改各个请求去主动攻击被测网站。

手工探索是对自动扫描的补充，自动扫描中的爬虫工具无法爬取到需要认证之后的页面，自动扫描也无法分析需要操作顺序上下文的场景，此时就需要手工方式去真实操作页面来发现漏洞。我们需要将ZAP作为代理，让所有的网页请求都通过ZAP，ZAP则会被动扫描所有的请求和响应。ZAP还提供了如图9-21所示的HUD功能，为渗透测试提供所需要的辅助信息。

[1] 也可以应用到Postman等支持代理的API工具中。

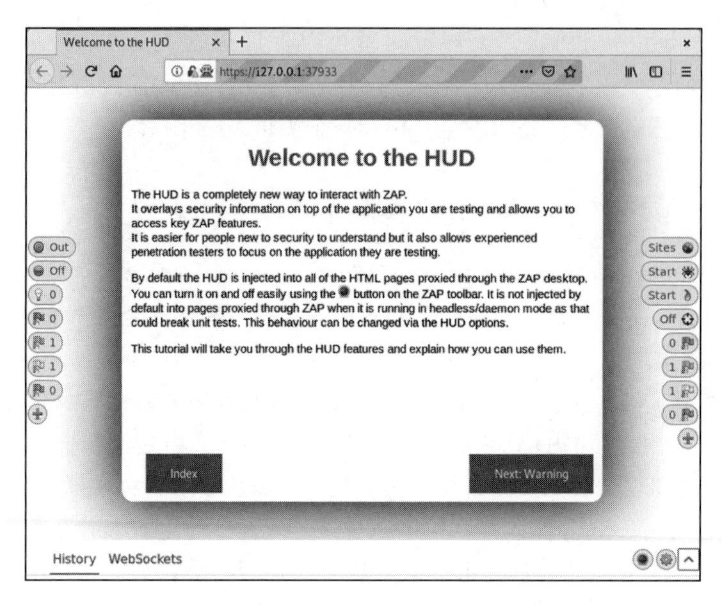

图 9-21　ZAP HUD

（1）ZAP 的安装与自动扫描

大家可从官方网站下载 ZAP GUI 版在本地使用，或者直接使用 Docker 版。笔者采用的是 ZAP GUI 版本，使用自动扫描在图 9-22 所示的页面中选择 Automated Scan 即可。

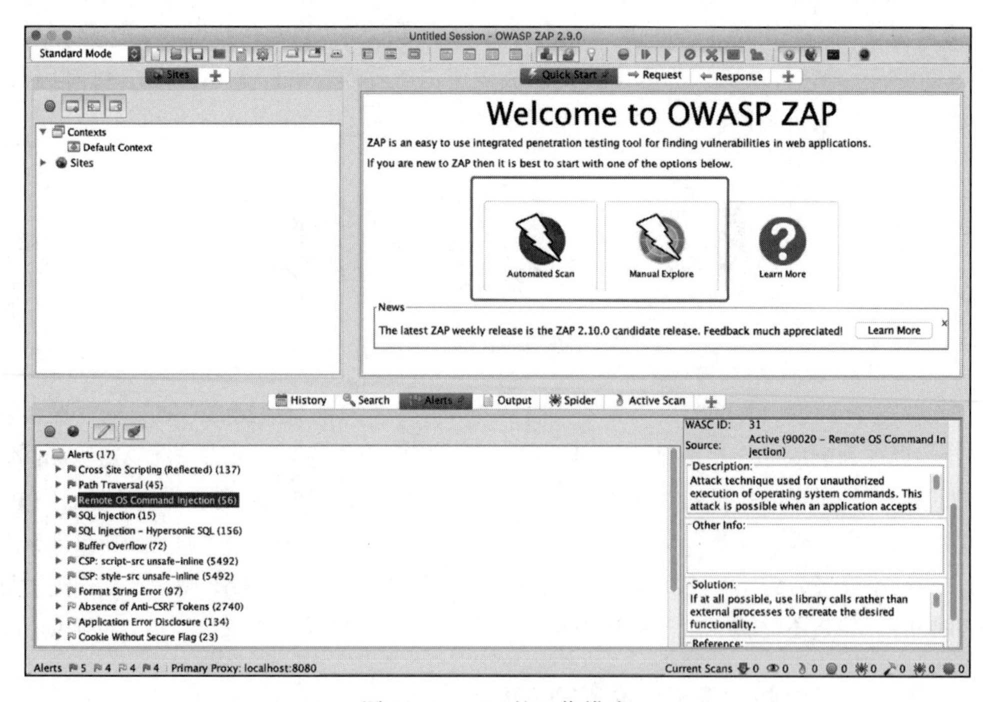

图 9-22　ZAP 的工作模式

输入 Employee Service 的地址 http://localhost:8090 后进行扫描。扫描的实时结果显示如图 9-23 所示。

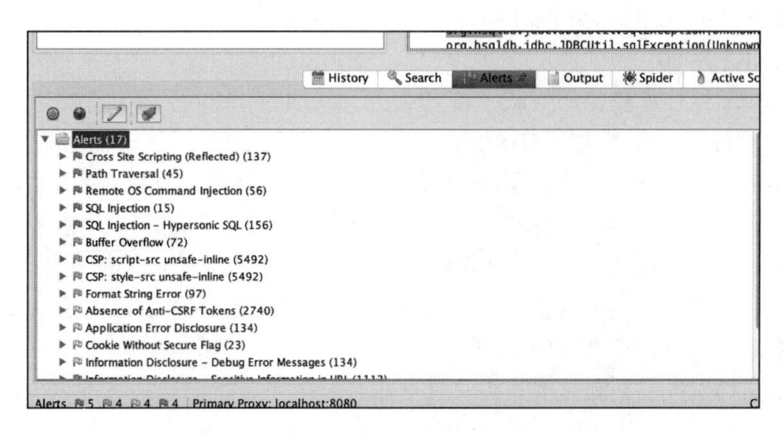

图 9-23 ZAP 自动扫描发现的安全风险

扫描完成后，ZAP 可以生成详细的报告，如图 9-24 所示，给出具体有风险的 URL 是什么，输入了什么参数，导致了怎样的漏洞。下面是 ZAP 扫描出 OWASP Benchmark 项目上一个 XSS 安全漏洞的示例。

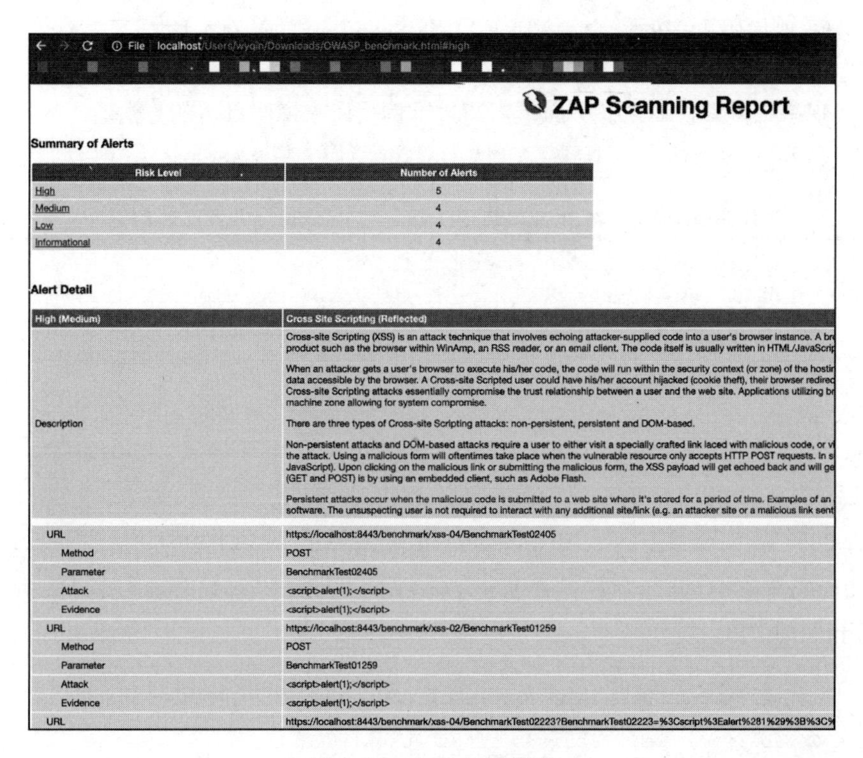

图 9-24 ZAP 扫描报告

（2）手工探索

在进行手工探索之前，需要设置代理，若对 Web UI 进行探索测试，需要在浏览器中设置代理；若对 API 工具进行探索测试，则需要在 API 测试工具中设置代理。默认 ZAP 的 Proxy 是 127.0.0.1:8080。

对 Web UI 的手工探索安全测试，首先点击 Manual Explore，并选取你喜欢的浏览器，ZAP 会自动打开网页，并提供 HUD 功能。当我们在 UI 上触发不同的网络请求时，ZAP 会在后台默默地进行被动安全扫描，扫描结果的显示方式与自动化扫描相同。通常，手工探索测试发现的安全问题比自动化扫描发现的问题多，这也说明了自动化扫描具有局限性。究其根源，ZAP 的自动化扫描一方面依赖 ZAP 内部爬虫工具是否能够爬取到所有重要的 URL（其典型的场景是微服务中的认证与授权），而另一方面，主动扫描难以找到有业务意义的数据，也就无法获得有意义的响应。

因此，手工探索性安全测试对于安全性要求较高的团队，仍然是必不可少的一环。

2. 手工探索模式的自动化测试

手工探索的重要性会让我们思考，是否可以将手工探索的测试过程自动化。幸运的是，ZAP 可以与 Selenium 实现良好的集成，让我们可以利用 Selenium 进行 Web UI 操作，同时 ZAP 在后台进行被动扫描，实现比常见的自动化扫描更高的安全测试覆盖率。

除此之外，我们还可以通过 ZAP 提供的 API 在执行 Selenium 测试的同时执行主动扫描，进一步发现代码更多的安全漏洞。ZAP 与 Selenium 的结合，弥补了 ZAP 默认的自动扫描模式存在的不足。

对于实现手工探索自动化，下面笔者通过示例代码来说明具体的方法。

1）如代码清单 9-2 所示，下载 ZAP 的 Docker 镜像并以 Headless 方式启动 ZAP。

代码清单9-2 在Shell中利用Docker以Headless方式启动ZAP

```
$ docker pull owasp/zap2docker-stable
$ docker run -u zap -p 8080:8080 -i \
owasp/zap2docker-stable \
zap.sh \
-daemon \
-host 0.0.0.0 \
-port 8080 \
-config api.addrs.addr.name=.* \
-config api.addrs.addr.regex=true \
-config api.key=<zapApiKey>
```

2）如代码清单 9-3 所示，在设置 Web Driver 的 DesiredCapabilities 配置时，增加 Proxy 以及 SSL 相关的设置。

代码清单9-3 创建ZAP Proxy并配置Web Driver的DesiredCapabilities

```
DesiredCapabilities caps = new DesiredCapabilities();
Proxy zapProxy = new Proxy();
```

```
zapProxy.setProxyType(Proxy.ProxyType.PAC);//设置Proxy类型
StringBuilder strBuilder = new StringBuilder();
strBuilder
.append("http://localhost:8080")
.append("/proxy.pac?apikey=")
//构造zapProxy的URL，zapApiKey来自上一步启动Docker时传入的api.key=<zapApiKey>
.append(zapApiKey);
zapProxy.setProxyAutoconfigUrl(strBuilder.toString());
//在Caps里设置zapProxy
caps.setCapability(CapabilityType.PROXY, zapProxy);
```

3）编写 Selenium 脚本执行功能测试。以测试登录功能为例，通过 Selenium 脚本在 UI 界面上输入用户名和密码登录，同时 ZAP 会默默地在后台进行被动扫描。这个过程与普通的 UI 自动化测试没有什么不同。

4）执行主动扫描。需要在 Selenium 自动化工程中引入 zap-clientapi 包。然后在 Selenium 登录成功后，调用 ZAP 的 API。这个过程分为 2 个主要的步骤。

①如代码清单 9-4 所示，使用 ZAP 内置的爬虫工具爬取网站（在示例代码中为 TARGET），获取该网站的 scanID，通过这个 ID，我们可以访问爬虫工具的进度和状态。ZAP 提供了两个爬虫对象：传统的爬虫 spider 与适合 Ajax 的爬虫 AjaxSpider，请大家按照被测系统的实际情况来选择。

代码清单9-4　利用ZAP ClientApi启动spider进行爬取

```
…
//创建Zap ClientApi
ClientApi api = new ClientApi("localhost", 8080, zapApiKey);
…
//执行spider进行爬取
ApiResponse resp = api.spider.scan(TARGET, null, null, null, null);String scanID;
//获取scanID
scanID = ((ApiResponseElement) resp).getValue();
…
```

②如代码清单 9-5 所示，使用主动扫描攻击网站，ZAP 会也生成 scanID 用于查询扫描结果。

代码清单9-5　利用ZAP ClientApi在爬取完成后，启动主动扫描

```
…
//创建Zap ClientApi
ClientApi api = new ClientApi("localhost", 8080, zapApiKey);
…
//执行spider进行爬取
performCrawlWithSpider(api);
//执行主动扫描进行攻击
ApiResponse resp = api.spider.scan(TARGET, null, null, null, null);
String scanID;
```

```
//获取scanID
scanID = ((ApiResponseElement) resp).getValue();
…
```

5）获取结果。为了防止一次性获取过多结果而出现问题，我们每次取 1000 个数据，如代码清单 9-6 所示。

代码清单9-6 利用ZAP ClientApi在爬取完成、执行主动扫描后，获取结果

```
…
//创建Zap ClientApi
ClientApi api = new ClientApi("localhost", 8080, zapApiKey); …
//执行spider进行爬取
performCrawlWithSpider(api);
…
//执行主动扫描进行攻击
performActiveScan(api);
…
//防止数据量过大，每次取1000个结果数据
String Start = 0;
String Count = 1000;
//获取前1000个结果
ApiResponse resp = api.alert.alerts(TARGET, String.valueOf(start), String.valueOf(count),
    null);
//获取更多的结果
…
```

最终，实现 ZAP 的手工探索自动化测试的代码如代码清单 9-7 所示。

代码清单9-7 利用Selenium登录后，执行ZAP扫描

```
@Test
void testActiveScanAfterLogin() {
…
    ClientApi  zapApi = new ClientApi("http://localhost",8080,"zapApiKey");
    new LoginPage().login("admin", "secret");
    performCrawlWithSpider(zapApi);
    performActiveScan(zapApi);
    performGetAlerts(zapApi);
…
}
```

3. 漏报与误报

关于漏报，DAST 属于黑盒安全测试，因此，它的测试覆盖率本身就低于属于白盒安全测试的 SAST。因此 ZAP 出现漏报是无法避免的。

关于误报，DAST 的误报率低于 SAST，而且 DAST 会真实操作被测试系统，即使 DAST 出现了误报，相比于 SAST，其误报更容易甄别。

此外，虽然 ZAP 是非商业工具，但是其准确性在同类产品中表现优秀，大家无须过度

担心。假如确实有误报，可以向ZAP社区提出，等待社区修复。ZAP同样也支持对当前的规则库进行修改。例如在ZAP GUI版本上通过修改Alert Threshold（告警阈值）以及Rule Configuration（规则配置）改变其告警的行为；也可以通过ZAP的命令行工具生成配置文件，然后通过编辑其中定义的规则来增删规则。

4. 与CI集成策略

DAST工具一般是扫描整个微服务系统，花费的时间可能较长。因此，将其集成到CI流水线上时，需要考虑是否全量扫描，还是用部分规则或者对部分页面进行扫描。

ZAP提供了不同规则库，也支持我们自定义扫描的范围。当前ZAP的Docker镜像默认支持基线扫描（baseline scan）与全量扫描（full scan）。为了高效获取扫描反馈，可以在CI流水线上将ZAP扫描过程分为两个阶段。

1）每次提交代码后，在冒烟测试阶段执行ZAP的基线扫描，如果失败，必须立刻处理，禁止合并代码；

2）构建系统时，在夜间进行全量扫描，此外，可以加入之前用于手工探索自动化的测试用例来扩大安全测试覆盖范围。但需要注意的是，第二天早上团队要第一时间去处理ZAP检测出的问题。

9.3.4 SCA工具之Dependency Check实战

SCA，中文是软件成分分析，可以对当前软件所使用的依赖组件进行成分分析，提供所使用的开源软件的License合规性信息以及已知漏洞的组件信息。

前面讲到，SAST工具虽然在理论上有很高的覆盖率，但却无法覆盖到第三方库和第三方组件，因为它们以依赖包，独立组件，甚至容器镜像的形式存在，所以它们的源代码并不在我们自己的软件代码中。

自从软件行业进入了开源时代，大量的开源软件被引入我们的软件项目中，如著名的两个微服务框架：Spring Cloud与Dubbo，又如主流数据库：MySQL、Redis、PostgreSQL等。如果没有开源软件，我们的软件行业不会如此繁荣。

但由于开源软件的源代码是任何人都可见的，且其漏洞信息都会公开，若软件项目不及时升级开源软件的新版本，就很容易被恶意攻击者发现严重的安全漏洞。从OWSAP Top 10，我们可知，使用含有已知漏洞的组件已成为一个重大的安全威胁。

那么SCA如何知道哪些组件是有漏洞的呢？

这里就不得不提到CVE这个重要的名词，本章一开始提到的Dubbo反序列化漏洞有一个ID：CVE-2020-1948。那么什么是CVE？这个ID代表什么呢？

CVE（Common Vulnerabilities and Exposures，通用漏洞披露）给每个漏洞都提供了唯一的标识ID，该ID以CVE开头，中间是确认漏洞的年份，最后由4位及4位以上的数字来表示其发现位次，所以它是“CVE + YYYY + NNNN”的形式。

图 9-25 显示的是 Dubbo 反序列化漏洞在 CVE 官网里的详情。

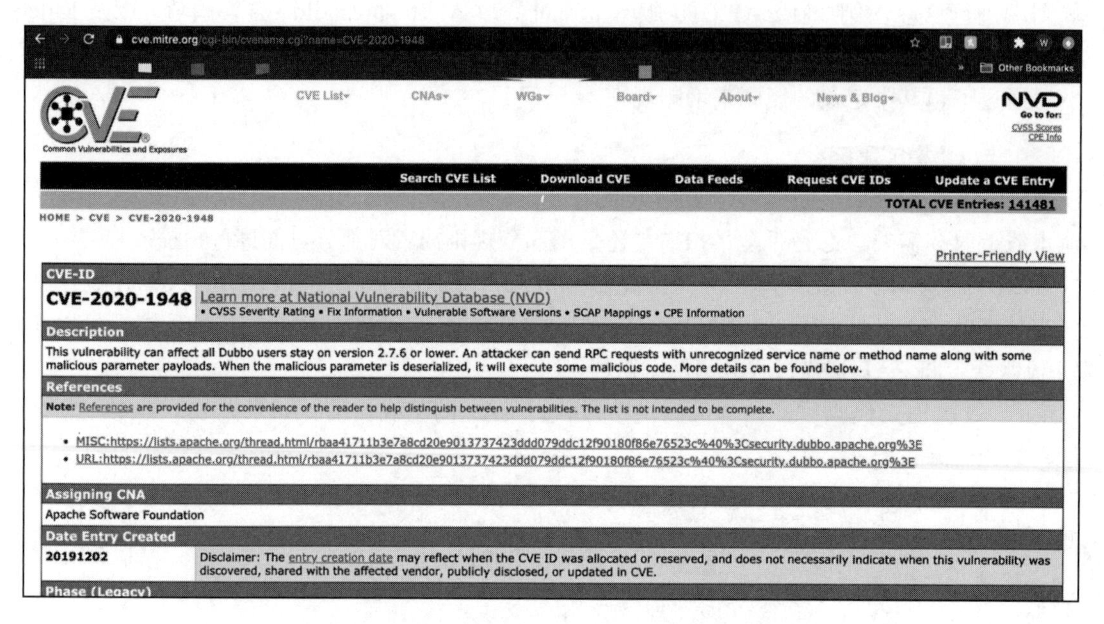

图 9-25 CVE 官网中 CVE-2020-1948 漏洞详情

为了方便查询 CVE 记录的漏洞，就有了 NVD（National Vulnerability Database）项目，其免费提供了一个漏洞数据库。

SCA 工具就是利用该数据库查询当前被测系统里是否存在 CVE 漏洞。当然并不是所有的 SCA 工具仅依赖 NVD，部分商用的工具还有自己的漏洞数据来源。

1. OWASP Dependency Check 简介

Dependency Check 是 OWASP 开源的 SCA 工具，可以发现第三方库是否包含已知漏洞。当前正式支持的语言为 Java 和 C#，实验性支持的语言有 Python、Ruby、PHP、JavaScript，以及部分支持 C 和 C++。

笔者把 Dependency Check 归类于静态扫描，因为它无须运行程序，只要能获取 Java 应用的 jar 包，或者 C# 应用的 dll 文件就可以进行扫描。

对微服务系统的测试人员而言，SCA 类工具是发现代码安全风险的投入产出性价比最高的工具之一。

2. OWASP Dependency Check 使用

Dependency Check 可以通过命令行、Ant、Maven 和 Gradle 运行。我们以 Gradle 为例，在 employee-service 项目的 build.gradle 文件中添加 Dependency Check 的插件，该插件具体的版本可以参考：https://plugins.gradle.org/plugin/org.owasp.dependencycheck。

由于 Dependency Check 需要依赖 NVD，为了避免网络连接出现问题，我们利用开源的